普通高等教育“十三五”规划教材

大学计算机基础教程

赖 庆 刘 松 主 编
聂永红 黄元南 副主编

中国铁道出版社有限公司
CHINA RAILWAY PUBLISHING HOUSE CO., LTD.

内容简介

本书根据教育部高等学校计算机基础教学指导委员会编写的《大学计算机教学基本要求》中对计算机公共基础课的基本要求编写，将计算思维的基本思想和基本概念融入教学内容中，介绍了计算机应用软件的操作技能，注重培养大学生计算机应用思维的基本素质和提高计算机的应用能力。

全书共分6章，分别介绍了计算思维及计算机基础知识、Windows 7 操作系统使用方法、文字处理软件 Word 2010 的应用、电子表格处理软件 Excel 2010 的应用、演示文稿制作软件 PowerPoint 2010 的应用、互联网的基本概念及互联网的应用。

本书可作为普通高等院校非计算机专业计算机文化基础课程的教材，也可作为广大计算机学习者的参考资料，配合使用本教材的配套实验教材《大学计算机基础实验教程》（赖庆、刘松主编，中国铁道出版社出版），效果更好。

图书在版编目（CIP）数据

大学计算机基础教程 / 赖庆，刘松主编. —北京：中国铁道出版社，2016.9（2019.7 重印）
普通高等教育“十三五”规划教材
ISBN 978-7-113-22297-0

Ⅰ. ①大… Ⅱ. ①赖… ②刘… Ⅲ. ①电子计算机－高等学校－教材 Ⅳ. ①TP3

中国版本图书馆 CIP 数据核字（2016）第 208292 号

书　　名：大学计算机基础教程
作　　者：赖　庆　刘　松　主编

策　　划：唐　旭　　**读者热线：**（010）63550836
责任编辑：唐　旭　田银香
封面设计：白　雪
责任校对：汤淑梅
责任印制：郭向伟

出版发行：中国铁道出版社有限公司（100054，北京市西城区右安门西街8号）
网　　址：http://www.tdpress.com/51eds/
印　　刷：北京建宏印刷有限公司
版　　次：2016年9月第1版　　2019年7月第4次印刷
开　　本：787 mm×1 092 mm　1/16　**印张：**19　**字数：**450千
书　　号：ISBN 978-7-113-22297-0
定　　价：45.00元

前 言

进入21世纪以来，信息量呈现爆炸式增长，利用计算机处理信息已经是必不可少的手段，特别是互联网的广泛应用和手机智能化，计算机已经渗透到人们的工作、生活、娱乐等各个方面，并起着越来越重要的作用，而且计算机应用能力已经成为衡量大学生素质与能力的突出标志之一；中小学教育中也越来越重视信息技术的能力训练和素质训练，进入大学的学生们计算机应用水平越来越高。在这种形势下，对大学生必修的计算机公共基础课的要求越来越高，掌握计算机的基本知识和提高计算机应用水平，对学生更好地学习专业知识、提高工作中应用计算机解决问题的能力起着重要的作用。

本书根据教育部计算机基础课程教学指导委员会编写的《大学计算机教学基本要求》中对计算机基础教学的基本要求和目标定位，以培养大学生计算思维的基本素质、提高计算机应用能力为出发点，结合中学信息技术教育的现状而编写。

全书共分6章，第1章介绍计算思维和计算机的基本知识，主要内容包括计算思维的基本概念和应用，计算机组成及工作原理、数据和信息在计算机中的表示和处理、计算机安全知识；第2章介绍了操作系统基本知识及其应用，重点介绍Windows 7操作系统的使用方法；第3章～第5章介绍常用的办公软件的使用，主要内容包括文字处理软件Word 2010、电子表格处理软件Excel 2010、演示文稿制作软件PowerPoint 2010的使用；第6章介绍计算机网络基础知识，主要内容包括计算机网络基础知识、互联网应用、搜索引擎及优化（SEO）、“互联网+”、网页制作基本知识等。由于计算机基础课程的实践操作性较强，我们还配套出版了《大学计算机基础实验教程》（赖庆、刘松主编，中国铁道出版社出版），主辅教配套使用，可使读者更快地提高应用计算机基本软件的能力。

编写本书的作者常年负责大学本科计算机文化基础课程教学，具有丰富的教学经验。本书由赖庆、刘松担任主编，聂永红、黄元南担任副主编。赖庆编写第1章和第6章，聂永红编写第2章，黄元南编写第3章和第5章，刘松编写第4章。全书由赖庆统稿。

由于本书涉及知识面广，计算机技术发展迅速、难易程度不容易掌握，不足之处在所难免。为便于以后的修订，恳请专家、教师和读者多提宝贵意见。

编　者

2016年7月10日

目 录

第1章　计算技术与计算思维

1.1　计算技术的演化和计算思维

著名的计算机科学家、1972年图灵奖得主艾兹格·迪科斯彻（Edsger Dijkstra）说过一句话："我们所使用的工具影响着我们的思维方式和思维习惯从而也将深刻地影响着我们的思维能力。"

1946年，第一台电子计算机"埃尼阿克"（ENIAC，全称为 Electronic Numerical Integrator And Calculator）（见图1-1）在美国宾夕法尼亚大学研制成功。标志着人类在计算技术和计算工具的发展上开创了一个新的纪元。尤其是1971年第一台微型计算机的诞生，使得计算科学成为发展最快的学科。随着计算机技术的发展，计算机的应用领域不断扩展，已经日益渗透人们的工作、生活和娱乐等几乎所有的领域中，有力地推动了社会的进步，提高了生产效率，也在改变人们的思维和习惯。

显然，以计算机为中心的计算的概念正在迈向广阔的领域，计算正从我们熟知的加减乘除发展到图灵机意义下的算法处理，影响我们解决问题的观念和行为方式，利用计算机的计算已经与人类的基本技能：阅读、写作、计算一样重要，成为一种普遍的认识和普适的技能。当你有不认识的字，或不知道的知识时，现在的第一反应已经不是去查找《新华字典》《百科全书》了，而是上网"百度"一下，或"Google"一下；当你需要去一个你没去过的地方，你需要做的是先用"百度地图"查找最佳路径，做好功课，达到事半功倍的效果。可见，计算已经和我们密不可分了。

图1-1　埃尼阿克

1.1.1　从结绳计数到电子计算机技术

1. 结绳计数法——最古老的计数工具

达尔文和马克思都曾经阐述过，劳动工具对于人类从猿进化到人起着关键性的作用。远古时候，人们在劳动和生活实践中，发明了刀斧、弓箭等工具，物化延伸了自身身体的能力，有着较一般动物更高的智力，依靠这些工具来获取生存资源的能力大大提高，并学会了存储食物以便度过饥荒的年月，因此，对于数的概念和需求逐步建立，例如，打了多少只野兽，俘虏了多少个敌人等，由于没有诞生文字，有人就想到用绳子打结的方法来记录这些数字，如图 1–2 所示。

宋朝时，有人曾在书中记载："鞑靼无文字，每调发军马，即结草为约，使人传达，急于星火。"这是用结草来调发军马，传达要调的人数。中央民族大学就收藏着一副高山族的结绳，其由两条绳组成：每条上有两个结，再把两条绳结在一起。有趣的是，不但我们东方有过结绳，西方也结过绳。虽然那时还没有电报电话，人类的发展有其相似之处。传说古波斯王有一次打仗，命令手下兵马守一座桥，要守 60 天。为了让将士们不少守一天也不多守一天，波斯王用一根长长的皮条，在上面系了 60 个扣。他对守桥的官兵们说："我走后你们一天解一个扣，什么时候解完了，你们就可以回家了。"在古埃及，也很早就有用结绳的方法来记录关于数的需求，如图 1–3 所示。在我国古代的甲骨文中，数学的"数"，它的右边表示一只右手，左边则是一根打了许多绳结的木棍，表示"数"者，图结绳而记之。

当然，后来也有在动物的骨头或者木棍上划痕来计数的方法。但结绳还不能算计算，只能用于计数而已。

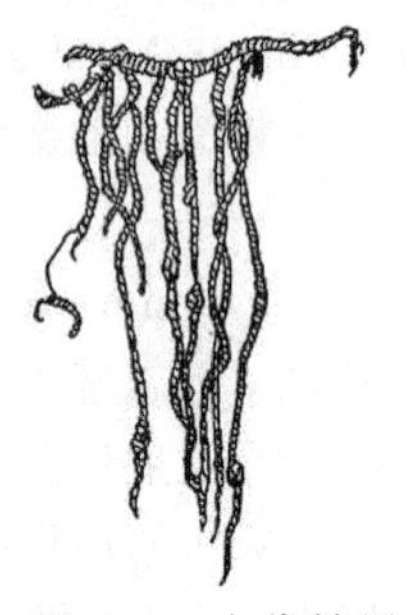

图 1–2　古代结绳

图 1–3　古埃及结绳

2. **算筹——最古老的计算工具**

结绳的方法只能计数，但如何进行计算呢？随着人类生产工具的进化，生产的资源超过了自身的需求，这就产生了交易，交易中存在计算，例如，23+73，古人时用什么办法解决的呢？算筹很好地解决了这个问题。

在春秋战国时期，算筹的使用已经非常普遍了。古代的算筹实际上是一根根同样长短和粗细的小棍子（见图 1–4），一般长为 13～14 cm，径粗 0.2～0.3 cm，多用竹子制成，也有用木头、兽骨、象牙、金属等材料制成的，大约二百七十多枚为一束，放在一个布袋里，系在腰部随身携带。需要计数和计算的时候，就把它们取出来，放在桌上、炕上或地上都能摆弄。

在算筹计数法中，以纵横两种排列方式来表示单位数目的，其中 1～5 均分别以纵横方式排列相应数目的算筹来表示，6～9 则以上面的算筹再加下面相应的算筹来表示。表示多位数时，个位用纵式，十位用横式，百位用纵式，千位用横式，依此类推，遇零则置空。这种计数法遵循一百进制。据《孙子算经》记载，算筹计数法则是：凡算之法，先识其位，一纵十横，百立千僵，千十相望，万百相当。《夏阳侯算经》写道：满六以上，五在上方，六不积算，五不单张。算筹计算法如图 1–5 所示。

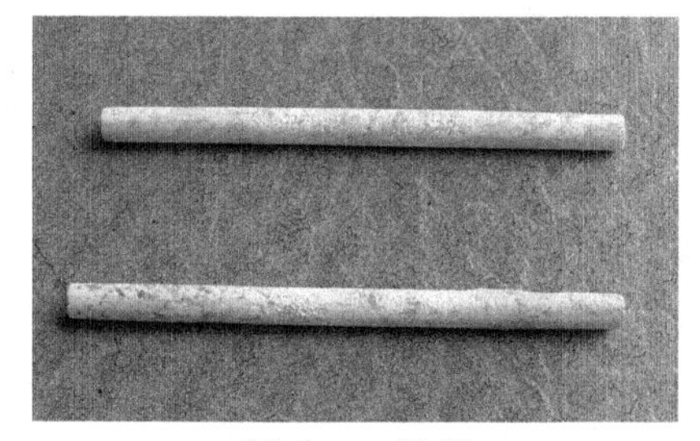

图 1-4　算筹

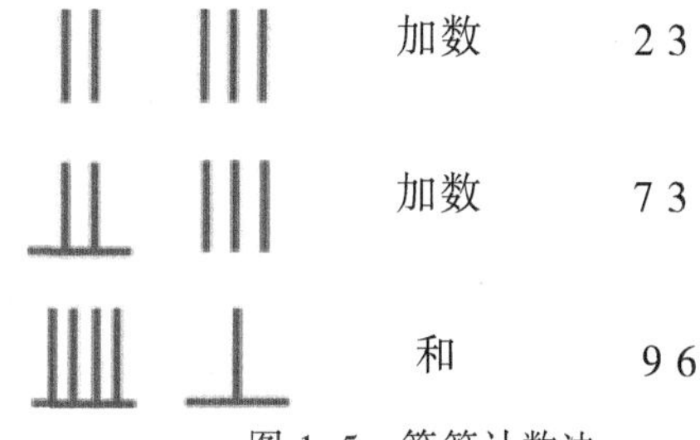

图 1-5　算筹计数法

3. 算盘——中国的伟大发明

算盘又称珠算盘，起源于北宋时代，已经有 2600 多年历史，是中国古代创造发明的一种简便的计算工具（见图 1-6）。算盘的发明解决了算筹摆放不易、容易出错的问题。算盘结合十进制计数法设计了一套计算口诀，这也许是人类历史上最早的系统化、体系化的计算算法。在人类计算工具的历史上具有重要的意义，有人认为算盘是人类最早的数字计算机。北宋名画《清明上河图》中赵太丞家药铺柜就画有一架算盘。算盘对于 20 世纪 60 年代以前出生的人来说是很熟悉、很亲切的，稍微复杂的计算都用它来解决。

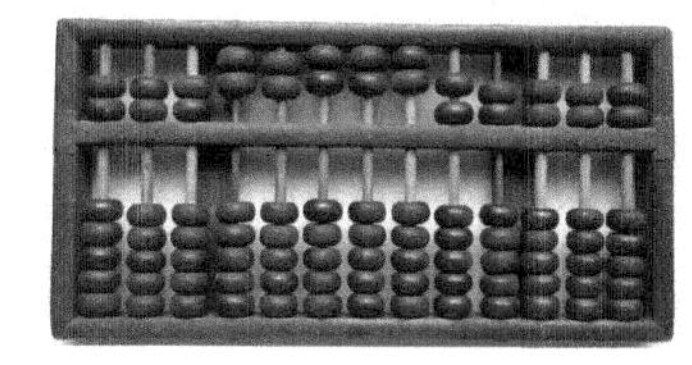

图 1-6　算盘

在计算机已被普遍使用的今天，古老的算盘不仅没有被废弃，反而因它的灵便、准确等优点，在许多国家方兴未艾。即使现代最先进的电子计算器也不能完全取代算盘的作用。因此，人们往往把算盘的发明与中国古代四大发明相提并论。2013 年 12 月 2 日至 7 日联合国教科文组织在阿塞拜疆首都巴库举行“非遗”保护政府间委员会第八次会议，12 月 4 日，珠算正式成为人类非物质文化遗产。这是我国第 30 项被列为非遗的项目。

4. 计算尺——西方对计算技术的重要贡献

计算尺发明于大约 1620—1630 年，在纳皮尔（John Napier）对数概念发表后不久。16、17 世纪之交，随着天文、航海、工程、贸易以及军事的发展，改进数字计算方法成了当务之急。纳皮尔（1550—1617）正是在研究天文学的过程中，为了简化其中的计算而发明了对数。对数的发明是数学史上的重大事件，恩格斯曾经把对数的发明和解析几何的创始、微积分的建立称为 17 世纪数学的三大成就，伽利略也说过：“给我空间、时间及对数，我就可以创造一个宇宙。”利用对数原理，可以将乘法简化为加法，除法简化为减法，求平方简化为以 2 为除数的除法，大大简化了计算。

牛津大学的埃德蒙·甘特（Edmund Gunter）发明了一种使用单个对数刻度的计算工具，当和另外的测量工具配合使用时，可以用来做乘除法。1630 年，剑桥大学的威廉·奥特雷德（William Oughtred）发明了圆算尺，1632 年，他组合两把甘特式计算尺，用手合起来制成可以视为现代的计算尺的设备，如图 1-7 如图所示。

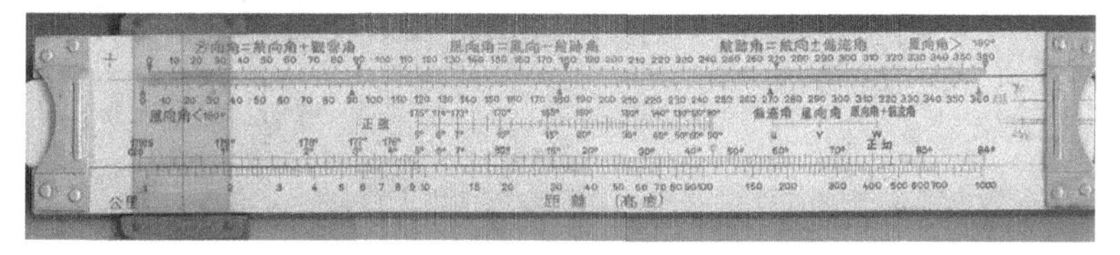

图 1-7　对数计算尺

对数计算尺可以说是一个模拟计算机，通常由三个互相锁定的有刻度的长条和一个滑动窗口（称为游标）组成。可以进行乘除法、根、幂、三角函数、指数和对数等运算。

三百多年来，对数计算尺一直是科学工作者，特别是工程技术人员必备的计算工具，直到 20 世纪 70 年代才让位给电子计算器。德国火箭专家沃纳·冯·布劳恩，在第二次世界大战后到美国从事航天计划工作时随身带了两把三十年代的老式 Nestler 算尺。终其一生，他没有用过任何其他袖珍计算仪器；显然计算尺在他进行火箭设计的参数估算和其他计算中起过重要的作用。中国历史上康熙皇帝就使用过计算尺。20 世纪 60—70 年代计算尺也是学生必备的计算工具。

5. 机械式计算技术

随着西方钟表技术的发展，齿轮的转动计时方法体现了机械计算及进位的思想（低位齿轮每转动一圈，高位齿轮只转动一圈），这为机械式计算机的发明奠定了基础。

（1）帕斯卡加法器

帕斯卡（Pascal，图 1-8）是法国数学家、物理学家、哲学家、流体动力学家和概率论的创始人，他少年时每天都看着年迈的父亲费力地计算税率税款，很想帮助做点事，可又怕父亲不放心。于是，他想到了为父亲制作一台可以计算税款的机器。1642 年，他 19 岁那年发明了人类有史以来第一台机械计算机。

图 1-8　帕斯卡

帕斯卡的计算机是一种系列齿轮组成的装置，外形像一个长方盒子，用儿童玩具那种钥匙旋紧发条后才能转动，只能够做加法和减法。为了解决“逢十进一”的进位问题，聪明的帕斯卡采用了一种小爪子式的棘轮装置。当定位齿轮朝 9 转动时，棘爪便逐渐升高；一旦齿轮转到 0，棘爪就“咔嚓”一声跌落下来，推动十位数的齿轮前进一挡。

帕斯卡在诸多领域都有建树。物理学中关于液体压强性质的“帕斯卡定律”就是他的伟大发现并以他的名字命名的。可惜，长期从事艰苦的研究损害了他的健康，1662 年英年早逝，死时年仅 39 岁。他留给了世人一句至理名言：“人好比是脆弱的芦苇，但是他又是有思想的芦苇。”

人们没有忘记帕斯卡对于计算机的功绩，1971 年发明的一种程序设计语言——Pascal 语言，就是为了纪念这位先驱，使帕斯卡的英名长留在计算机时代。

（2）莱布尼茨乘法器

德国数学家莱布尼茨（Leibniz，图 1-9）在看了帕斯卡撰写的加法器计算机论文后产生了强烈的发明欲望，经过艰苦的研究和实验，1674 年莱布尼茨发明了乘法器，这是一台可以完整进行加减乘除运算的计算机。他说：“把计算的工作交给机器去做，可以使优秀的人才从繁重的计算中解脱出来”。机械计算机如图 1-10 所示。

图 1-9　莱布尼茨

图 1-10　机械计算机

莱布尼茨是微积分的共同发明者，奠定了二进制的基础，他曾断言："二进制乃是具有世界普遍性的、最完美的逻辑语言。"

6. 差分机（数学分析机器）模型

最具有现代计算机雏形的当属美国人赫尔曼·霍尔瑞斯（Herman Hollerith）发明的卡片制表系统。赫尔曼·霍尔瑞斯是一个统计学家，起初发明该系统是为了统计死亡率，后用于人口普查，使得原来需要7年半的统计工作缩短为两年半的时间就完成了，大大加快了计算时间。该卡片制表系统采用了以卡片穿孔来存储资料和排序，该方式成为早期计算机的程序和数据存储方式的雏形，所以又称赫尔曼·霍尔瑞斯为"信息处理之父"。赫尔曼·霍尔瑞斯以此成立的计算机制表公司最后发展为国际商用机器公司，也就是现在的IBM。

图 1-11　差分机

1819年，英国科学家巴贝奇同期也设计了"差分机"（见图1-11），提出了带程序控制的完全自动计算机的设想，所谓"差分"的含义，是把函数表的复杂算式转化为差分运算，用简单的加法代替平方运算。该机器已经能够编制平方表和一些其他的表格，还能够计算多项式的加法，运算的精确度达6位小数。巴贝奇还于1822年制造出可动模型，这台机器能提高乘法速度和改进对数表等数字表的精确度。巴贝奇研制的差分机和分析机为现代计算机设计思想的发展奠定基础，为现代计算机的诞生扫除了许多理论上的障碍，做出了巨大的贡献。

1.1.2 电子计算机的发展历程

在巴贝奇的差分机之后的一百年间，人类在电磁学、电工学、电子学领域不断取得重大进展，为电子计算机的出现奠定了坚实的基础。

1. 现代计算机发展历程

图 1-12　莫克利

第一台电子计算机的诞生可以说是战争的产物，二战爆发后，美国陆军军械部为研制和开发新型火炮，在马里兰州的阿伯丁设立了"弹道研究实验室"。弹道计算的工作量极大，繁重的计算任务使那里的研究人员大伤脑筋。尽管实验室雇用了200多名计算专家，但还是捉襟见肘。他们迫切需要一种新的计算机器，以提高工作效率。恰在此时，宾夕法尼亚大学莫尔电机学院的莫克利博士（见图1-12）提出了试制第一台电子计算机的设想。他的设想引起了陆军军械部的注意，立即要求莫尔学院拟定一份研制计划。根据科学家们的估计，制造一台电子计算机所需的经费为15万美元，这在当时是一笔巨款，因此遭到了军方内部很多人的坚决反对。眼看研制电子计算机的计划就要夭折，美国著名数学家维伯伦博士坚定地站到了支持者的行列里，他最终说服了美国军方。经过两年多的紧张研制，第一台电子计算机（"埃及阿克"）终于在1946年2月14日问世。而它的开发经费几经追加，最后达到48万美元。

这台电子计算机，如今看来简直就是一个怪物（见图1-1）。其内部有成千上万个电子管、二极管、电阻器等元件，电路的焊接点多达50万个；在机器表面，则布满电表、电线和指示灯。它的功率超过 174kW，据说在使用时全镇的电灯都会变暗；而且它的电子管平均每隔 15 min 就要烧坏一支，科学家们不得不停更换。然而，“埃尼阿克”的计算速度却是手工计算的 20 万倍、继电器计算机的 1000 倍。美国军方也终于知道了这台计算机的价值是巨大的，因为它计算炮弹弹道只需要 3 s，而在此之前，则需要 200 人手工计算两个月。除了常规的弹道计算外，它后来还涉及诸多的科研领域，曾在第一颗原子弹的研制过程中发挥了重要作用。

“埃尼阿克”虽是第一台正式投入运行的电子计算机，但它并不具备现代计算机“存储程序”的思想。1946 年 6 月，冯·诺依曼博士（图 1-13）发表了《电子计算机装置逻辑结构初探》论文，并设计出第一台“存储程序”的离散变量自动电子计算机（The Electronic Discrete Variable Automatic Computer，简称 EDVAC），1952 年正式投入运行，其运算速度是“埃尼阿克”的 240 倍。冯·诺依曼提出的 EDVAC 计算机结构为人们普遍接受，此计算机结构又称冯·诺依曼型计算机。

图 1-13　冯·诺依曼

从第一台电子计算机的诞生至今，经过了四个发展阶段，计算机技术获得了迅猛的发展，计算机的集成度和性能至今一直遵循摩尔定律：当价格不变时，集成电路上可容纳的元器件的数目约每隔 18～24 个月便会增加一倍，性能也将提升一倍。这意味着计算机越来越便宜。表 1-1 列出了从第一代计算机到第四代计算机的特征。

表 1-1　计算机发展的四个阶段

阶段	第 一 代	第 二 代	第 三 代	第 四 代
时间	1946—1956 年	1955—1964 年	1964—1970 年	1970 年至今
逻辑元件	电子管	晶体管	中小规模集成电路	大规模、超大规模集成电路
内存	汞延迟线、磁心	磁心存储器	半导体存储器	半导体存储器
外存	磁鼓	磁鼓、磁带	磁盘	磁盘、光盘、闪存
处理速度（IPS）	10^3～10^5	10^6	10^7	10^8～10^{10}
内存容量	数千字节（Byte）	数十千字节（KB）	数兆字节（MB）	千兆字节（GB）
编程语言	机器语言	汇编语言	汇编语言、高级语言	高级语言

注：IPS—每秒执行的指令数

第四代计算机已经发展为超大规模集成电路，系统结构方面发展了并行处理技术，分布式计算机系统。在内存容量、外存容量、处理器速度等指标上都进入千兆（G）数量级，外存容量甚至到千千兆字节（TB），网络的传输速度也达到了 GB，所以现在这个计算机时代也可以称为 G 时代，相信在不远的将来，计算机将迈入 T 时代。

第五代计算机正在研究和发展，第五代计算机是指具有人工智能的新一代计算机，它具有推理、联想、判断、决策、学习等功能，能够模拟人脑思维。

计算机、网络、通信三位一体，将推动智能社会的发展，将把人从重复、枯燥的信息处理中解放出来，从而改变人们的工作、生活和学习方式，给人类和社会拓展了更大的生存和发展空间。

2. 我国计算机的发展

我国计算机的发展起步于20世纪50年代。

1958年，中国科学院计算机研究所研制成功我国第一台小型电子管通用计算机103机（八一型），标志着我国第一台电子计算机的诞生。

1965年中国科学院计算机研究所研制成功我国第一台大型晶体管计算机109乙机。

1974年，清华大学等单位联合设计、研制成功采用集成电路的DJS-130小型计算机，运算速度达每秒100万次。

1983年，国防科技大学研制成功运算速度每秒上亿次的银河-I巨型机，这是我国高速计算机研制的一个重要里程碑。

1985年，电子工业部计算机管理局研制成功与IBM PC兼容的长城0520CH微机。

1992年，国防科技大学研究出银河-II通用并行巨型机，峰值速度达每秒4亿次浮点运算（相当于每秒10亿次基本运算操作），为共享主存储器的四处理机向量机，其向量中央处理机是采用中小规模集成电路自行设计的，总体上达到20世纪80年代中后期国际先进水平。它主要用于中期天气预报。

1993年，国家智能计算机研究开发中心（后成立北京市曙光计算机公司，简称曙光公司）研制成功曙光一号全对称共享存储多处理机，这是国内首次以基于超大规模集成电路的通用微处理器芯片和标准UNIX操作系统设计开发的并行计算机。

1995年，曙光公司又推出了国内第一台具有大规模并行处理机（MPP）结构的并行机曙光1000（含36个处理机），峰值速度每秒25亿次浮点运算，实际运算速度上了每秒10亿次浮点运算这一高性能台阶。曙光1000与美国Intel公司1990年推出的大规模并行机体系结构与实现技术相近，这表明与国外的差距缩小到5年左右。

1997年，国防科大研制成功银河-Ⅲ百亿次并行巨型计算机系统，采用可扩展分布共享存储并行处理体系结构，由130多个处理结点组成，峰值性能为每秒130亿次浮点运算，系统综合技术达到20世纪90年代中期国际先进水平。

1997—1999年，曙光公司先后在市场上推出具有机群结构（Cluster）的曙光1000A、曙光2000-I、曙光2000-II超级服务器，峰值计算速度已突破每秒1 000亿次浮点运算，机器规模已超过160个处理机。

1999年，国家并行计算机工程技术研究中心研制的神威I计算机通过了国家级验收，并在国家气象中心投入运行。系统有384个运算处理单元，峰值运算速度达每秒3 840亿次。

2000年，曙光公司推出每秒3 000亿次浮点运算的曙光3000超级服务器。

2001年，中国科学院计算机研究所研制成功我国第一款通用CPU——“龙芯”芯片。

2010年，“天河一号A”让我国第一次拥有了当时全球最快的超级计算机，运行速度达到1 206万亿次。

2014年，“天河二号”运行速度达到3.39亿亿次。

虽然我国计算机的发展取得了一定的成就，但需要我们加倍努力，进入世界先进行列。

3. 奠定现代计算机基础重要思想的人物

现代计算机的发展离不开广大科学家的努力，特别是一些对计算机发展有杰出贡献的科学家的重要思想奠定了现代计算机发展的基础。

英国数学家乔治·布尔（George Boole，1815 年 11 月 2 日—1864 年 12 月 8 日，图 1-14），19 世纪最重要的数学家之一，出版了《逻辑的数学分析》，该书对符号逻辑作出了重要的贡献。1854 年，他出版了《思维规律的研究》，这是他最著名的作品，在这本书中布尔介绍了现在以他的名字命名的布尔代数。布尔代数是研究 0 和 1 两个符号的代数系统，提出了逻辑符号系统描述物体的概念，为数字计算机开关电路的设计和运用提供了重要的数学方法。

奥古斯塔·阿达·金，勒芙蕾丝伯爵夫人（Augusta Ada King，Countess of Lovelace，1815 年 12 月 10 日—1852 年 11 月 27 日，图 1-15），是著名英国诗人拜伦之女，数学家，计算机程序创始人，人称“数字女王”，建立了循环和子程序概念。在 1842 年，阿达编写了历史上首款计算机程序，为计算程序拟定“算法”。她写作了第一份“程序设计流程图”，被视为“第一位给计算机写程序的人”，对现代计算机与软件工程产生了重大影响，

克劳德·艾尔伍德·香农（Claude Elwood Shannon，1916 年 4 月 30 日—2001 年 2 月 24 日，图 1-16）是美国数学家、信息论的创始人，与爱迪生有亲缘关系。香农提出了信息熵的概念，为信息论和数字通信奠定了基础。

图 1-14　乔治·布尔

图 1-15　奥古斯塔·阿达·金

图 1-16　香农

1938 年香农在 MIT 获得电气工程硕士学位，硕士论文题目是 *A Symbolic Analysis of Relay and Switching Circuits*（《继电器与开关电路的符号分析》）。当时他已经注意到电话交换电路与布尔代数之间的类似性，即把布尔代数的“真”与“假”和电路系统的“开”与“关”对应起来，并用 1 和 0 表示。于是他用布尔代数分析并优化开关电路，这奠定了数字电路的理论基础。哈佛大学的霍华德·加德纳(Howard Gardner)教授说，“这可能是本世纪最重要、最著名的一篇硕士论文。”该论文将布尔代数的理论应用到开关电路的优化设计中，开创了开关电路设计的新思路。

图 1-17　图灵

艾伦·麦席森·图灵（Alan Mathison Turing，1912 年 6 月 23 日－1954 年 6 月 7 日，图 1-17）是英国数学家、逻辑学家，被称为“计算机之父”“人工智能之父”。1937 年，图灵在《伦敦数学会文集》第 42 期上发表了一篇论文，题为《论数字计算在决断难题中的应用》，该文发表后，立即引起广泛的注意。在论文的附录里他描述了一种可以辅助数学研究的机器，后来被人称为图灵机，这是第一次在纯数学的符号逻辑和实体世界之间建立了联系。后来我们所熟知的计

算机，以及还没有实现的“人工智能”，都基于这个设想。这是他人生第一篇重要论文，也是他的成名之作。1937 年，艾伦·麦席森·图灵发表的另一篇文章《可计算性与 λ 可定义性》则拓广了丘奇（Church）提出的“丘奇论点”，形成“丘奇–图灵论点”，对计算理论的严格化、计算机科学的形成和发展都具有奠基性的意义。1950 年，他提出关于机器思维的问题，他的论文《计算机和智能》（*Computing Machiery and Intelligence*），引起了广泛的注意和深远的影响。1950 年 10 月，图灵发表论文《机器能思考吗》，这一划时代的作品，使图灵赢得了“人工智能之父”的桂冠。计算机业界设立的对于计算机发展作出重要贡献的科学家的最高奖项“图灵奖”就是以他的名字命名的。

冯·诺依曼（John von Neumann，1903—1957，图 1-13）是 20 世纪最重要的数学家之一，是在现代计算机、博弈论、核武器和生化武器等诸多领域内有杰出建树的最伟大的科学全才之一，被后人称为“计算机之父”和“博弈论之父”。1944 年，冯·诺依曼成为 ENIAC 计算机研制小组的顾问，1945 年发表了一个全新的“存储程序通用电子计算机方案”，明确了计算机的五大部件包括：运算器、控制器、存储器、输入和输出设备，并描述了这五部分的职能和相互关系，并提出了采用二进制的建议，认为计算机应该按程序顺序执行，从而奠定了计算机结构至今乃在使用的冯·诺依曼体系结构。

1.1.3 计算思维概述

人类有三大普适技能：阅读、写作、计算，其中，计算是人类一直在研究发展的课题，包括前面介绍的各种计算工具。但是人的计算能力是有限的，对于一些复杂的问题，人力计算将花费很大的代价，利用机器来快速解决计算问题会方便很多。计算机技术的出现，使得利用机器进行计算有了本质的变化，从而诞生了计算机科学技术，使得科学家在计算思维上进行进一步研究。

运用计算机科学的思想、方法和技术进行问题求解、系统设计，以及人类行为理解等一系列思维活动就是计算思维。计算思维的核心是算法，即为利用计算机解决问题而采取的方法和步骤。

例如，一个农夫带着一只狼、一只羊和一颗白菜，现需要渡河。但是渡河的船只能搭载一个人和一件物品，只有农夫能撑船。不能单独留下狼和羊，否则狼会吃羊，也不能单独留下羊和白菜，羊会吃白菜。请问如何解决？

方法 1：
先把羊带过河
农夫自己返回
再把白菜带过去
将羊再带回去
再把狼带过去
农夫自己返回
再把羊带过去

方法 2：
先把羊带过河
农夫自己返回
再把狼带过去
将羊再带回去
再把白菜带过去
农夫自己返回
再把羊带过去

以上解决问题的方法就是算法。

再例如。求 $n!$。这个问题我们分析如下：

$n!=n\times(n-1)!$，这实际上变成了求$(n-1)!$的问题，依次类推

$(n-1)!=(n-1)\times(n-2)!$

……

$2!=2\times 1!$

最后变成了求 1！的问题，而 1！等于 1，反推回去，就可以求出 n!问题。

这就是计算机解决问题的一个很有名的算法——递归算法。可见，计算机在解决问题的过程中，往往是将复杂的问题化为简单的问题。

计算正逐步渗透到各个学科领域，正在改变科学家的思考方式。

- 计算生物学改变生物学家的思考方式：应用数据分析及理论的方法、数学建模和计算机仿真技术来研究生物学、行为学，如图 1-18 所示。

图 1-18　RNA 二级结构

- 计算博弈理论改变着经济学家的思考方式：应用计算技术分析，建模、决策等方式来研究经济问题，如图 1-19 所示。近年，诺贝尔经济学奖中 70%的奖项应用了计算思想。
- 计算机考古学改变了考古学家的思考方式，如图 1-20 所示。

图 1-19　博弈

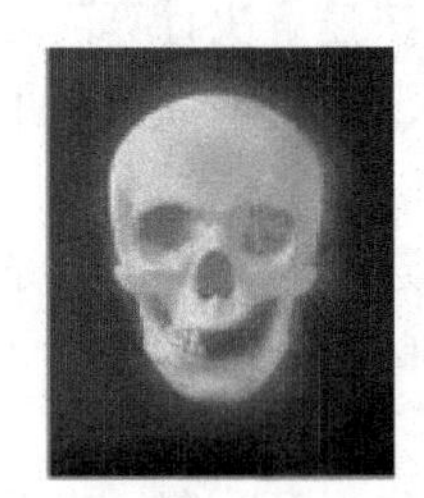
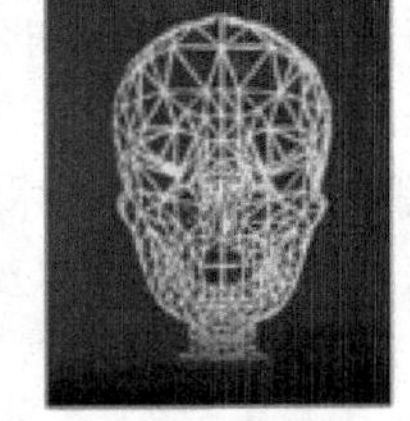
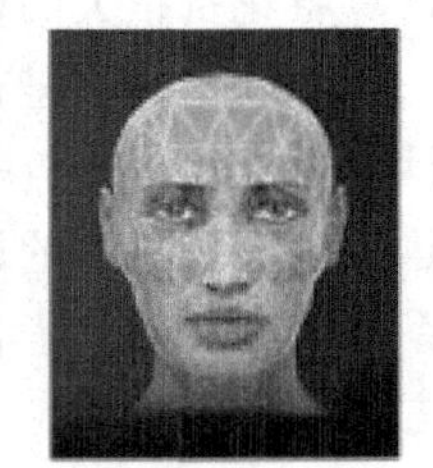

图 1-20　头像复原

- 计算改变工作方式：

如数字化会议，数字化办公，如图 1-21 所示。

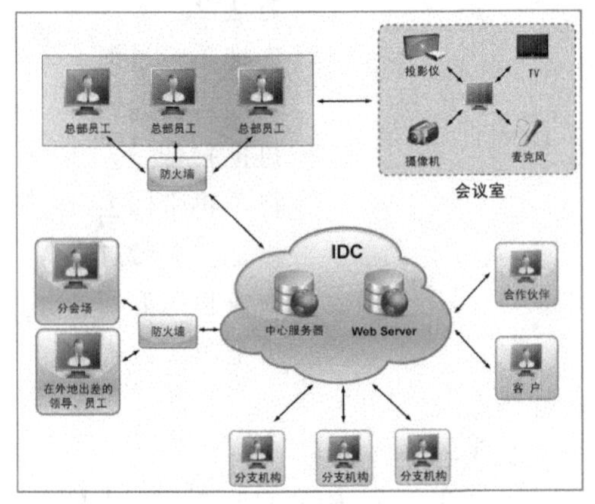

图 1-21　数字化办公

- 纳米计算改变化学家的思考方式。
- 计算物理学改变物理学家的思考方式。
- 数学机械化改变数学家的思考方式。
- 社会计算改变社会学家的思考方式。
- 数字化医疗改变了医疗的诊病和治疗方式，如图 1-22 所示。
- 数字化制造正改变制造业的制造方式，如图 1-23 所示。

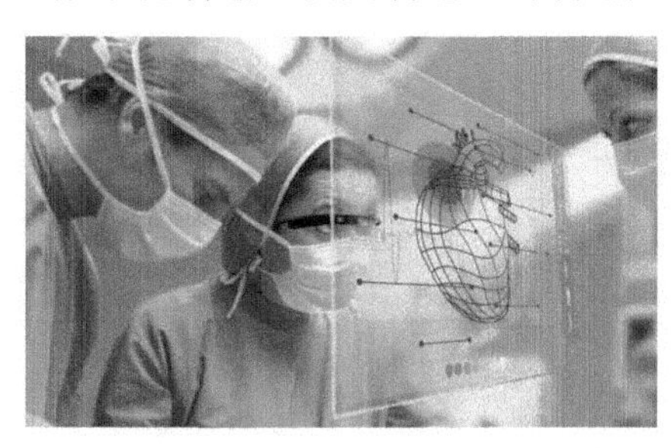
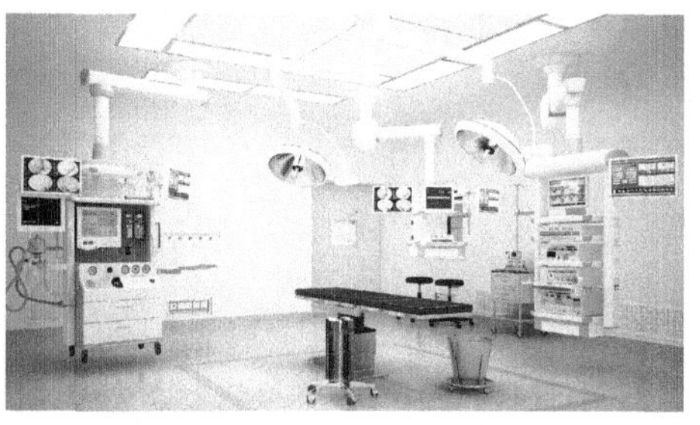

图 1-22 数字化医疗

图 1-23 数字化制造

1.2 计算机的理论基础

我们先来举一个野外生存的问题，现要求野外生存者除了身上穿的衣服外，只能携带三件物品，每件物品的重量不得超过 2 kg，要求在野外无人的森林生存一个月，你会如何选择这三件物品呢？——理想的答案是：钢刀、打火石、指南针。人们很明白这三样东西的作用，其分别对应了物质、能量和信息——人类生存与发展的三大要素。可见，信息对于人类的重要性。

计算机的最主要功能是处理信息。在现实生活中，信息的表现形式多种多样，如数值、字符、声音、图形、图像、动画等。无论哪一种信息表现形式，若要通过计算机来进行处理的话，均须对信息进行数字化编码，才能在计算机间进行传送、存储和处理。

1.2.1 数据与信息

1. 数据

数字：阿拉伯数字由 0、1、2、3、4、5、6、7、8、9 共 10 个计数符号组成。公元 3 世纪由印度人发明，后由阿拉伯人传向欧洲，之后再经欧洲人将其现代化。阿拉伯数字实际上是数的一种符号表示方式。

数据：数据是对事实、概念或指令等物理特性的一种特殊表达形式。如 120 是一个数字，没有任何的意义，但是如果说一头猪的重量是 120 kg——重量信息，或者楼房的高度是 120 m——高度信息，这时候 120 就具有了物理特性，前者描述了猪的重量信息，后者描述了楼的高度信息，这时候的 120 就可以称为数据——猪的重量数据或楼的高度数据。

以上所讨论的是数值型数据。

2. 信息

在现实生活和工作中，还存在很多其他形式表示的信息，如文字、图形、图像、声音、视频等。图形、图像、声音和视频又称多媒体信息。

1.2.2 奇妙的二进制

人们对于十进制运算非常熟悉，如：12+23=35，利用心算就可以得出答案；如果是 75+88×22，这样比较复杂的运算，利用纸和笔也可以很快计算出来；但是如果要计算 1×2×3×4×5×6×…10 000 这样的问题，如果没有计算机的帮助，很难快速计算出来。

这里首先要解决的是如何用机器表示十进制的问题，当然在前面机械式计算机用齿轮的方法解决了十进制的问题，但是机械的方法太慢，能够计算的数值不够大。在现代电子技术中速度最快、使用最多的是电磁波，利用电压显然是可以表示，如 12+23，可以将 12 V 的电压与 23 V 的电压叠加，可以得到 35 V 的电压，但是现代电子制造技术证明，得到 10 个状态稳定的电压是较困难的，会极大提高硬件制造的成本，但是利用电子技术得到 2 个稳定的电压状态相对容易很多，成本也低很多，因此，二进制成为计算机的首选。另外，布尔代数的出现，解决了二进制的运算法则问题，开关电路的发明解决了用低成本的物理器件实现二进制的物理问题。那么，二进制的奇妙之处在哪里呢？

1. 物理实现性价比高

开关电路利用电压的高电平和低电平分别表示二进制的 1 和 0，当然，反过来也可以，如果 5 V 表示 1，0 V 表示 0，显然二者的电压差为 5 V。如果是十进制，0、1、2、3、4、5、6、7、8、9 十个状态的表示就要十个电压值，如果压差同样达到 5 V，那么电路的最大电压就达到 50 V，由于电路都存在电阻，电压越高，电路的损耗越大，电路和器件更容易发热，造成元器件损坏，显然这不是最好的选择。

2. 运算法则简单

二进制的运算法则非常简单，因为运算法则的多少直接决定了运算机器的复杂程度。也就是说，运算规则越多，执行运算任务的机器越复杂；运算规则越少，执行运算任务的机器越简单。因此，选用二进制方式对设计运算机器特别有利。对于计算机来说，相当于简化了中央处理器（CPU）的设计。如果采用十进制，将大大增加制造成本。二进制主要有以下运算法则：

（1）算术运算

① 加法运算（4 条规则）。

0+0=0 0+1=1 1+0=1 1+1=10（向高位进位，逢二进一）

例如，$(11011)_2+(1001)_2=(100100)_2$

② 减法运算（4 条规则）。

0−0=0 1−1=0 1−0=1 0−1=1（向高位借位，借一当二）

例如，$(1110)_2-(1001)_2=(101)_2$

③ 乘法运算（4 条规则）。

0×0=0 0×1=0 1×0=0 1×1=1

④ 除法运算。

0÷0 无意义 0÷1=0 1÷1=1 1÷0 无意义

（2）移位运算

① 左移：二进制的左移 1 位运算相当于乘 2 运算，所以 CPU 在进行乘法运算时采用的就是左移和加法运算。

② 右移：二进制的右移 1 位运算相当于除 2 运算，所以 CPU 在进行除法运算时采用的就是右移和减法运算。

例如，3×2 的二进制运算 0011×0010，只要将 0011 左移 1 位，变为 0110，对应于十进制的 6。

（3）逻辑运算

由于二进制只有两种状态（符号），从而便于进行逻辑判断和逻辑运算。二进制数的“1”和“0”可分别表示逻辑值的“真”和“假”。逻辑运算包括逻辑或、逻辑与、逻辑非 3 种运算。

① 逻辑或运算（运算符为“or”）。或运算规则如下：

0 or 0=0　0 or 1=1　1 or 0=1　1 or 1=1

逻辑或运算特点：只要有一个为真结果为真。

例如，按位求二进制数 111010 和 101100 的或运算，其算式如下：

```
     1 1 1 0 1 0
or)  1 0 1 1 0 0
----------------
     1 1 1 1 1 0
```

② 逻辑与运算（运算符为“and”）。与运算规则如下：

0 and 0=0　0 and 1=0　1 and 0=0　1 and 1=1

逻辑与运算特点：当两个都为真时，结果才为真。

例如，按位求二进制数 111010 和 101100 的与运算，其算式如下：

```
      1 1 1 0 1 0
and)  1 0 1 1 0 0
-----------------
      1 0 1 0 0 0
```

③ 逻辑非运算（逻辑否定，运算符为“not”）

非运算规则为：not 0=1　not 1=0

利用 3 种基本逻辑运算可以组合成多种逻辑运算，如异或、同或、与非、或非等。

3. 数据存储容易实现

计算机处理的数据和结果需要永久存储，采用二进制形式记录数据，物理上容易实现。现代计算机实现数据存储的方式有磁存储、光存储、半导体存储等。

① 磁存储：利用磁的南北极特性，对磁性记录设备进行磁化（南极、北极）从而

保存二进制数据。

② 光存储：利用光的反射原理，利用激光在光盘上融化形成凹凸反射界面，利用有无反射或反射角的区别来达到二进制数据的存储目的。

③ 半导体存储：利用半导体的特性，利用电流对半导体结进行熔断或不熔断，达到二进制数据的存储。

4. 数据传输中出现的错误容易纠正

因为二进制只有两个符号，“0”和“1”，当发现一组二进制码中的某位符号错了，只要取相反值就得到正确的值。十进制不太容易，如果某位符号错了，还有 9 种可能。

1.2.3 数据的表示与数制

1. 二进制数据的表示

二进制具有物理实现性价比高、运算法则简单，容易存储等优点。计算机如何在物理上表示二进制呢？主要的方法还是采用电信号表示，高电压表示 1，低电压表示 0，如图 1-24 所示。

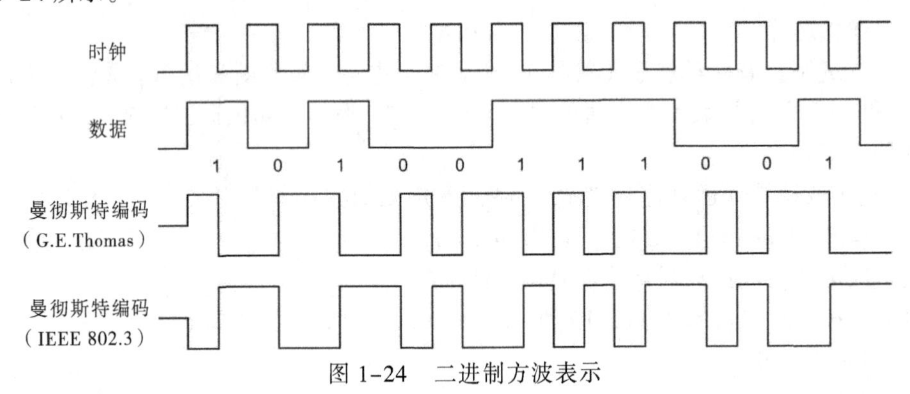

图 1-24 二进制方波表示

2. 数制

数制不仅是计算机出现时才有的，实际上中国除了使用十进制外，还有十六进制，1949 年以前使用的称量衡器，就是十六两等于一斤，所以才有“半斤八两”这个成语。在时间上采用的是 60 进制，60 秒等于 1 分钟。这些进制的产生有着其历史和客观的原因，有些已经形成习惯。

由于计算机内部采用的是二进制编码，但计算机与外部的信息交流依然采用大家所熟悉和习惯的形式，通常采用十进制数据来表示数值。这样计算机和人之间就必须要通过“翻译”。二进制和十进制之间的“翻译”是需要损耗系统资源的，尤其是时间的代价。下面介绍几个概念：

数制：按进位的方法进行计数，称为进位计数制，简称数制。如果某个数制采用 R 个基本符号，则称其为基 R 数制，R 称为数制的基数。不同的数制在基数规则、进位规则、位权规则和运算规则等方面也不相同。

基数：是指某种数制中可能用到的计数符号的个数。如十进制数有 0～9 十个基数。

位权：不同位数上的计数符号所表示的数值大小是不同的，它的实际数值是计数符号乘以某一固定的常数，这个常数称为位权，简称权。如 $25=2\times10^1+5\times10^0$，$10^1$ 和 0^0 分别为对应位的位权。

进位：如十进制数是逢十进一，二进制数是逢二进一，等等。

任何一种进位制都可以用下面的规则来描述：基数规则、进位规则、位权规则、运算规则。常用的数制有十进制、二进制、八进制、十六进制。它们的特点如表 1–2 所示。

表 1–2　四种数制的特点比较

规则＼数制	二 进 制	八 进 制	十 进 制	十六进制
进位	逢二进一	逢八进一	逢十进一	逢十六进一
基数	R=2	R=8	R=10	R=16
数符	0,1	0,1,…,7	0,1,…,9	0,1,…,9,A,B,C,D,E,F
位权	2^i	8^i	10^i	16^i
表示	B	O	D	H

例如，$(256.15)D=2\times10^2+5\times10^1+6\times10^0+1\times10^{-1}+5\times10^{-2}$

$(1101)B=1\times2^3+1\times2^2+0\times2^1+1\times2^0$

3. 数制之间的转换

在计算机内部的运算采用二进制数，但人们的习惯是十进制数，为了方便，在输入和输出采用十进制数，由计算机完成二进制与十进制之间的转换。这就需要了解不同数制间的转换问题。表 1–3 所示为常用计数制数之间的对应关系。

表 1–3　常用计数制数之间的对应关系

十 进 制	二 进 制	八 进 制	十六进制
0	0000	0	0
1	0001	1	1
2	0010	2	2
3	0011	3	3
4	0100	4	4
5	0101	5	5
6	0110	6	6
7	0111	7	7
8	1000	10	8
9	1001	11	9
10	1010	12	A
11	1011	13	B
12	1100	14	C
13	1101	15	D
14	1110	16	E
15	1111	17	F

（1）R 进制转换为十进制

方法：按权展开求和

基数为 R 的数值，只需将各位数字与相应的权值相乘，再将其积相加后，各数就是对应的十进制值。

【例 1】二进制转换为十进制。

$(110101.0101)B=1\times2^{5}+1\times2^{4}+0\times2^{3}+1\times2^{2}+0\times2^{1}+1\times2^{0}+0\times2^{-1}+1\times2^{-2}+0\times2^{-3}+1\times2^{-4}$

$=(53.3125)D$

【例 2】八进制转换为十进制：

$(3506.2)O=3\times8^{3}+5\times8^{2}+0\times8^{1}+6\times8^{0}+2\times8^{-1}=(1862.25)D$

【例 3】十六进制转换为十进制。

$(71.E)H=7\times16^{1}+1\times16^{0}+E\times16^{-1}=(113.875)D$

各种数制转换成十进制的方法：按权展开。

（2）十进制转换为 *R* 进制

将十进制转换为基数为 *R* 的数制时，将其整数部分和小数部分分别加以转换，然后再合并起来即可。

十进制整数部分转换为基数为 *R* 的数制的转换方法为："除 *R* 取余"；十进制小数部分转换为基数为 *R* 的数制转换方法为："乘 *R* 取整"。

当对十进制小数部分连续地乘以 *R* 时，若小数部分最后乘至为零，则转换结束；小数部分也可能永远不能乘至为零，则达到所要求的精度即可。

【例 4】将(215.3125) D 转换为二进制数。

整数部分

除数	被除数	余数	
2	215		
2	107	1	最低位
2	53	1	↓
2	26	1	↓
2	13	0	↓
2	6	1	↓
2	3	0	↓
2	1	1	↓
	0	1	最高位

小数部分

	取整	
0.3125 × 2		
0.6250	0	← 最高位
0.6250 × 2		
1.2500	1	
0.2500 × 2		
0.5000	0	
0.5000 × 2		
1.0000	1	← 最低位

得到：(215) D＝(11010111) D。

得到：(0.3125) D＝(0.0101) B

将整数部分和小数部分合并在一起，得到：(215.3125) D＝(11010111.0101) B。

【例 5】将十进制数(125.275)D 转换成十六进制数。

方法：整数部分除 16 取余法，小数部分乘 16 取整法。

整数部分

除数	被除数	余数
16	125	
16	7	D ↑
	0	7 ↑

小数部分

	取整
0.275×16=4.4	4 ↓
0.4×16=6.4	6 ↓

所以，(125.275)D=(7D.46)H。

（3）二进制、八进制、十六进制的相互转换

二进制、八进制、十六进制之间的相互转换在实际应用中是需要加以掌握的。例如，计算机中的许多设备参数设置值往往是用十六进制表示的，用户便需要对其加以转换才容易理解。

由于二、八、十六进制三种数制的权值有以下的内在联系：$2^3=8$，$2^4=16$，也就是说3位二进制相当于1位的八进制数，4位二进制数相当于1位16进制数，因而它们之间的转换便较容易实现。首先我们需要掌握表1-4中所列的各类进制数中基数值的相互对应关系。

二进制、八进制的相互转换：

① 八进制转换为二进制：每位八进制数对应于三位二进制数。

② 二进制转换为八进制：对二进制整数部分从低位向高位分组，每三位一组；小数部分从高位向低位分组，每三位一组，不足补零。然后写出每组对应的八进制基数即可。

【例6】八进制数化为二进制数：(7123.63)O=(?) B

(7123.63)O=(111　001　010　011.110　011)B

基数对应：　7　　1　　2　　3 . 6　　3

【例7】二进制数化为八进制数：(1101101110)B= (?)O

二进制转换为八进制的过程是相似的，也就是上例的逆向过程。

八进制、十六进制的相互转换：

① 十六进制转换为二进制：每位十六进制数对应于四位二进制数；

(1　101　101　110)B= (1556)O

1　5　5　6

② 二进制转换为十六进制：对二进制整数部分从低位向高位分组，每四位一组；小数部分从高位向低位分组，每四位一组，不足补零。然后写出每组对应的十六进制基数即可。

【例8】十六进制数转换为二进制数：(2C1D)H=(?)B

(2C1D)H=(0010　1100　0001　1101)B

2　C　1　D

【例9】二进制数转换为十六进制数：(1101101110)B=(?)H

(11　0110　1110)B=(36E)H

3　6　E

1.2.4 信息的存储与编码

1. 信息的存储

在计算机内部，各类信息均加以二进制编码，然后进行进一步的存储、处理。信息量的大小通过以下所介绍的信息单位加以表示。

（1）位（bit）

位是计算机中最小的数据单位，如二进制数0101100为7位，用bit表示位。

（2）字节（byte）、千字节（KB）、兆字节（MB）、吉字节（GB）、太字节（TB）

八位二进制数称为一个字节，即 1 byte=8 bit，通常用 B 表示字节。字节是信息存储中的最基本单位。由于字节单位还太小，因此又定义了千字节、兆字节、吉字节和太字节几个常用单位，它们之间的数量关系如下：

1 KB=1024 B　　　　1 MB=1024 KB

1 GB=1024 MB　　　　1 TB=1024 GB

（3）字（word）与字长（word length）

字又称计算机字。字是计算机作为一个整体来处理数据的一组二进制数，通常一个字包含一个或多个字节。字长是一个字所包含的二进制数的位数。平时我们所说的 8 位机、16 位机、32 位机、64 位机，就是指字长分别是 8 位、16 位、32 位、64 位的计算机。一般来说，字长越长，计算机处理数据的能力也越强、其性能也越好。计算机的字长取决于数据总线的宽度，数据总线一般由 8、16、32 或 64 根导线和电路组成。

2. 信息的编码

（1）数值数据的编码

计算机能够完成哪些运算呢？计算机能够完成以下运算：

① 算术运算：加（+）、减（-）、乘（*）、除（/）。乘方、开平方根、绝对值等运算都是在基于以上基础。

② 关系运算：大于（>）、等于（=）、小于（<）、大于等于（>=）、小于等于（<=）、不等于（≠）等关系运算。

③ 逻辑运算：与（and）、或（or）、非（not）运算。

从设计的角度考虑，计算机对于每种运算都设计对应的器件，那么 CPU 就太复杂了，成本也将大大地提高。在实际设计中，CPU 内部用于运算的核心部件其实只有一个加法器，只能做加法。减法、乘法、除法都是通过加法来实现的。

现介绍几个基本概念：

- 真值：一个以二进制形式表示的真实值，是一个理想概念下的数值，在计算机中一般无法得到。
- 机器数：一个数值数据以二进制形式保存在计算机内，称为机器数。机器数有两个特点：一是符号数字化，通常最高一位是符号位，“0”表示正数，“1”表示负数，如八位二进制机器数 00000001 表示+1，而二进制机器数 10000001 表示-1；二是其数的大小受机器字长的限制。机器数有固定的位数，具体和机器有关。如现在使用的计算机都是 64 位计算机，那么这个机器数通常是 64 位。机器数分为原码、反码、补码三种表示形式。
- 原码：符号位用“0”和“1”表示正、负，数值部分就是该数的二进制绝对值。
- 反码：将原码中的除符号位的所有位取反，就是反码，但是计算机中正数的反码和原码相同，只有负数才将数值位取反。例如，原码+3 的二进制数(00000011)B 对应的反码还是(00000011)B，而原码是-3 的二进制数(10000011)B 对应的反码是(11111100)B。
- 补码：在补码表示中，正数的补码表示和原码相同，负数的补码是在反码的最低有效位上加 1，用$[x]_{补}$表示。

补码在计算机中具有重要的意义，正因为有补码，计算机可以将减法运算用加法运算来代替，使得 CPU 只要有加法器就可以进行算术运算。补码到底有什么意义呢？实际上补码的计算和位数有关，或者说和表示数据的权值有关。

例如，6 的十进制的权是 10，所以 6 的补码是 10–6=4，也就是说 4 是 6 的补码，也可以说 6 是 4 的补码，现在用加法来完成减法运算，如 8–6=2，将所有的数都用补码表示，步骤如下：

8 是正数，所以补码是 8，

–6 的补码是 4，

计算 $8-6=8+[6]_{补}=8+4=12$

因为我们的权值是 10，所以高位 1 去掉，最后的答案是 2。

我们再看一个 2 位数的十进制运算 12–23=–11 怎么用加法来计算呢？在这里的权值是 100。

正数 12 的补码是 12。

[–23]的补码是 100–23=77。

计算：$12-23=12+[23]_{补}=12+77=89$

因为这个答案是负数（注意：这里我们没有对符号进行运算，权且认为是负数），所以还要对 89 再取补码，$[89]_{补}=100-89=11$，所以最后的结果是–11。

再例如二进制的补码运算，为了简单，选取二进制的位数是 4 位，这样便于计算权值。例如，要计算 12–4，对应的二进制机器数原码为：01100–00100，可以认为是 01100+10100；这里最高位是符号位，现在使用补码进行运算，步骤如下：

$[01100]_{补}$还是 01100（正数的补码和原码是一样的）.

$[10100]_{补}$怎么求呢？因为是 4 位二进制，所以权值是 16，所以$[-4]_{补}=16-4=12$，对应的二进制是 1100，所以$[-4]_{补}$对应 11100，最高位是符号位。注意补码 1100 正好是 0100 取反加 1 的结果，所以二进制的补码计算可以使用取反加 1 的方法来计算，符号位不变。

计算：01100+11100

```
    0 1 1 0 0
 +) 1 1 1 0 0
 ─────────────
    0 1 0 0 0
```

显然，最后的符号位为 0，被进位修改了，这是一个正数，答案正好是 8，12–4=8。如果是 8–12 的 4 位二进制，01000–00100=01000+10100 的结果会如何呢？+8 的二进制补码 01000，–12 的二进制补码 10100。

计算：8–12 相当于 01000+10100

```
    0 1 0 0 0
 +) 1 0 1 0 0
 ─────────────
    1 1 1 0 0
```

由于最高一位是 1，所以最后的答案还要再取补码得到原码，11100 的补码是 10100，正好是–4。

结论：由上面的例子可以看出，补码的运用大大简化了计算机运算部件的设计，在计算机中只要设计加法器，就可以做加减法运算，而乘除法运算可以用移位运算和加法运算实现。可见计算思维的实际应用价值巨大。

（2）字符型数据的编码

在计算机中，对非数值的信息（如文字、声音等）进行处理时，须对其先进行数字化处理，也即用二进制编码来表示文字和符号等信息。对文字和符号进行二进制编码称为字符编码。字符编码涉及信息在计算机内部的表示、交换、处理和存储等问题，一般都是以国家标准或国际标准加以实行的。

① ASCII 码。ASCII 码是“美国信息交换标准代码”（American Standard Code for Information Interchange）的简称目前国际上最为流行的英文字符信息编码方案。ASCII 码包括 0～9 十个数字、大小英文字母及专用符号等 95 种可打印字符，另外还有 33 种控制字符（如回车符、换行符等），如表 1-4 所示。

表 1-4　七位 ASCII 代码表

$D_6D_5D_4$ / $D_3D_2D_1D_0$	000	001	010	011	100	101	110	111
0000	NUL	DLE	SP	0	@	P	`	p
0001	SOH	DC1	!	1	A	Q	a	q
0010	STX	DC2	”	2	B	R	b	r
0011	ETX	DC3	#	3	C	S	c	s
0100	EOT	DC4	$	4	D	T	d	t
0101	ENQ	NAK	%	5	E	U	e	u
0110	ACK	SYN	&	6	F	V	f	v
0111	BEL	ETB	’	7	G	W	g	w
1000	BS	CAN	(	8	H	X	h	x
1001	HT	EM	)	9	I	Y	i	y
1010	LF	SUB	*	:	J	Z	j	z
1011	VT	ESC	+	;	K	[	k	{
1100	FF	FS	,	<	L	\	l	|
1101	CR	GS	–	=	M	]	m	}
1110	SO	RS	.	>	N	^	n	～
1111	SI	US	/	?	O	_	o	DEL

ASCII 码有以下几个编码特点：

- ASCII 码中的每个字符用 7 位二进制表示，其排列次序为 $D_6D_5D_4D_3D_2D_1D_0$；而在计算机内部一个字符实际占用 8 位二进制位，其最高位 D_7 为“0”。在数据传输过程中需要奇偶校验时，D_7 可用作校验位。例如，大写英文字母 Z 的 ASCII 码为 1011010，而空格键 SP 的 ASCII 码为 0100000，转换为十进制的编码值为 32。
- ASCII 码是 128 个字符所组成的字符集。其中编码值 0～31（0000000～0011111）是不可印刷的符号，通常称为控制符，也即用于计算机通信中的通信控制或对计算机设备的功能控制。编码值 32 是空格字符 SP，编码值为 127（1111111）是删除控制 DEL 码，其余 94 个字符为可印刷字符。
- 阿拉伯符号 0～9 的高 3 位编码为 011，低四位编码为 0000～1001，低四位的二进制形式就是 0～9 的对应，这既有利于排序需要，又有利于在 ASCII 码与二进制码之间的转换。

- 英文字母的 ASCII 码值满足正常的字母排序要求，大小写字母的编码差别仅在于 D_5 位的值为 0 还是为 1，这有利于大小写字母之间的编码转换。

② EBCDIC 码。EBCDIC 码（Extended Binary-Coded Decimal Interchange Code，扩展的二-十进制交换码）主要用在 IBM 公司的计算机中，该码采用 8 位二进制表示，因此有 256 个编码状态。

（3）中文信息编码

在计算机中，为了解决汉字的输入、处理及输出问题，设计了三套对应的汉字编码方案，分别为输入码、机内码、输出码。

① 输入码。汉字编码就是给汉字规定一种便于计算机识别的代码，使每一个汉字唯一地对应于一个数字串或符号串，从而把汉字输入计算机。输入码主要有四种编码方式：数字码、音码、形码、音形码。根据输入码输入到计算机的字符还要转换成机内码，计算机才能够对字符进行处理。

- 数字码：汉字数量大、字形结构复杂、同音字和异体字多，对其编码的复杂程度比字符编码大得多，又由于一个字节中最多可以表示 256 个编码，因此一个字节无法表示众多的汉字编码。因为两个字节最多可以表示 65 535 个字符，所以，汉字编码采用双字节保存，即一个汉字用两个字节来表示。目前通用的汉字编码有两种：国标码（GB—2312—1980），即简体字的标准编码；大五码（BIG 5）是台湾制定的汉字编码方法，类似于大陆的国标码，主要用于繁体字的表示；四角号码编码是新华字典中使用的编码方法。

国标码是国家标准汉字编码的简称（Chinese Character Standard Exchange Code）。为了解决汉字的编码问题,国家标准局于 1980 年公布了标准汉字编码,其标准号为 GB 2312—1980，在此标准中共含有 7 445 个，其中 6 763 个简化汉字，还有西文字母、数字、标点符号等 682 个非汉字符号。国标码规定一个汉字由 2 个字节代码表示，每个字节只使用低 7 位，最高位都置 0，共计可表示 $2^7 \times 2^7=16\ 384$ 个汉字。

在国标 GB 2312—1980 中，国标码除了用双七位二进制表示外，还可以表示为区位码的形式。国标码采用每个字符用两个字节的低 7 位表示，由于每个字节有 34 种字符起控制作用，所以每个字节只能表达 128-34=94 个编码，两个字节可以表示 94 × 94=8 836 种不同的字符。

四角号码编码，采用新华字典中的四角号码的方式，将一个汉字的四个角笔画的数字编码，组成了一个汉字对应的数字编码。

- 音码：音码是依据汉字读音的编码，现在常用的拼音输入法有搜狗输入法、紫光输入法、Google 输入法、拼音输入法，这些输入法比早期微软操作系统自带的拼音输入法有很大的便利性，一般都具有词语简拼、联想、记忆、专用词汇等功能，大大方便了人们的输入个性习惯。
- 形码：形码是根据汉字的字形进行编码，最典型的有新华字典的部首，五笔字型编码、表形码等。
- 音形码：将汉字的拼音和字形合起来进行编码的方式为音形码，主要有二笔码等。这种输入方式没有被广泛地使用。

② 机内码。汉字内码是在设备和信息处理系统内部存储、处理、传输汉字信息时所使用的汉字代码。由于汉字数量多，用一个字节的信息量无法区别所有的汉字，需要用两个字节来存放汉字的内码，两个字节共有 16 个二进制位，即 2^{16}=65 536，也就是说两个字节的内码可区别 65 536 个不同的汉字，这足以满足实际应用的需要了。

目前汉字的内码一般是将国标 GB 2312—1980 交换码中两个字节的最高位分别置为 1 而得到，以便和英文的 ASCII 码进行区别。所以汉字的机内码=国标码+（8080）H，如汉字“啊”的内码为（B0A1）。

③ 输出码。为解决汉字的输出问题，人们研制了汉字字模库（简称字库）。字模是汉字字库中存放的汉字字形，在计算机中常用两种方法：用点阵字形和轮廓字形来描述汉字的字形。汉字的字形码就是用于显示和打印汉字字形信息的编码。

汉字的字库包含了每一个汉字的字形码。用输入码将汉字输入计算机，计算机再通过软件从中取出汉字的字形码，然后显示或打印出来。

- 点阵字形。每个字形都以一组排成方阵的二进制数字来表示一个汉字，有笔画覆盖的地方用 1 表示，没有的用 0 表示。16×16 点阵字形就是用 16 行 16 列的 256 个点表示汉字的字形，如汉字“三”就可用图 1-25（a）的点阵图形来表示，而汉字“梅”的 216×222 的点阵图形如图 1-25（b）所示。

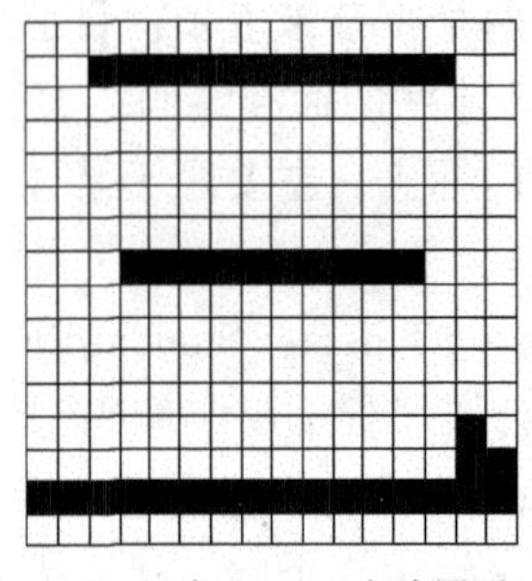

（a） 汉字 16×16 点阵图形

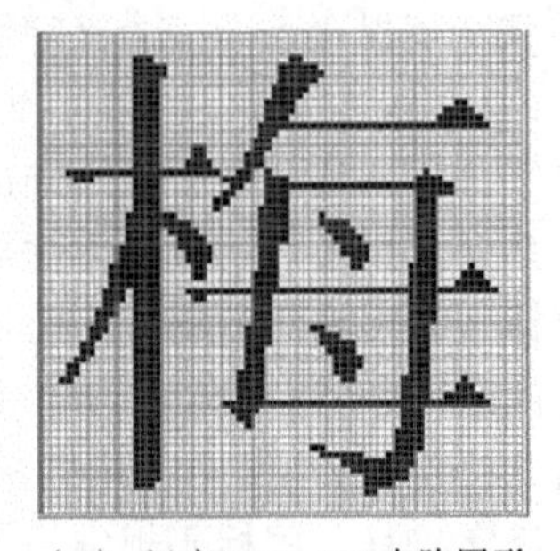

（b） 汉字 216×222 点阵图形

图 1-25 汉字点阵图形

目前，我国已制订了国标一级和二级汉字的 16×16、24×24、32×32、48×48、64×64 和 128×128 的点阵字形标准，可输出几十种字体的大小汉字。常用的几种汉字点阵类型的参数见表 1-5。

点阵的点数越多，输出的汉字就越精确美观，但所占用的存储空间就越大。常见的点阵字体有 bdf、pcf、fnt、hbf 等格式。

表 1-5 汉字的点阵类型

点阵类型	点阵参数（行×列）	每个汉字的字节数
简易型	16×16	32B
普及型	24×24	72B
提高型	32×32	128B
精密型	48×48	288B

【例 10】计算一个汉字用 48×48 点阵显示所使用的存储空间。

由于一个汉字使用了方阵来表示，这个方阵用了 48×48 位二进制，所以共占用

48 × 48 ÷ 8 = 288 个字节来表示。

要实现近 8 000 个常用汉字和符号的显示和打印，字库要占很大的存储空间。如 48 × 48 点阵的汉字库就需要约 2.2 MB 的存储空间。

点阵字库最大的缺点是占用较大的存储空间，且点阵字体很难进行放大，一旦放大后就会发现文字边缘的锯齿。特定的点阵字体只能清晰地显示在相应的字号下。

- 轮廓字形。轮廓字形的表示方法就是把汉字或符号的笔画轮廓用一组直线段或曲线段描述。其优点是占用存储空间小，字形质量高，当它无级放大或缩小及其他字形变化时，其笔画轮廓仍然能保持圆滑。如 Windows 中的 TrueType 字库采用的就是典型的轮廓字形表示方法。

Windows 使用的字库也为以上两类，在 FONTS 目录下，如果字体扩展名为 FON，表示该文件为点阵字库，扩展名为 TTF 则表示轮廓字库。点阵字库文件的图标为一个红色的“A”，轮廓字库图标是两个“T”或“O”。

1.2.5 逻辑思维与计算

逻辑问题是人们生活和工作中经常碰到的问题，有思维活动的地方，就会有逻辑，人们要获得正确的认识，就必须正确地进行思维。逻辑是研究推理的学科，利用数学方法来研究推理的规律称为数理逻辑，计算机正是运用数理逻辑的方法解决逻辑问题。

有一个比较著名的例子——理发师悖论。某地有一位理发师宣布：“只给不自己刮胡子的人刮胡子。”由此就产生了一个一个问题：理发师究竟给不给自己刮胡子？如果他给自己刮胡子，那他就是给自己刮胡子的人，按前面宣布的原则，他是不该给自己刮胡子的。但是如果他不给自己刮胡子，那他又应该给自己刮胡子，这样就产生了矛盾。所以，人在抽象思维方面是有缺陷的，逻辑学帮助人们解决这些问题。

那么，计算机是如何来解决逻辑问题的呢？因为计算机只能进行二进制运算，显然，计算机要解决逻辑问题，就必须将逻辑问题能用二进制的数值进行表示，下面的例子说明用计算机如何解决逻辑问题：

【例 11】四位同学中有一位做了好事不留名，表扬信来了，领导问四位同学，是谁做的好事。四位同学的回答如下：

A 说：不是我。

B 说：是 C。

C 说：是 D。

D 说：C 说的不对

已知 3 人说了真话，一个人说的假话，现根据这些信息，找出做好事的人。

人们可以很快判断出是 C 做的好事，而往往采用假设的方法。计算机在解决这类问题的时候同样是采用假设的方法，只是需要将假设变为数值才能计算。下面进行分析和数学建模。

可以将这个问题假设四种情形，即四种状态。

A 做了好事，B 做了好事，C 做了好事，D 做了好事。将四个人说的话对应四种状态去取值，如果某人说的话符合假设，那么就是真，对应值为 1，否则就是假，对应值为 0。

假设 S 是计算和值，X 是假设做好事者，对应的值是 A、B、C、D。可以得到表 1-6。

表 1-6 逻辑分析表

说话的人 做好事者 X	A X≠"A"	B X="C"	C X="D"	D X≠"D"	计算和值 S
A	0	0	0	1	1
B	1	0	0	1	2
C	1	1	0	1	3
D	1	0	1	0	2

由 1-7 逻辑分析表可以得出，做好事的是 C，因为只有假设为 C 的时候，四个人说的话的值相加正好为 3。但是，计算机是如何计算的呢？

根据以上分析，可以列出计算式：

S=(X≠"A")+(X="C")+(X="D")+(X≠"D")

只要计算机将上述式子中的 X 的值分别用 A、B、C、D 分别代入，如果某次代入计算的结果为 3，那么假设就是正确的。

假设 X 的值为“C”，代入上述式子

S=("C"≠"A")+("C"="C")+("C"="D")+("C"≠"D")

S=1+1+0+1=3。

由此计算出正确结果。

由此可见，逻辑题是可以通过计算思维，建立数学模型，转换为数值计算，是可以进行逻辑推理的。

1.3 计算机系统

计算机系统由硬件系统和软件系统两大部分组成，二者既有分工，又有合作，它们之间相辅相成，共同使计算机发挥其应有的作用。计算机系统结构如图 1-26 所示。

计算机硬件是软件的基础，任何软件都是建立在硬件基础之上、都离不开硬件的支持。硬件为软件提供使用工具；软件为人们提供使用方法和手段，使人们不必了解机器本身就可以使用计算机。从计算机的功能实现上看，硬件和软件系统构成了一个层次结构，如图 1-27 所示。最内层是被称为硬件的裸机：没有安装任何软件的计算机；接着是操作系统：与硬件直接打交道的软件，是人机接口的桥梁；紧接着是语言处理程序、使用程序、应用程序等。

1.3.1 计算机工作原理

1945 年，冯·诺依曼提出了在数字计算机内部的存储器中存放程序的概念，这是所有现代计算机的范式按这一结构建造的计算机称为存储程序计算机，又称通用计算机，如图 1-28 所示。

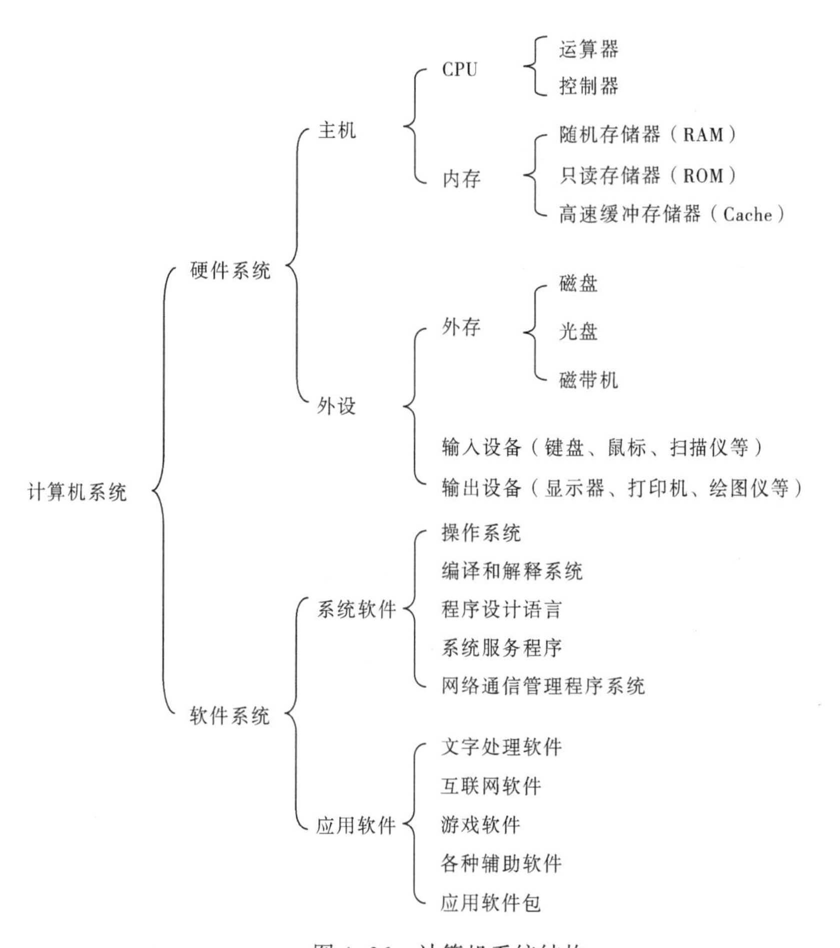

图 1-26　计算机系统结构

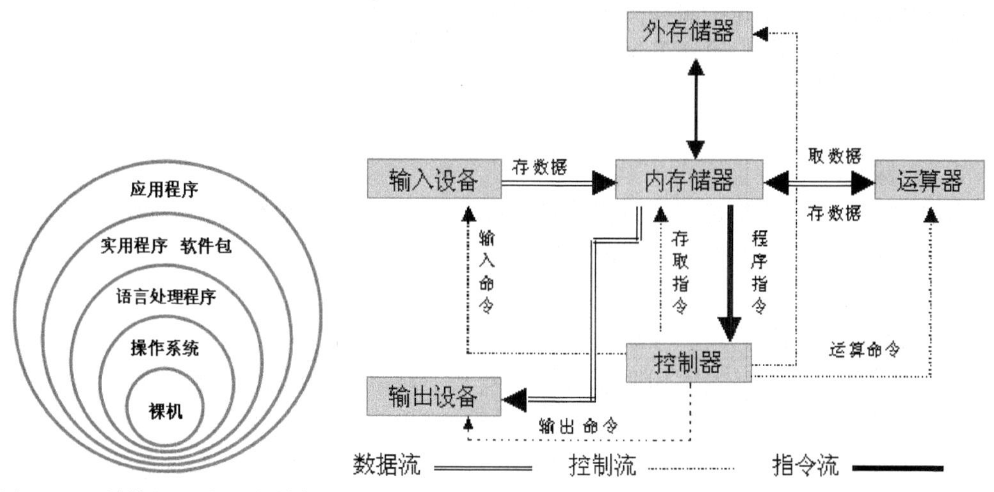

图 1-27　计算机系统层次结构　　　　　图 1-28　计算机基本组成结构

冯·诺依曼的设计思想可以简要地概括为以下 3 条：

① 计算机应包括运算器、控制器、存储器、输入设备和输出设备五大部件。

② 计算机应采用二进制表示指令和数据。

③ 存储程序，即把程序存入内存，计算机不再需要操作人员干预就能自动地执行程序。

“程序控制方式”的具体描述是：将数据和程序用二进制形式（即 0、1 代码串）表示，并把它们存放到计算机的一个称为存储器的记忆装置中，需要时可以把它们读出来，由程序控制计算机的操作。

1.3.2 计算机硬件系统

计算机硬件系统是指构成计算机的所有实体部件的集合，主要由五大部分组成：运算器、控制器、存储器、输入设备和输出设备，各部分在运算时的关系如图 1-28 所示。

计算机五种部件相互配合共同协调工作：用户通过输入设备将命令、程序及数据输入到计算机，控制器发出将数据送入内存的指令，然后向内存发出取指令命令，程序指令被逐条送入控制器，控制器对这些指令进行译码，并根据指令的操作要求，向存储器和运算器发出存、取数命令和运算命令，经过运算器计算并把计算结果存到存储器。最后，控制器发出取数和输出命令，用户可通过输出设备得到计算结果。

1. 运算器

运算器又称算术逻辑单元（Arithmetic Logic Unit，ALU），是对数据进行加工处理的部件，负责算术运算（加、减、乘、除等）和逻辑运算（与、或、非、异或、比较等）。数据来自内存，运算结果可送到存储器或暂存于运算器内部的寄存器。

2. 控制器

控制器（Control Unit，CU）是对输入的指令进行分析，并统一控制计算机的各个部件完成一定任务的部件，是计算机的指挥系统。它主要由指令寄存器、状态寄存器、译码器、程序计数器、时序电路和控制电路等组成。

控制器的作用是控制程序的执行，具有以下功能：取指令、分析指令、执行指令、控制程序和数据的输入及结果的输出、对异常情况和某些情况请求的处理等。

中央处理器 CPU（Central Processing Unit）是计算机的“大脑”，主要由运算器和控制器两大部件构成，计算机各种数据的处理及计算机各部件的协调工作都是在 CPU 的控制下进行的。

3. 存储器

存储器是实现计算机记忆或暂存数据的部件，用于存放原始数据、中间数据、最终结果和相应的程序等。存储器分为内存储器和外存储器两种。

（1）内存储器

内存储器简称内存，用来存放当前使用的或随时要使用的程序或数据，其存取速度快，但容量有限，可以直接与 CPU 进行数据交换。内存按存储信息的原理分为随机存储器、只读存储器、高速缓冲存储器等几种。

① 随机存储器。随机存储器（Random Access Memory，RAM）存储容量小，在计算机运行过程中既可以随时读出也可以随时写入信息。

特点：可读可写，断电后 RAM 中的信息全部丢失。

② 只读存储器。只读存储器（ReadOnly Memory，ROM）在计算机常规工作状态下只能读出但不能写入信息，通常用来存储基本输入/输出系统程序（Basic Input/Output

System，BIOS）。

特点：只能读不能写，断电后 ROM 中的信息不会丢失。

③ 高速缓冲存储器。高速缓冲存储器（Cache）的速度与 CPU 的访问速度相接近，它保存了内存中的指令和部分数据，当 CPU 读写数据时，首先访问 Cache。只有当 Cache 中不含有 CPU 需要的数据时，才去访问 RAM。可提高系统的运行速度。

（2）外存储器

外存储器简称外存，用来存放当前暂时未使用到的程序或数据，存取速度较慢，不能直接与 CPU 交换数据。外存可以永久性地保存数据，在需要时可以将数据读到内存，再与 CPU 交换数据。

外存虽然存取速度比内存慢，但其容量及价格却比内存大得多。

常用的外存主要有硬盘、光盘和移动存储器（如移动硬盘、刻录机、U 盘）等设备。

4. 输入设备

输入设备是将命令、程序及数据输入到计算机的设备，是用户与计算机进行交流的重要部件。通过输入设备，可将输入的信息转换成计算机能识别的二进制代码，送入存储器保存起来。

常见的输入设备有键盘、鼠标、扫描仪、数字化仪、触摸屏、数码照相机、麦克风、手写板等。

5. 输出设备

输出设备是将计算机的处理结果输出的设备，是用户与计算机进行沟通的重要设备。通过输出设备，可将输出的二进制结果转换成便于人们识别的形式。

常见的输出设备有显示器、打印机和绘图仪等。

注意：外存既可以作为输入设备也可以作为输出设备。

1.3.3 计算机软件系统

软件是指计算机系统中各种程序和文档的总称。程序是指挥硬件运行，完成特定功能数据加工处理的指令序列；文档是对程序和数据的有关文字说明或图表资料等。

计算机软件系统包括系统软件和应用软件两类。系统软件位于硬件和应用软件之间，它支持应用软件，具有计算机各种应用所需的通用功能；应用软件是为解决实际问题而开发的专门程序。

1. 系统软件

系统软件指管理、监控、维护计算机资源的软件，主要包括操作系统、编译和解释系统、程序设计语言、系统服务程序和网络通信管理程序系统等。其他软件系统必须在操作系统的支持下才能运行。

（1）操作系统

操作系统（OS）是控制和管理计算机全部硬件和软件资源、方便用户使用计算机的程序集合，是维护计算机运行的必备软件，如 DOS、Windows、MAC OS/X、UNIX 和 Linux 等。

（2）编译和解释系统

编译和解释系统是用来对各种程序设计语言进行翻译，使之能为计算机所执行。

编译方式：将整个程序编译、连接后生成计算机可执行的目标程序。

解释方式：不生成目标程序，对程序按其语句的执行顺序翻译一句、执行一句。

（3）程序设计语言系统

程序设计语言是编写计算机程序的工具，包括机器语言、汇编语言和高级语言 3 类。

① 机器语言：能直接和计算机打交道、由计算机指令格式以二进制编码表达的语言称为机器语言，计算机只“懂”机器语言。

机器语言的特点：无二义性，编程质量高、执行速度快，所占存储空间小，但难读、难记、编程难度大，调试修改麻烦，而且不同型号的计算机具有不同的机器指令系统。

② 汇编语言：一种符号语言，使用助记符来表示二进制的语言。

汇编语言比机器语言好读好写，并保持了机器语言编程质量高、执行速度快、占存储空间小的优点。但汇编语言仍不能独立于计算机，没有通用性。用汇编语言编写的程序必须经过一个称为“汇编程序”的软件翻译成机器语言程序，才能由计算机执行。

③ 高级语言：独立于具体的机器，与计算机指令无关，用接近于人类的语言习惯和数学表达形式，适用于各种计算机、较易被人们所掌握的语言。

因为高级语言是与计算机结构无关的程序设计语言，它具有更强的表达能力，因此，可方便地表示数据的运算和程序的控制结构，能更好地描述各种算法，使用户容易掌握。

高级语言的种类繁多，根据资料显示，当今常用的 10 种高级语言为：Java、C、C++、C#、Python、PHP、Visual Basic Net、JavaScript、Assembly Language、Perl 等。

（4）数据库系统

数据库系统是对数据进行管理的软件系统，只要涉及数据的软件系统设计都要使用数据库系统，常用的数据库系统有 Access、Oracle、SQL Server、MySQL 等，数据库系统分为小型、中型、大型，根据需要配置合适的数据库系统。

（5）系统服务程序

系统服务程序是面向用户的软件，可供用户共享，方便用户使用、管理和维护计算机。如机器的调试程序、故障检查和诊断程序、杀毒程序等。

（6）网络通信管理程序系统

网络通信管理程序系统是通过通信线路连接的硬件、软件与数据集合的计算机系统。硬件除计算机作为网络的结点以外，还有如服务器（也可以是一台计算机），网络适配器、终端控制器以及网络连接器等硬件设备；软件有网络操作系统，网络通信及协议软件，网络数据库管理系统等。

2. 应用软件

应用软件是指利用计算机及其提供的系统软件为解决各种实际问题而编制的软件，它具有很强的专业性和实用性。

常见的应用软件有：文字处理软件（如 Office 2010 等）、互联网软件、游戏软件、各种辅助软件（如计算机辅助设计及辅助教学软件等）、应用软件包（如数值处理软件、统计软件、表格处理软件、图像处理软件、信息管理软件等）、专用软件等。

随着计算机的发展，系统软件与应用软件之间的界限正逐渐被淡化，像 Internet

Explorer（IE）等软件与 Windows 系统结合得比较紧密，它们到底是属于系统软件还是应用软件很难划分。

1.3.4 微型计算机系统

微型计算机又称个人计算机（Personal Computer，PC），按其规模可分为台式机、便携式机（又称笔记本计算机）和掌上型计算机等多种类型。

微型计算机同样由运算器、控制器、存储器、输入设备和输出设备五大部件组成的，而微型计算机的五个基本部件是通过组合的集成电路块或组件实现的，因此，微型计算机包括主机和外设两部分组成。主机箱里有主板、电源、硬盘、光驱、内存等，标准的输入设备有键盘、鼠标等，常用的输出设备有显示器、打印机、音箱等。台式机的外观如图 1-29 所示，它是数量最多、应用领域最广的微型计算机。

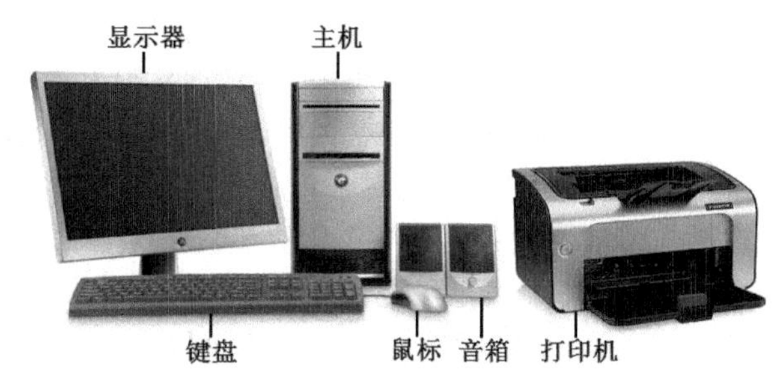

图 1-29 微型计算机的外观

1. 微型计算机硬件配置

基本硬件：主板、光盘存储器、显示器、键盘、鼠标、系统电源等。

可选硬件：扩充内存条、打印机、移动硬盘、U 盘、网卡、声卡、音箱、风扇、麦克风等。

（1）主板

主板又称主机板、系统板、母板，是一块比较大的电路板，是微型机系统的主体和控制中心，它集合了计算机系统的全部功能。主板上主要由以下部分构成。

① 芯片组。芯片组（Chipset）是主板的核心组成部分，其作用是在 BIOS 和操作系统的控制下，按所规定的技术标准和规范，为计算机系统建立可靠的运行环境。按照在主板上的排列位置的不同，通常分为北桥芯片和南桥芯片。北桥芯片提供对 CPU 的类型和主频、内存的类型和最大容量、ISA/PCI/AGP 插槽、ECC 纠错等支持。南桥芯片则提供对 KBC（键盘控制器）、RTC（实时时钟控制器）、USB（通用串行总线）、Ultra DMA/33（66）EIDE 数据传输方式和 ACPI（高级能源管理）等的支持。其中北桥芯片起着主导性的作用，也称为主桥（Host Bridge）。

② CPU。CPU 插座是主板连接 CPU 的接口，主要是 Slot 及 Socket 系列产品。

在微机中使用的 CPU 也称微处理器（MPU），由运算器、控制器等组成。随着大规模集成电路的出现，微处理器的所有组成部分都集成在一块半导体芯片上，用塑料等材料封装起来。目前计算机使用的微处理器主要是美国 Intel 公司和 AMD 公司产品，由于微处理器的发展遵循的摩尔定理面临极限，微处理向多核发展已成趋势。图 1-30 为 CPU。

图 1-30 CPU

CPU 的主要性能指标：

- 字长：CPU 在单位时间内能一次处理的二进制数的位数叫字长，单位为位（bit）。能处理字长为 8 位数据的 CPU 通常就叫 8 位的 CPU，同理 64 位的 CPU 就能在单位时间内处理字长为 64 位的二进制数据。目前使用的计算机有 32 位和 64 位计算机。更长的字长是 CPU 发展的一个趋势。通常字长越长，计算机的运算能力也越强，其计算精度也越高。

CPU 质量的高低直接决定了一个计算机系统的档次。CPU 可以同时处理的二进制数据的位数是最重要的一个品质标志。人们通常所说的 16 位机、32 位机就是指该微机中的 CPU 可以同时处理 16 位、32 位的二进制数据。现在常用的主流计算机已经是 64 位，甚至达 128 位。

- 运算速度：也称为计算机的平均运算速度，指 CPU 每秒所能执行指令的条数。单位是“次/秒”。
- 主频：又称时钟频率，CPU 在单位时间内产生的时钟脉冲数，可用来表示 CPU 的运算速度，单位有 MHz 和 GHz。CPU 的时钟频率越高，其运算速度越快。
- 外频：是 CPU 的基准频率，又称系统总线频率或主板频率，单位是 MHz。
- 倍频：CPU 的主频与外频之间存在着一个比值关系，这个比值就是倍频系数，简称倍频。倍频技术可使系统总线工作在相对较低的频率上，而 CPU 速度可以通过倍频来无限提升。注意倍频是以 0.5 为一个间隔单位。CPU 主频的计算方式：主频＝外频×倍频。当外频不变时，提高倍频，CPU 主频也就越高。

一个 CPU 默认的倍频只有一个，主板必须能支持这个倍频。因此，在选购主板和 CPU 时必须注意这点，如果两者不匹配，系统就无法工作。此外，现在 CPU 的倍频很多已经被锁定，无法修改。

- 内部缓存（Cache）：又称一级缓存（L1 Cache），它由 SRAM 制作，封装于 CPU 内部，存取速度与 CPU 主频相同。内部缓存容量越大，则整机工作速度也越快。一般容量单位为 KB。
- 二级缓存（L2 Cache）：集成于 CPU 外部的高速缓存，存取速度与 CPU 主频相同或与主板频率相同，容量单位一般为 KB 或 MB。
- MMX（Multi-Media extension）指令技术：增加了多媒体扩展指令集的 CPU，对多媒体信息的处理能力可以提高约 60%。
- 3D 指令技术：增加了 3D 扩展指令集的 CPU，可大幅度提高对三维图像的处理速度。

③ 内存插槽、扩展槽及内存条。

- 内存插槽：一般有 2～4 条的内存插槽，其规格各有不同，可在扩展槽对内存进行扩展。

目前主板上用来固定内存条的槽主要有两种，一种是 DIMM 槽，另一种是 SIMM 槽。

以前曾有过 DIP 和 SIP 型的内存，它们都是插拔式的，容易造成损伤，现在已被淘汰。现在奔腾以上的主板都会提供 DIMM 槽，它是 168 线，用来安装 SDRAM。现在能够看到的 SIMM 槽都是 72 线的，通常是 4 个，如图 1-31 所示。

- 内存条：主要有 SDRAM、DDR SDRAM、RDRAM、DDR 等四种类型。

SDRAM（Synchronous DRAM）即“同步动态随机存储器”。SDRAM 内存条的两面都有金手指，是直接插在内存条插槽中的，因此这种结构又称“双列直插式”，英文名叫DIMM，如图 1-32（a）所示。目前绝大部分内存条都采用这种 DIMM 结构。

DDR SDRAM（简称 DDR）是采用了 DDR（Double Data Rate SDRAM，双倍数据速度）技术的 SDRAM，与普通 SDRAM 相比，在同一时钟周期内，DDR SDRAM 能传输两次数据，而 SDRAM 只能传输一次数据。从外形上看 DDR 内存条与 SDRAM 相比差别并不大，它们具有同样的长度与同样的引脚距离。只不过 DDR 内存条有 184 个引脚，金手指中也只有一个缺口，而 SDRAM 内存条是 168 个引脚，并且有两个缺口，如图 1-32（b）所示。根据 DDR 内存条的工作频率，它又分为 DDR200、DDR266、DDR333、DDR400 等多种类型：与 SDRAM 一样，DDR 也是与系统总线频率同步的，不过因为双倍数据传输，因此工作在 133 MHz 频率下的 DDR 相当于 266 MHz 的 SDRAM，于是便用 DDR266 来表示。

RDRAM（Direct Rambus DRAM）即存储器总线式动态随机存储器，是 Rambus 公司开发的一种新型 DRAM，是将所有的接脚都连结到一个共同的 Bus，这样不但可以减少控制器的体积，也可以增加资料传送的效率。从外观上来看，RDRAM 内存条与 SDRAM、DDR SDRAM 内存条有点相似。从技术上来看，RDRAM 是一种比较先进的内存，但由于价格高，在市场上普及不是很实际。如今的 RDRAM 已经退出了普通台式机市场，如图 1-32（c）所示。

DDR（Double Data Rate Synchronous DRAM），中文含义为同步双倍速率动态随机存储器。DDR 存储器现已发展到第 4 代，现通常使用的是 DDR3 和 DDR4，主要区别在于存取数据的频率 DDR4 更高，如图 1-32（d）所示。

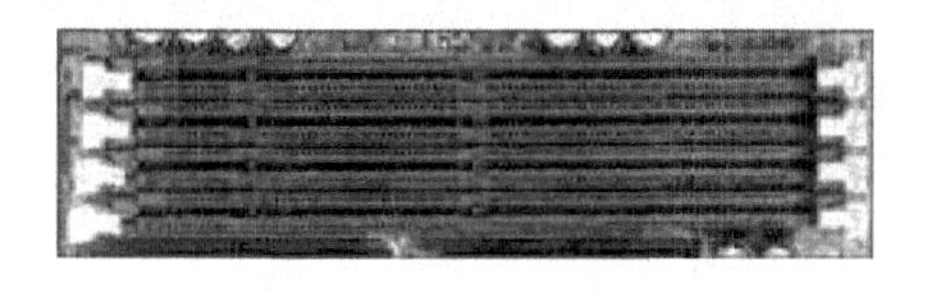

（a）DIMM 槽

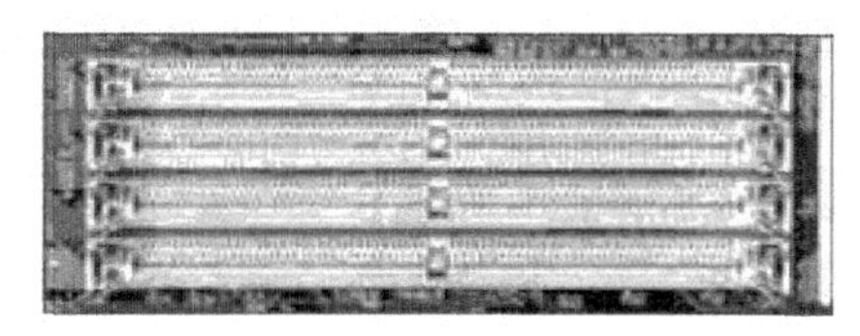

（b）SIMM 槽

图 1-31　内存插槽

（a）SDRAM 内存条

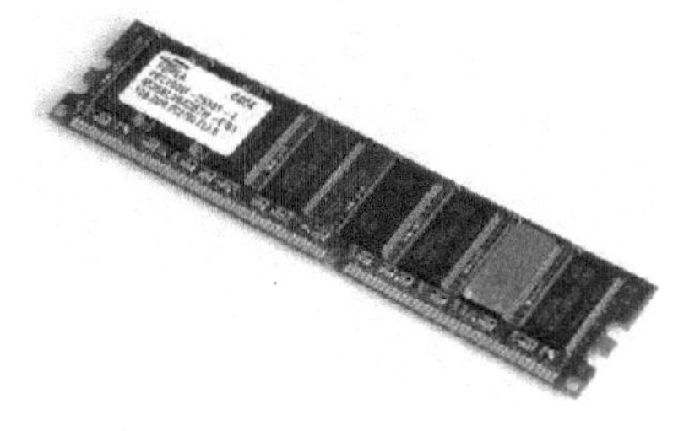

（b）DDR SDRAM 内存条

（c）RDRAM 内存条

（d）DDR 内存条

图 1-32　内存条

④ CMOS。一块 RAM 芯片，具有保存数据的功能，所保存的数据包括计算机系统的硬件配置信息和用户对系统设定的参数。

⑤ BIOS。计算机的基本输入/输出系统，包含硬件初始化程序、硬件中断和服务请求、操作系统的载入、设置 CMOS 内容等。

⑥ 电源插座及电源。电源插座是连接电源的接口，电源如图 1-33 所示。

图 1-33　电源

⑦ 总线。CPU、存储器和输入、输出设备之间的信息是通过总线来传送的，对应的有地址总线、数据总线和控制总线三种。常用的总线有 ISA、PCI、AGP 三种类型的总线。

⑧ 接口。主要有硬盘、USB 和打印机接口等。

- 硬盘接口：硬盘接口是硬盘与主机系统间的连接部件，作用是在硬盘缓存和主机内存之间传输数据。硬盘接口分为 IDE、SATA、SCSI、光纤通道和 SAS 五种，不同的硬盘接口决定着硬盘与计算机之间的连接速度，在整个系统中，硬盘接口的优劣直接影响着程序的运行快慢和系统性能好坏。
- USB 接口：一种新型的串行接口，规格有 USB 1.1、USB 2.0、USB 3.0 等，支持即插即用，根据其传输速率，可分别适应于移动硬盘、U 盘、数码照相机、Modem、扫描仪、键盘、鼠标等。
- 打印机接口：也叫并行口，主要用于连接打印机、扫描仪、游戏手柄等。
- 键盘、鼠标接口：连接键盘、鼠标的接口。

图 1-34（a）为致铭 ZM-ELG45-GM 主板，它采用绿色 PCB 板设计，基于 Intel 最新的 G45+ICH10 芯片组，Intel Socket 775 酷睿 2 双核和酷睿 2 四核处理器、双核奔腾处理器和赛扬处理器，支持前端总线为 1333 MHz。其整合的 GMA 4500 显示核心支持 DirectX 10。图 1-34（b）为一块普通的主板。

（a）致铭 ZM-ELG45-GM 主板

（b）普通主板

图 1-34　主板

⑨ 接口卡。接口卡是一块印刷电路板，是系统 I/O 设备控制器功能的扩展和延伸，因此也称扩展卡或功能卡。通过接口卡使主机和外设之间相互联系。常见的接口卡有声卡、显示卡、网卡和多功能卡等。

- 声卡：声卡是插在计算机主板上的一块电路卡，有缓冲存储器和控制器等芯片，负责对声音的输入/输出进行控制，如图 1-35（a）所示。

- 显示卡：显示卡又称显示适配器，上面有显示内存和控制器等芯片，显示器与 CPU 之间由显示卡通过总线连接。显示卡将计算机要显示的信息转换成显示器能够接受的形式，以供显示器显示，如图 1-35（b）所示。

早期的显示卡只能显示黑白两种颜色，可显示字符但不能显示图形。随后出现的 CGA 彩色显示标准，也只能显示四种颜色且分辨率不高。后来曾流行的 VGA 显示卡，分辨率和显示颜色数有了较大的提高。

显示卡上的性能指标主要包括：显示分辨率、颜色数以及各种三维图形运算技术的支持程度等方面，其中分辨率指的是显示屏幕上图像元素，也称像素的数量，它等于水平方向像素的个数 × 垂直方向像素个数。常见的分辨率有以下几种规格：视频图形阵列（VGA）640 × 480 像素，超级视频图形阵列（SVGA）800 × 600 像素，增强图形阵列（XGA）1024 × 768 像素等。目前使用的 PCI 总线和新一代的 AGP 总线显示卡，支持高达 1600×1200 像素的分辨率和 16M 种颜色，尤其是 AGP 显示卡，还增强了 3D 图像的处理功能。

- 网卡：它是连接计算机与网络的硬件设备。计算机通过网卡接入网络，实现数据通信。在计算机网络中，网卡一方面负责接收网络上的数据包，通过和自己本身的物理地址相比较决定是否为本机应接信息，解包后，将数据通过主板上的总线传输给本地计算机，另一方面将本地计算机上的数据打包后送到网络上。日常使用的网卡都是以太网网卡。按其传输速度来分可分为 10 Mbit/s 网卡、10 / 100 Mbit/s 自适应网卡以及千兆（1 000 Mbit/s）网卡等，如图 1-35（c）所示。

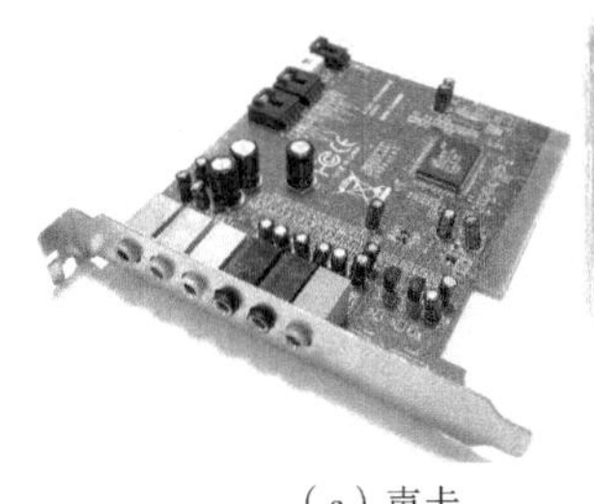

（a）声卡

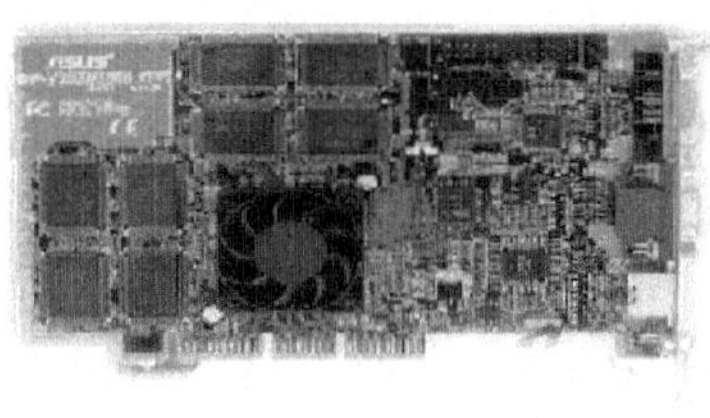

（b）显示卡

（c）网卡

图 1-35　接卡

- 多功能卡。如 SCSI（Small Computer System Interface）接口卡，把硬盘、光驱、打印机等设备的接口集成在一块 SCSI 接口卡上，CPU 可以通过 SCSI 接口卡高速访问外围设备。SCSI 具有高速和多任务的特点，适合于运行多媒体程序。

主机箱内一般安装有主机板、系统电源、硬驱、光驱、电源线和数据线等。

（2）硬盘存储器

硬盘存储器简称硬盘，由多个表面涂有磁性介质的金属盘片组成，并由磁头同时读写。盘片、磁头和磁盘的读写装置一起被永久性地密封固定在硬盘驱动器中。硬盘如图 1-36 所示。

图 1-36　硬盘

一般情况下，一块硬盘可以被划分为几个逻辑盘，分别用盘符“C:”“D:”“E:”等表示。

硬盘按盘径大小可分为 3.5 英寸（1 英寸=0.025 4 m）、2.5 英寸、1.8 英寸等，目前大多数微机使用的硬盘是 3.5 英寸的。硬盘的设计趋向为大容量小型化方向。

一个硬盘可由多个盘片组成，每张盘片的每一面都有一个读写磁头。使用硬盘时，要对盘片格式化成若干个磁道（称为柱面），每个磁道再划分为若干个扇区。硬盘容量：磁头数×柱面数×每道扇区数×每扇区字节数（512 B）。

硬盘的容量是以 MB 和 GB 为单位的，早期的硬盘容量低下，1956 年 9 月 IBM 公司制造的世界上第一台磁盘存储系统只有 5 MB，而现今硬盘技术飞速的发展，使得数百吉字节容量的硬盘也进入到家庭用户中。硬盘的容量有 200 GB、320 GB、500 GB、1 000 GB、1 500 GB。随着硬盘技术的继续向前发展，更大容量的硬盘还将不断推出。生产硬盘的著名公司有希捷（Seagate）、迈拓（axtor）和西部数据（Western Digital）等。

（3）光盘存储器

光盘存储器是一种利用激光技术存储信息、在盘式介质上非接触性地记录高密度信息的新型存储设备，由光盘片、光盘驱动器和光盘控制器组成，图 1-37 所示为光盘及光盘驱动器。

图 1-37　光盘、CD 光盘驱动器及 DVD 光盘驱动器

光驱的一个重要技术指标是“倍速”，它是以基准数据传输率 150 kbit/s，即平均每秒传输 150 千位来计算的。单倍速（1X）光驱是指每秒光驱的读取速率为 150 kbit/s，同理，双倍速（2X）就是指每秒读取速率为 300 kbit/s。常见的光驱倍速有 32、40、44、48、50、56 等，如 44X 的数据传输速率是 150 kbit/s×44=6 600 kbit/s。

光盘存储器的主要特点是存储容量大，一张光盘至少可以存储 650 MB 以上的数据；成本低，一张 CD-ROM 光盘的成本不到 1 元钱；可靠性高，一般情况下光盘中的数据可以保存 10 年以上；兼容性好，由于光驱的标准化打破了计算机种类的限制，光盘可以在所有光驱上工作，注意有 CD 和 DVD 之分；高传输率；体积小、携带方便等。

光盘存储器有 CD 和 DVD 两类。

① CD 光盘存储器。CD 光盘主要有以下三种：

- CD-ROW：只读型光盘（Compact Disk-Read Only Memory），它的特点是只能写一次，而且是在制造时由厂家预先写入信息（微机上使用刻录机也可写入）。写好后的信息永久保存在光盘上，用户只能读取，不能修改和写入。CD-ROM 最大的特点是存储容量大，一张 CD-ROM 光盘，其容量为 650 MB 左右。CD-ROM 适合于存储容量固定、信息量庞大的内容。CD-ROM 非常适合存储百科全书、技术手册等信息量庞大的文献资料。配合多媒体计算机，还可以存储音像制品、辅助教学软件以及游戏软件等。
- WORM：一次写入型光盘（Write Once Read Memory，WO），这是一种一次写、多次读的光盘。可由用户写入数据，但只能写一次，写入后不能擦除修改。WORM

光盘无法被改写的特点使其具有极高的安全性，它为那些需要用久性存储信息，而又不准任何人擦除或更改的用户（如银行、证券交易所、保险公司、档案馆、博物馆、图书馆、医院、出版社、新闻机构、政府机关及军事部门）提供了一种最佳的信息载体解决方案。

- MO 也称 CD-RW：可擦写型光盘（Magnetic Optical），能够重写的光盘，允许用户任意进行读写操作。它的操作与硬盘完全相同故称磁光盘。拥有了 CD-RW 刻录机相当于在计算机上多了一个活动硬盘。利用 CD-RW 的可重复读写的特性，通过刻录软件就可以将刻录机当作大容量软盘或者活动硬盘来使用，将一些重要的、需要保密的数据保存在 CD-RW 上，当离开计算机时还可以将 CD-RW 盘片带走。MO 磁光盘具有可换性、高容量和随机存取等优点，但速度较慢，一次投资较高。现已淘汰。

常用的是只读型光盘 CD-ROM。

② DVD 光盘存储器。DVD（Digital Video Disc）光盘即数字视频光盘，是一种超大容量的光盘，外尺寸与 CD-ROM 光盘相同，但容量是 CD-ROM 的 9 倍或以上。采用单面单层结构、单面双层结构时，容量分别为 4.7 GB、8.5 GB；采用双面双层结构时，容量为 17 GB。它主要用于存储音乐、电影等数据。

（4）移动存储设备

大容量可移动存储设备的推出是 PC 发展的重要因素之一，随着 USB 技术的不断发展，支持即插即用的接口技术开拓了其使用途径。移动存储设备具有容量大、尺寸小、数据传输速度快、兼容性好、携带方便等特点。目前常用的有移动硬盘、U 盘等，如图 1-38 所示。

图 1-38　移动硬盘、U 盘

（5）键盘（keyboard）

键盘是一种字符标准输入设备，主要用于输入数字、英文字母、标点符号等，也可以通过编码（如区位码、拼音码、五笔字型码等）的方式输入汉字或其他文字。键盘是计算机输入设备的基本配置，用户的各种命令、程序和数据都可以通过键盘输入计算机。键盘上有打字键区、功能键区、编辑键区和数字键区等。每个按键都有它的唯一代码，当按下某个键时，键盘接口将该键的二进制代码传送给计算机，并将相应的字符显示在显示器上。常见的有 101 和 102 键盘，一些新式的键盘有 105、107、108 个键，如图 1-39 所示。

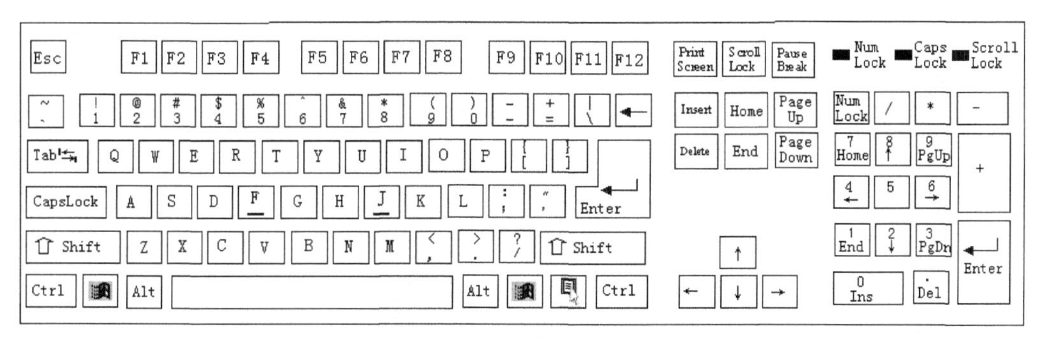

图 1-39　新式键盘

（6）鼠标（mouse）

图 1-40　鼠标

鼠标是一种“指点”式设备，是适用于图形软件界面的常用输入设备，通常用于确定位置或选取目标，有 2 个到 3 个按钮，其按键功能可由用户或由所使用的软件来定义，一般最左边的按键定义为拾取。鼠标如图 1-40 所示。

在光滑、清洁的平面上滑动鼠标时，可以把屏幕上的鼠标指针快速移动到一个新的位置，以便直观地定位或选择相应的功能。常用的鼠标有两种：机械式和光电式。这两种鼠标的区别在于控制原理的不同，光电鼠标要比机械鼠标的定位精确而且故障率低。一些鼠标还增加了滚轮以便用户方便地浏览更多的信息。

（7）显示器

显示器是用来显示字符、图形和图像的标准输出设备，是人机交流的重要设备。显示器一直朝着大尺寸、低成本和高质画面的方向发展。

① 显示器的种类。目前显示器主要有三种，如图 1-41 所示。

（a）CRT 显示器

（a）LCD 液晶显示器

（a）PDP 等离子显示器

图 1-41　显示器

- 阴极射线管显示器（Cathode Ray Tube，CRT）：CRT 显示器的工作原理与电视机相同，在一个真空的显像管中由电子枪发出射线激发屏幕上的荧光粉呈现出彩色的光点，大量光点组成图像，它的特点是技术成熟、价格便宜、色彩丰富、刷新速度快、寿命长、可靠性高，体积大、比较重、功耗大等。

CRT 显示器经历了球面、平面直角和纯平面显示器三个发展阶段。

- 液晶显示器（Liquid Crystal Display，LCD）：液晶显示器是由前后两片无钠玻璃封装而成，在两片玻璃之间充有液晶材料。液晶的物理特性是：当通电时导通，排列变得有秩序，使光线容易通过；不通电时排列混乱，阻止光线通过。液晶显示器的工作原理是利用液晶晶格的方向在电场的作用下发生变化来显示信息。由于液晶显示器是通过反射外来光线来显示，所以液晶显示器只能在有光线的地方使用。

液晶显示器价格较高、刷新速度也比较慢，但是体积小、重量轻、节省能源和辐射小，更适合长时间处理文字内容，而且有利于保护用户的眼睛和身体。

- 等离子显示器（Plasma Display Panel，PDP）：等离子显示器是一种利用气体放电的显示装置，这种屏幕采用了等离子管作为发光元件。大量的等离子管排列在一起构成屏幕。每个等离子对应的每个小室内都充有氖氙气体。在等离子管电极间加上高压后，封在两层玻璃之间的等离子管小室中的气体会产生紫外光，从而激励平板显示器上的红绿蓝三基色荧光粉发出可见光。每个离子管作为一个像素，由这些像素的明暗和颜色变化组合，产生各种灰度和色彩的图像，与显像管发光相似。等离子显示器是大屏幕显示器的主要品种，它可以实现大屏幕显示。

等离子显示器具有以下比较突出的特点：高亮度、高对比度；纯平面图像无扭曲；超薄设计、超宽视角；具有齐全的输入接口，可接驳市面上几乎所有的信号源；具有良好的防电磁干扰功能；环保无辐射；散热性能好，无噪声困扰等。

② 显示器的性能指标。

- 像素：由红、绿、蓝 3 个荧光点组成一个像素，它是显示图像的最小单位。三原色发光强弱不同，就可产生一个不同亮度和颜色的像素。
- 点距：点距指像素之间相同颜色的最小距离，单位是毫米。点距越小，显示器显示图形越清晰，显示质量就越好，价格也相对贵一些。

用显示区域的宽和高分别除以点距，即得到显示器在垂直和水平方向最多可以显示的点数。以 14 英寸，0.28 mm 点距显示器为例，它在水平方向最多可以显示 1 024 个点，在竖直方向最多可显示 768 个点，因此最大分辨率为 1 024 × 768 像素。如果超过这个模式，屏幕上的相邻像素会互相干扰，使图像变得模糊不清。

常用点距有：0.31 mm、0.28 mm、0.25 mm、0.21 mm、0.20 mm 等规格，而液晶显示器的点距可以是 0.297 mm。

- 分辨率：是指显示器所能表示的像素个数。像素越密分辨率越高，图像越清晰。分辨率用“横向点数×纵向点数”表示，如分辨率为 1 024×768 时，屏幕上就有 786 432 个像素点，其中 1 024 表示屏幕上水平方向显示的像素数，768 表示垂直方向显示的像素数。显示分辨率越高，显示画面质量就越好。

显示器分为低分辨率显示器（300 × 320 像素以下）、中分辨率显示器（300 × 320 像素以上，600 × 350 像素以下）和高分辨显示器（640 × 480 像素以上）。

- 扫描频率：显示器的扫描频率分为水平扫描频率（行频）和垂直扫描频率（场频）两种。每秒电子束在屏幕上水平扫描过的次数叫行频，它的单位是 Hz，如某显示器的行频是 30～95Hz。类似地，每秒电子束在屏幕上垂直扫描过的次数叫场频，称刷新率，它表示一幅图像每秒刷新的次数，也是以 Hz 为单位，刷新率可以分为 56 Hz、60 Hz、65 Hz、70 Hz、72 Hz、75 Hz、80 Hz、85 Hz、90 Hz、95 Hz、100 Hz、110 Hz、和 120 Hz 等数个档次。水平扫描决定每条扫描线上有多少个像素点，垂直扫描决定了一幅完整画面显示的扫描线数。

刷新率越高，图像越稳定，闪烁感越小。刷新频率越低，图像闪烁和抖动的就越厉害，眼睛疲劳得就越快，有时会引起眼睛酸痛，头晕目眩等症状。刷新率在 70 Hz 以上感觉就比较好。

- 屏幕尺寸：以显示器屏幕对角线长度来衡量，以英寸为单位。显示器的尺英寸越大，屏幕可视区域也越大，价格越贵。常见的有通常家用计算机显示器的屏幕尺寸为 17 英寸和 19 英寸为宜，过大使用并不方便，当然如果有一些特殊用途可以选择更大的显示屏。

（8）打印机

打印机是计算机的主要输出设备，它将计算机的输出信息打印在纸上，以便人们永久保留和阅读。打印机按印字的方式分，可以分为击打式打印机和非击打式打印机两类。击打式打印机通过机械动作撞击色带，使字符印在纸上的打印机属击打式的，如针式打印机；采用喷墨、热敏式静电转印形式而使字符显于纸上的打印机属非击打式，如喷墨打印机和激光打印机。打印机按颜色分为单色打印机和彩色打印机两种。图 1–42 所示为针式打印机、喷墨打印机和激光打印机。

（a）针式打印机

（b）喷墨打印机

（c）激光打印机

图 1–42　打印机

① 针式打印机。针式打印机一般是指点阵针式打印机。这种打印机主要是由打印头、字车机构、色带、走纸装置和控制电路组成。打印头是针式打印机的核心部件，它包括纵向排成单列或双列的打印针、电磁铁等。打印头自左向右逐列移动，通过钢针撞击色带，色带后面是同步旋转的打印纸，从而打印出字符点阵。针式打印机可在普通的纸上打印，也可利用复写纸一次打印多份。

打印头钢针的数目有单列 7 针、9 针或双列 18 针、24 针等。打印质量取决于字符点阵的格式，字符点阵越大，打印质量越高。常见的有 LG 系列、EPSON 系列、AR 系列等。

针式打印机可以打印蜡纸、发票，其优点是价格便宜、结构简单、使用灵活；缺点是打印噪声大、速度慢、打印质量不高。

② 喷墨打印机。喷墨打印机是非击打式打印机，按打印头的工作方式可以分为压电喷墨技术和热喷墨技术两大类型。按照喷墨的材料性质又可以分为水质料、固态油墨和液态油墨等类型的打印机。按喷墨技术分类可以分为连续式和随机式打印机两种。

喷墨打印机是通过喷墨管和喷墨头将墨水喷射到打印纸上输出信息的。喷墨打印机的优点是价格适中、速度快、噪声小，还可在硫酸铜纸上打印以制作幻灯片。缺点是墨水费用、对纸张的要求较高，不能用复写纸同时打印多份，喷墨口难维护。

相片级喷墨打印机就是采用高质量的墨水和纸张、配合高精度的打印机打印出来的图片效果。

③ 激光打印机。激光打印机是一种采用激光和电子照相技术在打印纸上输出信息的非击打式页式打印机。该技术利用激光束扫描光鼓，通过控制激光束的开与关使传感光鼓吸与不吸墨粉，光鼓再把吸附的墨粉转印到纸上而形成打印结果。

激光打印机分辨率很高，有的已达到 2 400dpi，打印清晰，效果精美细致，具有打印速度快、噪声小等特点，其打印出的字符和图形的质量高于喷墨和点阵打印机，但价格较贵，打印成本较高，主要用于激光照排系统以及办公室应用。目前使用较多的是 EPSON、HP、CANON 系列的激光打印机，已有集打印、扫描、复印、传真功能于一体的激光打印机。

激光打印机虽然价格昂贵，但它是各种打印机中打印质量最好的，达到了印刷品质量。

（9）其他设备

① 扫描仪（scanner）。扫描仪是一种图像输入设备，它可以将图形、图像、照片、文本依次逐行扫描，利用光电转换器件转换成数字信号并输入计算机。

扫描仪的种类很多，可以按不同的标准来分类。按图像类型分有黑白、灰度和彩色扫描仪；按扫描版面大小可分为小幅面的手持式扫描仪，中等幅面的台式扫描仪和大幅面的工程图扫描仪；按扫描速度可分为高速、中速和低速扫描仪；按扫描对象的材料分有扫描纸质材料的反射式扫描仪和扫描透明材料的透射式扫描仪；按结构特点，主要可分为手持式、平板式、滚筒式、馈纸式、笔式扫描仪等，如图 1-43 所示；按用途分除了通用的扫描仪外，还有专用的扫描仪，如卡片扫描仪、条形码扫描仪等；按接口形式，可以分为 EPP、USB、SCSI 三种扫描仪。

（a）手持式扫描仪

（b）平板式扫描仪

（c）馈纸式扫描仪

图 1-43　扫描仪

扫描仪除了可扫描图形、图像外，还有一个重要的功能就是扫描文字。首先把文字放到扫描仪中进行扫描，然后用扫描仪专用的识别软件即可把文字识别出来，识别率有的软件达到 95%。最后进行修改即可，避免了大量的文字录入工作。

② 绘图仪。要想精确地绘图，如绘制工程中的各种图纸，就不能使用打印机，因为打印机是用来打印文字和简单图形的，只能用专业的绘图设备——绘图仪。

绘图仪是一种优秀的图形输出设备，它将计算机的输出信息以图形方式给出硬拷贝，具有较高分辨率、较快的速度、较强的功能，能生成高质量的彩色图形。

在计算机辅助设计（CAD）与计算机辅助制造（CAM）中，绘图仪能将图形准确地绘制在图纸上输出，供工程技术人员参考。

从原理上绘图仪分为笔式、喷墨式、热敏式、静电式等；从结构上绘图仪分为平台式和滚筒式两种；从所绘图的颜色分为单色和彩色两种。目前，彩色喷墨绘图仪绘图线型多，速度快，分辨率高，价格也不贵，比较有发展前途，如图 1-44 所示。

（a）平台式绘图仪

（b）彩色喷墨绘图仪

（c）服装绘图仪

图 1-44　绘图仪

平台式绘图仪的工作原理：在计算机信号的控制下，笔或喷墨头向 X、Y 方向移动，而纸在平面上不动，从而绘出图来。滚筒式绘图仪的工作原理：笔或喷墨头沿 X 方向移动，纸沿 Y 方向移动，这样，可以绘出较长的图样。

③ 数字化仪。数字化仪是一种计算机输入设备，它能将各种图形根据坐标值准确地输入计算机，并能通过屏幕显示出来。数字化仪通常用于工程中设计图纸的输入和计算机辅助设计（CAD）。

大多数数字化仪是压敏的，用户使用一种称为触针的特殊的笔，直接在数字化图形输入板上绘图。数字化仪通常由绘图板和游标器、指示笔等组成。近来，便携式计算机采用笔输入时，常在屏幕旁设置具有某些常用符号的小型数字化板，用笔指触来实现输入，非常方便，如图 1–45 所示。

图 1–45　三维数字化仪及普通数字化仪

④ 数码照相机。数码照相机是计算机的输入设备，是一种利用电子传感器把光学影像转换成电子数据的照相机。数码照相机能够进行拍摄、并通过内部处理把拍摄到的景物转换成以数字格式存储图像的特殊照相机。具有数字化存取模式，与计算机交互处理和实时拍摄等特点。

优点：

- 拍照之后可以立即看到图片，对不满意的作品可立刻重拍。
- 只需为那些想冲洗的照片付费，其他不需要的照片可以删除。
- 色彩还原和色彩范围不再依赖胶卷的质量。
- 感光度也不再因胶卷而固定。光电转换芯片能提供多种感光度选择。
- 不用胶卷，照相之后可把照片直接输入计算机，计算机就可对输入的照片进行处理。

一个计算机摄影系统可以由数码照相机、计算机及一台打印机构成，其达到的特殊效果是普通照相馆无法比拟的。

数码照相机一般可分为三种类型：普通数码照相机、高档数码照相机和专业数码照相机，如图 1–46 所示。

（a）普通数码照相机

（b）高档数码照相机

（c）专业数码照相机

图 1–46　数码照相机

⑤ 触摸屏。触摸屏是一种非常简单且方便的计算机输入设备，根据显示屏表面接触，靠计算机来识别其位置的装置。当手指、笔等接触到触摸屏时，接触点信号发生改变，传感器接收并在相应软件的支持下，根据算法确定接触点 X、Y 的坐标，便可执行相应的操作。触摸屏不用学习，人人都会使用，比鼠标、键盘操作更直观。

触摸屏的应用范围非常广阔，主要有公共信息的查询，如电信局、税务局、银行、电力等部门的业务查询；城市街头的信息查询；此外还可广泛应用于企业办公、工业控制、军事指挥、电子游戏、点歌点菜、多媒体教学、房地产预售等，如图 1-47 所示。

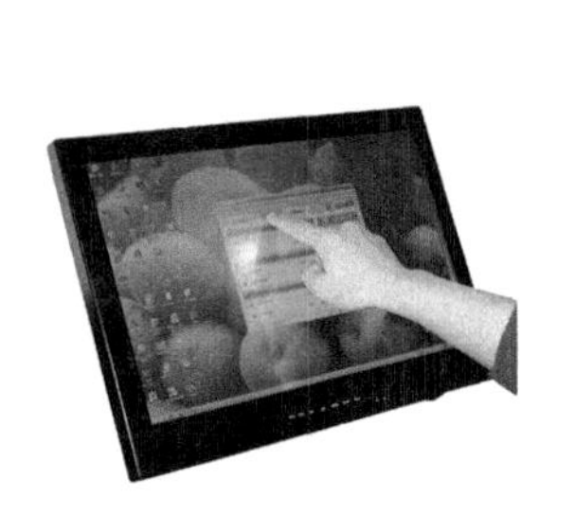
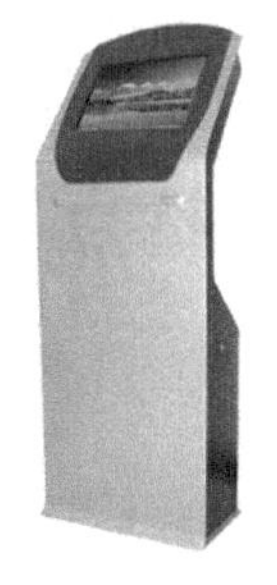

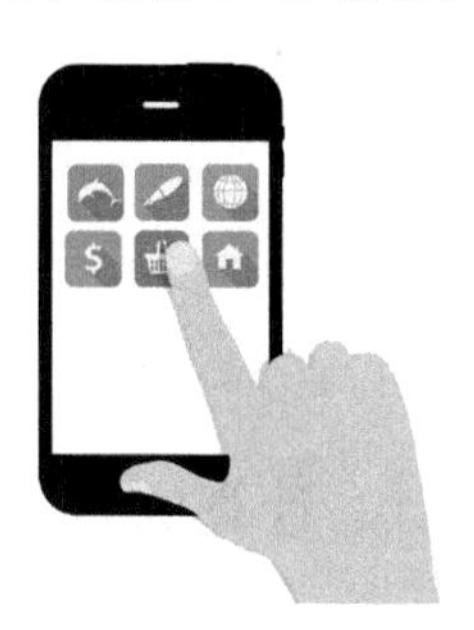

图 1-47　各种触摸屏

2. 微型计算机软件配置

用户应根据需要配置不同的软件，一般可以从以下几个方面进行考虑：

① 操作系统：DOS、Windows、UNIX、Linux 等。

② 语言处理程序：编译程序、解释程序等。

③ 计算机语言：机器语言、汇编语言、高级语言（如 Basic、FORTRAN、COBOL、Pascal、C 语言等）。

④ 数据库语言：如 Foxbase、FoxPro、Visual FoxPro、Access、Oracle、Sybase、Informix 等。

⑤ 工具软件：压缩软件如 WinZip，杀毒软件如金山毒霸，图片浏览软件如 ACDSee，音乐播放软件如 Winamp，还有上传下载软件、刻录软件、聊天软件、磁盘、光驱工具软件等。

⑥ 通用应用软件：办公软件 WPS 2010、Office 2010 等；计算机辅助教学软件，如开天辟地、万事无忧、轻轻松松背单词、大嘴英语等；图形图像处理软件，如 Photoshop、CorelDRAW、Freehand、Fireworks 等。

⑦ 游戏软件。

⑧ 网络软件：用户上网时会用到许多网络软件，常见的有浏览器软件 IE、电子邮件软件 Outlook Express、Foxmail 等。

⑨ 专业应用软件：用户根据自己的专业需要配置相应的软件。

从操作系统到应用软件都需要进行适合的配置才能充分发挥整机的效率，在使用时经常将软件升级到较新较稳定的版本有利于计算机安全高效地运行。

3. 微型计算机的主要技术指标

① 字长：计算机能够直接处理的二进制数据的位数，单位为位（bit），当前主流的计算机字长为 64 位。（注意：安装软件的时候是否支持 64 位计算机）。

② 主频：指计算机主时钟在一秒内发出的脉冲数，在很大程度上决定了计算机的运算速度。当前计算机的主频通常是 4 GB 左右。

③ 内存容量：是标志计算机处理信息能力强弱的一向技术指标，单位为字节（byte）。1 B=8 bit，1 KB=1 024 B，1 MB=1 024 KB，1 GB=1 024 MB。当前台式机中主流采用的内存容量为 4 GB。

④ 外存容量：现在常用的外部存储器有硬盘、光盘、闪存（U 盘），随着技术的发

展，硬盘和光盘的容量已经达到 TB（1 TB=1 024 GB）

⑤ 软件配置：包括操作系统、语言处理程序、计算机语言、数据库管理系统、网络通信软件、汉字软件及其他各种应用软件、专业软件等。

1.4 计算机的特点和应用领域

1.4.1 计算机的特点

计算机的主要特点有以下几个方面。

（1）运算速度快

计算机的运算速度已从最初的每秒几千次加法运算发展到现在的每秒上千亿次加法运算。例如，过去有人用了 15 年时间计算圆周率π值到小数点后 707 位，而现在只需用一台普通的微机运算几个小时便可将π值算到 1 万位。

（2）计算精度高

从理论上来说，计算机可以实现任何的精度要求。当然，实际中会受到技术水平制约的。目前，一般的微型机均可达到 15 位以上的有效数字，这对于其他计算工具来说是望尘莫及的。

（3）具有记忆能力

计算机具有类似于大脑的记忆能力，可以对数据和程序进行存储、处理。与人类相比，只要其存储设备不被损坏，则计算机永远不会忘记所记忆的信息，而且其记忆能力可以说是无限的，只是取决于存储器的存储容量而已。诸如卫星图像处理、情报检索等需要对数十万，乃至数百万个数据进行处理的问题，不借助于计算机是不法达到的。

（4）具有逻辑判断能力

计算机不仅能进行数值计算，还能进行逻辑运算、作出逻辑判断，并能根据判断的结果自动决定下一步应做什么。计算机的这一特点使其具有模仿人类的一部分思维活动，对问题加以分析计算。

1.4.2 计算机的应用领域

计算机的应用已渗透到社会各行各业中，推动着社会的发展、改变着人们的生活方式。计算机的应用领域主要为以下六个方面：

（1）科学计算

科学计算又称数值计算。数值计算是计算机最早的应用领域，许多用人力所难以完成的复杂计算均可以通过计算机的应用而迎刃而解。例如，人造卫星轨道的计算、气象预报、地震预测、水坝应力的计算等。

（2）信息处理

信息处理又称数据处理，指对大量信息进行收集、存储、加工、分类、统计、查询、利用、传播等操作，从而形成有价值的信息。数据处理广泛应用于办公自动化、企业管理、事务处理、情报检索等。据统计，80%以上的计算机用于数据处理，这类的应用量大、面宽，主导了计算机的应用方向，特别是当前大数据和云计算的发展，数据处理的作用愈加重要。

（3）过程控制

过程控制又称实时控制，是指计算机及时采集数据，然后对数据加以分析处理，并按最佳值迅速地对控制对象进行自动控制。由于计算机具有速度快、计算精确度高以及有“记忆”能力和逻辑判断能力等特点，使得计算机可以对工业生产过程等进行自动控制。过程控制可以大大提高提高劳动效率、降低成本、提高产品质量。过程控制广泛应用于机械、冶金、化工、航天、纺织、水电、石油等领域。

（4）计算机辅助系统

计算机辅助系统包括计算机辅助设计、计算机辅助制造、计算机辅助教育等。

计算机辅助设计（Computer Aided Design，CAD）就是利用计算机来帮助各类设计人员进行设计。计算机辅助设计常用于飞机、轮船、建筑、机械、大规模集成电路、服装等行业的产品设计中。CAD 可大大减少设计人员的工作量、提高工作效率，更重要的是可提高设计质量。

计算机辅助制造（Computer Aided Manufacturing，CAM）是指利用计算机进行生产设备的管理、控制和操作的技术。在产品的制造过程中，可通过计算机控制数控机床等数控设备的运行、控制物流、处理产品制造过程中的所需数据、对产品进行性能测试和质量检测等。使用 CAM 技术可以大大提高产品的质量、降低生产成本、缩短生产周期、降低劳动强度等。

计算机辅助教育（Compute Based Education，CBE）包括以下几个方面：计算机辅助教学（Computer Assisted Instruction，CAI）、计算机辅助测试（Computer Aided Test，CAT）和计算机管理教学（Computer Management Instruction，CMI）。计算机多媒体技术和计算机网络技术的发展极大地推动了 CBE 的发展，并正改变着传统的教学模式。如网上教学平台的建立、远程教育模式等，节省了人力、物力、师资。

（5）人工智能

人工智能（Artifitial Intelligence，AI）指利用计算机来模仿人类的智能活动，实现人类的感知、判断、理解、推理、联想、学习等，并加以决策。AI 是计算机科学的一个分支，其研究领域包括模式识别、景物分析、自然语言理解和生成、机器人、专家系统、博弈、智能检索等。人工智能的研究已取得了一些成果，如自动翻译、战术研究、密码分析、医疗诊断等，但离真正的智能还有一定的距离。

（6）互联网的发展与应用

互联网（Internet）就是利用通信介质，按照约定的协议将分布在不同地点的若干台独立的计算机互连起来，以实现计算机资源的共享、信息交换和分布式处理等。计算机网络发源于 20 世纪 60 年代，兴起于 70 年代，完善于 80 年代，90 年代则逐步发展成能传输多媒体信息的计算机网络。

进入 21 世纪，互联网无论是传输速度、传输信息的质量、应用领域都得到了极大的发展。“互联网+”和物联网称为当前的热点。大家熟悉的 QQ、网络游戏、电子商务、互联网制造、互联网教育、互联网医疗、第三媒体（网络媒体）都极大地方便了人们的生活和工作，提供了虚拟现实环境，促进了生产效率，并正在重新构建一个新的社会结构。

1.5　微型计算机键盘操作

在计算机键盘的打字键区中，字母排列的先后次序是从标准英文打字机上沿袭下来的。由于键盘字母的排列顺序已经成为一种通用的标准，所以无论是哪家厂商生产的计算机键盘，其字母排列顺序都是相同的。要想拥有准确、快速的输入速度，正确的键盘指法是关键，并在此基础上掌握一种或几种适合自己的文字输入法。

1.5.1　键盘区域划分

键盘是计算机中常用的输入设备，它由打字键区/主键盘区、功能键区、光标控制及编辑键区、数字键/副键盘区四部分组成，如图 1-48 所示。

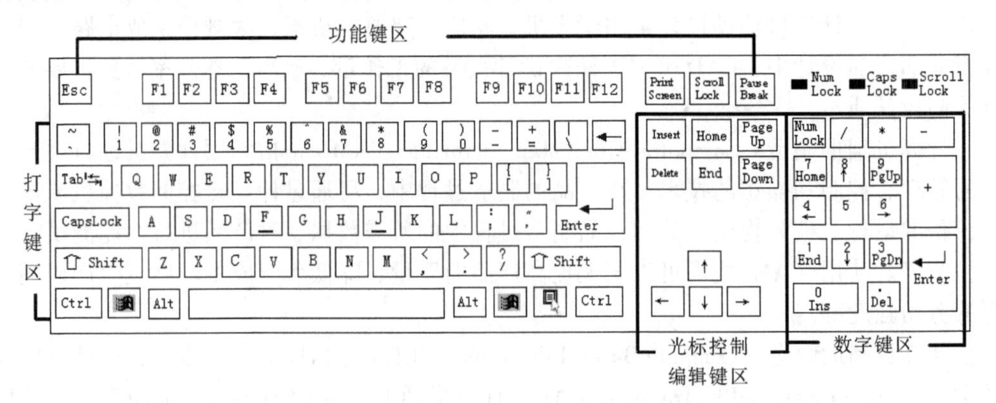

图 1-48　键盘区域划分

1. 打字键区/主键盘区

打字键区位于键盘左下方一大块区域，其键位排列结构与英文打字机键盘相同，由字母键、数字键、运算符号、标点符号等各种符号键和控制键共 59～62 个键组成，通过打字键区可实现各种文字和控制信息的录入。

（1）字符键

字符键包括 A～Z 共 26 个英文字母键、0～9 共 10 个数字键、标点符号、运算符号、特殊符号（如$、@、%等）、空格键。

（2）控制键

大多数控制键具有特定的功能，一些控制键只有与其他键组合使用才有效。

① Enter（回车键）：用于输入一个换行符，结束本行的输入并使光标进入下一行的起始位置；执行当前输入的命令按【Enter】即可。

② BackSpace（退格键）：每按一次，光标退回一格并删除左边一个字符。

③ Shift（上下挡转换键）：与字母或双符号键组合使用，用于输入与当前英文字母大小写状态相反的英文字母或输入双字符键的上排字符。如当前是大写方式，则按【Shift+A】组合键得到小写字母 a。又如，要想得到上排字符“#”，只要按【Shift+3】组合键即可。

④ Caps Lock（大小写锁定键）：用于转换当前大小写字母的输入状态并锁定。按下该键，Caps Lock 指示灯亮，表示当前锁定状态大写方式，输入的字母全为大写；再按一

次该键，Caps Lock 指示灯灭，表示当前锁定方式是小写，此时输入的字母全为小写。

⑤ Space（空格键）：输入一个空格。

⑥ Tab（制表键）：把光标右移到一个制表位。Windows 默认的一个制表位为 8 个字符。

⑦ Alt（转换键）：单独使用不起作用，与其他键组合使用，常用于快速执行某些命令等。

⑧ Ctrl（控制键）与其他键组合使用，或实现某种功能。如按【Ctrl+Alt+Del】组合键热启动；按【Ctrl+Break】或【Ctrl+C】组合键中断当前命令或程序的执行；按【Ctrl+Pause】或【Ctrl+S】组合键暂停程序或系统的执行，按任意键则继续。

2. 功能键区

功能键位于键盘上部即键盘的第一行，它由以下 3 部分组成。

（1）Esc（取消键）

用于退出程序或取消操作。

（2）F1～F12（功能键）

有的计算机有 14 个。在不同的软件中可以定义不同的操作命令等，它的特点是按下键即可完成一定的功能。如【F1】常被定义为所运行程序的帮助键，为了方便用户有时还设置了一些特定的功能键，如单键上网、收发电子邮件、播放 VCD 等。

（3）三个特殊键

① Print Screen（打印屏幕）：用于打印整个屏幕的信息，也可用于把屏幕的整个信息复制到剪贴板中。

② Scroll Lock（屏幕滚动键）：用于锁定屏幕滚动条。

③ Pause（暂停键）：用于暂停程序或命令的执行。

3. 光标控制及编辑键区

位于键盘右边中部，一共有 10 个键。

（1）光标控制键

光标控制键有 4 个：

① ↑（光标上移键）：光标上移一行。

② ↓（光标下移键）：光标下移一行。

③ ←（光标左移键）：光标左移一个字符。

④ →（光标右移键）：光标右移一个字符。

（2）编辑键

编辑键有 6 个：

① Insert（插入/改写键）：用于将当前输入状态在插入和改写之间切换。在 Insert 状态，可在当前光标处插入若干个字符；按一次【Insert】键切换到改写状态，此时键入的字符将覆盖后面的字符。

② Delete（删除键）：用于删除当前光标右边的一个字符。按组合键【Ctrl+Alt+Del】可进行热启动。

③ Home（起始键）：用于将光标移到行首或该屏幕屏首。按组合键【Ctrl+Home】使光标回到首页第一个字符前。

④ End（终点键）：用于将光标移到行尾或该屏幕最后位置。按组合键【Ctrl+End】使光标回到末页最后一个字符处。

⑤ Page Up（向上翻页键）：用于将屏幕向上翻一页/屏。

⑥ Page Down（向下翻页键）：用于将屏幕向下翻一页/屏。

4. 数字键/副键盘区

数字键/副键盘区位于键盘的最右边，主要包括一些数字键和运算符键。设置该区的目的是为了方便财务和数据录入员快速完成数字或算术表达式的录入工作。

按下数字锁定键【Num Lock】，键盘右上方的 Num Lock 指示灯亮，为数字状态，此时在数字键区输入的是数字；再按此键，指示灯灭，此时为编辑状态，数字键区各键的作用与光标控制/编辑键区对应键具有相同的作用。

1.5.2 键盘指法

鼠标操作虽然简单方便，但很多时候我们要向计算机输入一些命令、数据、文字等，因此，键盘操作仍然很重要。正确的打字姿势和指法是提高计算机录入速度的关键所在，用户一定要掌握键盘的正确使用方法，按照正确的指法进行学习，养成良好的习惯。

1. 键盘指法分区

键盘指法分区如图 1-49 所示，十个手指均规定有自己的操作键位区域，任何一个手指不得去按不属于自己分工区域的键，在操作中各个手指必须严格遵守这一规定进行操作，任何“帮忙”均容易造成混乱。因此，从开始练习时就必须坚持各个手指自己按自己的键。

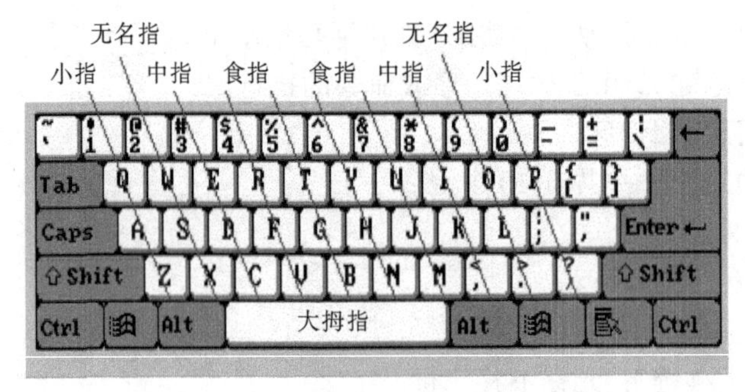

图 1-49　键盘指法分区

2. 基准键

基准键位于打字键区中间行共 8 个键位：左手【A】【S】【D】【F】，右手【J】【K】【L】【;】，其中，【F】【J】两个键上都有一个凸起的小横杠，方便盲打时手指触觉定位，如图 1-50 所示。

3. 指法

下面介绍的是基于基准键位的打字方法。

（1）基准键位

八个手指分别位于这一行的【A】【S】【D】【F】【J】【K】【L】【;】键上，大拇指位于空格键上，这样有利于下一次击键时准确定位。注意击打其他任何键后必须立即回到基准键上待命。

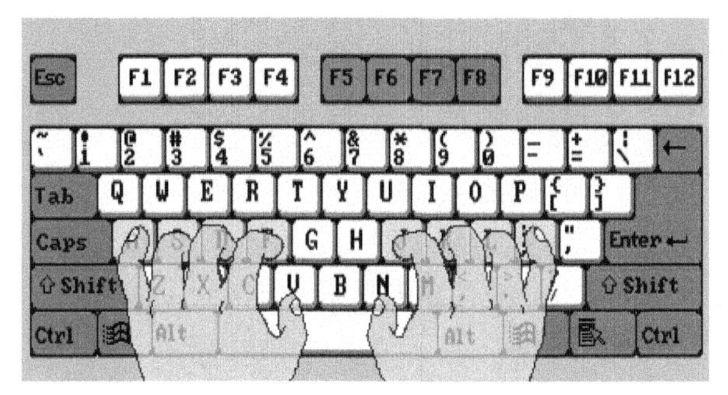

图 1-50　左、右手的基准键位

（2）字母、数字键击法

击字母、数字所对应左右手各手指负责的键即可。对成批的数字，可将【1】【2】【3】【4】和【7】【8】【9】【0】作为基准键来处理，也可用数字键盘进行输入。

（3）空格键击法

当左手打字时，右手大拇指打空格，类似地，当右手打字时，左手大拇指则负责打空格。

（4）Shift 键击法

由左、右小指管理，若要输入的字符由左手击键，则先用右小指按住【Shift】键，再用左手相应手指击键；若要输入的字符由右手击键，则相反。输入完字符后，按住【Shift】键的手指要回到基准键位。上排字符及大小写字母临时转换时均要使用到【Shift】键。

4. 正确的打字姿势

标准、正确的打字姿势不仅可以提高打字速度和准确率，而且对身体各部位的健康也起着重要的作用。只有姿势正确，才不致引起伤害、疲劳和错误。因此，在打字时要注意以下几点：

① 调整椅子的高度，以水平视线高于屏幕中心 12°左右、身体与键盘的距离 20 cm、手指能够自然放在键盘的基准键位上为准。

② 全身放松，腰背挺直，上臂下垂，手指自然弯曲成弧形，虚放在对应键位上。

③ 按计算机键盘指法进行打字。打字时手腕悬起，击键时力度适中、节奏均匀。学会使用盲打，打字时尽量少看键盘。

1.6　计算机系统和信息安全

随着计算机的应用越来越广泛，人们在工作和生活中对计算机的依赖性更加紧密，特别是互联网的应用。计算机系统的互联，形成了一个全球一体的信息系统，扩展了信息资源的共享空间，使得资源共享、信息交换便捷且快速。但由于计算机网络具有开放性、互联性、连接方式的多样性及终端分布的不均匀性，技术方面的弱点和人为的疏忽，致使网络易受计算机病毒、黑客或恶意软件的攻击。因此，计算机系统的安全，及传输和处理的信息安全尤其重要。

计算机安全主要包括计算机实体安全和信息安全两部分：实体安全注重的是和计算机及其网络硬件的安全，而信息安全主要是对信息在存储、处理、传播中出现的安全问题。

1.6.1 计算机硬件实体安全防护技术简介

1. 影响实体安全的主要因素

① 计算机及其系统自身的脆弱性因素。

② 各种自然灾害因素。

③ 由于人为的错误操作及各种计算机犯罪导致的安全问题。

2. 实体安全防护内容和措施

对于实体安全关键做好三个方面：

一是做好制度建设，良好的制度和管理可以最大限度地保证计算机系统的安全。

二是建设好灾备系统，灾备系统离主系统要有一定的距离，当发生不可抗拒的自然灾害，应保证灾备系统完好。

三是安全设备和措施建设，主要包括两个方面：环境安全、设备安全。

（1）环境安全

① 房屋建筑结构合理，控制房间的温度、湿度、粉尘和电磁干扰。

② 消防通道畅通。

③ 周围 100 m 内不能有危险建筑物等。

④ 照明达到规定标准。

⑤ 门窗防盗、防恶劣天气。

⑥ 防静电措施。

⑦ 动力照明供电和计算机系统供电分开。

（2）设备安全

① 接地与防雷设备要安全。

② 电源保护设备要安全。

③ 防盗监控设备要安全。

④ 防火消防设备要安全。

⑤ 应急报警电话应在进门位置。

⑥ 计算机硬件防护（机箱加锁等）。

1.6.2 信息安全简介

1. 信息安全的概念

（1）信息安全的定义

信息安全是一门涉及计算机科学、网络技术、通信技术、密码学、应用数学、统计学、信息论等多学科的综合性学科和技术；是指防止信息被故意地或偶然地非法授权泄露、更改、破坏或使信息被非法系统辨识、控制。

（2）信息安全的目标

为保证信息的安全，需要实现以下 5 个目标：

① 保密性：阻止非授权主体阅读信息，防止信息泄露，使信息在产生、传输、处理和存储的各个环节不泄露给非授权的个人和实体。

② 完整性：防止信息被未经授权主体的篡改（修改、破坏、插入、延迟、乱序、

丢失）。

③ 可用性：保证信息能为授权者使用，能及时得到服务。

④ 可控性：信息和信息系统时刻处于合法使用者的有效掌握与控制中

⑤ 不可否认性：保证行为人在信息交换过程中不能否认自己的行为。

（3）信息安全的原则

为了达到信息安全的目标，各种信息安全技术的使用必须遵守以下 3 个原则。

① 最小化原则：受保护的敏感信息只能在一定范围内被共享，履行工作职责和职能的安全主体，在法律和相关安全策略允许的前提下，为满足工作需要，仅被授予其访问信息的适当权限。敏感信息的“知情权”一定要加以限制，是在“满足工作需要”前提下的一种限制性开放。

② 分权制衡原则：在信息系统中，对所有权限应该进行适当地划分，使每个授权主体只能拥有其中的一部分权限，使他们之间相互制约、相互监督，共同保证信息系统的安全。如果一个授权主体分配的权限过大，无人监督和制约，就隐含了“滥用权力”“一言九鼎”的安全隐患。

③ 安全隔离原则：隔离和控制是实现信息安全的基本方法，而隔离是进行控制的基础。信息安全的一个基本策略就是将信息的主体与客体分离，按照一定的安全策略，在可控和安全的前提下实施主体对客体的访问。

2. 威胁信息安全常见的表现形式

在互联网飞速发展的今天，信息的交换无论是数量、速度、对象都急剧地增加，随之信息安全的问题更加突出，其常见的表现形式如下：

① 计算机病毒：计算机病毒（Computer Virus）是编制者在计算机程序中插入的破坏计算机功能或者数据的代码，能影响计算机使用，并能自我复制的一组计算机指令或者程序代码。计算机病毒具有传播性、隐蔽性、感染性、潜伏性、可激发性、表现性或破坏性。

② 木马（Trojan），又称木马病毒，是指通过特定的程序（木马程序）来控制另一台计算机。

③ 窃听：用各种可能的合法或非法的手段窃取系统中的信息资源和敏感信息。例如对通信线路中传输的信号搭线监听，或者利用通信设备在工作过程中产生的电磁泄露截取有用信息等。

④ 假冒：通过欺骗通信系统（或用户）达到非法用户冒充为合法用户，或者特权小的用户冒充为特权大的用户的目的。黑客大多是采用假冒攻击。

⑤ 重放：出于非法目的，将所截获的某次合法的通信数据进行复制，而重新发送。

⑥ 业务流分析：通过对系统进行长期监听，利用统计分析方法对诸如通信频度、通信的信息流向、通信总量的变化等参数进行研究，从中发现有价值的信息和规律。

⑦ 破坏信息的完整性：数据被非授权地进行增删、修改或破坏而受到损失。

⑧ 拒绝服务：对信息或其他资源的合法访问被无条件地阻止。

⑨ 非法使用（非授权访问）：某一资源被某个非授权的人，或以非授权的方式使用。

⑩ 旁路控制：攻击者利用系统的安全缺陷或安全性上的脆弱之处获得非授权的权利或特权。例如，攻击者通过各种攻击手段发现原本应保密但是却又暴露出来的一些系

统“特性”，利用这些“特性”，攻击者可以绕过防线守卫者侵入系统的内部。

除了以上情况外，威胁信息安全还有很多表现形式。

3. 信息安全评价标准

很长一段时间，计算机系统的安全完全依赖于计算机系统的设计者、使用者和管理者对于安全性的理解和采取的措施，因此不同的用户有不同的标准和实际安全水平。为了保障计算机系统的信息安全，1985 年，美国国防部发表了《可信计算机系统评估准则》（TCSEC，因为封面为橙色，又称为网络安全橙皮书）。它依据信息的等级采取了相应的对策，将计算机系统安全划分为 4 类 7 个等级，从低到高依次为 D、C1、C2、B1、B2、B3 和 A1。以下是 7 级评估准则：

① D 级：是最低的安全保护等级。拥有这个级别的操作系统就像一个门户大开的房子，任何人可以自由进出，是完全不可信的。对于硬件来说，是没有任何保护措施的，操作系统容易受到损害，没有系统访问限制和数据访问限制，任何人不需要任何账户就可以进入系统，不受任何限制就可以访问他人的数据文件。这一级别只包含一个类别，它是那些已被评价、但不能满足较高级别要求的系统。属于这个级别的操作系统有：DOS、Windows、Apple 的 Macintosh System7.1。

② C1 级：又称选择性安全保护系统。它描述了一种典型的多用户操作系统的安全保护（如 Unix 系统）。这种级别的系统对硬件有某种程度的保护，但硬件受到损害的可能性仍然存在。用户拥有注册账号和口令，系统通过账号和口令来识别用户是否合法，并决定用户对程序和信息拥有什么样的访问权。

C1 级保护的不足之处在于用户直接访问操纵系统的根用户。C1 级不能控制进入系统的用户的访问级别，所以用户可以将系统中的数据任意移走，他们可以控制系统配置，获取比系统管理员允许的更高权限，如改变和控制用户名。

③ C2 级：又称可控访问保护。在 C1 级的基础上，C2 级别还包含有访问控制环境。该环境具有进一步限制用户执行某些命令或访问某些文件的权限，而且还加入了身份验证级别。另外，系统对发生的事件加以审计，并写入日志中，如什么时候开机、哪个用户在什么时候从哪儿登录等，这样通过查看日志，就可以发现入侵的痕迹，如多次登录失败，也可以大致推测出可能有人想强行闯入系统。审计可以记录下系统管理员执行的活动，审计还加有身份验证，这样就可以知道谁在执行这些命令。审核的缺点在于它需要额外的处理器时间和磁盘资源。

使用附加身份认证就可以让一个 C2 级系统用户在不是根用户的情况下有权执行系统管理任务。授权分级使系统管理员能够给用户分组，授予他们访问某些程序的权限或访问分级目录。另一方面，用户权限可以以个人为单位授权用户对某一程序所在目录进行访问。如果其他程序和数据也在同一目录下，那么用户也将自动得到访问这些信息的权限。

能够达到 C2 级的常见操作系统有：UNIX 系统、XENIX、Novell3.x 或更高版本、Windows NT。

④ B1 级：标识的安全保护。在 C2 级基础上，它是支持多级安全（如秘密和绝密）的第一个级别，这个级别说明一个处于强制性访问控制之下的对象，系统不允许文件的拥有者改变其许可权限。

拥有 B1 级安全措施的计算机系统随操作系统而定。政府机构和防御系统承包商们是 B1 级计算机系统的主要拥有者。

⑤ B2 级：又称结构保护。在 B1 级基础上，要求计算机系统中所有的对象都加标签，而且给设备（磁盘，磁带和终端）分配单个或多个安全级别。这是提出较高安全级别的对象与另一个较低安全级别的对象相通信的第一个级别。

⑥ B3 级：又称安全区域保护。在 B2 基础上，它使用安装硬件的方式来加强安全区域保护。例如，内存管理硬件用于保护安全区域免遭无授权访问或其他安全区域对象的修改。该级别要求用户通过一条可信任途径连接到系统上。

⑦ A 级：A 级或验证设计是当前的最高级别。在 B3 级基础上系统的整体安全策略一经建立便不能修改；生产过程和销售过程也绝对可靠。目前尚无满足此条件的计算机产品。

在上述 7 个级别中，B1 和 B2 级的级差最大，因为只有 B2、B3 和 A 级才是真正的安全等级，它们至少经得起程度不同的严格测试和攻击。目前，我国普遍应用的计算机操作系统大都是引进国外的属于 C1 和 C2 级产品。因此，开发我国自己的高级别的安全操作系统和数据库的任务迫在眉睫，当然其开发工作也是十分艰巨的。

我国在 2008 年也制定了《信息安全等级保护基本要求》《中华人民共和国计算机信息系统安全保护条例》(国务院 147 号令)。

1.6.3 信息安全技术和服务简介

为保证计算机系统和信息传输的安全，当前常采用以下技术：

1. 数据加密技术

无论是国家和个人都有一些机密的东西，可能涉及政治、经济、军事等，而这些数据在收集、传输、处理的过程中都有可能泄露，如果数据泄露最好使窃取数据的人不能识别，这就需要对数据进行加密处理。

加密技术是一种防止信息泄露的技术。任何一个加密系统都是由明文、密文、算法和密钥组成。

① 明文：即原始的或未加密的数据。

② 密文：明文加密后的格式，是加密算法的输出信息。加密算法是公开的，而密钥则是不公开的。密文不应被无密钥的用户理解，主要用于数据的存储及传输。

③ 密钥：是由数字、字母或特殊符号组成的字符串，用它控制数据加密、解密的过程。

④ 加密：把明文转换为密文的过程。

⑤ 加密算法：加密所采用的变换方法。

⑥ 解密：对密文实施与加密相逆的变换，从而获得明文的过程。

⑦ 解密算法：解密所采用的变换方法。

例如，明文是“good morning!”，密钥是 *N*=2；加密算法是：将明文的英文字母用其后面的第 *N* 个字母代替，其他字符不变，得到新的密文“iqqf oqtpkpi!”。

解密的过程只需将所有字符前够 2 个字母就可以了。

数据加解密过程如图 1-51 所示。

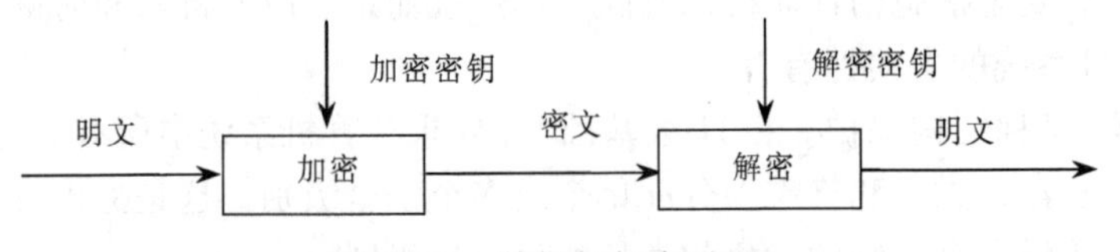

图 1-51　数据加解密过程

2. 访问控制技术

访问控制是指系统对用户身份及其所属的预先定义的策略组限制其使用数据资源能力的手段。通常用于系统管理员控制用户对服务器、目录、文件等网络资源的访问。

访问控制是系统保密性、完整性、可用性和合法使用性的重要基础，是网络安全防范和资源保护的关键策略之一，也是主体依据某些控制策略或权限对客体本身或其资源进行的不同授权访问。

访问控制技术的方法是对用户的账户、密码、权限进行管理。

3. 防火墙技术

防火墙是一种保护计算机网络安全的技术性措施，它通过在网络边界上建立相应的网络通信监控系统来隔离内部和外部网络，以阻挡来自外部的网络入侵。

防火墙对流经它的网络通信进行扫描，能够过滤掉一些攻击，以免其在目标计算机上被执行。防火墙还可以关闭不使用的端口。而且它还能禁止特定端口的流出通信，封锁木马。最后，它可以禁止来自特殊站点的访问，从而防止来自不明入侵者的所有通信，如图 1-52 所示。

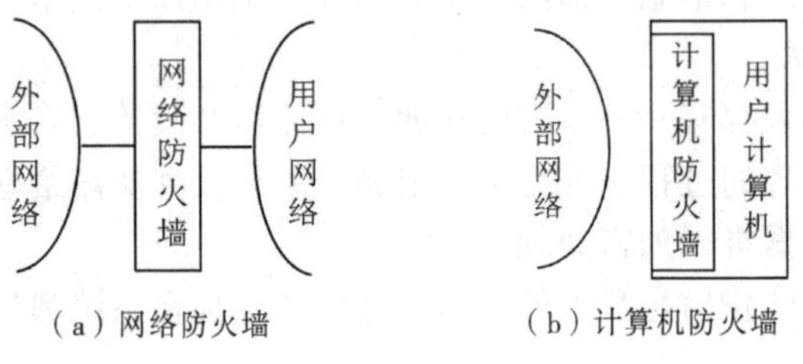

图 1-52　防火墙

防火墙通常是一个软件，在网络上装在路由器上，个人计算机装在用户机器中。

4. 入侵检测技术

入侵检测技术是对计算机和网络资源的恶意使用行为进行识别和相应处理的系统。包括系统外部的入侵和内部用户的非授权行为，是为保证计算机系统的安全而设计与配置的一种能够及时发现并报告系统中未授权或异常现象的技术，是一种用于检测计算机网络中违反安全策略行为的技术。入侵检查技术不能阻止外部的恶意攻击，但却能记录并报告未授权的入侵行为。

入侵检测是防火墙的合理补充，扩展了管理员的安全管理能力，提高了信息安全基础结构的完整性。

5. 数字证书

① 数字证书原理：数字证书里存有很多数字和英文，当使用数字证书进行身份认证时，它将随机生成 128 位的身份码，每份数字证书都能生成相应但每次都不可能相同的数码，从而保证数据传输的保密性，即相当于生成一个复杂的密码。

② 数字证书颁发：数字证书绑定了公钥及其持有者的真实身份，它类似于现实生活中的居民身份证，所不同的是数字证书不再是纸质的证照，而是一段含有证书持有者身份信息并经过认证中心审核签发的电子数据，可以更加方便灵活地运用在电子商务和电子政务中。

数字证书是一种权威性的电子文档，可以由权威公正的第三方机构，即 CA（例如中国各地方的 CA 公司）中心签发的证书，也可以由企业级 CA 系统进行签发。

③ 数字证书应用：随着 Internet 的普及、各种电子商务活动和电子政务活动的飞速发展，数字证书的应用是广泛的，数字证书可用于：发送安全电子邮件、访问安全站点、网上证券交易、网上招标采购、网上办公、网上保险、网上税务、网上签约和网上银行等安全电子事务处理和安全电子交易活动。其中包括人们最为熟悉的用于网上银行的 USBkey 和部分使用数字证书的 VIEID，即网络身份证。

6. 计算机病毒防治技术

计算机病毒是编制者在计算机程序中插入的破坏计算机功能或者数据的代码，能影响计算机使用，能自我复制的一组计算机指令或者程序代码，就像生物病毒一样，具有自我繁殖、互相传染及激活再生等生物病毒特征。它们能把自身附着在各种类型的文件上，当文件被复制或从一个用户传送到另一个用户时，它们就随同文件一起蔓延开来。

（1）计算机病毒的特征

① 繁殖性：计算机病毒可以像生物病毒一样进行繁殖，当正常程序运行时，它也进行运行自身复制。是否具有繁殖、感染的特征是判断某段程序为计算机病毒的首要条件。

② 破坏性：计算机中毒后，可能会导致正常的程序无法运行，把计算机内的文件删除或受到不同程度的损坏。破坏引导扇区及 BIOS，硬件环境破坏。

③ 传染性：计算机病毒传染性是指计算机病毒通过修改别的程序将自身的复制品或其变体传染到其他无毒的对象上，这些对象可以是一个程序，也可以是系统中的某一个部件。

④ 潜伏性：计算机病毒潜伏性是指计算机病毒可以依附于其他媒体寄生的能力，入侵后的病毒潜伏到条件成熟才发作，会使计算机变慢。

⑤ 隐蔽性：计算机病毒具有很强的隐蔽性，可以通过病毒软件检查出来少数病毒，隐蔽性计算机病毒时隐时现、变化无常，这类病毒处理起来非常困难。

⑥ 可触发性：编制计算机病毒的人，一般都为病毒程序设定了一些触发条件，例如，系统时钟的某个时间或日期、系统运行了某些程序等。一旦条件满足，计算机病毒就会“发作”，使系统遭到破坏。

（2）计算机病毒的危害

① 直接破坏计算机的重要信息数据。

② 非法占用磁盘空间。

③ 抢占系统资源（内存，中断资源）。

④ 影响计算机运行速度。

（3）计算机病毒的防治

① 养成良好的计算机使用习惯，不打开来历不明的邮件和网站。

② 做好数据备份。

③ 关闭共享功能。

④ 定期查杀病毒。

⑤ 应用入侵检测系统。

常用查杀病毒工具有瑞星杀毒软件、金山杀毒软件、360 卫士软件、卡巴斯基杀毒软件（Kaspersky）（俄罗斯）、迈克菲（McAfee）（美国）。

小　结

本章从计算思维的角度阐述了计算机技术的发展过程；二进制只有 2 个符号 0 和 1，尽然能够表示数值，字符和多媒体信息，其奇妙之处值得深思；图灵奠定了现代计算机的理论基础，冯·诺依曼奠定了至今还在使用的计算机结构体系；计算机安全的 4 类 7 级安全体系确保了计算机系统和网络的安全保障。

习　题

一、选择题

1. 在计算机中，所谓数据是指（　　）。
   A. 数值　　B. ASCII 码
   C. 数值、中文和英文　　D. 以上说法均不完全
2. 计算机能够直接执行的计算机语言是（　　）。
   A. 汇编语言　　B. 机器语言　　C. 高级语言　　D. 自然语言
3. 十进制整数 100 转换为二进制数是（　　）。
   A. 1100100　　B. 1101000　　C. 1100010　　D. 1110100
4. 通常人们所说的一个完整的计算机系统包括（　　）。
   A. 主机、键盘、显示器　　B. 计算机的硬件系统和软件系统
   C. 系统软件和应用软件　　D. 计算机和它的外围设备
5. 下列不同进制的 4 个数中，最大的一个数是（　　）。
   A. $(101010100)_2$　　B. $(760)_8$　　C. $(690)_{10}$　　D. $(1FF)_{16}$
6. 在计算机中一个汉字的内码占用（　　）存储空间。
   A. 1 个字节　　B. 2 个字节　　C. 3 个字节　　D. 4 个字节
7. 32 位微型计算机中的 32 指的是（　　）。
   A. 微型机号　　B. 机器字长　　C. 内存容量　　D. 存储单位
8. 存储 400 个 16×16 点阵汉字字形所需的存储容量是（　　）。
   A. 12 800 KB　　B. 256 KB　　C. 12.5 KB　　D. 102.4 KB
9. 信息安全技术中，能够阻止外部信息入侵的技术是（　　）。
   A. 防火墙技术　　B. 数字认证技术　　C. 访问控制技术　　D. 入侵检测技术

10. 在计算机中直接和CPU交换数据的是（　　）

A. 硬盘　　B. 内存　　C. 高速缓存　　D. 只读存储器

二、填空题

1. 计算机硬件系统由________、________、________、________、________五大部分所组成。

2. 操作系统属于计算机软件系统中的________部分。

3. 微机系统中常用的输入设备有________。

4. 1 000 MB的存储空间可保存________ GB的信息量。

5. CPU的中文名称是________，它由________和________两部分所组成。

6. 冯·诺依曼提出的计算机构想主要有________。

7. “计算机”三个汉字在计算机内部占用________字节的空间。

8. 所谓“计算机病毒”其实就是________。

9. 计算机病毒的主要特征有________________。

10. 在计算机中存取数据速度最快的存储器是________________。

三、简答题

1. 计算机内存主要有哪两种？它们的主要特点是什么？

2. 计算机外存储器有哪几种？与内存中的RAM相比，有何优缺点？

3. 计算机内部为什么要采用二进制形式存储数据和进行运算？

4. 计算机病毒的主要危害有哪些？

5. 计算机安全评估标准有几级？分别是什么？

第2章　操作系统

计算机系统是由硬件和软件两部分组成，软件由系统软件和应用软件所组成，而操作系统则是最重要的系统软件。操作系统是人和计算机的一个界面，通过操作系统可以控制和使用计算机的各种资源。

2.1　操作系统概述

操作系统是配置在计算机硬件上的第一层软件，是可以直接在裸机上运行的最基本的系统软件，任何其他软件都必须在操作系统的支持下才能运行。操作系统使计算机系统所有资源最大限度地发挥作用，为用户提供方便的、有效的、友善的服务界面。

2.1.1　操作系统的基本概念

操作系统（Operating System，OS）是控件和管理计算机硬件和软件资源，控制程序运行，改善人机界面，为其他应用软件提供服务，合理组织计算机工作及方便用户使用计算机的一种系统软件。

操作系统是人机接口即用户与计算机硬件之间的接口，其主要作用是使用户获得良好的工作环境，通过这个接口，用户不需要了解硬、软件本身的细节，可以方便地使用计算机。

2.1.2　操作系统的功能

服务用户：操作系统给用户提供了一个方便友好的工作环境，在用户和计算机之间架起了一道桥梁。资源管理：操作系统管理着计算机系统中的各种硬件资源和软件资源，使它们相互配合协调一致地进行工作。

操作系统的主要功能是资源管理、程序控制和人机交互等，其主要功能分为以下五部分。

1. 处理器管理

处理器又称中央处理器，处理器管理主要是解决处理器的分配和调度问题，使用处理器的最简单的策略是单个用户独占机器，直至它完成任务。采用这种方式，当一台计算机在进行输入和输出操作时，处理器处于空闲状态。为了提高 CPU 的使用效率，允许多个用户同时使用计算机，让不同用户的程序同时在计算机上运行，此时需要按照一定的策略分配处理器的时间，协调各程序之间的运行，合理地为多个用户服务。

2. 存储管理

存储管理主要是管理内存资源，负责把内存单元分配给需要调入内存执行的程序，程序执行结束后将它占用的内存单元收回以便再使用。

存储管理根据用户程序的要求来分配内存，保护用户存放在内存中的程序和数据不被破坏。存储管理必须保证每个用户程序只能访问自己的那部分存储空间，又不会破坏内存其他区域内的信息。为了解决内存空间不足的矛盾，存储管理还负责使用磁盘等外存来扩充内存空间，为用户提供一个比实际内存大得多的虚拟存储器。

3. 设备管理

设备管理有序高效地管理各种输入/输出设备，包括设备分配、回收和故障处理等。为了提高设备的利用效率，尽可能地利用外围设备和主机并行工作的能力，提供方便、灵活地使用外围设备的手段,使用户在不了解具体物理设备特性的情况下使用这些设备。

对于非存储型外设，如打印机、显示器等，它们可以作为一个设备分配给一个用户，使用完后回收以便给另一个用户使用。对于存储型的外设，如硬盘、光盘、U盘等，则提供存储空间给用户，用来存放文件和数据。

4. 文件管理

文件管理支持文件的存取、修改等操作并解决数据的存储、共享、保密和保护等问题。在操作系统中，提供文件系统负责统一管理存放于外存空间中的信息，为用户提供简单、方便、安全的存取和管理信息的手段。

例如，操作系统将位于硬盘等设备上的各种文件组织成为文件系统进行管理和维护，使得用户可以很方便地在硬盘等外存上创建、移动、复制、重命名或删除文件等。

5. 人机交互

人机交互是指通过计算机输入、输出设备，以有效的方式实现人与计算机对话的技术。可供人机交互的设备主要有键盘、显示器、鼠标、模式识别（如语音识别、汉字识别等）设备等。机器通过输出设备给人提供大量有关信息及提示信息，人通过输入设备给机器输入有关信息及提示信息，可进行回答问题及提示信息等。

2.1.3 操作系统的分类

操作系统分类没有统一标准。根据使用环境和对作业处理方式，可分为批处理系统（MVX、DOS/VSE）、分时系统（Windows、UNIX、XENIX、Mac OS）、实时系统（iEMX、VRTX、RTOS，RT Linux）；根据用户数目，可分为单用户（MS-DOS、OS/2）、多用户系统（UNIX、MVS、Windows Server、Windows 7）；根据硬件结构，可分为网络操作系统（Netware、Windows Server、OS/2 Warp）、分布式系统（Amoeba）、多媒体系统（Amiga）等；根据运行环境，可分为桌面操作系统、嵌入式操作系统等；根据架构，可分为单内核操作系统和多核操作系统等；根据指令长度，可分为8位、16位、32位、64位的操作系统等；根据工作方式，可分为五大类：批处理操作系统、分时操作系统、实时操作系统、网络操作系统、分布式操作系统。

下面对按照工作方式分类的几种操作系统进行介绍。

1. 批处理操作系统

批处理（Batgh Processing）是指用户将一批作业提交给操作系统后就不再干预，由操作系统控制它们自动运行。这种采用批量处理作业技术的操作系统称为批处理操作系统。批处理操作系统分为单道批处理系统和多道批处理系统。批处理操作系统的特点是：不具有交互性。

2. 分时操作系统

分时是指把处理机的运行时间分成很短的时间片，按时间片轮流把处理机分配给各联机作业使用。

分时（Time Sharing）操作系统是利用分时技术的一种联机的多用户交互式操作系统，每个用户可以通过自己的终端向系统发出各种操作控制命令，完成作业的运行。

一台主机连接了若干个终端，每个终端有一个用户在使用，交互式地向系统提出命令请求，系统接受每个用户的命令，采用时间片轮转方式处理服务请求并通过交互方式在终端上向用户显示结果，用户根据上步结果发出下道命令。由于时间间隔很短，每个用户的感觉就像他独占计算机一样。分时操作系统的特点是可有效增加资源的使用率，具有多路性、交互性、独占性和及时性等特征。例如 UNIX 系统就采用剥夺式动态优先的 CPU 调度，有力地支持分时操作。

3. 实时操作系统

实时（Real Time）操作系统是指使计算机能及时响应外部事件的请求，在规定的时间内完成对该事件的处理，并控制实时设备和实时任务进行协调工作的操作系统。

实时操作系统包括硬实时和软实时，硬实时要求在规定的时间内必须完成操作，这是在操作系统设计时保证的；软实时则只要按照任务的优先级，尽可能快地完成操作即可。我们通常使用的操作系统在经过一定改变之后就可以变成实时操作系统。

实时操作系统具有如下特点：及时响应，快速处理，可靠性和安全性高，具有较强的容错能力，不强求系统资源的利用率等。

4. 网络操作系统

网络操作系统（Network Operating System，NOS）按网络体系结构协议开发的负责管理整个网络资源和方便网络用户的软件的集合。NOS 是网络的心脏和灵魂，在其支持下，可为网络计算机提供相互通信和资源共享。

由于网络操作系统是运行在服务器之上的，所以有时也称之为服务器操作系统。

5. 分布式操作系统

分布式（Distributed）操作系统是为分布式计算机系统配置的一种操作系统，指的是把分布在各地不同系统的大量的计算机通过网络联结在一起，获得极高的运算能力和广泛的资源共享。

分布式操作系统和网络操作系统的共同点都是建立在计算机网络之上的。

它们的区别在于：网络操作系统要求用户在使用网络资源时必须先了解网络资源，知道网络中各个计算机的功能与配置、软件资源、网络文件结构等，如要读一个共享文件时，必须知道这个文件放在哪台计算机的哪一个目录下，而分布式操作系统是以全局方式管理系统资源的，它可以为用户任意调度“透明”的网络资源，当用户提交一个作业时，分布式操作系统根据需要将用户的作业提交到最合适的处理器，处理器完成作业后再将结果传给用户。

2.1.4 典型操作系统介绍

1. MS-DOS

MS-DOS 是 Microsoft Disk Operating System 的简称，是微软公司在 1981 年为 IBM-PC 微机开发的单用户、单任务，16 位系统、基于字符（命令）方式的磁盘操作系统。在美国微软公司 1995 年 8 月 24 日推出的操作系统 Windows 95 以前，磁盘操作系统是 IBM PC 及兼容机中的最基本配备，而 MS-DOS 则是 PC 机中最普遍使用的磁盘操作系统之一。

最基本的 MS-DOS 由一个基于 MBR 的 BOOT 引导程序和三个文件模块组成。这三个模块是输入/输出模块（IO.SYS）、文件管理模块（MSDOS.SYS）及命令解释模块（COMMAND.COM）。除此之外，还加入了若干标准的外部命令，它们与内部命令（即由 COMMAND.COM 解释执行的命令）一同构建起一个在磁盘操作时代相对完备的人机交互环境。

由于 MS-DOS 的局限性，2000 年以后开始淡出主流操作系统市场，但以工具软件的形式被集成到 Windows 操作系统中，运行方法为：点击“开始”按钮，点击运行，输入 cmd，点击确定即可。

2. Windows 操作系统

Windows 是微软公司开发的基于图形界面的视窗操作系统，以生动形象的用户界面，操作方法极为简便吸引着大批用户，是目前世界上使用最广泛且兼容性最强的操作系统。Windows 操作系统支持即插即用、多任务、对称多处理和群集等一系列功能。Windows 系列从最初 Windows 95、Windows 98 到 Windows 2000、Windows XP、Windows 7、Windows 10 等，功能越来越强大，系统的稳定性和易用性不断提高。

Windows 操作系统具有以下特点：

（1）用户界面统一、友好、美观

Windows 应用程序大多符合 IBM 公司提出的 CUA（Common User Access）标准，所有的程序拥有相同的或相似的基本外观，包括窗口、菜单、对话框、工具条等。用户只要掌握其中一个，就不难学会其他软件。

（2）直观、高效的面向对象的图形用户界面，易学易用

Windows 用户界面和开发环境都是面向对象的。用户采用“选择对象－操作对象”这种方式进行工作。例如要打开一个文档，先用鼠标或键盘选定该文档，然后从右键菜单中选择“打开”操作，打开该文档。这种操作方式模拟了现实世界的行为，易于理解、学习和使用。

（3）与设备无关的图形操作

Windows 的图形设备接口（GDI）提供了丰富的图形操作函数，可以绘制出诸如线、圆、框等几何图形，并支持各种输出设备。设备无关性意味着无论是在打印机上打印还是在高分辨率的显示器上显示，其图形效果都是相同的。

（4）多任务

Windows 是一个多任务的操作环境，支持同时运行多个程序，每个程序对应屏幕上的一个窗口，这些窗口允许重叠。同一时刻计算机可以运行多个应用程序，但仅有一个是处于活动状态的，其标题栏呈现高亮颜色，一个活动的程序是指当前能够接收用户键

盘或鼠标输入的程序。用户可以移动或在不同的应用程序之间进行切换窗口，还可以在程序之间进行手工和自动的数据交换及通信。

3. UNIX 操作系统

UNIX 支持多种处理器架构，属于分时操作系统，它是一种多用户、多任务的实时操作系统，最早由 KenThompson、Dennis Ritchie 和 Douglas McIlroy 于 1969 年在 AT&T 的贝尔实验室开发的。UNIX 操作系统是目前功能最强、安全性和稳定性最高网络操作系统，其通常与硬件服务器产品一起捆绑销售，已成为通用的、交互的、多用户、多任务应用领域中小型计算机的主流操作系统之一。

4. Linux 操作系统

Linux 是芬兰赫尔辛基大学的学生 Linux Torvalds 开发的，它是一种免费使用的、自由的和开放源代码的类 UNIX 操作系统。Linux 操作系统的最大特征在于其源代码是向用户完全公开，任何一个用户可根据自己的需要修改 Linux 操作系统的内核，因此，Linux 操作系统的发展速度异常迅猛。Linux 可安装在各种计算机硬件设备中，如手机、平板电脑、PC 机、大型和超级计算机等。

5. Android 操作系统

Android（安卓），是一个以 Linux 为基础的开源移动设备操作系统，主要用于智能手机和平板电脑，由 Google 成立的 Open Handset Alliance（OHA，开放手持设备联盟）持续领导与开发中。安卓 5.0/5.1 棒棒糖[Android 5.0/5.1（Lollipop）]已经渐渐成为主流，Android 已发布的最新版本为 Android 6.0。

第一部 Android 智能手机发布于 2008 年 10 月。Android 逐渐扩展到平板电脑及其他领域，如电视、数码照相机、游戏机等。2011 年第一季度，Android 在全球的市场份额首次超过塞班系统，跃居全球第一。2013 年的第四季度，全世界采用这款系统的设备数量已经达到 10 亿台，Android 平台手机的全球市场份额已经达到 78.1%。2014 年第一季度 Android 平台已占所有移动广告流量来源的 42.8%，首度超越 iOS，但运营收入不及 iOS。

6. iOS 操作系统

iOS 是由苹果公司为 iPhone 开发的移动操作系统，它主要是给 iPhone、iPod touch 以及 iPad 使用。就像其基于的 Mac OS X 操作系统一样，它也是以 Darwin 为基础的，属于类 UNIX 的商业操作系统。iOS 的系统架构分为四个层次：核心操作系统层（the Core OS layer），核心服务层（the Core Services layer），媒体层（the Media layer），可轻触层（the Cocoa Touch layer）。操作系统占用大概 240MB 的存储器空间。2015 年 9 月北京时间 10 日凌晨一点（美国时间 9 日上午 10 点）iOS 9 正式发布。

iOS 具有简单易用美观的界面、功能强大、安全性好，以及超强的稳定性。iOS 内置的众多技术和功能让 Apple 处于行业领先地位。

2.2 Windows 7 的基本操作

Windows 7 是由微软公司（Microsoft）开发的操作系统，核心版本号为 Windows NT 6.1，Windows 7 可供家庭及商业工作环境、笔记本式计算机、平板电脑、多媒体中心等使用。

Windows 7 是当前微型计算机用户使用最多的操作系统，学习 Windows 7 操作技术是使用微型计算机的基础。

2.2.1 Windows 7 操作系统的启动和退出

安装 Windows 7 成功后，用户登录和退出 Windows 7 的过程，就是启动和关闭计算机的过程。

1. 启动 Windows 7

打开电源，计算机首先进行自检，接着装载 Windows 7 操作系统，片刻进入 Windows 7 桌面，如图 2-1 所示。

图 2-1　Windows 7 桌面

2. 退出 Windows 7

使用完 Windows 7 后，不要直接关机，可单击桌面左下角的“开始”按钮，再单击“关机”按钮，就可关机。

如果需要重新启动计算机，则在图 2-2 出现的对话框中选择“重新启动”选项；如果需要注销当前用户以另一个用户的身份登录，则在图 2-2 出现的对话框中选择“注销”选项；如果需要使计算机进入睡眠状态，则在图 2-2 出现的对话框中选择“睡眠”选项，系统会把当前的桌面状态，保存起来，然后进入睡眠状态，当再次启动计算机时，它会恢复到睡眠前的状态。

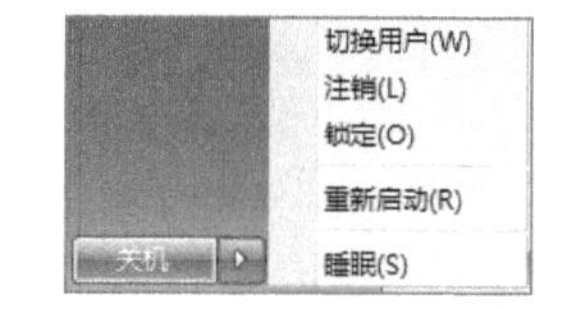

图 2-2　Windows 7 关机选项

2.2.2 Windows 7 的桌面与图标、窗口和菜单

1. 桌面

启动 Windows 7 系统后，系统会自动进入 Windows 7 的操作界面——桌面，Windows 7 桌面上的工具有图标、任务栏和开始菜单三个，如图 2-1 所示。

在桌面上右击，弹出的快捷菜单如图 2-3（a）所示，通过单击“个性化”命令，可以对任务栏、菜单、控制面板、轻松访问中心等进行相应的操作，如图 2-3（b）所示。

（a）桌面快捷菜单

（b）个性化界面

图 2-3　桌面操作

2. 图标

图标是指屏幕上的一个小图案，通常用于表示一个应用程序或用来表示一个按钮的功能。通过图标可以访问计算机上最常用的资源。

（1）图标类型

桌面上主要含有三种类型的图标，其他文件夹中只含有后面两种图标。

① 特殊文件夹：即“计算机”、“网络”、“超级管理员”、“浏览器”、“回收站”等图标。

- 计算机：通过该图标，可以浏览和管理自己计算机上所有硬件和软件资源，双击桌面上“计算机”图标，可打开“计算机”窗口，如图 2-4 所示。

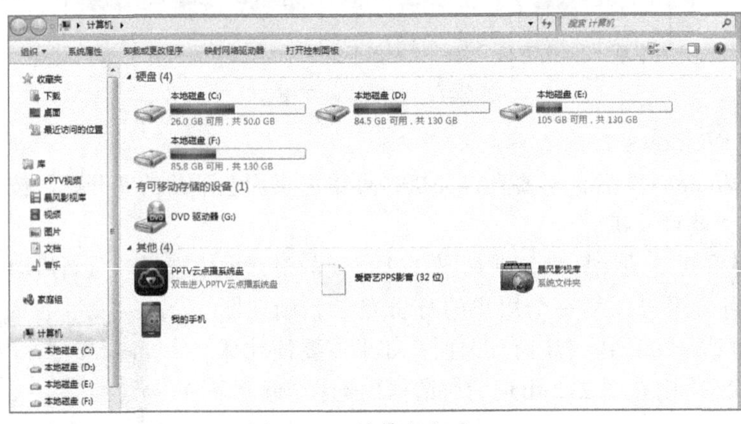

图 2-4　“计算机”窗口

- 网络：通过“网络”可以访问网络中的共享资源。点击“网络”打开就会搜索局域网能连接上的计算机，可以访问它们；右击“网络”有多行功能：可以映射和断开网络的驱动器（硬盘）；属性可查看网络信息并进行网络设置等，如图 2-5 所示。
- 超级管理员：Administrator 是超级管理员账号，用这个用户进入可以进行一切操作。administrator 文件夹，是这个用户的根文件夹，里边包含该用户的软件、配置信息、临时文件夹等。Windows 7 的 Administrator 用户桌面位于 C:\Users\Administrator\Desktop 文件夹下，如图 2-6 所示。

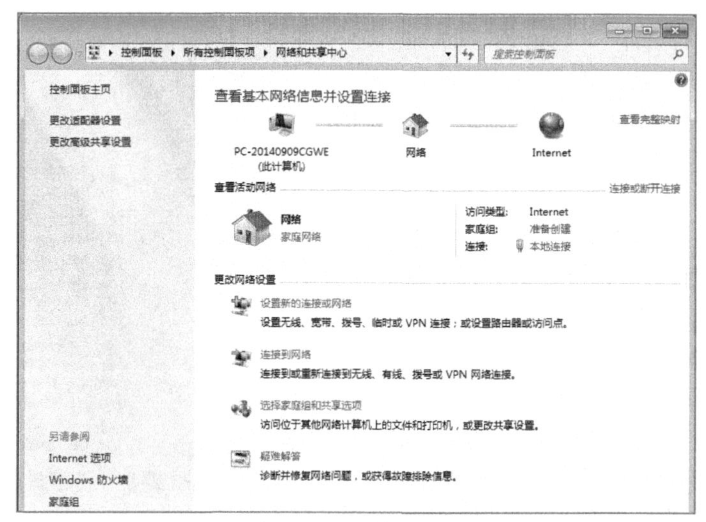

图 2-5 “网络”窗口

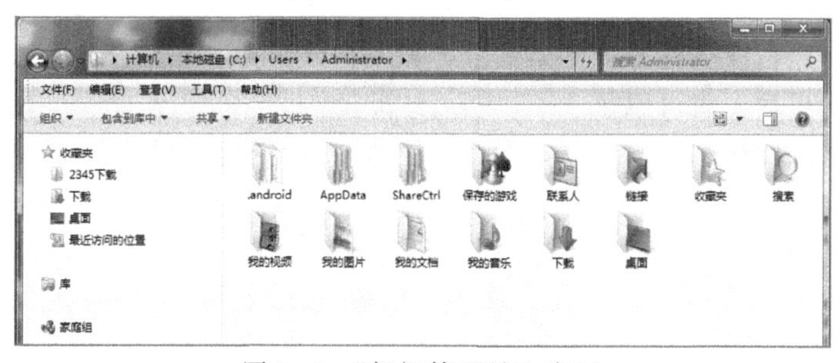

图 2-6 “超级管理员”窗口

- 浏览器：作用均为浏览网页。IE 类型的如：360 安全浏览器、世界之窗等；火狐浏览器；谷歌浏览器内核的如：谷歌、傲游 3、国内若干双核（360 极速、搜狐、QQ 浏览器）等。
- 回收站：这是一个“垃圾箱”，被用户删除的文件或文件夹临时存放在其中，可以在需要时从此地找回已删除的文件或文件夹，如图 2-7 所示。

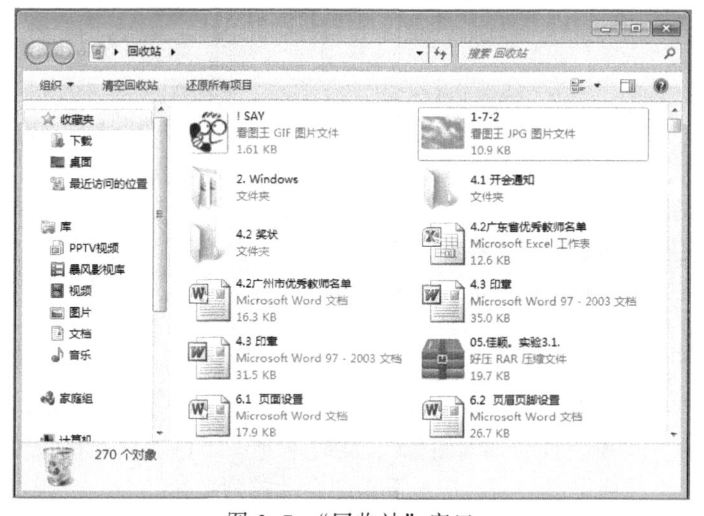

图 2-7 “回收站”窗口

② 文件夹和文件：即自己创建的一些文件夹和文件，例如：，。

③ 快捷方式图标：怎样区别快捷方式图标呢？即快捷方式图标的左下角有一个小箭头，例如：。

用户可以根据需要在桌面上或者文件夹中添加其他快捷图标。在要添加的快捷图标上右击，在弹出的菜单中选创建快捷方式。

（2）创建图标

创建图标操作方法如下：

① 在桌面上或文件夹的空白处右击，在弹出的快捷菜单中选择“新建”选项；

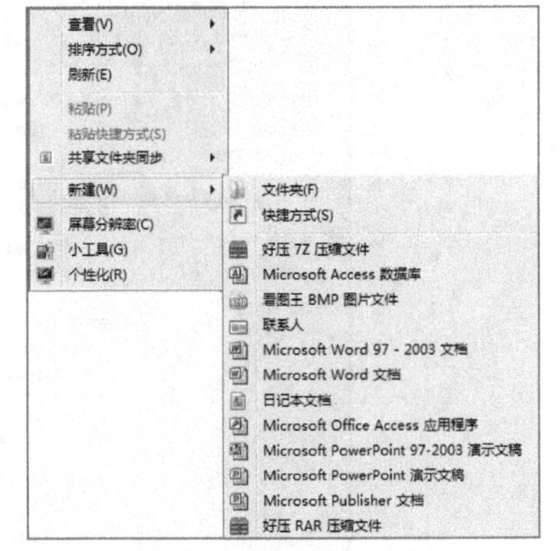

图 2-8　创建图标操作

② 在“新建”选项下，可以创建各种形式的图标，如快捷方式、文件夹、文本文档等，如图 2-8 所示。

如果要把应用程序图标添加到桌面上，只要把该图标（在“开始”菜单中的或窗口中的）直接拖到桌面上就可以了。

使用快捷方式图标，用户可以方便迅速地执行想要执行的程序或者打开想要打开的文件。

（3）图标排列

为了使桌面整齐而有条理，允许使用者根据个人的喜好对图标进行重新整理和排列。操作方法如下：

① 在桌面的空白处右击，在弹出的快捷菜单中选择“查看”或“排序方式”选项；

② 在“查看”或“排序方式”选项中选择要排列的方式，如图 2-9 所示。

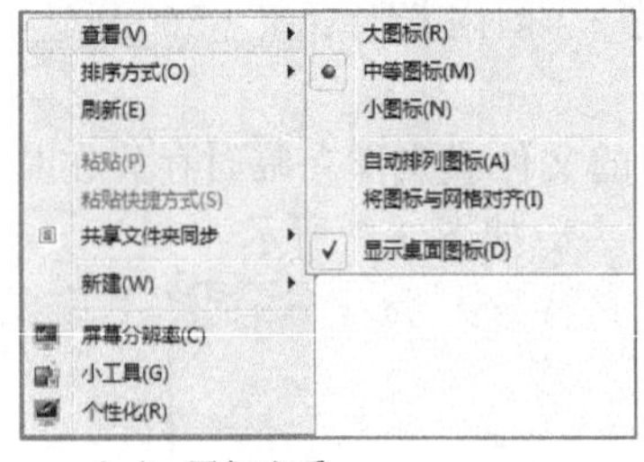

（a） 图标查看

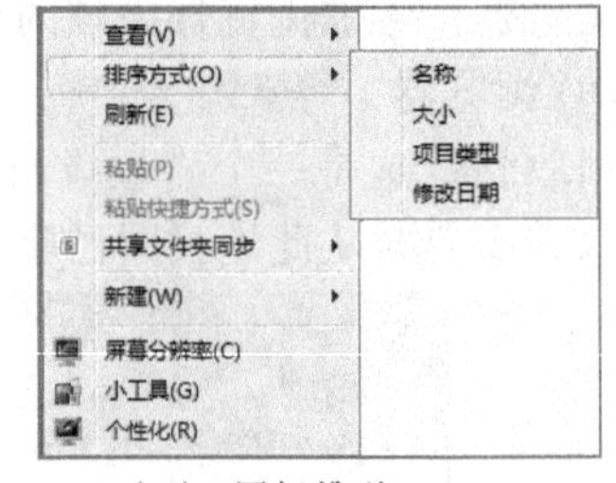

（b） 图标排列

图 2-9　图标

“自动排列图标”：内容窗口中的文件、文件夹图标按系统自动约定的方式排列。一般来说，文件夹在前面显示，文件在后面显示。

“名称”：按文件夹和文件名的字典次序排列图标。

“大小”：按所占存储空间大小排列图标，小的在先。

“项目类型”：按扩展名的字典次序排列图标。

“修改日期”：按修改日期排列（即最后一次存取的日期），最近修改的在后。

系统默认的方式为“自动排列图标”，此时不允许用户随意调整和移动桌面图标的位置，因此在调整图标位置之前，应先取消“自动排列图标”命令。操作方法如下：在桌面空白处右击，打开如图 2-8 所示的快捷菜单，从中选择“查看”|“自动排列图标”

命令，取消“自动排列图标”前面的勾选标记。取消“自动排列图标”命令后，可随意拖动桌面图标到指定位置。

上述操作对文件夹中图标的排列同样有效。

3. 任务栏

（1）任务栏的构成

任务栏是位于桌面最下端的带状区域，它是打开程序、文件夹和文档的控制中心，任务栏从左至右分为 4 个部分：“开始”菜单、快速启动工具栏、活动任务区及系统区域，如图 2-10 所示。

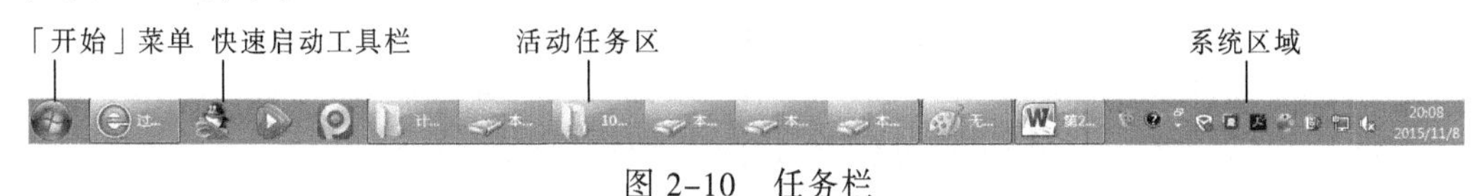

图 2-10　任务栏

①“开始”菜单：是任务栏中最左边的按钮，由于单击该按钮后会出现一连串的选项菜单，所以又称为“开始”菜单。

② 快速启动工具栏：位于“开始”菜单的右侧，包含有若干个小图标，单击这些小图标，可以完成相应的功能。

③ 活动任务区：位于任务栏的中部，通常用来显示当前运行的程序。当用户每运行一个程序，系统就在任务栏上为该程序建立一个窗口按钮。通过单击任务栏的按钮来激活程序，使该程序的窗口成为活动窗口显示在最前面。活动任务区上的按钮有两种状态：“下沉”和“弹起”单击。“下沉”按钮表示窗口被激活，是当前窗口；单击“弹起”按钮则表示窗口处于后台。用户可以在多个窗口之间快速简单地进行前后台切换。

④ 系统区域：位于任务栏的最右边，包含一些系统图标和驻留程序。例如，Windows 7 系统在任务栏中显示时间。把鼠标指针停留在时间上，将打开一个显示当前日期的提示，单击或双击时间，在所显示的图中选择“更改日期和时间设置”对话框，在此可以设置系统的日期和时间，如图 2-11 所示。

（2）任务栏菜单

在任务栏的空白处右击，弹出的快捷菜单如图 2-12 所示，通过选择菜单中的命令，可以对任务栏和运行程序窗口进行相应功能的操作。

图 2-11　系统日期和时间设置

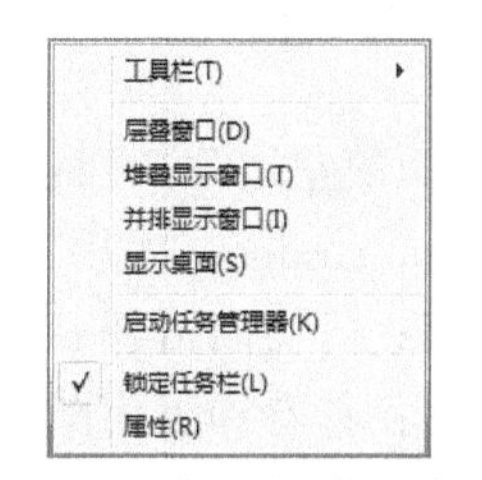

图 2-12　任务栏快捷菜单

（3）任务栏属性

在图 2-12 所示的快捷菜单中选择“属性”命令，弹出如图 2-13 所示的“任务栏和「开始」菜单属性”对话框，单击“任务栏”选项，通过选择相应的复选框，可以改变任务栏的外观。

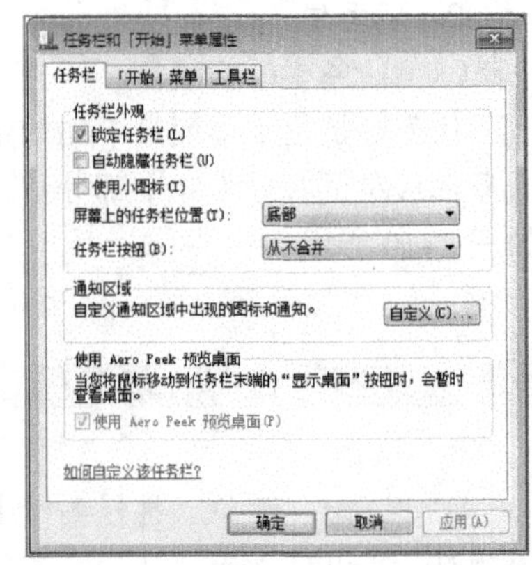

图 2-13 “任务栏和「开始」菜单属性”对话框

（4）任务栏的改变

① 移动任务栏：将鼠标光标指向任务栏的空白区域，按住左键的同时拖动鼠标，将任务栏分别拖动到屏幕的左侧、右侧、底部和顶部。

② 隐藏任务栏：将鼠标光标指向任务栏的空白区域并右击，弹出一个快捷菜单，选择“属性”选项，在弹出的“任务栏和“开始”菜单属性”对话框中确认自动隐藏前有对号“√”，单击“确定“(或应用和确定）按钮即可。此时任务栏在屏幕窗口中不可见，把鼠标移至任务栏所在的位置时，任务栏则出现在屏幕窗口中，移开鼠标，任务栏即隐藏。

③ 更改任务栏的大小：当任务栏位于窗口底部时，将鼠标光标指向任务栏的上边缘，当鼠标的指针变为双向箭头“↔”时，向下拖动或向上拖动任务栏的上边缘，改变任务栏的大小。当任务栏位于窗口右侧时，将鼠标光标指向任务栏的左边缘进行左右拖动；当任务栏位于窗口左侧时，将鼠标光标指向任务栏的右边缘进行左右拖动；当任务栏位于窗口顶部时，将鼠标光标指向任务栏的下边缘进行上下拖动，都可改变任务栏的大小。

4. “开始”菜单

（1）“开始”菜单

“开始”菜单位于任务栏最左边，几乎所有的操作都可通过它来完成。用户可以启动软件、配置硬件、获得帮助、查找文件等。单击“开始”菜单，就会出现如图 2-14（a）所示的菜单。

位于桌面左边的第 1 列包括：

① 应用程序列表：包含了最近使用过的应用程序列表，最多 15 个。单击某个应用程序将直接打开它，这样可为用户节省时间。

② 所有程序：包含已有安装在计算机中的应用程序和程序组等。单击“开始”菜单中的“所有程序”菜单，显示所有应用程序，再单击相应程序，可以启动指定的应用程序和工具等。

③ 搜索程序和文件：可查找程序、文件和文件夹、网络上的其他计算机和 Web 站点等。

位于桌面的左边第 2 列包括：

① Administrator：打开个人文件夹，可访问我的图片、我的文档等。

② 文档：可访问信件、报告、便笺以及其他类型的文件。

③ 图片：查看和组织图片。

④ 音乐：播放音乐和其他音频文件。

⑤ 游戏：在计算机上运行和管理游戏。

⑥ 计算机：查看连接到计算机的磁盘驱动器和其他硬件。

⑦ 控制面板：更改您的计算机设置并自定义其功能。

⑧ 设备和打印机：查看和管理设备、打印机及打印作业。

⑨ 默认程序：选择用 Web 浏览器、收发电子邮件、播放音乐和其他活动的默认程序。

⑩ 运行：打开一个对话框，用于启动程序、打开文档或网络上的资源等。

第 2 列最下边还有一项：关机［见图 2-14（b）］，可根据需要选择关机、切换用户、注销、锁定、重新启动或睡眠。

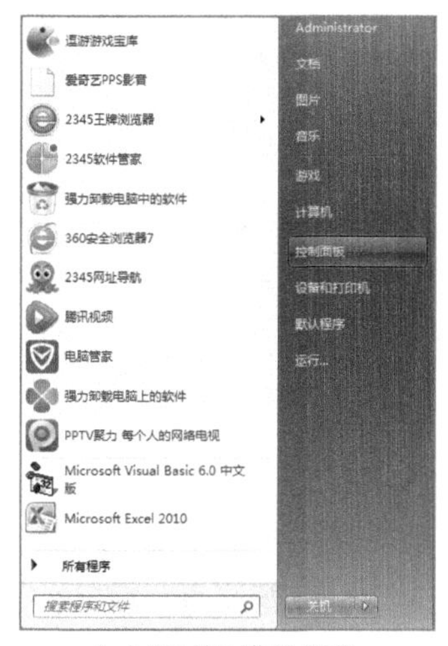

（a）“开始”菜单选项

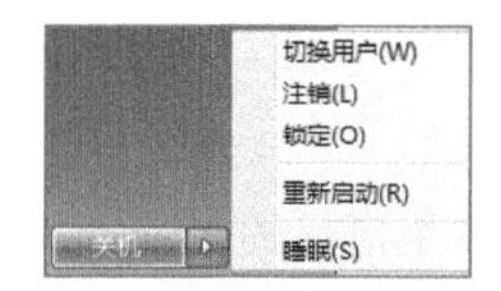

（b）关机选项

图 2-14 “开始”菜单

（2）“开始”菜单属性

右击“开始”菜单，选择“属性”命令，弹出“任务栏和「开始」菜单属性”对话框，单击“任务栏和「开始」菜单”选项卡，如图 2-15 所示。可以自定义“开始”菜单上的链接、图标以及菜单的外观和行为等。

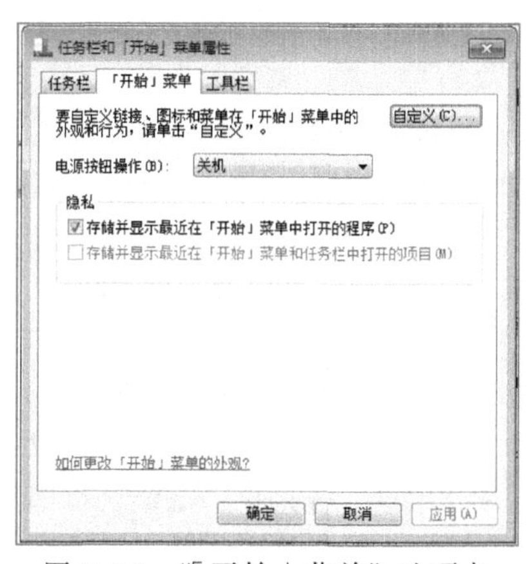

图 2-15 “「开始」菜单”选项卡

5. Windows 7 的窗口

窗口是 Windows 7 最基本的交互工具之一，Windows 7 的所有操作都是在窗口中进行的，用户每打开一个应用程序，Windows 7 就会打开一个窗口，代表一个正在运行的程序。所以掌握对窗口的使用是非常重要的。

窗口的组成如图 2-16 所示，主要包括标题栏、菜单栏、工具栏、地址栏、滚动条、导航窗格、状态栏、工作区和边框等。

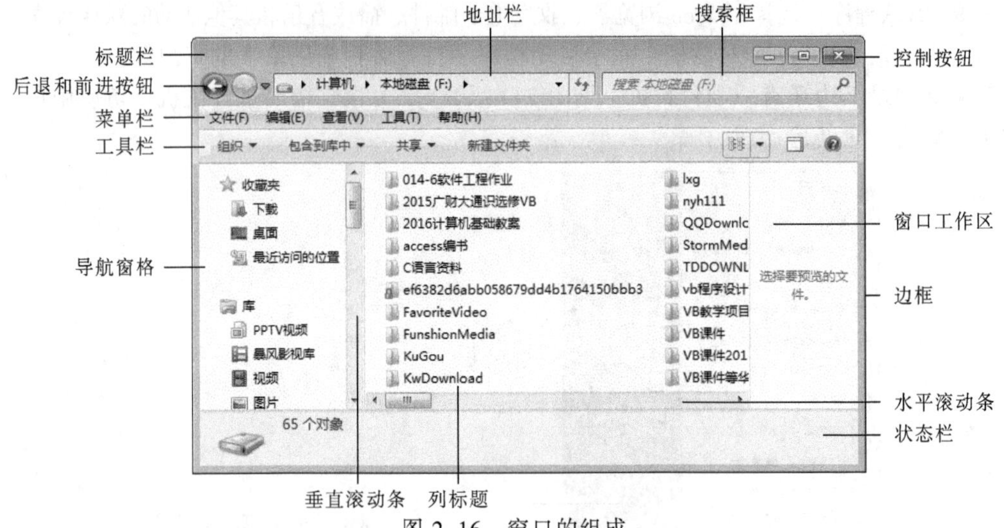

图 2-16　窗口的组成

（1）标题栏

标题栏位于窗口的顶部，用于显示该窗口的名称。标题栏的左边为该应用程序、文件或文件夹的图标及其名称。有的窗口（如文档窗口）左上角都带有图标，它就是窗口的控制菜单按钮，单击该图标就可以打开窗口的控制菜单，其中包含对本窗口发生作用的一些命令项，双击该图标则关闭本窗口。标题栏的右边是控制按钮 ：“最小化”按钮 ，单击此按钮，将窗口缩小成任务栏上的图标。“最大化|还原”按钮，单击“最大化”按钮 ，可放大窗口，使之占满整个屏幕，当窗口最大化后，“最大化”按钮 就变成了“还原”按钮 ，单击“还原”按钮 ，可将窗口还原成最大化之前的大小。关闭按钮 ，关闭此窗口，即关闭正在执行的任务。

（2）地址栏和搜索框

地址栏位于标题栏的下方，显示的是当前的地址。地址栏是输入和显示网页地址的地方，从地址栏可浏览文件夹或运行程序。单击地址栏右边的下三角按钮，会显示一个下拉列表，允许用户快速访问某些地址。

搜索框位于地址栏右边，可查找输入到搜索框中的程序、文件、文件夹等。

（3）菜单栏

菜单栏位于地址栏的下方，该栏列出了应用程序可以执行的命令。不同的应用程序，菜单栏对应有不同的菜单项。菜单栏中有多个菜单，如图 2-16 所示的窗口包含有“文件”“编辑”“查看”“工具”和“帮助”等菜单，每个菜单都对应一个下拉菜单，每个下拉菜单中又包含了若干个菜单项，有些菜单还包含多级子菜单。

（4）工具栏

工具栏位于菜单栏的下方，它包括了一些常用的功能按钮工具。常用按钮工具栏以按钮的形式给用户提供最常用的命令，如“组织”按钮下有“剪切”“粘贴”“复制”和

"删除""恢复""重命名"等。把一些常用的菜单命令设置成相应的快捷按钮，放在窗口的上部工具栏上，当进行这些操作时，就等同于选中菜单命令。在不同的窗口，可以选用不同的工具栏，用户也可以自己设置。

（5）导航窗格

导航窗格展示驱动器、文件夹等，在工作区中显示选定驱动器、文件夹下的内容等。

（6）状态栏

状态栏位于窗口的底部，用于显示窗口当前工作的状态，如所包括的对象个数、大小等。

（7）滚动条

有垂直滚动条和水平滚动条之分，帮助浏览窗口可视区以外的内容。当窗口中的内容太长，则会在窗口的右边出现垂直滚动条；当窗口中的内容太宽，则在窗口的底部出现水平滚动条。可用鼠标拖动其中的滑块查看窗口的内容。当窗口大小足以容纳所有内容时，滚动条就会自动消失。

（8）工作区

工作区在窗口的右边中间部分，一般的操作都在这儿进行。工作区的内容可以是对象图标，也可以是文档内容，随窗口不同而不同。

（9）边框

由窗口边界组成，它限定了窗口所占的屏幕区域。将鼠标移动至窗口的边线或边角处时，光标将改变形状，拖动鼠标可改变窗口的位置和大小。

6. 窗口操作

在 Windows 7 中可以同时进行多任务的操作，但是如果多个任务混在一起，就会给用户造成不必要的麻烦，因此必须对窗口进行操作。

（1）打开窗口

双击图标或文件名，即可打开对应的窗口。

（2）改变窗口的大小

把鼠标指针移到当前窗口的边框或者角上，当鼠标指针变成双箭头时，单击并拖动鼠标，直到认为窗口的大小合适时释放鼠标，就完成了对窗口大小的改变。

（3）窗口的最大化、最小化及还原

在前面介绍菜单栏时已讲到，单击窗口"标题栏"右边的"最大化"和"最小化"按钮，可以使窗口充满整个屏幕（最大化）和缩小到任务栏上的一按钮（最小化）。最大化以后，"最大化"按钮就会变化成为"还原"按钮，单击此按钮窗口便会还原成原来的大小。

（4）移动窗口

把鼠标指针移到窗口标题栏处，按住鼠标左键不放，拖动鼠标器把窗口移到所要的位置，释放鼠标，就完成了对窗口的移动。

（5）切换窗口

Windows 7 可以打开多个窗口，但只能对一个窗口进行操作，所以要在各个窗口之间进行切换。把正在操作中的窗口称为当前工作窗口，位于所有窗口的前方，这时其他窗口都被称为后台窗口。

常用切换窗口的方法有以下几种：

① 单击任务栏上与窗口相对应的图标，这时该窗口便会调到最前面，成为当前工

作窗口。

② 单击要激活窗口的任何部分，可将此窗口切换到当前状态，成为当前窗口。

③ 使用快捷键【Alt+Tab】可在打开的窗口间快速切换。

④ 使用键盘快捷键【Alt+Esc】可在打开的窗口间循环切换。

（6）排列窗口

由于用户可同时打开多个窗口，为了方便操作，可以对窗口进行重排。

右击任务栏的空白处，弹出一个快捷菜单，如图 2-17 所示。选择快捷菜单的某一选项，则窗口就可进行相应的排列。

① 层叠窗口：窗口按先后顺序依次层叠排列。

② 堆叠显示窗口：即横向平铺，窗口作水平平铺排列。

③ 并排显示窗口：即纵向平铺，窗口作垂直平铺排列。

图 2-17 快捷菜单

（7）关闭窗口

常用关闭窗口的几种方法如下：

① 单击标题栏中右边的“关闭”按钮。

② 双击窗口标题栏最左端的图标（如文档窗口）。

③ 单击窗口标题栏最左端的图标（如文档窗口），在弹出的菜单中选择“关闭”命令。

④ 右击当前窗口在任务栏上的图标，在弹出的菜单中选择“关闭”命令。

⑤ 在菜单栏上选择“文件”|“退出”命令。

⑥ 按快捷键【Alt+F4】。

7. Windows 7 的菜单

菜单是 Windows 7 的一个很重要的工具，包括“开始”菜单、控制菜单、菜单栏上的下拉菜单和快捷菜单等 4 种类型的菜单，菜单操作有：打开菜单、选择菜单和关闭菜单等，同时应注意菜单中一些符号的含义。

（1）灰色的命令名：表示该命令目前不能被执行。

（2）命令名前有选择标记 ● ：表示该命令正在起作用，如图 2-18（a）所示。

（3）命令名后带省略号“…”：表示执行该命令后会出现对话框，可根据对话框选择要执行的命令。

（4）命令名后带字母：表示可用快捷键来执行该命令，如图 2-18（b）所示，如【Alt+V】快捷键表示选中“查看（V）”菜单。

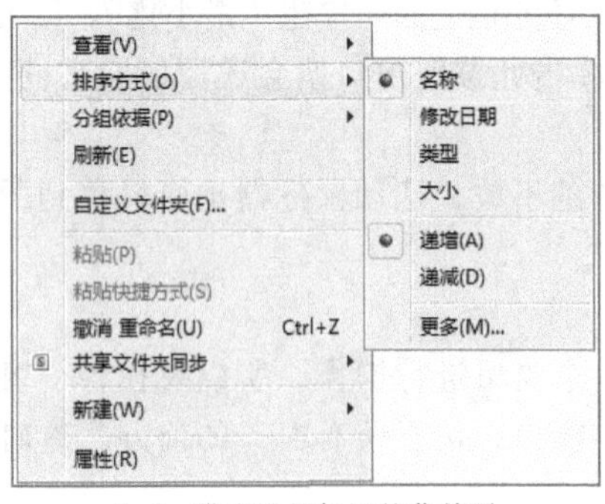

（a） 带有选择标记的菜单项

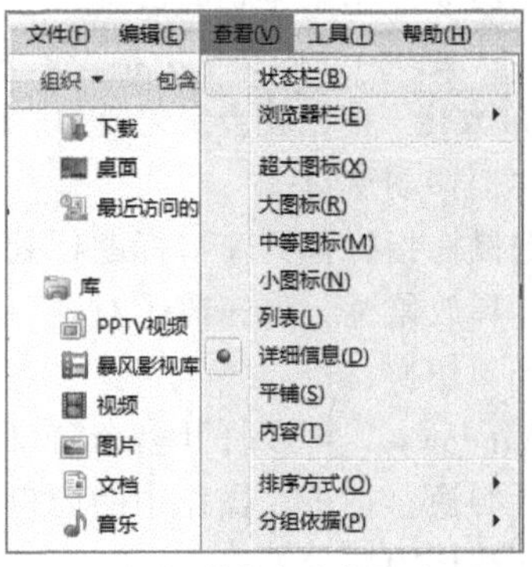
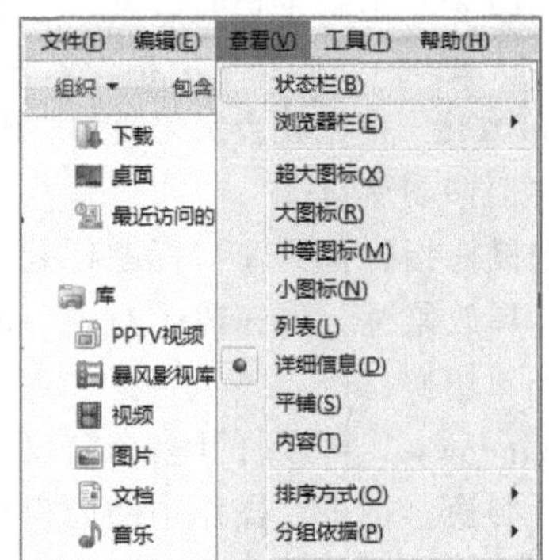

（b） 快捷方式菜单项

图 2-18 菜单项

（5）命令名右边的组合键：表示使用该组合键，可以在不打开菜单的情况下直接执行该命令，如：撤消 重命名(U)　　Ctrl+Z，撤销重命名组合键 Ctrl+Z。

（6）命令名右边的三角形：表示该命令执行后将出现下一个级联菜单，也称为子菜单，如图 2-19 所示。

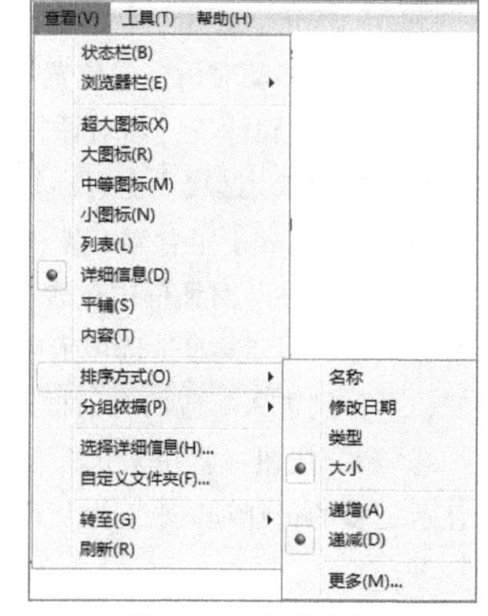

图 2-19　级联菜单

8. 菜单操作

（1）菜单的打开

① “开始”菜单：方法一，单击“开始”按钮；方法二，在键盘中按标有视窗图案的键（此键位于【Ctrl】键和【Alt】键之间）。

② 控制菜单：单击标题栏上位于左边的图标。

③ 菜单栏上的下拉菜单：方法一，单击菜单栏中的相应菜单名；方法二，在键盘上按【Alt】+菜单名后的字母。

快捷菜单：右击所选定的对象。

（2）菜单项的选择

方法一，单击菜单中要选择的菜单命令；方法二，在键盘上按下菜单命令右边标有的组合键。

（3）菜单的关闭

方法一，单击桌面上“开始”菜单以外的任意处；方法二，按【Esc】键；方法三，按【Alt】键。

2.2.3　Windows 7 的对话框

对话框又称表单（如 Access 中的表单），用于输入和选择某些参数，同时将系统信息显示出来，是人机交互的重要手段，不同用途的对话框可以有不同的控件。图 2-20 所示为“文件夹属性”对话框。

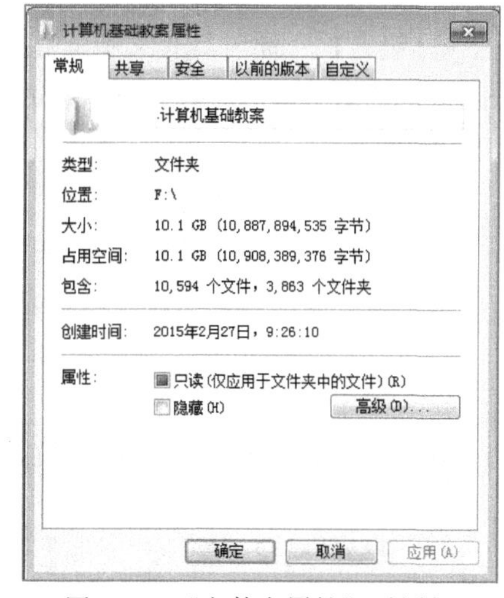

图 2-20　“文件夹属性”对话框

（1）弹出对话框的方法

① 选择带有省略号“…”的菜单项后可弹出对话框。

② 在执行应用程序中需要提示或警告时，也会弹出对话框。

③ 按某些组合键后弹出对话框。如：按【Ctrl+F】组合键，在“搜索框”下弹出搜索对话框。

（2）构成对话框的常用元素

对话框的组成和常见的窗口有相似之处，但对话框没有“最大化”“最小化”按钮，一般包含有标题栏、选项卡、标签、文本框、列表框、命令按钮、单选按钮和复选框等几部分。

① 标题栏：左边给出对话框的名称，右边是“帮助”按钮（有的对话框无此项）和“关闭”按钮。使用“帮助”按钮可以获得对话框某部分的帮助信息。用鼠标拖动标题栏可以任意移动对话框的位置。

② 选项卡和标签：当对话框中内容较多时，系统会以多个卡片的形式存放，这种卡片称为选项卡，选项卡上有标签以示区分。单击选项卡中的标签可打开对应的选项卡，也可按【Ctrl+Tab】组合键在选项卡之间切换。选项卡中通常有不同的选项组，例如，在“文件夹属性”对话框中包含了“常规”“共享”“安全”“以前的版本”“自定义”等五个选项卡，在“共享”选项卡中又包含了“共享”“高级共享”等两个按钮，单击相应按钮，可分别进入相应的对话框进行操作。

③ 命令按钮：常用来执行特定功能的命令。命令按钮上带有“…”符号表示单击会显示更多的选择项。颜色为灰色的命令按钮表示暂时不可用。如“确定”“应用”和“取消”等。

④ 单选按钮：一个选项组中包含多个单选按钮，它们是左侧带圆圈的选择项，选中且只能选择其中一项，被选中的单选按钮圆圈中有一个黑点·。

⑤ 复选框：左侧带方框的选择项，表示同一类项目中同时可选择多项，被选择的项目方框中有“√”号。

⑥ 文本框：可以输入信息的矩形框。

⑦ 列表框：与菜单类似，提供可选项列表供用户选择，有的还带有滚动条。

⑧ 下拉式列表框：刚开始时显示的是当前的选择项，单击右侧的下三角按钮可弹出一个下拉列表，从中选取一项，该项将自动填入其文本框中。

⑨ 数值框：单击数值框右边的向上和向下箭头可以改变数值大小。

⑩ 组合框：同时具有文本框和列表框的功能。在组合框中，单击箭头可以查看选项列表，然后单击所需的选项，该选项就会在文本框中出现。

⑪ 滑动块：通过移动滑动块，可以选择一种设置。

（3）窗口与对话框的区别

对话框是窗口的一种特殊形式，它与窗口一样，都有标题栏，但对话框的大小是固定的，不能改变，因此无最大化和最小化之说，而窗口可根据用户的需要进行缩放等。

2.2.4 鼠标与键盘操作

鼠标和键盘是用户与计算机进行交流的信息入口，熟练掌握它们对计算机的使用是非常重要的。

1. 鼠标和键盘设置

鼠标和键盘是当前计算机最常用的两种输入设备，其特性的发挥与用户是密切相关的，而鼠标性能的好坏又直接影响到工作效率。用户可以根据自己的爱好和习惯，对鼠标、键盘的特性，如击键速度、指针形状、左右手习惯等进行设置。

（1）鼠标设置

在“开始”菜单单击“控制面板”，然后单击“鼠标”图标，打开如图 2-21 所示的“鼠标属性”对话框，在该对话框中可以对鼠标进行设置。

①“鼠标键”选项卡：用于选择左手型或右手型鼠标、调整鼠标的双击速度及单击是否锁定等。当选择了右手型鼠标时，鼠标左、右按钮功能将被交换。要注意调整双击速度后，应在测试区域中实际测试一下双击速度，检验一下是否合乎要求等。

②“指针”选项卡：用于选择鼠标指针的大小和形状。

③“指针选项”选项卡：用于设置鼠标指针的速度、轨迹等。

④“滑轮”选项卡：设置鼠标一次滚动是按行数还是按屏幕进行。

⑤“硬件”选项卡：在“设备”选项组中，显示了鼠标的名称、类型、生产厂家等属性。若有疑难可单击“疑难”按钮，在弹出的帮助窗口中可以查找硬件的帮助。单击“属性”选项卡，可打开“鼠标设备属性”对话框，它显示了当前鼠标的常规、高级设置和驱动程序等信息。

（2）键盘设置

在“开始”菜单单击“控制面板”，在“硬件和声音”中单击“键盘”图标，打开如图 2-22 所示的“键盘属性”对话框，在该对话框中可以对键盘进行设置。

①“速度”选项卡：用于设置出现字符重复的延缓时间、重复率和光标闪烁频率。

②“硬件”选项卡：与鼠标类似，只不过“鼠标”变为“键盘”而已。

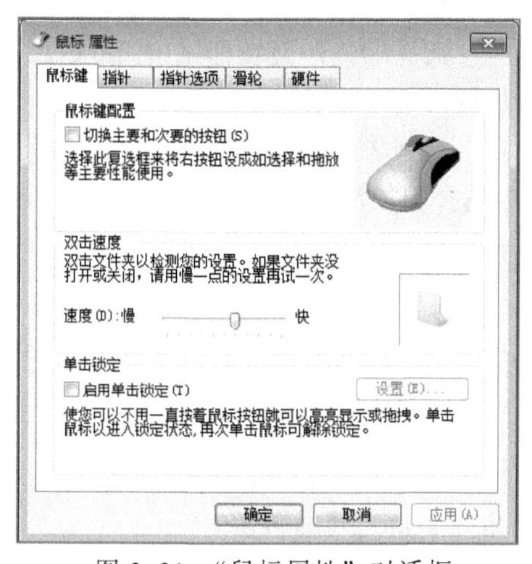

图 2-21 “鼠标属性”对话框

图 2-22 “键盘属性”对话框

2. 鼠标和键盘操作

（1）鼠标操作

用户主要是使用鼠标对 Windows 7 进行操作，当鼠标移动时，光标就会随着鼠标的移动而在屏幕上移动。通常鼠标的左键设置为主键：用于选定目标，右键为副键：用于打开某个指定对象的有关选项。如果用户是用左手操作鼠标，则可以把鼠标的右键设置为主键，前面已介绍。

① 指向：移动鼠标，将鼠标指针指到某一对象。

② 单击：将鼠标指针指向某一对象，按一下左键。通常用于选中鼠标指针所指的

对象。

③ 右击：将鼠标指针指向某一对象，按一下右键。通常可弹出快捷菜单。

④ 双击：将鼠标指针指向某一对象，快速连续按两下鼠标左键。通常用于打开目标、执行程序或显示对话框等。

⑤ 拖动：将鼠标指针指向某一对象，然后按住鼠标左键不放，移动鼠标使鼠标指针移到某个指定位置才松开。通常用于移动对象的位置及移动文件、复制文件等。

⑥ 释放：松开按住鼠标按键的手指。

注意：鼠标在进行不同的操作时，会有不同的形状。

（2）键盘操作

Windows 7 提供了很多热键，使用键盘可以很方便地完成一些基本操作。常用的如下：

①【Alt+Space（空格键）】：打开控制菜单。

②【Alt+Esc】：切换到上一应用程序。

③【Alt+菜单命令中带字母键】：命令快捷键。

④【Ctrl+Esc】：打开“开始”菜单，特别是当鼠标失去功能时，是唯一的启动方法。

⑤【Esc】：关闭菜单或对话框。

⑥【Tab】：对话框选项的切换。

⑦【PrtSc】：系统的截图工具。

3. 中文输入法

中文 Windows 7 支持汉字处理功能，它本身带有如下几种中文输入法：微软拼音输入法、中文（简体）—全拼输入法、中文（简体）—郑码输入法及智能 ABC 输入法 5.0 版。用户也可以自己安装所喜欢的输入法，如五笔输入法等。

（1）中文输入法的选择

① 单击任务栏中的图标，在弹出的菜单中选择输入法。

②【Ctrl+Space（空格键）】：中英文切换。

③【Ctrl+Shift】：输入法之间切换。

④【Shift+Space】：全角与半角切换。

⑤【Ctrl+.】：中英文标点符号切换。

在选中输入法之后，弹出输入法状态框如图 2-23 所示，共有五个按钮：

中：“中/英文输入法切换”按钮可实现中文和英文输入法之间的切换。

：“半角/全角切换”按钮可实现字符的全角与半角之间的转换。

：“中/英文标点切换”按钮可实现中文和英文标点符号之间的切换。

：可进行多种皮肤设置。

；可对当前输入法进行设置。

图 2-23 输入法状态框

如何进入软键盘？右击，在出现的菜单中单击软键盘按钮，可使用 PC 键盘及对各种符号进入输入。

（2）中文标点符号的输入

表 2-1 为几个特殊中文标点符号与键位对照表。

表 2-1　特殊中文标点符号与键位对照表

中文名称	标点符号	键　　位
顿号	、	\
句号	。	.
双引号	“及”	″
单引号	‘及’	
左书名号	《	<
右书名号	》	>
间隔号	·	@
省略号	……	^
破折号	——	_
连接号	—	&

2.3　Windows 7 的资源管理

计算机中的各种信息都是以文件的形式存放在磁盘上的，因此文件管理在计算机操作中占有相当重要的地位。通过学习“资源管理器”“计算机”、文件管理器、回收站等重要的资源管理工具，正确理解信息在计算机中的存储与管理方式，养成分级、分类保存信息的良好习惯，掌握迅速打开各种程序、查找信息和添加新软件、删除文件及恢复文件的方法等。

2.3.1　“资源管理器”和“计算机”

1. “资源管理器”

“资源管理器”是 Windows 7 中文件管理、信息导航的基本界面，显示了计算机上的文件、文件夹和驱动器的分层结构、映射到计算机上的所有驱动器名称，还可以查看“网络”。使用“资源管理器”可以复制、移动、重命名，以及搜索文件和文件夹等操作。

在 Windows 7 资源管理器左侧的列表区（导航窗格），计算机资源被统一划分为五大类：收藏夹、库、家庭组、计算机和网络，这种分类让用户能更好地组织、管理及应用资源，提高效率。例如，在收藏夹下“最近访问的位置”中可以查看到最近打开过的文件和系统功能，若需要再次使用其中的某一个，直接单击即可；在网络中，可以直接在此快速组织和访问网络资源。

（1）启动“资源管理器”

方法一：右击“开始”菜单，在弹出的快捷菜单中选择“打开 Windows 7 资源管理器”。

方法二：打开某个驱动器或某个文件夹。

方法三：双击“计算机”“网络”“Administrator”“回收站”图标。

方法四：右击“计算机”“网络”“Administrator”“回收站”图标，在弹出的快捷菜单中选择“打开”。

方法五：在键盘上同时按下组合键【Win+E】。

方法六：在“开始”菜单中选择“所有程序”，再选择“附件”选项，接着选择“Windows资源管理器”即可。

用上述方法之一均可打开图 2-24 所示的“资源管理器”窗口。

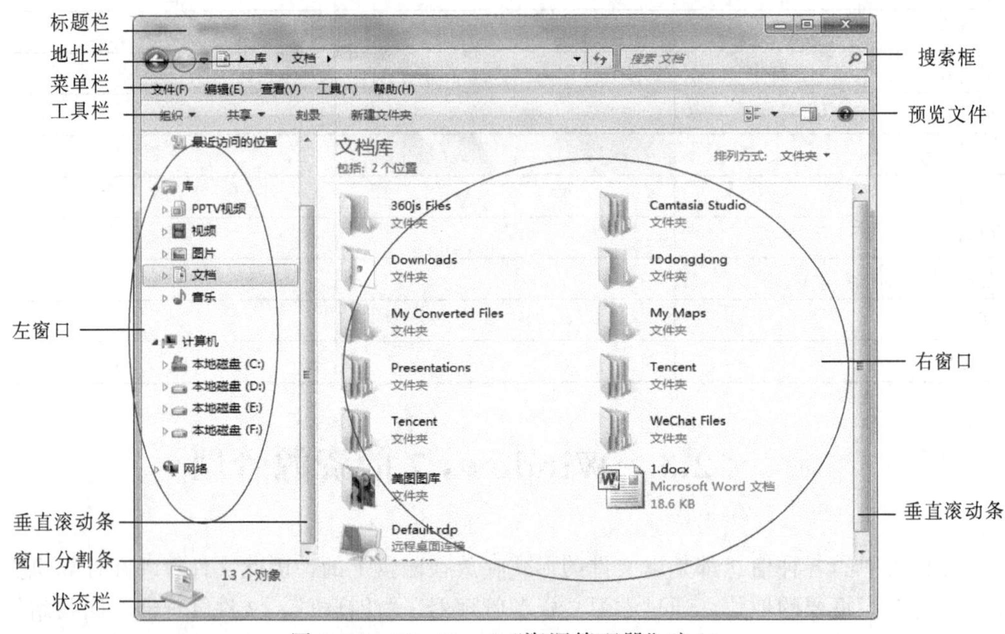

图 2-24　Windows 7“资源管理器”窗口

（2）“资源管理器”窗口的构成

Windows 7“资源管理器”窗口主要包括标题栏、菜单栏、工具栏、地址栏、状态栏、滚动条、窗口分割条和左右窗口等，如图 2-24 所示。Windows 7“资源管理器”与以前所使用的操作系统如 Windows XP、Windows 2000 相比变化较大，使得用户对文件（夹）的管理变得更加方便，免去了在多个文件夹窗口之间来回切换。

① 地址栏：具备更为简单高效的导航功能，用户可在地址栏上实现以前在文件夹中才能实现的功能，而在当前的子文件夹中，可以在地址栏上浏览选择上一级的其他资源。

在地址栏输入一个新的路径并按【Enter】键，“资源管理器”就按输入的路径定位当前文件夹。单击地址栏右边的下拉按钮，可从下拉列表中选择一个新的位置。若计算机已经联网，在地址栏输入一个网址并按【Enter】键，则可以打开一个相应的网页。

② 搜索框：在搜索框中输入关键词并按回车键，立刻就可以在“资源管理器”中得到搜索结果，不仅搜索速度快，且搜索过程的界面也很清晰明白。

③ 左窗口：主要包含以下五部分：

- 收藏夹：包含“下载”“桌面”和“最近访问的位置”等，可以快速地根据用户使用习惯进入常用位置。
- 库：包含“视频”“图片”“文档”和“音乐”等。用户可以通过该库合理管理不同类型的资源文件。
- 家庭组：用于建立、管理家庭级别的局域网络，主要功能是，针对多台计算机互联可以实现网络共享，并可以直接共享文档、照片、音乐等各种资源，还可以直接进行局域网联机，并对打印机进行共享等。

- 计算机：可根据计算机的逻辑结构，以树形目录的形式进行查看。
- 网络：可以查看网络中的其他计算机。

左窗口又称文件夹树窗口，以文件夹树形结构的形式显示计算机资源的层次结构，并可从树形结构中选中某一个文件夹作为当前文件夹。如“计算机”“网络”等可看成一个文件夹。某些文件夹左端有一个折叠标志“▷”，表示该文件夹中含子文件夹。单击对应的“▷”则显示其中的子文件夹，同时“▷”变为展开标志“▲”。双击文件夹图标或单击“▲”标志，则隐藏其中的子文件夹，同时展开标志“▲”变成折叠标志“▷”。单击“▷”、“▲”标志，可在折叠、展开状态之间来回转换。

④ 右窗口：也称文件夹内容窗口，以不同的方式显示左边的窗口中选中的文件夹下面的隶属文件或文件夹。

要处理某个文件的内容，必须先打开该文件夹。在左窗口中，单击文件夹的图标即可将其打开，被打开的文件夹的内容显示在右窗口中，在右窗口中打开文件（夹）则要双击该文件（夹）的图标。

⑤ 文件预览：在右窗口最右边开辟一个区域，可以预览图片、文本文件、Word 文件、视频文件等，这些预览效果可以便于用户快速了解其内容而不必打开文件。

⑥ 窗口分割条：位于左、右窗口中间，用鼠标拖动它，可改变左、右窗口的大小。

⑦ 菜单栏、工具栏、状态栏及滚动条：在菜单窗口已介绍。

（3）“资源管理器”的操作

① 选择浏览对象。在左窗口中，用鼠标拖动窗口中的上下滚动条，使欲访问、浏览的文件夹在左窗口中显示，否则，沿着欲访问文件夹所在的路径，通过单击“▷”标志，把“▷”变为“▲”标志，即从最上层文件夹开始依次把其下层的文件夹滚动到窗口中，使目标文件夹在左窗口中显示。单击该目标对象文件夹图标，则该对象文件夹的内容便在右边的内容窗口中显示出来。

② 文件和文件夹内容的浏览方式。在左窗口选中文件夹对象，并使其内容在右窗口中显示出来后，还需要选择一种浏览方式，以便可以方便、迅速、清晰地了解文件夹对象的内容。用户可以对文件和文件夹的显示方式和排列方式进行设置。

系统提供了 8 种文件和文件夹的显示方式：“超大图标”“大图标”...“内容”等。默认“详细信息”方式显示文件夹中的内容。用户可以选择“查看”菜单来改变显示方式，如图 2-25 所示。

- 超大、大、中等、小图标：以图标和缩略图的方式显示文件和文件夹，这几种方式的主要区别在于显示大小有所不同。因此比较适用于在窗口中进行图形文件的查看操作。
- 列表：在内容窗口中以小图标方式，以逐列方式排列显示文件和文件夹。即在内容窗口中以小图标方式按照从上至下、从左至右的顺序显示文件及文件夹名。
- 详细信息：显示包括文件及文件夹名称、大小、类型和最后一次修改时间等。
- 平铺：文件夹和文件以图标的形式平铺在窗口中，仅显示名称、类型、大小三种信息。
- 内容：以列表的方式显示文件的部分内容。

如果文件和文件夹比较多而且图标排列凌乱，会给用户查看带来不便，因此，可以对文件和文件夹进行重新排列。

在 Windows 7 中可以按照不同的文件属性进行排列，属性包括“名称”、“修改日期”、“类型”和“大小”，还可以选择某种排序方法，包括“递增”或“递减”等，如图 2-26 所示。

在右窗口中右击，在弹出的快捷菜单中选择“排序方式”，可以决定文件和文件夹的排列顺序，排列时，文件夹总在文件之前。“排序方式”子菜单共有 4 个排序选项：

- 名称：按文件夹和文件名的字典次序排列图标。
- 修改日期：按最后一次修改的日期和时间由远到近或由近到远排列。
- 类型：按扩展名的字典次序排列图标，即将相同类型的文件放在一起显示。
- 大小：按所占存储空间大小排列图标，小的在先。

除了排序类型外，Windows 7 还提供了两种排序方式：“递增”或“递减”，用来控制排序的顺序。

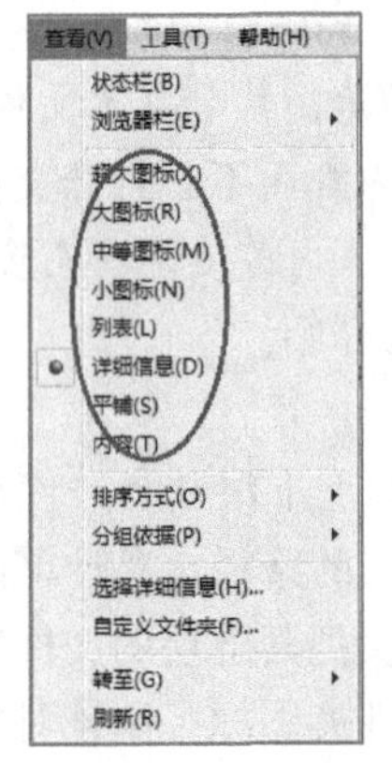

图 2-25　查看菜单

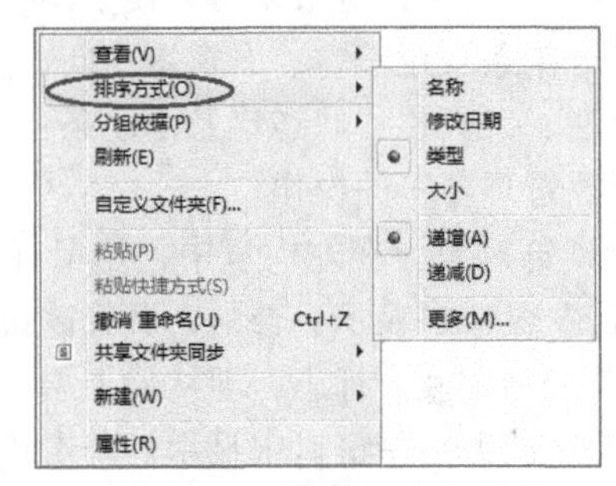

图 2-26　排序方式子菜单

③ 选择“查看”中的“刷新”选项。刷新“资源管理器”左、右窗口的内容，使之显示最新的信息。

2. “计算机”

“计算机”是 Windows 7 提供的另一管理文件和文件夹的有效工具，它的功能与“资源管理器”基本相同，所有在“资源管理器”中能够完成的操作在“计算机”中同样也可以做到。它们的区别是：在默认情况下，“资源管理器”的左侧会显示文件夹窗口，实际上，在“计算机”中双击标准按钮，即可在其左侧显示文件夹窗口，其作用和操作方法与“资源管理器”完全相同。

2.3.2　文件和文件夹的概念

利用“资源管理器”和“计算机”可以对文件夹或文件进行“建立”“移动”“复制”“删除”“恢复”及“重命名”等操作，此外，还具有“查找文件和文件夹”的功能。

1. 文件

文件是一个具有名字并存储在磁盘上的一组相关信息的集合，这些信息既可以是用户创建的文档，也可以是应用程序。文档是指使用应用程序建立的任何内容，如文本、电子表格、图像等。每个文件都有一个名称即文件名，以方便计算机对文件进行管理和使用。计算机是通过文件名来识别不同的文件的，要注意同一文件夹中的文件不能重名。

（1）文件的命名

文件名是由主文件名和扩展名两部分组成的，它们之间用圆点“.”分隔，如myfile.docx，abc.pptx 等。

DOS 操作系统的文件名是“8.3”格式，即主文件名要在 8 个字符之内，扩展名要在 3 个字符之内。

Windows 7 操作系统支持使用长文件名，主文件名最多可达 255 个字符，文件名中可以使用空格，但不能使用如下字符：引号（“”）、斜杠（/）、反斜杠（\）、冒号（:）、问号（?）、垂直线（|）、星号（*）、三角括号（<>）。

（2）文件通配符

“*”和“?”称为文件通配符。其中“*”号表示零个或多个任意字符，“?”表示任意一个字符。

例如：文件名为 nyh??.DOCX，表示主文件名以 nyh 打头的且含 5 个字符的 Word 文档。*.xlsx 表示主文件名可以是任意字符，扩展名是.xlsx 的所有文件。而*.*表示任意文件，即主名和扩展名均是任意字符的文件。

（3）文件类型

在 Windows 7 中，以扩展名来分类标识不同类型的文件。如果某文件与某个应用程序建立了关联，那么打开该文件时，其所关联的应用程序会自动启动并在窗口中装入该文件的内容。如 Word 2010 文档，扩展名用.DOCX 表示。

常见文件类型如下：

.docx：文档文件，来自“Word”文档。

.pptx：幻灯片文件，来处“PowerPoint”文档。

.bmp：位图文件，来自“画笔”程序。

.gif：图像文件，由图形处理程序生成的文件，其内部包含的是图片信息。

.jpeg：图像文件。

.mid 或.avi 的文件等：多媒体文件，包含数字形式的视频和音频信息。

.wav、.mp3：声音文件。

.xlsx：工作簿文件，来自于“Excel”电子表格。

.txt：文本文件，它是 ASCII 码格式的文件，只含字母、数字和符号的文件，文件中除了回车和换行信息外不含其他信息。

.prg：VFP 源程序文件。

.exe：可执行文件。

.com：可执行的二进制文件。

.bat：批处理文件。

.dat：数据文件。

.zip：压缩文件，使用 WinZIP 压缩生成的文件。

.rar：压缩文件。

.dll：动态链接库。

.ini：配置文件。

（4）文件的属性

一个文件包括两部分内容：文件所包含的数据；文件本身的说明信息，即文件属性。每一个文件（夹）都有一定的属性，不同文件类型的“属性”对话框中的信息也各不相同，如文件（夹）的类型、打开方式、文件路径、大小、占用空间、修改和创建及访问时间等。一个文件（夹）通常有普通属性：只读、隐藏，高级属性：存档、压缩、加密等几种属性。

2. 文件夹

在 Windows 7 中，文件的组织方式是以文件夹的方式组织的，并给它们加上标签，标签就是文件夹名。文件夹可以存放文件、其他文件夹、程序的快捷方式等。文件夹分为根文件夹和子文件夹，子文件夹中可以再有子文件夹。

（1）文件夹的命名

文件夹的命名规则与文件的命名类似。

（2）使用文件夹组织文件

文件夹为创建和存储的文件提供逻辑位置，将创建的文件夹分类，把文件保存在最合适的文件夹中，还可以将文件从其他位置移动到新建的文件夹中等。

用户可以在任何地方创建文件夹，Windows 7 将新建的文件夹放在当前位置。

（3）文件夹的属性

与文件属性类似。

（4）打开文件夹

可以从“资源管理器”或“计算机”打开文件夹。

方法一：在“文件夹树”窗口（即左窗口）中，单击要打开的文件夹图标或文件夹名。

方法二：在“文件夹内容”窗口（即右窗口）中，双击要打开的文件夹图标或文件夹名。

被打开的文件夹成为当前文件夹显示在地址栏中，所包含的子文件夹和文件显示在“文件夹内容”窗口中。

（5）文件夹的展开和折叠

单击文件夹图标左边的标记“▷”可以展开此文件夹，显示其下的子文件夹，此时标志“▷”变为“▲”。反之，单击“▲”可以折叠此文件夹，同时标志“▲”变为“▷”。

“展开文件夹”和“打开文件夹”的区别：“展开文件夹”是在文件夹树窗口中显示它的子文件夹，该文件夹并没有因“展开”操作而被打开。

（6）设置文件夹选项

用户可以根据自己的喜好来显示文件夹中的信息，设置方法如下。

① 打开“资源管理器”或“计算机”窗口，在菜单栏上选择“工具”中的“文件夹选项”，弹出“文件夹选项”对话框，默认“常规”选项卡，如图 2-27 所示。在该对话框可以设置“浏览文件夹”“打开项目的方式”“导航窗格”等常规选项的显示方式。

② 单击“查看”选项卡，如图 2-28 所示。在该选项卡中，可以将该文件夹正在使用的视力应用到所有文件夹中，在“高级设置”选项区的列表中，可设定使用更多的选项，使之与相对应的工作方式适配。如果用户不满意所做的选择，可以返回对话框重新配置，也可以单击“还原为默认值”按钮回到默认状态。

③ 设置完毕，单击“确定”按钮，保存设置并退出“文件夹选项”对话框。

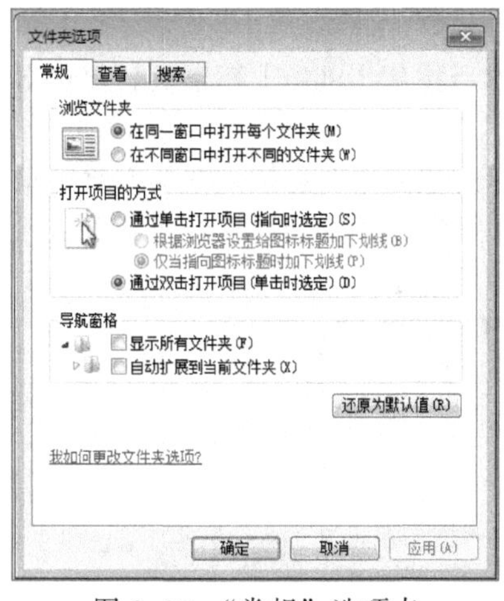

图 2-27 “常规”选项卡

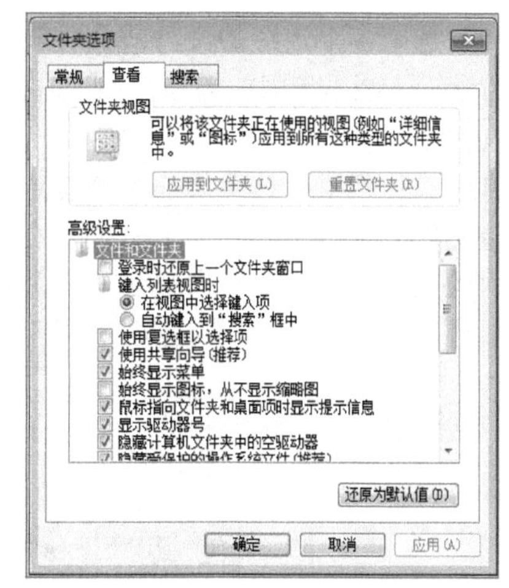

图 2-28 “查看”选项卡

2.3.3 文件和文件夹操作

1. 创建文件和文件夹

(1)创建新的空文件

操作步骤:

① 打开“资源管理器”窗口,选定新建文件所在位置,如桌面、驱动器或某个文件夹。

② 选择菜单“文件”→“新建”命令,在弹出的子菜单中,列出了可以新建的各种文件的类型,如文本文档、Microsoft Word 文档、Microsoft Excel 工作表、BMP 图像等。也可直接在桌面或右窗口中的空白处右击,在弹出的快捷菜单中选择“新建”命令,展开子菜单后选择新建文件类型。

③ 单击一个文件类型,在右窗口中出现一个带临时文件名的文件,即创建了一个该类型的空白文档。

④ 输入新的文件名并按回车键。

(2)创建文件夹

用户可以创建新的文件夹来存放类型相同、相近或内容相关的文件,也可以再包含子文件夹。

操作步骤:

① 打开“资源管理器”窗口,选定新文件夹所在的位置,如桌面、驱动器或某个文件夹。

② 选择菜单“文件”→“新建”命令,在弹出的子菜单中,选中“文件夹”;也可直接在桌面或右窗口中的空白处右击,在弹出的快捷菜单中选择“新建”→“文件夹”命令。

③ 输入新文件夹的名称并按回车键。

2. 选定文件和文件夹

在对文件或文件夹进行操作之前,首先要选定要进行操作的文件或文件夹。

(1)选定单个文件或文件夹

单击某个文件或文件夹图标即可将其选定,此时,所选定的文件名或文件夹名以蓝底反白显示,表明该文件或文件夹已被选中。

（2）选定多个连续的文件或文件夹

方法一：首先单击一个文件或文件夹图标，然后按住【Shift】键不放，再单击最后一个文件或文件夹，如图 2-29 所示。

方法二：把鼠标移至第一个文件或文件夹图标的左侧，然后按住鼠标左键拖动到所选几个文件或文件夹图标的另一侧，在拖动过程中被选中的区域以水绿色背景显示，该区域内的文件或文件夹反白显示，释放鼠标左键即可选定。

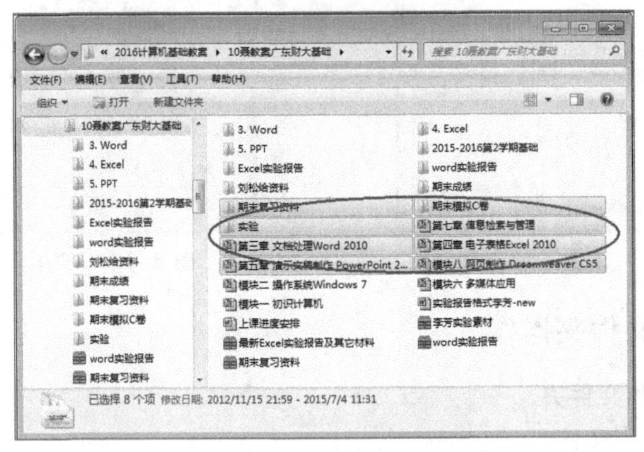

图 2-29　选定多个连续的文件或文件夹

（3）选定多个不连续的文件或文件夹

先选中第一个文件或文件夹，然后按住【Ctrl】键不放，依次单击要选定的文件或文件夹图标，最后将【Ctrl】键放开即可，如图 2-30 所示。

（4）选定全部文件或文件夹

方法一：在菜单栏上选“编辑”，再选择“全部选定”。

方法二：按【Ctrl+A】组合键，即可选定当前文件夹中的全部文件或文件夹。

（5）取消选定

在选定的多个文件中取消某些文件或文件夹的选定：按住【Ctrl】键，再单击要取消的文件或文件夹图标。

取消对所有文件或文件夹的选定：单击任一非选项区域即可

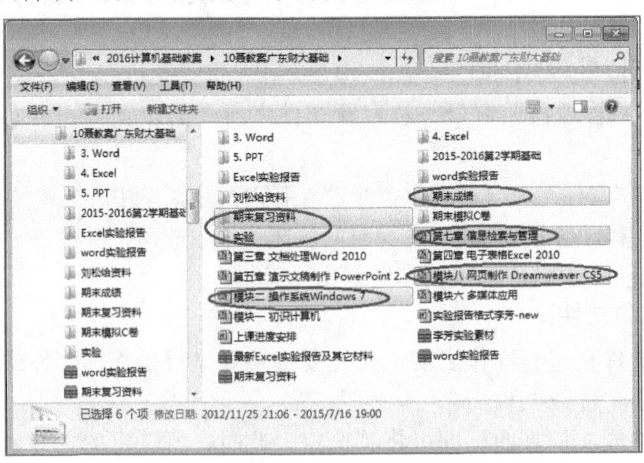

图 2-30　选定多个不连续的文件或文件夹

3. 移动文件和文件夹

移动就是将文件或文件夹移到其他地方，原来位置上的文件或文件夹就不存在了。

（1）用菜单命令

首先选中要移动的文件或文件夹，在菜单栏上选择“编辑”，再选择“剪切”，然后把鼠标移到目标文件夹或目标驱动器上并选中它，接着选择“编辑”菜单中的“粘贴”即可。

（2）使用工具栏中的工具或快捷命令

首先选中要移动的文件或文件夹，在工具栏上“组织”按钮，再选择剪切或按快捷键【Ctrl+X】，然后把鼠标移到目标文件夹或目标驱动器上并选中它，接着在工具栏上选择“组织”→粘贴或按快捷键【Ctrl+V】即可。

（3）用鼠标拖动方式

同一驱动器上移动文件或文件夹：用鼠标将选定的文件或文件夹拖曳到目标文件夹处。

在不同驱动器上移动文件或文件夹：按住【Shift】键不放，同时用鼠标将选定的文件或文件夹拖动到目标文件夹处。

4. 复制文件和文件夹

复制就是将文件或文件夹复制到其他地方，原来位置上的文件或文件夹还存在。复制与移动所使用的命令差不多，只不过把“剪切”改为“复制”即可。

（1）用菜单命令

首先选中要复制的文件或文件夹，在菜单栏上选择“编辑”，再选择“复制”，然后把鼠标移到目标文件夹或目标磁盘上并选中它，接着选择“编辑”菜单中的“粘贴”即可。

（2）使用工具栏中的工具或快捷命令

首先选中要复制的文件或文件夹，在工具栏上选择复制图标或按快捷键【Ctrl+C】，然后把鼠标移到目标文件夹或目标驱动器上并选中它，接着在工具栏上选择粘贴图标或按快捷键【Ctrl+V】即可。

（3）用鼠标拖动方式

先选定要复制的文件或文件夹，然后按住【Ctrl】键不放，同时用鼠标将选定的文件或文件夹拖动到目标文件夹处。

（4）发送对象到指定位置

要把文件或文件夹复制到U盘或可移动磁盘，可右击选定的对象，从弹出的快捷菜单中选择“发送到”命令，再从其子菜单中选择目标位置即可。

5. 删除、恢复文件和文件夹

（1）删除文件或文件夹

用户可以将不再需要的文件和文件夹删除，这样既有利于文件的管理，又能释放磁盘空间以存放有用的内容。

选定要删除的文件或文件夹后，选择下面的四种方法都可以把它们删除：

方法一：在菜单栏上选择“文件”中的“删除”。

方法二：右击要删除的文件或文件夹，在弹出的快捷菜单中选择“删除”。

方法三：按【Delete】键。

执行上述三种方法中的任意一种操作后，系统将弹出“确认文件删除”或“确认文件夹删除”对话框，单击“是”按钮，则将要删除的文件或文件夹放到“回收站”中，并没有真正的删除，需要时可以恢复；单击“否”按钮，则放弃此次操作。

方法四：将选定的对象拖动到“回收站”的图标上，然后释放鼠标。

方法五：按【Shift+Delete】组合键。把文件或文件夹彻底删除，不能再恢复。

注意：

- 以下几种情况下的文件或文件夹被删除后并不放入“回收站”，而是真正被删除：U 盘、可移动硬盘中的文件或文件夹，在 MS-DOS 方式下删除的文件或文件夹。
- 若将某个文件夹删除，则该文件夹下的所有文件和子文件夹将同时被删除。

（2）恢复被删除文件或文件夹

如果用户将不该删除的文件或文件夹放入了“回收站”中，在“回收站”没有清空之前，可以将它们恢复过来。

打开“回收站”窗口，选中要恢复的文件或文件夹，然后可选择下面两种方法之一即可恢复：

方法一：在菜单栏上，选择“文件”中的“还原”选项。

方法二：右击选中的文件或文件夹，在弹出的快捷菜单中选择“还原”。

6. 重命名文件和文件夹

每一个文件或文件夹都有自己的名字，在同一文件夹中文件不能重名。文件或文件夹的名字应该含义明确便于识别，如果其名称不合适，可以随时为其重命名。

方法一：选定要重命名的文件或文件夹，在菜单栏上选择“文件”→“重命名”命令。

方法二：右击要重命名的文件或文件夹，从快捷菜单中选择“重命名”命令。

方法三：单击要重命名的文件或文件夹，然后按【F2】键。

方法四：选定要重命名的文件或文件夹后，再一次单击该文件或文件夹的名称框。

执行上述任一种方法后，此时文件或文件夹名周围出现一个方框，且框中文字呈反白显示，用户可以直接输入新名称，然后按【Enter】键确定。

注意：

① 如果文件正在使用，系统不允许更改文件名称。

② 两次单击要间隔一段时间，以免被系统误认为是双击。

7. 文件和文件夹的属性

每一个文件或文件夹都有自己特有的信息，如大小、类型和位置等，这些信息就是它的属性。用户不仅可以查看这些信息还可以对它们进行修改。

（1）文件或文件夹的属性

在 Windows 7 系统中文件或文件夹的属性有 4 种：只读、隐藏、存档和系统。

① 只读：表示只能阅读而不能修改、保存和删除。只能查看内容，不能修改、保存，以防文件或文件夹被改动。

② 存档：表示文件或文件夹是否已备份。此选项可用来确定哪些文件需做备份。

③ 隐藏：表示要将此文件或文件夹隐藏起来，在常规显示方式下不被看到。通常为了保护某些文件或文件夹不被轻易修改或复制才将其设为“隐藏”。

④ 系统：系统文件。系统文件是自动隐藏的。

（2）文件或文件夹的属性设置

若要修改某文件或文件夹的属性，在选定该文件或文件夹后，选择菜单“文件”→

“属性”命令或快捷菜单中的“属性”命令，打开“属性”对话框，选中相应的属性复选框即可。如图 2-31 为文件、文件夹属性设置对话框。

①“常规”选项卡：文件或文件夹的属性信息包括文件或文件夹名称、文件类型、所在的文件夹大小、创建的日期和时间以及最后一次访问的日期和时间及属性。

显示的文件或文件夹属性有：只读，隐藏，可以用“高级”按钮进行一些属性的设置，如：存档和编制索引，压缩或加密属性等的设置。

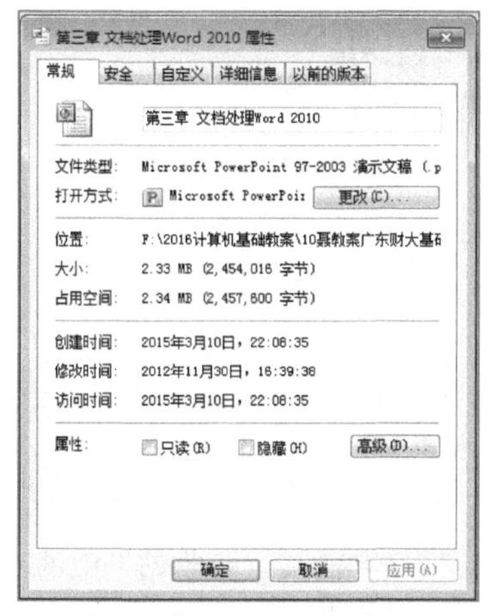

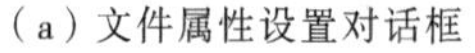
（a）文件属性设置对话框

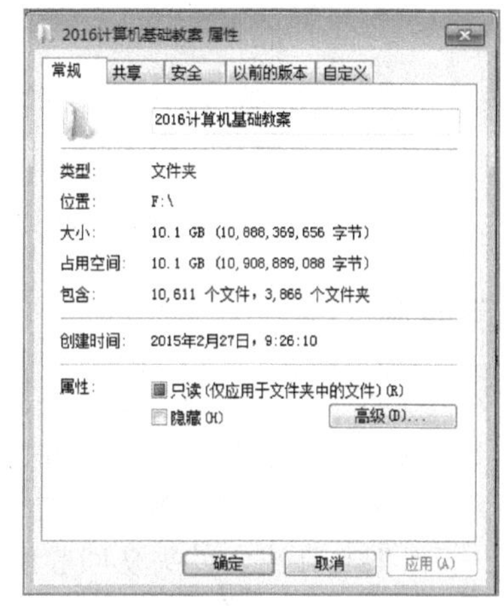

（a）文件夹属性设置对话框

图 2-31　文件或文件夹属性设置对话框

②“共享”选项卡：可用来设置是否共享，以便用户可以与网上的其他用户共享该文件夹。“共享”选项卡的设置可以限制访问的用户数和共享的权限。当选择了“共享该文件夹”单选按钮后，属性对话框上的文件夹图标被改变，变为小手托起的样式。

③“安全”选项卡，可添加或删除组或用户，对管理员的权限进行设置等。

④“自定义”选项卡可定义文件或文件夹的名称、类型等。

⑤“详细信息”选项卡给出文件作者、标题、文件名、大小、修改日期、类型等。

⑥“以前版本”选项卡给出文件或文件夹以前所使用过的版本等。

8. 搜索/查找文件和文件夹

由于用户在计算机中保存了许多的文件及文件夹，时间久后有可能会忘记某个文件或文件夹存放的位置，如果逐个驱动器、文件夹去找这个文件或文件夹很麻烦，而 Windows 7 所提供的文件搜索功能可以有效地解决这个问题。它将搜索文件、文件夹、计算机、网上用户和网络资源的功能集中在一个窗口中，操作极为方便。

操作步骤：

① 单击“开始”菜单，在它上面的搜索栏文本框：“搜索程序和文件”中直接输入要搜索的文件或文件夹；或者打开“资源管理器”|任一个文件夹窗口，在窗口右上方的搜索栏中直接输入要搜索的文件或文件夹。

② 输入要查找的文件名或文件夹名，可以使用通配符“*”和“?”，“*”代表零个或多个任意字符，“?”代表一个任意字符。

③ 在搜索中也可以指定添加搜索条件，如“修改日期”“大小”，可以缩小文件或文件夹的搜索范围。单击搜索框，选择“修改日期”，如图 2-32（a）所示，再按日期范围查找；也可以选择“大小”，如图 2-32（b）所示，再按文件或文件夹大小范围查找。

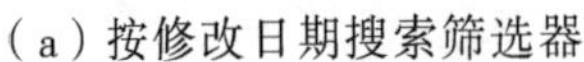
（a）按修改日期搜索筛选器

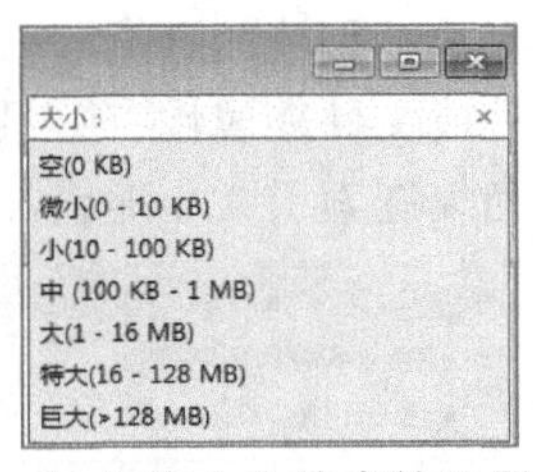

（b）按大小搜索筛选器

图 2-32　搜索文件或文件夹

2.3.4　回收站

对文件或文件夹的删除操作只是逻辑上进行删除，物理上这些文件或文件夹仍然保留在磁盘上，只是被临时存放到一个称为“回收站”的地方。“回收站”是硬盘上的存储区域，用来存放从本地硬盘上删除的文件或文件夹，如果删除有误，在没有清空“回收站”之前，可以把文件或文件夹从回收站中恢复到原来的位置。“回收站”中的对象只能进行“还原”“剪切”“删除”等操作。“回收站”中的文件既不能打开也不能编辑。

1. 打开回收站

双击桌面上的“回收站”图标，打开“回收站”窗口，如图 2-33 所示。

2. 还原/恢复文件或文件夹

在进行文件操作时，可能会由于误操作而将有用的文件删除，用下面的方法均可以把在“回收站”的文件或文件夹恢复到原来的位置。

方法一：选中要恢复的文件或文件夹（可以多个），单击菜单栏上的“还原”选项。

方法二：选中要恢复的文件或文件夹（可以多个），单击工具栏上的“还原选定项目”选项即可。

方法三：选中要恢复的文件或文件夹（可以多个），右击，在弹出的快捷菜单中选择“还原”命令。

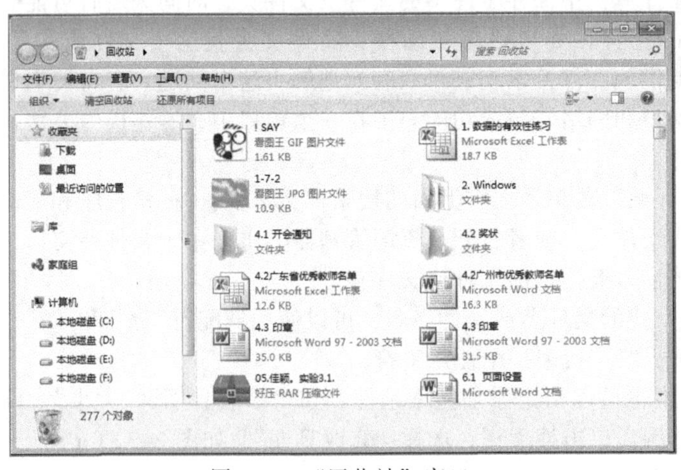

图 2-33　“回收站”窗口

3. 永久删除文件或文件夹

“回收站”中的文件或文件夹确实没用了，则可以把它们永久删除，以免占用太多的磁盘空间。要永久删除回收站中的文件和文件夹（可以是多个），可在选中后，采用下面三种方法中的一种即可。

方法一：按【Delete】键，在弹出的对话框中单击“是”按钮。

方法二：在菜单栏上选择“文件”命令，再选择“删除”命令。

方法三：在工具栏上单击“组织”按钮，再选择“删除”命令

方法四：右击，在弹出的快捷菜单中选择“删除”命令。

4. 清空“回收站”

如果“回收站”中的内容都是已经没有用或过时的文件/文件夹，这时应清空“回收站”以释放磁盘空间。

方法一：在菜单栏上选择“文件”选项，再选择“清空回收站”命令。

方法二：在工具栏上单击“清空回收站”按钮。

方法三：在“回收站”窗口的空白处，右击，在弹出的快捷菜单中选择“清空回收站”命令。

当“回收站”填满后，为了存放最近删除的文件或文件夹，Windows 7 会自动清除里面的空间：把最早放入“回收站”中的文件或文件夹删除。

5. “回收站”属性设置

“回收站”是 Windows 7 系统在硬盘上预留的一块存储空间，用于临时存放被删除的对象。这块空间的大小是系统事先指定的，一般是驱动器总容量的 10%。由于每个硬盘都有一个“回收站”，所以可以对所有的硬盘的“回收站”使用统一的设置，也可以对不同的驱动器进行不同的设置：包括“回收站”所占磁盘空间大小、删除文件时的设置等。

打开“回收站”属性方法：

（1）在桌面上右击“回收站”图标。

（2）在已打开的“回收站”窗口中右击空白处，在弹出的快捷菜单中选择“属性”命令。

（3）在已打开的“回收站”窗口中单击工具栏上的组织按钮，再选择“属性”命令。

打开“回收站属性”对话框，如图 2-34 所示。

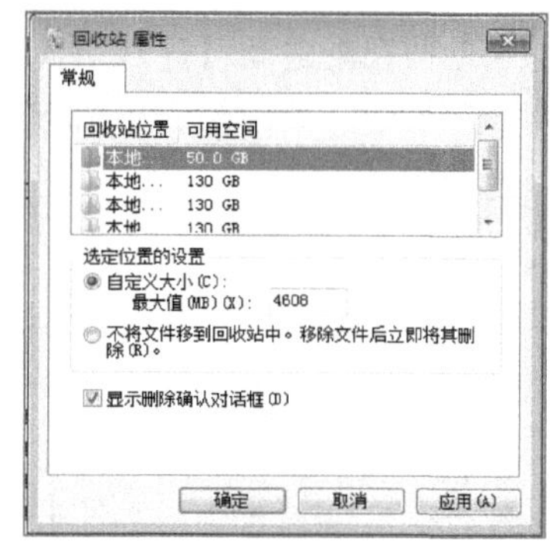

图 2-34 “回收站”属性对话框

2.3.5 剪贴板

“剪贴板”是在内存中开辟的一个临时存储区域，使用它可以在同一窗口的不同位置或不同窗口间进行信息交换。一般情况下，“剪贴板”只保留最后一次存入的内容（在新版的 Office 中，可以保存多次内容）。

对剪贴板，可进行如下操作：

（1）“剪切”

将选择的信息送入剪贴板，原位置的信息被删除。

（2）“复制”

将选定信息复制到剪贴板。

① 将选择的信息复制一份放到剪贴板上，原位置的信息仍保留。

② 复制屏幕或窗口到剪贴板。按【PrtSc】键可以将整个屏幕内容复制到剪贴板中。按【Alt+PrtSc】组合键可将当前窗口的内容复制到剪贴板中。

（3）“粘贴”

将剪贴板上的信息复制到目的位置，剪贴板上的信息保留。

因此，文件或文件夹的移动可以通过“先剪切，再粘贴”实现，文件或文件夹、屏幕或窗口的复制则可以通过“先复制，再粘贴”实现。

由于剪贴板是在内存中开辟的一个临时存储区域，因此，退出系统时，剪贴板上的信息将丢失。另外，当把剪切或复制的新内容放入剪贴板时，剪贴板上原有的信息就被覆盖掉。

2.4 Windows 7 控制面板

Windows 7 的系统工具，大部分包含在“控制面板”里，还有一部分集中在“开始”→“所有程序”→“附件”→“系统工具”命令的子菜单中。

“控制面板”（Control Panel）是 Windows 7 图形用户界面的一部分，包含了许多独立的工具，是用户和管理员更新和维护系统的主要工具。为了更方便地使用和管理计算机资源，经常要对 Windows 7 系统环境进行设置，包括屏幕设置、键盘/鼠标器、日期/时间和硬件设置、添加或删除程序、控制用户账户，更改辅助功能等。

打开“控制面板”窗口的方法如下：

方法一：单击“开始”菜单，选择“控制面板”选项，如图 2-35（a）所示。

方法二：单击“开始”菜单，选择“所有程序”→“附件”→“系统工具”→“控制面板”命令，如图 2-35（a）所示。

方法三：右击“计算机”，选择“属性”命令，进入“系统”设置页面，选择“控制面板主页”选项，如图 2-35（a）所示。

方法四：右击“开始”菜单，选择“打开 Windows 资源管理器”命令，或双击“计算机”，选择左窗格的“桌面”选项，双击“控制面板”图标，如图 2-35（b）所示。

三种视图之间可进行切换：单击“控制面板”窗口右侧的“查看方式”按钮打开子菜单，类别、大图标、小图标。

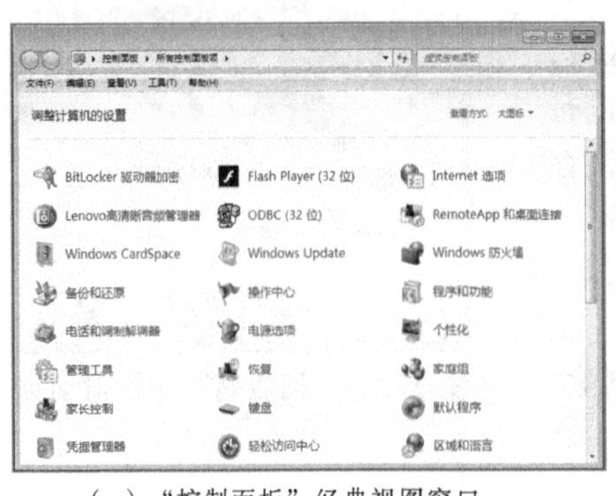

（a）“控制面板”经典视图窗口

（b）“控制面板”类别视图窗口

图 2-35 控制面板窗口

2.4.1　系统和安全

系统和安全是查看并更改系统和安全状态，备份并还原文件和系统设置，更新计算机，查看 RAM 和处理器速度和检查防火墙等。其相关操作方法如下：

① 查看计算机状态：进入“操作中心”窗口，可查看最新消息并解决问题，包括存储消息和性能信息。

② 备份计算机：进入“备份和还原”窗口，可备份和还原文件。

③ 查找并解决问题：进入“疑难解答”窗口，既可以查看全部或历史记录，也可以解决计算机问题，单击某个任务以自动排除和恢复常见的计算机问题，若要查看更多的故障修复方案，可单击某个类别或使用搜索框。

2.4.2　用户账户管理

Windows 7 是一个多用户、多任务的操作系统，可以在不同的时刻供多人使用，但在某一时刻只能有一个用户使用计算机，因此，不同的用户可建立不同的用户账户及密码。

（1）用户账户种类

Windows 7 有三种类型的用户账户：计算机管理员（Administrator）账户、标准账户、来宾账户。不同类型的账户具有不同的权限和责任。

① 计算机管理员账户：可以对计算机进行系统范围内的更改、安装程序并访问计算机上所有文件，还可以对计算机上的所有账户拥有完全访问权。

② 标准账户：可对计算机进行某些操作，如查看和修改自己创建的文件、共享文件夹中的文件、更改或删除自己的密码，更改属于自己的图片、主题及“桌面”设置，但不允许安装程序、不允许对系统文件及设置进行更改。

③ 来宾账户：专为那些没有用户账户的临时用户所设置，若没有启用来宾账户，则不能使用来宾账户。

（2）用户账户操作

为用户账户安全，可更改用户设置和密码。更改共享此计算机的用户账户设置和密码方法如下：

① 更改账户图片：为账户选择一张图片，从列出的若干张图片中选择一张图片，该图片将显示在欢迎屏幕和“开始”菜单上。

② 添加或删除用户账户：可以新建、更改和删除用户。

③ 更改 Windows 密码：可以为用户设置密码。

（3）为所有用户设置家长控制

为家庭安全，可设置家长控制。Windows 7 系统提供了三种控制方式：时间、游戏和程序限制。选择一个用户并设置家长控制。

Windows 7 系统自带家长控制功能，家长可以使用这个功能建立一个孩子用户，设置允许孩子使用的计算机的时段、可以玩的游戏类型及可以运行的程序，即使父母不在家，系统也会自动管理孩子的计算机使用，不必担心孩子无节制地使用计算机。

2.4.3　网络和 Internet

检查网络状态并更改设置是设置共享文件和计算机的首选项。

（1）查看网络状态和任务

查看基本网络信息并设置连接。设置连接到网络、设置新的连接或网络，可设置无线、宽带、拨号、临时或 VPN 连接，还可设置路由器或访问点等。

（2）选择家庭组和共享选项

选择该选择可与运行 Windows 7 的其他家庭计算机共享文件和打印机，还可以将媒体输出到设备。家庭组受密码保护，可以随时选择要与该组共享的内容。

2.4.4 外观和个性化

Windows 7 的炫酷个性化设置令人瞩目。用户可以在这里完成主题、桌面图标、更改鼠标指针、更改账户图片等个性化设置，更改桌面项目的外观，应用主题或屏幕保护程序，显示分辨率的设置等，还可以自定义“开始”菜单和任务栏。

（1）更改主题

若想更改计算机上的视觉效果和声音，单击某个主题立即更改桌面背景、窗口颜色、声音和屏幕保护程序等。

① 更改桌面背景：根据自己喜欢选择桌面背景。单击某个图片使其成为您的计算机桌面背景，或选择多个图片创建一个幻灯片。

② 窗口颜色：可对桌面、活动窗口、菜单、图标、标题、边框、滚动条等的颜色和大小进行设置。

③ 声音：应用于 Windows 和程序事件中的一组声音，可以选择现有的或保存修改后的方案。

④ 屏幕保护程序。计算机如果在一段时间内无任何操作时，其屏幕长时间显示的静态画面容易对屏幕造成损害，此时，最好把计算机设置成屏幕保护状态。

“屏幕保护程序”的功能包括两方面：一是保护显示器，避免显示器长时间高亮度显示；二是利用屏幕保护的密码功能，增加系统的安全性。

在“个性化”设置中单击“屏幕保护程序”按钮进入屏幕保护程序对话框，在“屏幕保护程序”下拉列表框中，选择自己所喜欢的屏幕保护程序。“等待”可以对计算机空闲了一定的时间，按在“等待”中指定的分钟数，运行屏幕保护程序。

单击“更改电源设置”按钮，在弹出的对话框中，通过调整显示亮度和其他电源设置以节省能源或提供最佳性能。还可以进行唤醒时需要密码设置，只有输入正确密码后系统才会从休眠状态中唤醒，以防未经许可的用户使用计算机。可设置电源使用方案，如“电源”按钮和“睡眠”按钮设置等。

⑤ 更改桌面图标。桌面图标有：“计算机”，“Administrator”用户，“回收站”，“网络”等，可以设置更改图标，还原默认值等。

⑥ 更改鼠标指针。进入鼠标属性设置，根据自己的喜好，可对鼠标键、鼠标指针、指针选项、滑轮及硬件进行设置。

⑦ 更改账户图片。为账户选择一张图片作为用户图片标志。

⑧ 任务栏和“开始”菜单。进入该属性对话框，对任务栏及“开始”菜单进行设置。

（2）更改显示

根据自己的喜好对系统的显示特性进行设置，使阅读屏幕上的内容更容易。通过更改屏幕上的文本大小以及其他项，若要暂时放大部分屏幕，使用“放大镜”工具。可进行分辨率的调整，校准颜色、更改显示器设置、调整 ClearType 文本、设置自定义文本大小（DPI）。

更改显示器的外观，主要从三个方面进行：显示器，分辨率和外观。

① 调整屏幕分辨率：用来设置显示分辨率，以像素为单位，在分辨率下拉式列表框中，用户可用鼠标拖动滑块来设置分辨率。

② 方向：可以设置显示方向为横向、纵向、横向翻转、纵向翻转等.

③ 高分辨率和高质量的颜色需要显示卡和显示器的支持。

2.4.5 硬件和声音

其功能是添加或删除打印机和其他硬件、更改系统声音、自动播放 CD、节省电源、更新设备驱动程序等。

（1）查看设备和打印机

可对本计算机所有的硬件设备进行查看。

（2）添加设备

使用计算机时，要给计算机添加一个新设备（如打印机、网卡等），或要重装操作系统，都要进行硬件设备的安装。

硬件设备分为即插即用和非即插即用设备两大类。为了使设备在 Windows 7 中正常工作，必须安装相应的设备驱动程序，每个设备都由一个或多个设备驱动程序支持。

① 即插即用设备：在关机状态下，将其安装到计算机相应端口或插槽中，然后重启计算机，在 Windows 7 内置的驱动程序库中自动查找并安装适当的驱动程序，如果找不到所需的驱动程序，则会提示用户插入包含驱动程序的光盘或软盘进行安装。

用户可以在运行时插入或拔出设备，Windows 7 会根据需要自动为该设备加载和卸载驱动程序。

② 非即插即用设备：非即插即用设备现生产得越来越少。对于非即插即用设备，可以通过 Windows 7 的硬件安装向导或制造商提供的安装程序来安装设备的驱动程序。

首先确认硬件设备已经正确地连接到计算机上，打开“控制面板”窗口，单击“添加设备”按钮，根据弹出“添加硬件向导”的提示逐步操作安装硬件即可。

2.4.6 时钟、语言和区域

为计算机更改时间、日期、时区，设置使用的语言及货币、日期、时间显示的方式。在“控制面板”主窗口中单击“时钟、语言和区域”按钮，进入图 2-36 所示窗口。

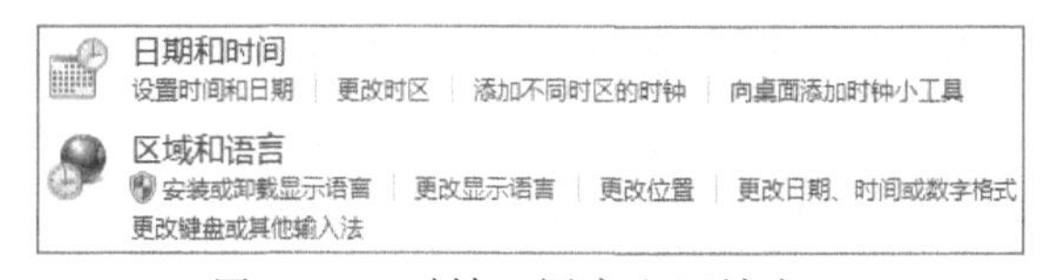

图 2-36 时钟、语言和区域窗口

（1）日期和时间

① 设置时间和日期。单击“设置时间和日期”按钮或双击任务栏最右边的时间日期显示处，可对时间和日期进行设置和更改。

② 更改时区。对于经常到外地的工作或出差的用户来说，其携带的笔记本式计算机可能需要调整时区。要改变时区，单击“更改时区”按钮，进入“日期和时间”对话框，再单击“更改时区”后进入“设置时区”对话框，在“时区”列表框中选择时区所在的位置。如设置当前时区为：“北京，重庆，香港特别行政区，乌鲁木齐”。

③ 添加不同时区的时钟。单击“添加不同时区的时钟”按钮，可对附加的时钟进行显示和设置。附加时钟可以显示其他时区的时间，可以通过单击任务栏时钟或悬停在其上来查看这些附加时钟。

④ 向桌面添加时钟小工具。单击“向桌面添加时钟小工具”按钮，选择个人喜欢的小工具，向桌面添加了选定的小工具，如日历、天气、时钟、货币等。

（2）区域和语言

① 安装或卸载显示语言。单击“安装或卸载显示语言”按钮，可进行显示语言的安装与卸载。使用显示语言，可让 Windows 7 显示所选语言的文本，以及在受支持的位置识别语言和手写。

② 更改显示语言或更改键盘或其他输入法。单击“更改显示语言”或“更改键盘或其他输入法”按钮，进入“区域和语言”对话框，若要更改键盘或输入语言，则单击“更改键盘”选项卡，进入“文本服务和输入语言”对话框，选择其中一个已安装的输入语言，用作所有输入字段的默认语言。另外，已安装服务为列表中显示的每个输入语言选择服务，使用“添加”和“删除”按钮来修改这个列表。

③ 更改位置。单击“更改位置”按钮，可对当前所处的地理位置进行设置，如把当前位置“中国”改为“新加坡”。

④ 更改日期、时间或数字格式。单击“更改日期、时间或数字格式”按钮，可对日期和时间的格式进行设置，如长日期格式为：yyyy/m/d，显示例为：2016/9/20，长时间格式为：h:mm:ss，显示例为：10:20:53。

单击“更改日期、时间或数字格式”按钮，进入设置日期时间对话框后，再单击“其他设置”按钮，进入“自定义格式”对话框，可将时间改为 12 小时制、并带“上午”和“下午”字符。单击“时间”选项卡，将“短时间”的时间格式改为“tt:h:mm”，“长时间”一栏改为“tt:h:mm:ss”。还可以设置为显示“星期几”字样，进入“自定义格式”对话框后，单击“日期”选项卡，将“短日期”的日期格式改为“dddd/yyyy/m/d”，然后单击“确定”按钮保存设置。

2.4.7 程序安装和卸载

（1）程序安装

当用户需要安装新的程序时，可将安装盘放入光驱（有的安装程序放在 U 盘上）。有些应用程序会自动启动安装程序，用户只需按照提示的步骤进行，即可完成程序的安装；有的需要执行应用软件的安装向导程序，然后按照安装向导的提示操作即可完成。

注意：安装程序通常为 setup.exe 或 install.exe，有的光盘或 U 盘中包含多个软件，就会有多个安装程序分放在不同的文件夹下。

安装程序会自动创建文件夹，并自动更新“开始”菜单。安装完成后，即可从“开始”菜单中启动该程序，也可以把它从开始菜单中拖动到桌面上，形成一个快捷方式图标，双击该菜单，也可启动该应用程序。

（2）程序卸载

程序卸载是将不用的软件从硬盘中删除，以释放硬盘空间。

用户在删除已安装的应用程序时，由于 Windows 7 程序共享组件的方式和程序安装时存储重要配置信息的方式，使得用户不能直接将应用程序从所在的文件夹删除。

重要的配置信息存放在一个名为“注册表”的数据库中，当安装一个应用程序时，就将配置信息写入注册表中。当卸载已安装的程序时，必须使用正确删除程序的方法，Windows 7 才能正确地更新注册表。

有的应用程序自带卸载功能，删除这类程序的操作步骤如下：

① 打开“开始”菜单，选择“所有程序”命令。

② 选择应用程序的名称，就会在文件夹中看到“卸载***”的命令。

③ 单击该命令，按照提示逐步进行，即可正确卸载该程序。

有的应用程序没有在对应的菜单中提供卸载功能，则可使用 Windows 7 提供的删除程序的功能进行正确的卸载，操作步骤如下：

① 在“控制面板”中，单击“程序”中的“卸载程序”按钮，进入“卸载或更改程序”窗口。

② 在“当前安装的程序”列表中选中要删除的程序，然后单击“卸载”按钮。

③ 系统会弹出确认对话框，询问用户是否删除该程序，单击“是”按钮，系统便启动应用程序删除过程，然后按照所要删除的程序的提示进行，就可以将该程序正确卸载。

2.4.8 轻松访问

在“控制面板”中单击“轻松访问”按钮，进入如图 2-37 所示的“轻松访问中心”窗口，单击相应的按钮，可为视觉、听觉和移动能力的需要调整计算机设置，并通过声音命令使用语音识别控制计算机。更改后的鼠标及键盘工作方式更为人性化，视觉、听觉等方面更适合于各人的需求。

图 2-37 “轻松访问中心”窗口

2.5 Windows 7 设备管理与共享

Windows 7 中的“设备管理器”是一种管理计算机硬件设备的工具，使用“设备管理器”可查看计算机中所安装的硬件设备、更改设备属性、更新设备驱动程序、配置设备设置和卸载设备。“设备管理器”提供计算机上所安装硬件的图形视图，如图 2-38 所示。所有设备都通过一个称为“设备驱动程序”的软件与 Windows 7 通信。

使用“设备管理器”可以安装和更新硬件设备的驱动程序、修改这些设备的硬件设置及解决问题。

打开“设备管理器”的方法如下：

① 在桌面上右击“计算机”，在弹出的快捷菜单中选择“设备管理器”命令打开“设

备管理器”窗口。

② 在桌面上右击“计算机”，在弹出的快捷菜单中选择“属性”命令，打开“控制面板”中“系统安全”的“系统”窗口，单击“设备管理器”按钮即可进行“设备管理器”窗口。

③ 以任何方法进入“控制面板”后，可按方法②打开“设备管理器”窗口。

图 2-38，显示了本地计算机安装的所有硬件设备，如光盘存储设备、CPU、硬盘、显示器、显卡、网卡、调制解调器、电池、键盘、鼠标等。

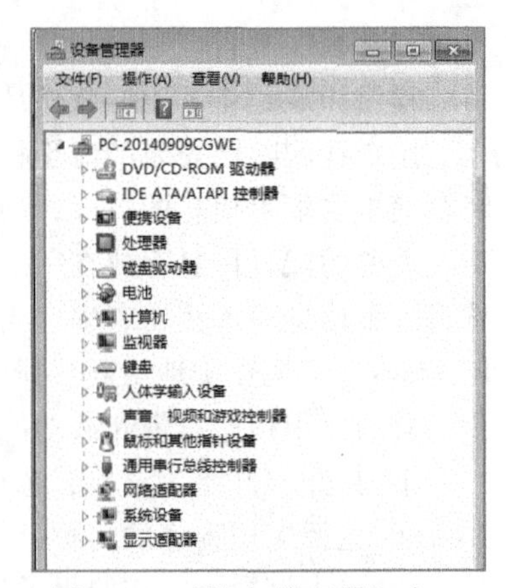

图 2-38 “设备管理器”窗口

2.5.1 硬盘管理与优化

磁盘是计算机必备的外部存储器，对文件的存取、安装应用程序等都涉及磁盘操作，磁盘性能可影响到整个计算机系统性能。Windows 7 提供了多种管理和维护磁盘的工具，如磁盘格式化、查错、碎片整理等，掌握磁盘管理的有关知识，可以更加快捷、方便、有效地管理好计算机磁盘，提高计算机使用效率。

1. 磁盘与驱动器

磁盘是计算机存放信息的设备，包括硬盘、光盘等，驱动器则是用来读写磁盘的设备。

（1）硬盘驱动器

硬盘驱动器通常用 C 来代表，简称 C 盘。如果计算机中安装了不止一块硬盘或同一块硬盘中有不同的分区，则会有 D 盘、E 盘、F 盘等之分。

（2）光盘驱动器

光盘驱动器简称光驱，用来读取光盘中的内容。如果硬盘有 C ~ F 分区，则光盘为 G 盘。

2. 磁盘格式化

磁盘格式化是清除磁盘上的数据，在磁盘上建立文件系统，使之能在磁盘上存储文件等。磁盘格式化后，原有的信息将全部丢失，因此不要轻易进行格式化操作，且要注意格式化之前将磁盘上的重要文件进行备份以防数据丢失。

在“资源管理器”窗口或“计算机”窗口中，右击要格式化的磁盘图标，在快捷菜单中选择“格式化”命令。在“格式化选项”中，可以选择：快速格式化、创建一个 MS-DOS 启动盘。

① 选择“快速格式化”复选框（这步操作是对已做过格式化操作的磁盘进行的），系统将直接从磁盘上删除文件而不对磁盘中是否存在坏的扇区进行扫描，这可以加快格式化的进度、节省格式化操作的时间；选择取消对“快速格式化”复选框的选择，系统将对磁盘进行全面格式化，清除磁盘上的数据、生成引导区信息、初始化文件分配表，检查磁盘中是否存在坏扇区，并在磁盘格式化摘要信息中显示不可修复坏扇区的容量等。

② 创建一个 MS-DOS 启动盘：只有格式化软盘时，该选项才可选。系统将在格式化的过程中把系统文件复制到软盘中，以后可以使用这张软盘启动计算机并进入 MS-DOS 提示符下。

完成设置后，单击“开始”按钮，系统会弹出警告对话框，提示用户该操作将删除磁盘上所有数据，是否继续格式化操作。单击“确定”按钮，开始对磁盘进行格式化并在对话框的底部显示格式化的进度。

3. 磁盘管理

“磁盘管理”的启动：右击桌面上“计算机”图标，选择“管理”，出现“计算机管理”窗口。再双击“磁盘管理”，出现如图 2-39 所示窗口，上半部，给出了所有磁盘及其信息：卷、布局、类型、类型、文件系统、状态、容量、可用空间、容错、开销等，下半部给出了按照磁盘的物理位置排列的简略示意图。通过该窗口，可以对计算机上的所有磁盘进行管理。

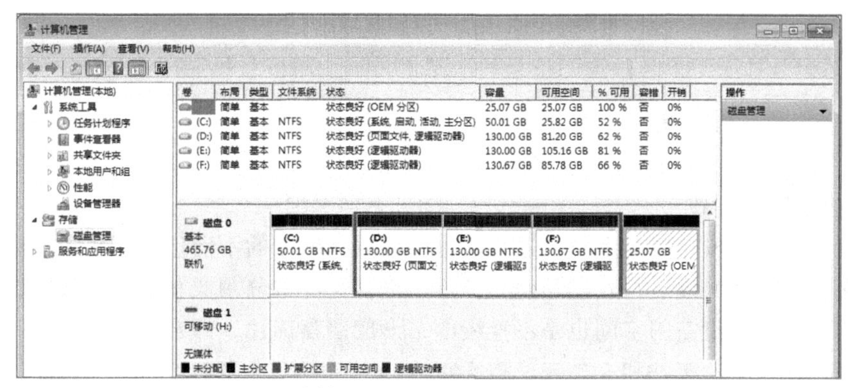

图 2-39 “计算机管理”中的“磁盘管理”窗口

4. 查看磁盘信息（即磁盘属性）

在“资源管理器”窗口或“计算机”窗口中，右击某个磁盘图标，在弹出的快捷菜单中选择“属性”命令，打开磁盘属性对话框，如图 2-40 所示，可查看该磁盘的总容量、已用空间、可用空间，还可更改磁盘卷标，还可以整理磁盘碎片等。

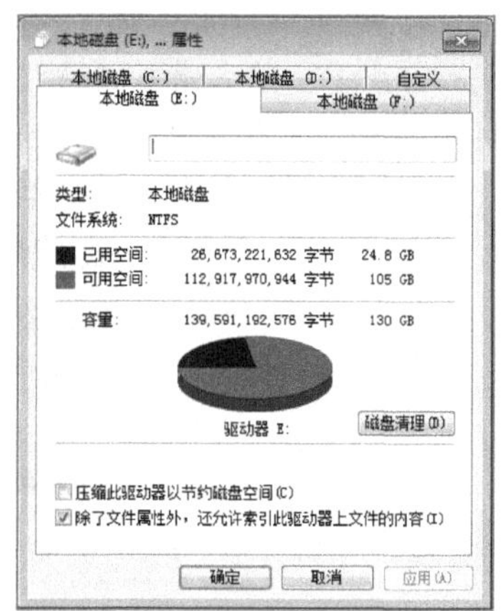

图 2-40 磁盘属性对话框

5. 磁盘清理

用户使用计算机一段时间后，会产生一些无用的文件，如临时文件、Internet 缓存文件和已经没用的程序文件，这些文件占用了一部分磁盘空间，而手工删除很麻烦。磁盘清理的主要手段有清空回收站、删除临时文件和不再使用的文件、卸载不再使用的软件等。因此，定期进行磁盘清理工作，释放硬盘存储空间，可提高系统的整体性能。

清盘磁盘的操作步骤如下：

① 进入磁盘清理对话框。

方法一：打开图 2-40 所示的“磁盘”属性对话框，单击“磁盘清理”按钮即可。

方法二：单击“开始”菜单→“所有程序”→“附件”→“系统工具”→“磁盘清理”→选择需要磁盘清理的驱动器。

方法一及方法二，均可进入图 2-41（a）所示的“磁盘清理”对话框。

② 选择“磁盘清理”选项卡：在该选项卡中选中“回收站”，“查看文件”列出了可以删除的文件类型及大小，单击“确定”按钮就可以把该磁盘放在回收站中的文件删掉。

③ 选择“其他选项”选项卡：如图 2-41（b）所示，可以进行其他文件的清理工作。

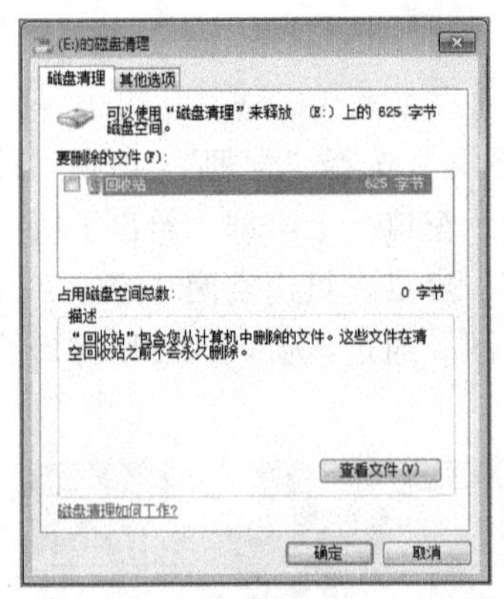

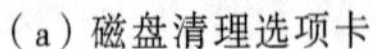
（a）磁盘清理选项卡

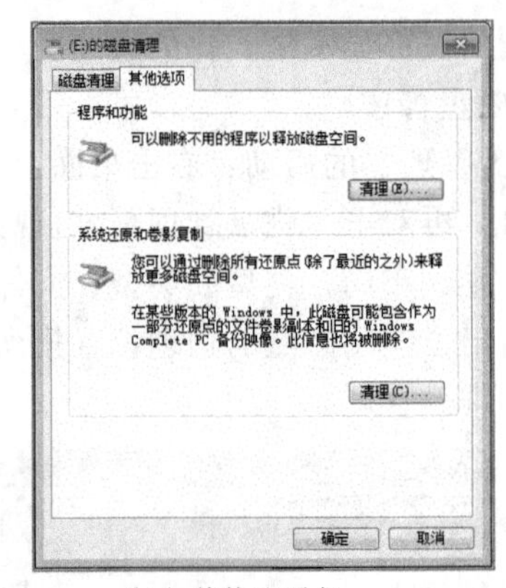

（b）其他选项卡

图 2-41 清理选项卡

6. 磁盘碎片整理

较大的文件存放在磁盘上时，通常被分段存放在磁盘的不同位置。用户使用计算机对磁盘文件进行多次读、写及删除操作，造成许多文件被分割成多个分段放置在磁盘中不连续的位置，磁盘空闲空间也是不连续的，形成磁盘碎片，即会产生较多的碎片文件和文件夹，这些碎片文件和文件夹又被零星地分割放置在很多地方，要对它们进行操作得花很多的时间来搜寻和读写。对磁盘进行碎片整理，可以使零星的空间得以布局，重新安排文件或文件夹在磁盘中的存储空间，使得那些未使用的空间连接起来形成较大的自由空间，提高运行速度及空间的使用效率。

磁盘碎片整理操作步骤：

① 进入碎片整理窗口

方法一：单击磁盘属性对话框中“工具”选项卡中的“立即进行碎片整理”按钮，可开始对选定的驱动器进行碎片整理。

方法二：单击“开始”菜单→“所有程序”→“附件”→“系统工具”→“磁盘碎片整理程序”，进入“磁盘碎片整理程序”窗口，如图 2-42 所示。

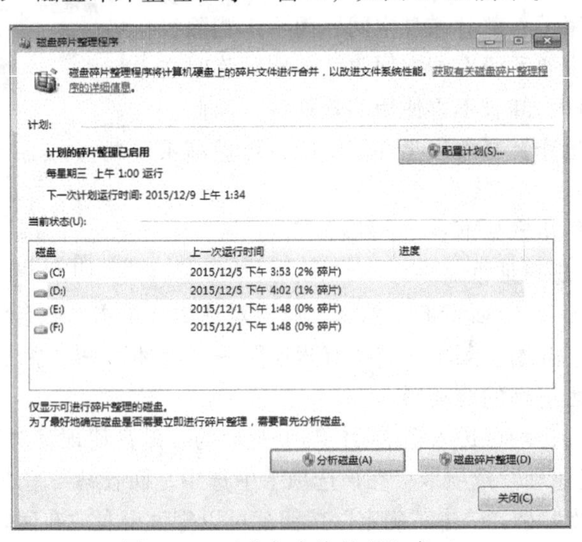

图 2-42 “磁盘碎片整理”窗口

② 在窗口中选择需要进行磁盘碎片整理的驱动器后，可单击“分析磁盘”按钮，由整理程序分析文件系统的碎片程度，单击“磁盘碎片整理”按钮，可开始对选定的驱动器进行碎片整理。

在整理过程中，可单击“停止操作”或“关闭”按钮，终止或退出磁盘碎片整理。

2.5.2 硬件及驱动程序

1. 硬件与驱动程序

设备驱动程序简称为驱动程序，是一种能使计算机和设备通信的特殊程序，相当于硬件的接口。操作系统通过这个接口，才能有效地控制硬件设备进行工作，如果某设备的驱动程序未能正确安装，便不能正常工作。

一般情况下，操作系统安装完成后，首要任务是安装硬件设备的驱动程序。在大多数情况下，并不需要安装所有硬件设备的驱动程序，如硬盘、显示器、光驱等就不需要安装驱动程序，而显卡、声卡、扫描仪、摄像头、Modem 等就需要安装驱动程序。

2. 驱动程序的作用

驱动程序是直接工作在各种硬件设备上的软件，各种硬件设备通过驱动程序才能正常运行，达到既定的工作效果。

如果硬件没有驱动程序的“驱动”，本来性能非常强大的硬件就无法根据软件发出的指令进行工作，硬件就算是有一身本领也无从发挥，毫无用武之地。因此，驱动程序在计算机使用上起着举足轻重的作用。

3. 驱动程序的获取

驱动程序一般可通过三种途径得到：

① 购买的硬件附带有驱动程序。

② Windows 7 自带有大量驱动程序。

③ 可以从 Internet 下载驱动程序。

第三种途径可得到最新的驱动程序。

4. 驱动程序的安装方式

① 自动安装方式：双击 Setup.exe 或 Install.exe 文件。

② 手动安装驱动程序。

5. 驱动程序的安装顺序

操作系统安装完成之后，就要安装各种驱动程序，一般是按如下顺序进行安装。

① 主板：安装芯片组的驱动程序。将主板所附带的驱动程序 CD 放入光驱中，系统自动弹出驱动程序安装窗口，请按顺序安装主板的驱动程序。

② 各种板卡：安装完主板驱动后，可安装各种插在主板上的板卡的驱动程序，如显卡、声卡和网卡等。显示卡的驱动因为影响到其他任务的状态显示，安装不好会使死机和黑屏频繁，所以应该放在声卡、网卡等板卡之前安装。

③ 各种外设：安装各种外围设备驱动程序，如打印机、扫描仪等。

2.5.3 网络管理与网络资源共享

1. 网络管理

（1）计算机网络

计算机网络是指将地理位置不同的具有独立功能的多台计算机及其外围设备，通过通信线路连接起来，在网络操作系统、网络管理软件及网络通信协议的管理和协调下，实现资源共享和信息传递的计算机系统。

（2）网络管理

网络管理是指监督、组织和控制网络通信服务及信息处理所必需的各种活动的总称。其目标是确保计算机网络的持续正常运行，其任务就是在计算机网络运行出现异常时能及时响应和排除故障。

2. 网络资源共享

（1）网络资源共享种类

网络资源共享是现代计算机网络的最主要的作用，主要包括硬件、软件及数据共享三种。

① 硬件共享：指可在网络范围内提供对存储资源、输入输出资源等硬件资源的共享，特别是对一些高级和昂贵的设备，如巨型计算机、大容量存储器、绘图仪、高分辨率的激光打印机等的共享。

② 软件共享：指计算机网络内的用户可以共享计算机网络中的软件资源，包括各种语言处理程序、应用程序和服务程序。

③ 数据共享：对网络范围内的数据共享。网上信息包罗万象，无所不有，可供每一个上网者浏览、咨询、下载等。

（2）计算机网络资源共享

通过访问“网络”，不仅可将其他人的共享资源为己所用，也可以将自己的资源与其他人共享。

①“网络”：在桌面上双击“网络”图标，在弹出的“网络”窗口中可以看到当前工作组内的计算机以及代表网络中其余共享设备的图标。单击“网络和共享中心”选项卡，可查看基本网络信息并设置连接，既可以查看网络连接，也可以更改网络设置，如进行共享设置等。

② 网络资源映射：在本机上产生一个虚拟的设备，如驱动器。用户在使用时，如同使用自己的物理设备一样。

如果经常用到同一种网络资源，可以将网络资源映射到本机上。映射方法如下：

- 在桌面上右击“网络”图标，在弹出的快捷菜单中选择“映射网络驱动器”命令，弹出“映射网络驱动器”对话框。
- 设置映射驱动器符号（一般是本机未用到的驱动器号），并设置要映射的网络驱动器完整的路径。
- 单击“完成”按钮，此时就将网上其他计算机的指定驱动器资源映射到本机上。

此外，用户也可以将网络上别的计算机上指定的文件夹映射为网络驱动器，其操作过程与以上步骤类同。

经过上述操作后，在用户计算机中将会出现新的驱动器符号，它表示的是映射的驱动器。

3. 网络资源共享的设置

方法一：双击桌面上“网络”图标，在打开的对话框中单击选项卡“网络和共享中心”。

方法二：单击“开始”按钮，再选择“控制面板”→“网络和 Internet”→“网络和共享中心”命令。

用上述两种方法在打开的对话窗口中单击左边的“更改高级共享设置”按钮，可设置共享方式，如：“家庭或工作”组或“公用”组中，可进行“启用网络发现”、“文件和打印机共享”“共用文件夹共享”“密码保护共享”等设置。

2.5.4 打印机的安装、设置与管理

打印机是最常用的输出设备之一，保存在文件中的信息，如文字处理、画图、制表等实际工程应用均可以通过打印机输出。打印文件之前，如果没有安装好打印机，则必须先安装打印机。打印机操作主要包括安装、设置和打印管理等。

1. 打印机的安装

安装打印机的步骤如下：

① 进入打印机窗口

方法一：单击“开始”按钮，再选择“控制面板”→“查看设备和打印机”命令，打开“设备和打印机”窗口。

方法二：单击“开始”按钮，再选择“设备和打印机”命令，打开“设备和打印机”窗口。

② 单击“添加打印机”选项卡，弹出“添加打印机”对话框，如图 2-43 所示。

③ 按照“向导”的提示和帮助，一步步进行操作，直到安装完毕。

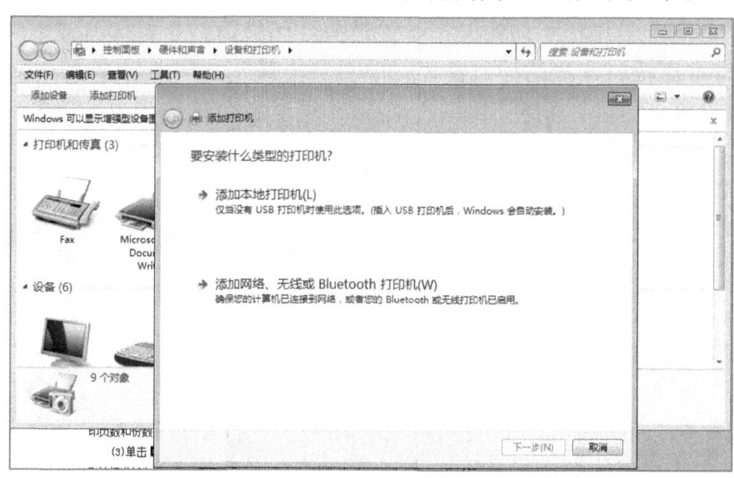

图 2-43 “添加打印机”对话框

2. 打印机的设置

打印机的设置步骤如下：

① 设置打印机属性。

方法一：单击“开始”按钮，再选择“控制面板”→“查看设备和打印机”命令，打开“设备和打印机”窗口。

方法二：单击“开始”按钮，选择“设备和打印机”命令，打开“设备和打印机”窗口。

打印机图标左上角有一个绿色打钩标记，表示该打印机为默认打印机，如图 2-44 所示。在未指定其他打印机的情况下，打印内容一般总是发送到默认打印机的。若机器

上安装了多台打印机，右击一台不是默认的打印机，选择快捷菜单中的“设为默认打印机”选项，可以把该打印机设置为默认打印机。

② 右击“打印机和传真”文件夹中需配置的打印机图标，单击“打印机属性”选项，弹出对话框如图 2-44 所示。

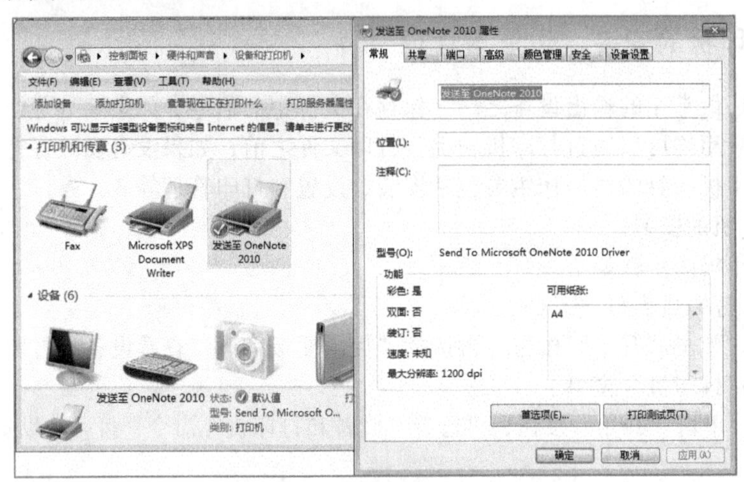

图 2-44 打印机属性设置

③ 单击“常规”选项卡中的“首选项”按钮，可设置打印机的纸张大小、方向、打印分辨率等；单击“共享”选项卡，设置当前打印机为共享打印机或取消共享；单击“端口”选项卡可更改打印机的接口设置；单击“高级”选项卡，提供了是否后台打印、优先级等高级设置；单击“颜色管理”选项卡，可对颜色进行设置；单击“安全”选项卡，可进行有关特殊权限或高级设置等。

3. 打印管理

Windows 7 打印管理器为每一台已安装的打印机提供单独的管理，通过打印管理器来控制发送到打印机的文件。

在“设备和打印机”窗口中，选中需要管理的打印机图标，双击该图标就可以打开打印管理器窗口，既可以查看打印队列状态、所有者、页数、大小、提交时间等，也可改变打印状态。

单击“打印机”菜单中的“设置为默认打印机”、“打印首选项”“共享”“属性”等，可以设置这些文件选用的打印机、是否共享及打印机属性等；单击“文档”菜单中的“暂停”“继续”“取消”“属性”等选项，可以管理这些等待打印的文件及设置文档打印的优先级等。

2.6 常用软件和工具的使用

Windows 7 系统提供了一些简单的应用软件及工具，供用户处理一些常用的办公事务，常用的办公应用软件有写字板、记事本、画图和计算器等，常用的工具有截图工具及系统工具等。

操作过程：选择“开始”→“所有程序”→“附件”命令，有的需要再单击“系统工具”选项，单击相应的程序名即可启动附件相对应的应用程序。

2.6.1 写字板

“写字板”适用于编辑短小文档的文字处理工作，例如写信或写报告等。“写字板”可以对文本进行创建、编辑、排版和打印，还可以与其他应用程序进行交换信息，可以根据需要设定各种格式和不同风格进行打印输出，支持 OLE 技术，可链接或嵌入图片、声音、动画等多媒体文件。

1.“写字板”的启动

选择“开始”→“所有程序”→“附件”→“写字板”命令，即可打开如图 2-45（a）所示的“写字板”主页窗口。

2.“写字板”窗口的组成

写字板窗口由标题栏、菜单栏、工具栏、标尺、文件编辑区和状态栏等组成。

（1）标题栏

标题栏的左边有“控制菜单”“保存”“撤销”“重做”按钮，中间显示正在编辑的文档名，右边是“最大|还原”“最小化”和“关闭”按钮。

（2）菜单栏（位于第二行）

菜单栏包含如下 3 个菜单项：图标、“主页”和“查看”。

① 图标：用于对文件进行新建、打开、保存、打印、页面设置等操作。

②“主页”：如图 2-45（a）“写字板”主页窗口所示的界面，用于对文件内容进行编辑、查找替换、字体设置、插入图片等操作。

③“查看”：如图 2-45（b），用于控制写字板窗口的版面显示或隐藏，如工具栏、格式栏、标尺、状态栏的显示/隐藏、文档缩放等。

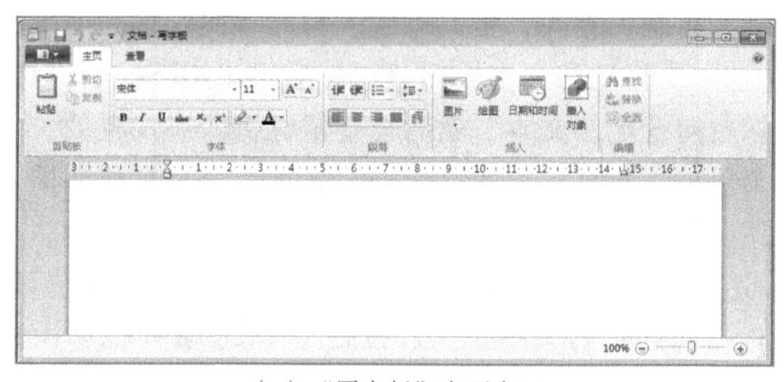

（a）“写字板”主页窗口

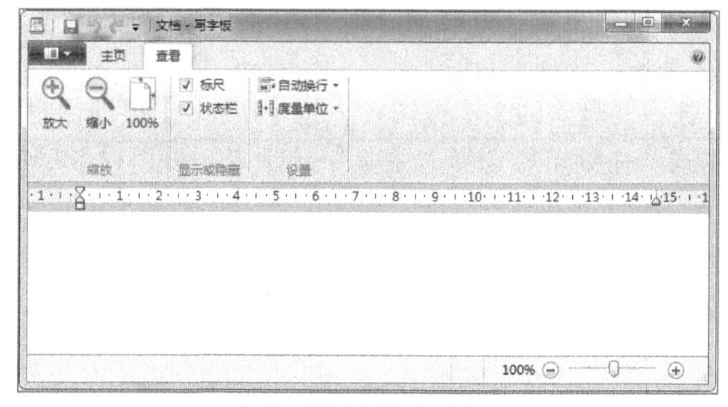

（b）“写字板”查看窗口

图 2-45 “写字板”窗口

(3) 工具栏

常用工具栏用于快捷执行常用的命令，其功能与相应菜单命令相同。

(4) 格式栏

格式栏提供与设置、排版有关的功能按钮，如字体格式等。

(5) 标尺

标尺用于段落排版和设置制表符。

(6) 编辑区

编辑区位于中间部分，对文档进行输入、编辑和排版的工作区域。

(7) 状态栏

状态栏位于最后一行，用于显示当前工作状态。

3. “写字板”的基本操作

(1) 新建文档

单击 的“新建”选项进行新建文档。

(2) 输入文本

① 转换。“写字板”启动后，就可在工作区域内输入文本信息，此时“写字板”默认方式为自动换行功能，当输入到右边界时，系统会自动换行，不必为了换行按【Enter】键。

如果没有自动换行，可以在菜单栏上选择“查看”中的“自动换行”命令，在下拉式列表项中单击“按标尺自动换行”选项进行设置。

② 插入点。工作区中的“I”型光标，表示当前输入文本的位置，又称插入点的位置。用户可以从插入点输入、编辑文本等。

(3) 编辑文本

对文本进行移动、复制、删除、格式设置、打印等操作称为编辑文本。

① 移动文本。选中要移动的文本或图片，然后可采用下面的方法进行移动：

方法一：将鼠标指向选定的文本，然后拖动鼠标到所需位置处。

方法二：单击菜单栏“主页”中的“剪切”选项，把鼠标移到插入点，再单击菜单栏“主页”中的“粘贴”选项即可。

② 复制文本。选中要复制的文本或图片，可以采用下面的方法进行复制：

方法一：将鼠标指向选定的文本，然后按住【Ctrl】键并拖动鼠标到所需位置处，释放鼠标即可。

方法二：单击菜单栏“主页”中的“复制”选项，把鼠标移到要复制处，再单击菜单栏“主页”中的“粘贴”选项即可。

③ 删除文本。选中要删除的文本或图片，按【Delete】键进行删除。

④ 设置文本格式。在菜单栏选择“主页”选项卡，可以设置字体类型、大小、段落编排等。

⑤ 查找并替换特定文本信息。选择“主页”中的“替换”选项，弹出“替换”对话框，输入要查找的文字和替换后的文字，如果要替换所有匹配文字，单击“全部替换”按钮。

⑥ 插入对象。在“主页”选择“插入对象”选项，在文档中可以插入不同的对象，可以插入图像、图片、声音等。

⑦ “撤销”操作。可以多次撤销前面的操作，在标题栏上选择“ ”按钮。

⑧ 插入当前的日期和时间。在菜单栏上选择“主页”中的“日期和时间”选项即可在鼠标处插入当前系统的日期和时间。

(4)页面设置及打印。文档打印时所进行的设置，在菜单栏上选择 选项中的“打印”/“页面设置”，可进行纸张，页边距等方面的设置，还可进行打印预览、打印等。

2.6.2 记事本

文本文件是不指定大小、颜色、对齐方式，不包含图片等其他任何格式信息，只包括字母、数字和符号等 ASII 码字符及中文的纯文字文件，扩展名为.txt。

“记事本”是一个简单的用于编辑纯文本文件的编辑器，没有格式处理功能，只能对录入的文字进行一些简单的编辑、修改操作等。

在“记事本”窗口中有一个闪烁的竖线，称为当前位置光标，简称，光标，输入字母、数字、中文等，对应的内容就显示在所在位置。输入的文字内容可以保存形成文本文件，如：张三.txt，也可以进行复制、剪切、粘贴等操作。

“记事本”使用方便，适于备忘录、便条等。“记事本”功能虽然比不上“写字板”，但它运行速度快、占用空间小，显得小巧玲珑，比较实用。

选择“开始”→“所有程序”→“附件”→“记事本”命令，即可打开如图 2-46 所示的“记事本”窗口，其菜单栏上的各种“菜单”选项与 Word 中菜单的用法类似。

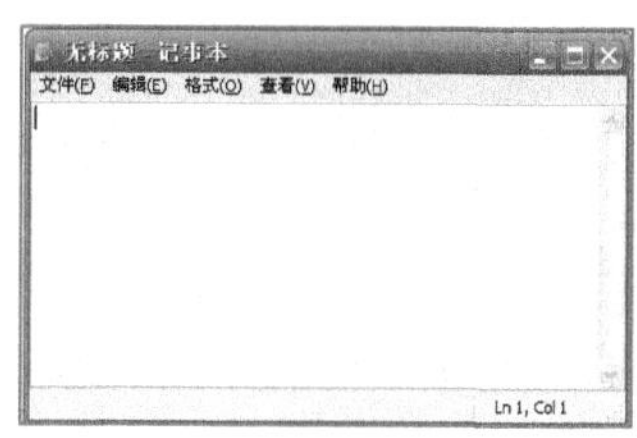

图 2-46 “记事本”窗口

2.6.3 画图

“画图”程序是 Windows 7 提供的一个小型的绘画及图像处理工具，提供了绘制位图的整套画图工具和比较多的颜色。主要功能有：

① 创建、编辑、保存各种图片、图表、图例和地图等图形文件。

② 可对图像进行一些处理。

③ 具有一定的文字处理功能。

④ 可利用剪贴板，把画图创建的图形添加到文档中。

⑤ 存盘后作为桌面背景使用等。

1. “画图”程序的启动及“画图”窗口的组成

选择“开始”→“所有程序”→“附件”→“画图”命令，打开如图 2-47 所示“画图”窗口。

(1)标题栏

标题栏左边显示“控制菜单”“恢复”“重做”“打印预览”“自定义快速访问工具”、当前图形文件名，右边是“最小化”、“最大/还原”和“关闭”按钮。

(2)菜单栏及工具栏

菜单栏包含有 、“主页”、“查看”等选项。

① 图标：单击该图标，二级菜单如图 2-48 图标菜单所示，可进行相关操作。

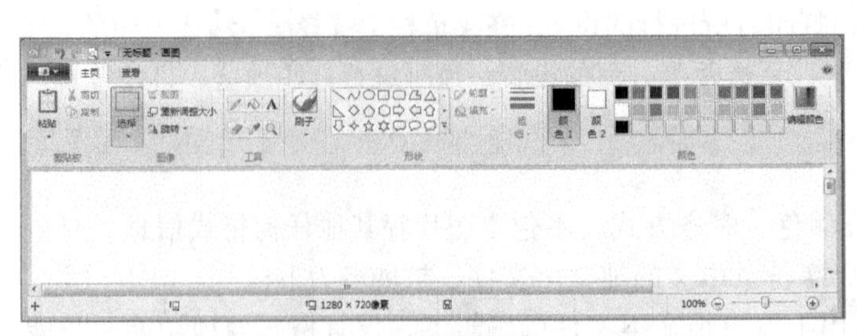

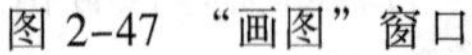

图 2-47 “画图”窗口

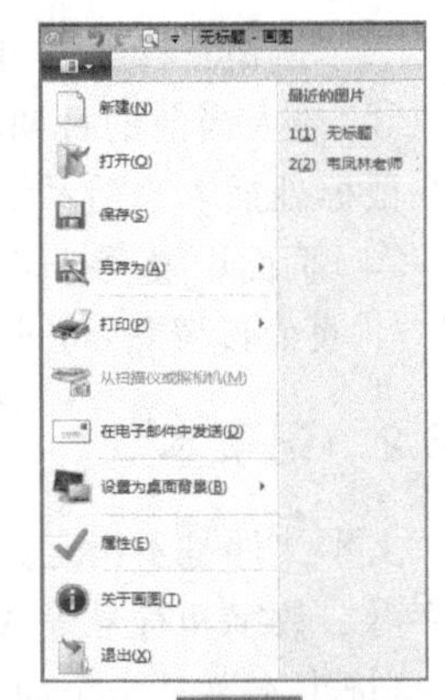

图 2-48 图标菜单

②“主页”菜单：如图 2-47 所示，可对文本图形图像等进行复制、剪切和粘贴，对图像进行大小调整、旋转，各种格式工具、刷子的使用，形状、颜色工具的使用等。

在“主页”菜单下，第三行所见到的为“画图”工具栏。

③“查看”菜单：与写字板的使用类同。

（3）绘图区

绘图区位于窗口的中间，又称画布或工作区，在此可以绘制图形、图像。要绘制图形时，先选择一种工具、颜色及线宽，然后就可在画布上开始绘制。绘制方法很简单，就是运用定位、单击及拖动等操作即可。

（4）状态栏

状态栏位于“画图”窗口最下面一行，显示当前画图状态的信息。

2. “画图”程序文件类型

编辑好的“画图”文件需要保存，常用文件类型有：

①“.PNG”：以高质量保存照片或绘图，并将其用于计算机或网络。

②“.JPEG”：以良好质量保存照片，并将其用于计算机、电子邮件或网络。

③“.BMP”：以高质量保存所有类型图片，并将用于计算机。

④“.GIF”：以较低质量保存简单绘图，并将其用于电子邮件或网络。

3. 部分菜单工具使用方法

（1）旋转一幅图像的选定部分

操作步骤：

① 选定要旋转的图形或图像等。

② 在“主页”菜单栏上选择“图像”中的“ ”，根据需要选择旋转：向右旋转 90°、向左旋转 90°、旋转 180°、垂直翻转和水平翻转这五个单选项中的一个。

（2）将绘画设置为墙纸

操作步骤：

① 把在画图中绘制的图形/图像等存盘。

② 在菜单栏上选择“ ”→“设置为桌面背景”命令“填充”：用图片填满整个屏幕；“平铺”：平铺图片以便使其重复并填满整个屏幕；“居中”：将图片置于屏幕中心。

③ 关闭“画图”程序，返回桌面，用户就会看到自己设计的桌面背景/墙纸了。

4. 抓图操作

（1）屏幕抓图

操作步骤：

① 如果屏幕上出现用户需要的图形时，按【PrtScn】键一次，把整个屏幕窗口图像复制到剪贴板上。

② 打开“画图”程序，在菜单栏上选择“主页”中的“粘贴”选项或按【Ctrl+V】组合键，就把图像从剪贴板上粘贴到画布上。

（2）活动窗口抓图

如果屏幕上出现用户需要的活动窗口时，按【Alt】+【PrtSc】键，可将活动窗口图像复制到剪贴板上，然后把它粘贴到“画图”上供用户编辑使用。

注意：抓图操作在 Word，Excel 等软件也适用。

2.6.4 计算器

Windows 7 中提供的“计算器”与日常生活所用到的手动计算器相同，它有标准型和科学型两种类型。

标准型“计算器”：可进行加、减、乘、除等简单的运算。标准型“计算器”是按输入顺序计算。

科学型“计算器”：除了具有标准型计算器的功能外，还可进行复杂的函数、统计等运算，也可进行各进位计数制之间的转换操作。科学型“计算器”是按运算规则计算。

1.“计算器”窗口

选择“开始”→“所有程序”→“附件”→“计算器”命令，即可打开如图 2-49（a）所示“计算器”窗口（标准型）。

2.“计算器”标准型与科学型的转换

“计算器”窗口中，单击菜单栏上“查看”选项中的“标准型”或“科学型”可进行类型选择。如图 2-49（b）所示为“计算器”窗口（科学型）。

（a）“计算器”窗口（标准型）

（b）“计算器”窗口（科学型）

图 2-49 “计算器”窗口

2.6.5 截图工具

常见的截图方法中最简单的就是按键盘上的【PrtScn】键，按一次键就能完成屏幕的抓图，但是这个快捷键抓取的是全屏，对局部截图就没有任何办法了。QQ 聊天时，可以按【Ctrl+Alt+A】快捷键进行截图，但截出来的图片往往效果不是很好，而专业的截图软件又要进行比较烦琐的设置，操作起来也略显麻烦。Windows 7 系统自带一个强大的截图工具，用起来比其他专门下载的截图工具更方便快捷。

1. 截图工具功能

Windows 7 系统自带的截图工具具有：便捷、简单、截图清晰、多种形状的截图、可全屏也能局部截图等功能，还能随时作批注。

2. 截图工具启动与使用

选择“开始”→“所有程序”→“附件”→“截图工具”命令，即可进入截图工具界面，如图 2-50（a）所示。

3. 截图工具的使用

启动“截图工具”后自动进入截图状态，而使用截图工具的过程也很简单：直接拖动即可。按住左键并拖动鼠标，绘制想要的图形，然后释放鼠标，任意形状的截图就完成了。

（1）根据不同形状截图

单击“新建”按钮旁边的箭头，从列表中选择“任意格式截图”“矩形截图”“窗口截图”或“全屏幕截图”，如图 2-50（b）所示，然后选择要捕获的屏幕区域。

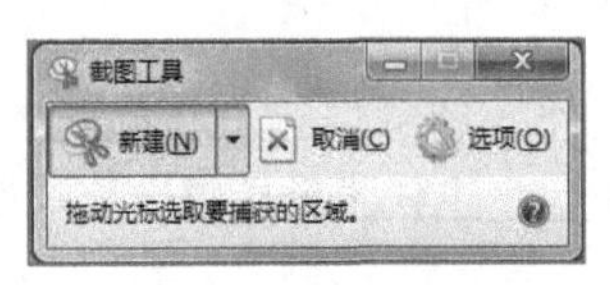

（a）截图工具界面

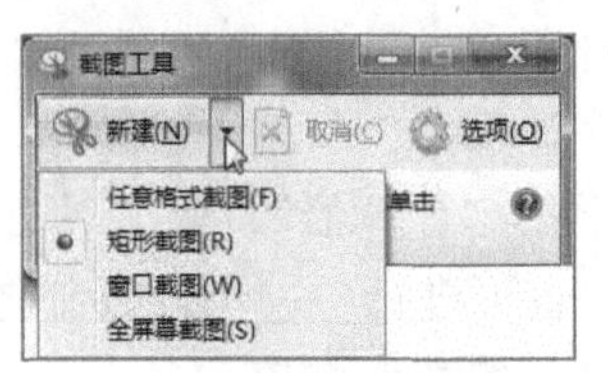

（b）新建不同形状截图

图 2-50　截图工具

（2）截图保存

截图成功后，系统会自动打开“截图工具”，可以将截图保存为 HTML、PNG、GIF 或 JPEG 文件。

（3）添加批注

可以在图片上添加批注：用各种颜色的笔，选取后直接在图片上书写，并且可以使用橡皮进行涂改，十分便捷。

2.6.6 命令提示符

命令提示符是在 Windows 7 系统中，提示进行命令输入的一种工作提示符，此时进入的是一种命令行界面，又称字符用户界面。命令行程序为 Cmd.exe，是一个基于 Windows 上的、通过键盘输入指令然后计算机予以执行的 32 位命令解释程序，类似于微软的 DOS 操作系统。

1. 命令提示符程序的启动与关闭

选择“开始”→“所有程序”→“附件”→“命令提示符”命令，即可进入命令提示符窗口，如图 2-51（a）所示。

在命令提示符窗口中，输入命令 Exit 并按【Enter】键可结束命令提示符程序，关闭窗口。

在命令提示符窗口下，输入 dir 并按【Enter】键后，结果如图 2-51（b）所示。

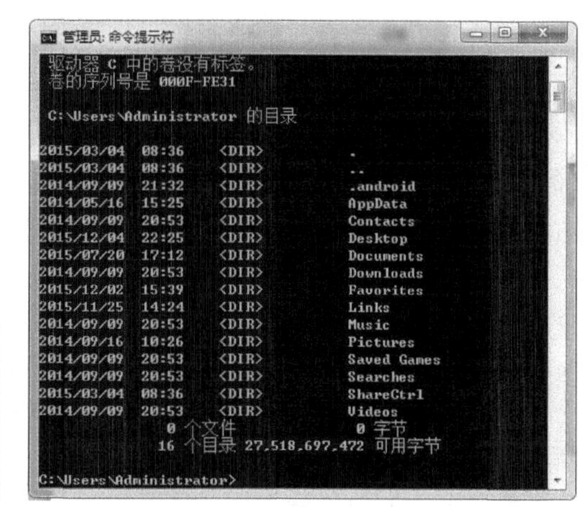

（a）命令提示符窗口　　（b）输入显示文件列表命令 dir 后结果

图 2-51　命令提示符界面

2. 常用命令

① cd：改变当前目录；

② dir：显示文件列表；

③ md：建立子目录；

④ rd：删除目录；

⑤ format：格式化磁盘

⑥ type：显示文件内容；

⑦ ren：改变文件名；

⑧ cls：清屏；

⑨ shutdown -s：30 秒后关机。

3. 设置命令提示符的属性

命令提示符默认的显示方式为黑底白字，通过“属性”设置可以改变其显示方式、字体、字号、前景和背景颜色等。

把鼠标移到命令提示符窗口的标题栏并右击，在弹出的快捷菜单中选择“属性”，即可打开“命令提示符属性“对话框，该对话框有四个选项卡：“选项”“字体”“布局”和“颜色”，用户可根据自己的需要进行设置。

2.6.7　专用字符编辑

在使用计算机时，经常遇到以下问题：

① 喜欢在编辑昵称时放置一些特殊符号，如“[illegible]”，但现有的特殊符号又不能满足用户需求。

② 一些生僻字和一些已停止使用的汉字，特别是一些稀奇古怪的人名，比如汉字“𨱏”（金+监），用输入法是打不出来的。

Windows 7 提供了“专用字符编辑器”字符编辑工具，通过该工具来制作用户想要的特殊符号和汉字，实现造字（符号）功能。

例如，合成汉字“钅+监”＝“𨱏”的制作过程如下。

① 选择“开始”→“所有程序”→“附件”→“系统工具”→“专用字符编辑程序”命令，在“选择代码”窗口，选择好相关代码，如AAA1，如图2-52（a）所示。

② 选择好代码后，单击“确定”后进入编辑界面窗口，选择菜单栏的“窗口”→“参照”命令后弹出参照界面，在形状输入框中输入需要参照的汉字，参照字选“铁”，输入“铁”后单击“确定”按钮，如图2-52（b）所示。

③ 在工具栏选择“矩形选项”工具，用来选择所需要的金字旁。移动光标，选择金字旁，再拖动鼠标，移动到左边的编辑框中，再选择工具栏的橡皮擦，擦掉多余的黑块，如图2-52（c）所示，然后关闭参照界面。

④ 再次选择菜单栏的“窗口”→“参照”命令后弹出参照界面，在形状输入框中输入右半边“监”字，再单击“确定”按钮。再从工具栏选择“矩形选项”工具选择“监”字作为右半边拖动鼠标，将“监”移动到编辑框，并调整“监”的宽度和高度，使之与“金”字旁高度一致，调整后效果如图2-52（d）所示。

⑤ 在“字符集”中选择“Unicode”，选择菜单栏的“编辑”→“保存字符”命令，到此合成字“鑑”完成了。注意，此时该字的代码为E000。

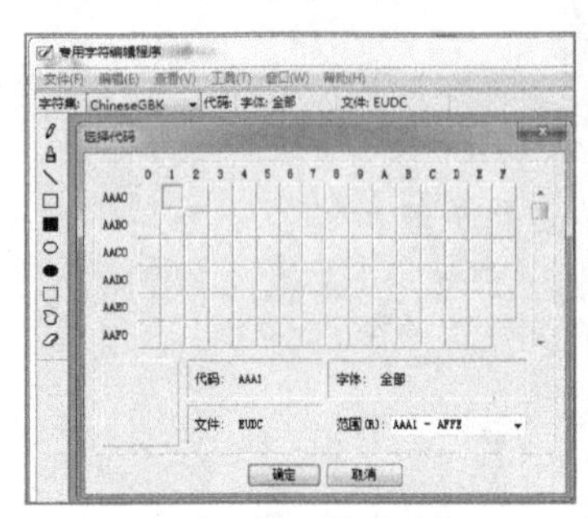

（a）“选择代码”窗口

（b）参照界面

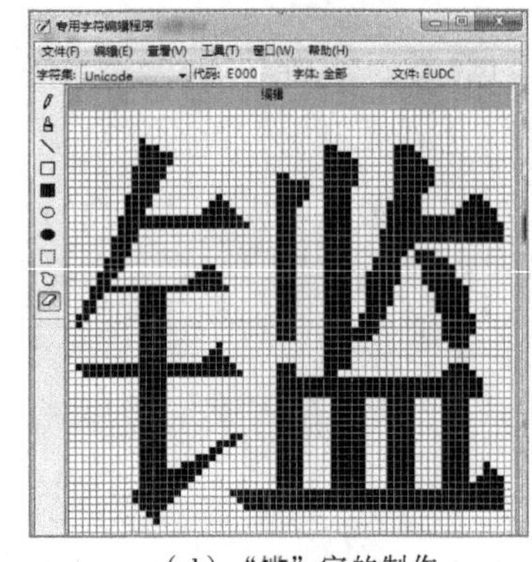

（d）“鑑”字的制作

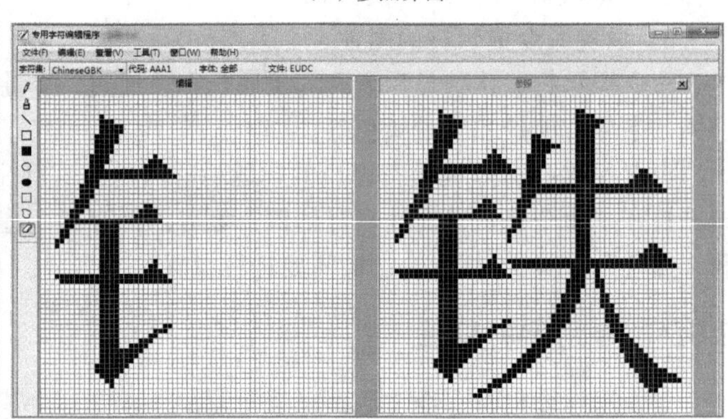

（c）金字旁的制作

图2-52 专用符号编辑程序界面

使用已造成功的汉字或符号方法如下：

方法一：完成第⑤步后，在菜单栏选择“编辑”→“复制字符”命令，在复制字符界面的代码栏中输入“鑑”的Unicode代码E000，刚刚合成的“鑑”就出现在复制框中了，右击选中并复制之，最后可粘贴到想要输入的地方了。

方法二：选择“开始”→“所有程序”→“附件”→“系统工具”→“字符映射表”命令，将“字体”下拉框打开，找到并选择“所有字体（专用字符）”，双击“鑑”字，下面的“复制字符”框中便出现这个字，再单击后面的“复制”按钮，最后把鼠标移到需要复制处粘贴即可。

2.6.8 系统还原

系统还原其实就是 Windows 7 系统还原，在计算机的使用过程中，当系统出现异常时，可用系统还原：在不需要重新安装操作系统，也不会破坏数据文件的前提下使系统回到先前状态。

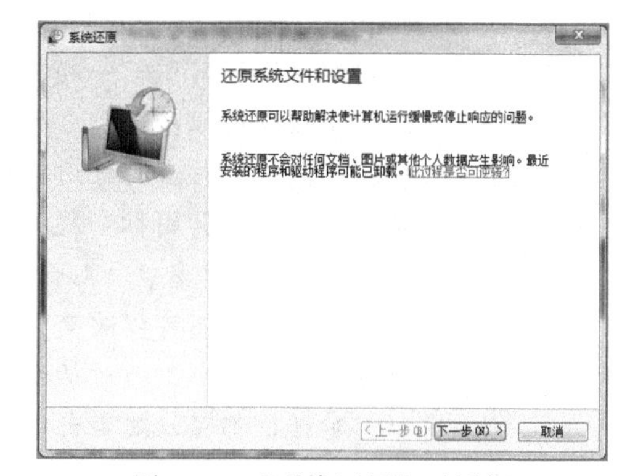

图 2-53 “系统还原”对话框

选择“开始”→“所有程序”→“附件”→“系统工具”→“系统还原”命令，打开如图 2-53 所示的界面，可进行系统还原设置。单击“下一步”按钮，选一个最近的还原日期，再单击“下一步”按钮，计算机会按指定日期的系统参数重新启动。若计算机重启后仍无法正常运行，可将系统还原到更早的日期。

小　　结

Windows 7 操作系统给人们带来了一种全新的界面模式：方便、高效、友好，通过简单的方式来控制自己的计算机环境而不必到处寻找各种设置窗口。本章介绍了操作系统概念、功能，Windows 7 用户界面的基本操作，资源管理器的使用方法，控制面板、设备管理与共享的访问与设置、常用软件和工具的使用等，详细介绍了 Windows 7 的资源管理器、文件和文件夹的基本操作、程序管理，系统管理的基本操作等，熟练掌握这些操作可以很方便地管理计算机硬、软件资源。

习　　题

一、单选题

1. “Windows 是一个多任务操作系统”指的是（　　）。
   A. Windows 可提供多个用户同时使用
   B. Windows 可同时管理多种资源
   C. Windows 可同时运行多个应用程序
   D. Windows 可运行多种类型各异的应用程序
2. 在 Windows 中的“任务栏”上显示的是（　　）。
   A. 系统后台运行的程序　　B. 系统禁止运行的程序
   C. 系统前台运行的程序　　D. 系统正在运行的程序
3. 在“计算机”或者“资源管理器”中，若要选定多个不连续排列的文件，可以先单击第一个待选的文件，然后按住（　　）键，再单击另外待选文件。

A.【Ctrl】　　B.【Shift】　　C.【Alt】　　D.【Tab】

4. 删除 Windows 桌面上某个应用程序的图标，意味着（　　）。

A. 该应用程序连同其图标一起被删除

B. 只删除了该应用程序，对应的图标被隐藏

C. 只删除了图标，对应的应用程序被保留

D. 该应用程序连同其图标一起被隐藏

5. 在 Windows 中，关于窗口和对话框，下列说法正确的是（　　）。

A. 窗口、对话框都不可以改变大小

B. 窗口可以改变大小，而对话框不能改变大小

C. 窗口、对话框都可以改变大小

D. 对话框可以改变大小，而窗口不能改变大小

6. 在 Windows 系统中，回收站是用来（　　）。

A. 存放删除的文件夹及文件　　B. 存放使用的资源

C. 接收网络传来的信息　　D. 接收输出的信息

7. 在 Windows 中，"复制"操作的组合键是（　　）。

A.【Ctrl+Backspace】　　B.【Ctrl+V】

C.【Ctrl+C】　　D.【Ctrl+X】

8. 一个文件路径为 c:\groupq\text1\293.txt，其中 text1 是一个（　　）。

A. 文件夹　　B. 根文件夹　　C. 文件　　D. 文本文件

9. 在 Windows 中，下列说法不正确的是（　　）。

A. 一个应用程序窗口可含多个文档窗口

B. 一个应用程序窗口与多个应用程序相对应

C. 应用程序窗口关闭后，其对应的程序结束运行

D. 应用程序窗口最小化后，其对应的程序仍占用系统资源

10. 下列关于 Windows 菜单的说法中，不正确的是（　　）。

A. 带省略号（…）的菜单选项执行后会打开一个对话框

B. 命令前有"·"记号的菜单选项，表示该项已经选用

C. 用灰色字符显示的菜单选项表示相应的程序被破坏

D. 当鼠标指向带有向右黑色等边三角形符号的菜单选项时，弹出一个子菜单

二、简答题

1. 操作系统的功能是什么？

2. 列出你知道的 3 种操作系统名称。

3. 移动文件和复制文件在概念上有什么不同？

4. 资源管理器对文件夹和文件的管理是什么结构？

5. 扩展名是.exe 和.com 的文件是什么类型的文件，它们有什么区别？

6. 要卸载已经安装的程序应如何操作，列出操作步骤。

7. 如果你插入一个 U 盘到计算机，但是系统不能不能识别，通常是什么问题？应该如何解决？

第3章　文字处理软件 Word

文字处理软件是指运用计算机对各类文档排版的高级应用，如编辑书籍、论文、信件、通知或者海报等。计算机文字处理软件中最常用的是微软公司推出的 Office 软件包中的 Word。本章将围绕 Word 文档的操作和排版原则，介绍如何高效地制作出版面美观的文档。

3.1　文字处理软件概述

在办公过程中，人们需要处理的信息日趋多样化，如文字、图片、声音和视频等。在众多的媒体形式中，文字因其简洁性和明确性成为使用频率最高的方式，因此对以文字为主的信息进行处理的文字处理软件就成为应用最为广泛的办公软件之一。随着计算机技术的发展，文字信息处理技术也进行着一场革命性的变革。优秀的文字处理软件能使用户方便自如地在计算机上编辑、修改文稿。

近年来，随着移动互联网的发展，办公平台日益多样化，使得办公资料碎片化地分布在计算机、手机、平板等多平台设备中。移动办公成为一种新潮的办公模式。用户可以通过在手机上安装办公软件，使得手机也具备了和计算机一样的办公功能。支持移动终端的文字处理软件的出现为企业管理者和商务人士处理业务文档提供了极大便利。文字处理软件的发展和文字处理的电子化成为信息社会发展的标志之一。

3.1.1　文字处理软件发展简介

文字处理软件是办公软件中最主要的组件，一般用于文字的格式化和排版。文字处理软件有多重分类方法，可以按平台进行分类，也可以从品牌的角度进行分类。

随着 Bring your own device（BYOD）风潮的进化和发展，智能手机与类书平板的出现带来了平台的差异。在 2007 年前，使用文字处理软件的平台都是桌面计算机，因此文字处理软件只有 Windows、Linux 和 Mac OS X 三种；2007 年后，随着移动互联网科技的发展，手机开始逐渐具备计算机的功能，文字处理软件率先出现在了诺基亚公司的塞班系统和 iPhone 系统中。2009 年文字处理软件又出现在 Android 平台、Blackberry 10 平台和微软自主开发的 Windows Phone 8 平台中。

从品牌的角度进行分类，现有的文字处理软件主要有微软公司的 Word、金山公司的

WPS 和 Adobe 公司开发的 PDF 等。

1. 微软公司的 Word

Word 最早出现在微软公司 1990 年推出 Windows 3.0 操作系统软件中。英文版的 Microsoft Word for Windows 随之应运而生，随后的版本成为 Microsoft Office 的主要组成组件，是用户首选的文字处理办公软件。

2. 金山公司的 WPS

在微软 Windows 系统流行前的年代里，WPS 曾是中国最流行的文字处理软件，金山公司于 1989 年开发了一种基于 Windows/Linux 操作系统的办公集成软件，名为 WPS（Word Processing System），其中用于文字处理的组件称为 WPS Word。最新的 WPS 文字处理系统是 WPS Office 2013。该软件由 3 个模块构成，WPS 文字、WPS 表格、WPS 演示严格对应 MS Office 的 Word、Excel、PowerPoint，无论 WPS 哪个模块软件，用户看到的都是典型 XP 风格的操作界面，工具栏和一些功能按钮的设置几乎与微软公司的 Office 完全一致。

WPS 内存占用低，运行速度快，体积小巧，更适合互联网广泛应用的当今时代，实现对用户操作习惯的兼容，用户能真正做到“零时间”上手。另外，WPS 文字虽然在软件界面、文件格式甚至一些软件底层技术上充分兼容 MS Office Word，但也不乏一些更符合中文特色和用户习惯的功能亮点。

2013 年 5 月发布的 2013 版的 WPS 还推出了 Android 版和 iOS 版 WPS Word，它是一种常用的跨平台文字处理软件。

3. Adobe 公司开发的 PDF

PDF（Portable Document Format，便携文件格式）是由 Adobe 公司开发的一种电子文件格式，与操作系统平台无关。

Adobe PDF 文件格式可以在 Windows、UNIX 和 Mac OS/X 等多种操作系统环境中使用，支持跨平台的、多媒体集成的信息出版、发布及网络信息发布，是在 Internet 上进行电子文档发行和数字化信息传播的理想文档格式。PDF 文档是以 PostScript 语言图像模型为基础，无论在哪种打印机上都可保证精确的颜色和准确的打印效果。也就是说 PDF 会忠实地再现原稿的每一个字符、颜色和图像。PDF 具有许多其他电子文档格式无法相比的优点，如可以将文字、字形、格式、颜色和图形图像等封装在一个文件中；还可以包含超文本链接、声音和动态影像等电子信息。它支持特长文件，集成度和安全、可靠性都较高。这一性能使 PDF 格式成为在互联网上进行电子文档发行和数字化信息传播的理想文档格式。

对 PDF 文档的阅读、创建和编辑，可以用 Adobe 公司的一些官方工具软件，如 Adobe Acrobat Reader。PDF 格式文件越来越多地应用于电子图书、产品说明、公司文告、网络资料和电子邮件等，目前已成为数字化信息事实上的一个工业标准。

在众多文字处理软件中，本章着重以当前较通用的中文版 Word 2010 为例讲解文字处理软件的使用方法。

3.1.2 Word 文字处理软件

Word 作为 Office 办公软件中应用广泛的文字处理软件，具有强大的编辑排版功能和图文混排功能，可以方便地编辑文档，生成表格，插入图片、动画和声音等，实现“所见即所得”的文字处理效果。Word的向导和模板功能，能快速地创建各种业务文档，提高工作效率。

Word经历了多年的发展，版本不断更新，微软公司2000年之后先后推出了Word 2003、Word 2007、Word 2010和Word 2013等各种版本。目前，Word的最新版本是Office 2016中的Word，于2015年9月22日发布。该版本支持跨平台的文字处理，并支持实时的文档共同创作。近年来，微软公司除了不断推出新版本的Office桌面软件，还推出了Office365的网络服务，包含Office办公软件中Word、Excel和PowerPoint等组件，以及邮箱、即时消息与联机会议、日历管理、云存储等现代企业所需的各项办公服务。

3.2 Word 2010基本操作

Word 2010采用了名为“Ribbon”的用户界面，以功能区选项卡取代了传统菜单操作。当单击功能区名称可以实现不同功能区面板之间的切换。每个功能区选项卡在打开后将分组显示各种功能按钮。功能选项卡按照制作一般文档时的使用顺序从左至右排列。

与旧版本相比，Word 2010新增了更多实用的功能，如“翻译工具”实现屏幕翻译，以及“截屏工具”“背景移除工具”“交叉引用”“SmartArt模板”、“限制编辑”等新功能。

3.2.1 Word 2010的主要功能

Word 2010的功能可创建专业水准的文档，可以使用户更加轻松地与他人协同工作并可在任何地点访问文件。Word 2010旨在向用户提供更好的文档格式设置工具，利用它还可更轻松、高效地组织和编写文档，并使这些文档唾手可得。Word 2010的主要功能主要体现在以下几个方面：

1. 更好的搜索与导航体验

在Word 2010中，可以更加迅速、轻松地查找所需的信息。利用改进的新“查找”体验，用户现在可以在单个窗格中查看搜索结果的摘要，并单击以访问任何单独的结果。Word 2010新增的“导航窗格”功能，可使用户在导航窗格中快速切换任何章节的开头，同时也可在输入框中进行即时搜索，包含关键字的章节标题会在输出的同时，瞬时地高亮显示，以便于用户对所需的内容进行快速浏览、排序和查找。

2. 与他人协同工作，而不必排队等候

Word 2010重新定义了人们可针对某个文档协同工作的方式。例如，利用共同创作功能，可以在编辑论文的同时，与他人分享观点。也可以查看正一起创作文档的他人的状态，并在不退出Word的情况下轻松发起会话。

3. 几乎可从任何位置访问和共享文档

用户可以在线发布文档，然后通过任何一台计算机或任何一部安装了Windows Phone

的智能手机对文档进行访问、查看和编辑。借助 Word 2010，用户可以从多个位置使用多种设备来尽情体会非凡的文档操作过程。

微软公司发布的 Office Web Apps 是基于 Web 端的在线办公工具，它将桌面版本 Office 2010 产品的体验延伸到可支持的浏览器上。Office Web Apps 中的 Word Web App 可使用户在离开办公室、出门在外或离开学校时，利用网页浏览器来编辑文档，同时不影响用户的查看体验质量。Windows Phone 中的 Word Mobile 是一种轻型的文档编辑器，可用于基本的文档处理，并可以多种格式保存文档。

4. 向文本添加视觉效果

利用 Word 2010，用户可以像应用粗体和下画线那样，将诸如阴影、凹凸效果、发光、映像等格式效果轻松应用到文档中。可以对使用了可视化效果的文本执行拼写检查，并将文本效果添加到段落样式中。现在可将很多用于图像的相同效果同时用于文本和形状中，从而使用户能够无缝地协调文档中全部内容。

Word 2010 新增了多种字体特效，其中有轮廓、阴影、映像和发光四种具体设置供用户精确设计字体特效，并允许用户新建“书法字帖”。创建书法字帖后，用户会看到字帖纸，并可以输入书法字体。

5. 将文本转换为醒目的图表

Word 2010 为用户提供用于使文档增加视觉效果的更多选项。从众多的附加 SmartArt 模板中进行选择，从而只需键入项目符号列表，即可构建精彩的图表。使用 SmartArt 可将基本的要点句文本转换为引人入胜的视觉画面，以更好地阐释用户的观点。

6. 增加文档的视觉冲击力

利用 Word 2010 中提供的新型图片编辑工具，用户可在不使用其他照片编辑软件的情况下，添加特殊的图片效果。用户可以利用色彩饱和度和色温控件来轻松调整图片，还可以利用所提供的改进工具来更轻松、精确地对图像进行裁剪和更正。

7. 恢复用户认为已丢失的工作

在利用 Word 2010 对某个文档进行工作片刻之后，用户可以像打开任何文件那样轻松恢复最近所编辑文件的草稿版本，即使在用户未保存该文档的情况下意外地将其关闭时也是如此。

8. 跨越沟通障碍

Word 2010 新增的“翻译工具”，有助于用户跨不同语言进行有效的工作和交流。比以往更轻松地翻译某个单词、词组或文档。针对屏幕提示、帮助内容和显示，分别对语言进行不同的设置。利用英语文本到语音转换播放功能，为以英语为第二语言的用户提供额外的帮助。

9. 将屏幕截图插入到文档

Word2010 中新增的“截屏工具”可使用户直接从 Word 2010 中以快速、轻松的方式捕获和插入屏幕截图到用户编辑的文档中。

10. 利用增强的用户体验完成更多工作

Word 2010 简化了功能的访问方式。新的“文件”菜单中集成了丰富的文档编辑以外的操作，从而用户只需单击几次鼠标即可保存、共享、打印和发布文档。利用改进的功能区，可以更快速地访问用户的常用命令，方法为：自定义选项卡或创建用户自己的选项卡，从而使用户的工作风格体现出用户的个性化经验。此外，用户可将 Word 2010 编辑的文档直接存储为 PDF 格式的文档，而不需要借助第三方软件。

3.2.2 Word 2010 的启动和退出

1. 启动 Word

本章介绍的 Word 是在 Windows 环境下运行的应用程序，启动方法与启动其他 Windows 环境下运行的应用程序的方法相似，常用的有以下 4 种。

① 从“开始”菜单中启动 Word。单击“开始”按钮，选择“所有程序”→Microsoft Office 命令，在弹出的子菜单中选择 Microsoft Office Word 2010 命令，即可启动 Word。

② 通过快捷方式启动 Word。用户可以在桌面上为 Word 应用程序创建快捷图标，双击该快捷图标即可启动 Word。

③ 通过文档启动 Word。用户可以通过打开已存在的旧文档启动 Word，其方法如下：在资源管理器中，找到要编辑的 Word 文档，直接双击此文档即可启动 Word 2010。

通过文档启动 Word 的方法不仅会启动该应用程序，而且将在 Word 中打开选定的文档，适合于启动 Word 是为了编辑或查看一个已存在文档的用户。

④ 开机自动启动 Word。将 Word 应用程序图标拖入 Windows 的“开始”→“所有程序”→“启动”子菜单中，在用户开机后会自动启动 Word 应用程序，适合于经常使用计算机处理文字的办公人员。

2. 退出 Word

Word 作为一个典型的 Windows 应用程序，其退出（关闭）的方法与其他应用程序类似，常用的方法有以下 4 种。

① 单击 Word 程序窗口右上角的“关闭”按钮。

② 单击 Word 工作窗口左上角的“文件”菜单，在弹出菜单中单击“退出”按钮。

③ 双击 Word 工作窗口左上角的 Word 图标。

④ 按【Alt+F4】组合键。

3.2.3 Word 2010 窗口界面

Word 2010 窗口界面由快速访问工具栏、标题栏、选项卡、文档编辑区、滚动条、状态栏等部分组成，如图 3-1 所示。

1. 选项卡

Word2010 窗口中的选项卡位于快速访问工具栏和标题栏的下方，通常至少提供了 8 个选项卡：文件、开始、插入、页面布局、引用、邮件、审阅和视图。若启动 Word 2010 的同时也加载了活动应用程序加载项，选项卡上还会显示加载项的选项卡或针对某些特定应用程序的选项卡。选项卡上标题显示的是选项卡的名称，当单击这些名称时会切换到与之相对应的选项卡，当双击这些名称时会实现打开和关闭功能区选项卡。每个选项卡里根据功能的不同将工具栏又分为若干个组，每个组的下方显示该组的名字，如图 3-1 所示。

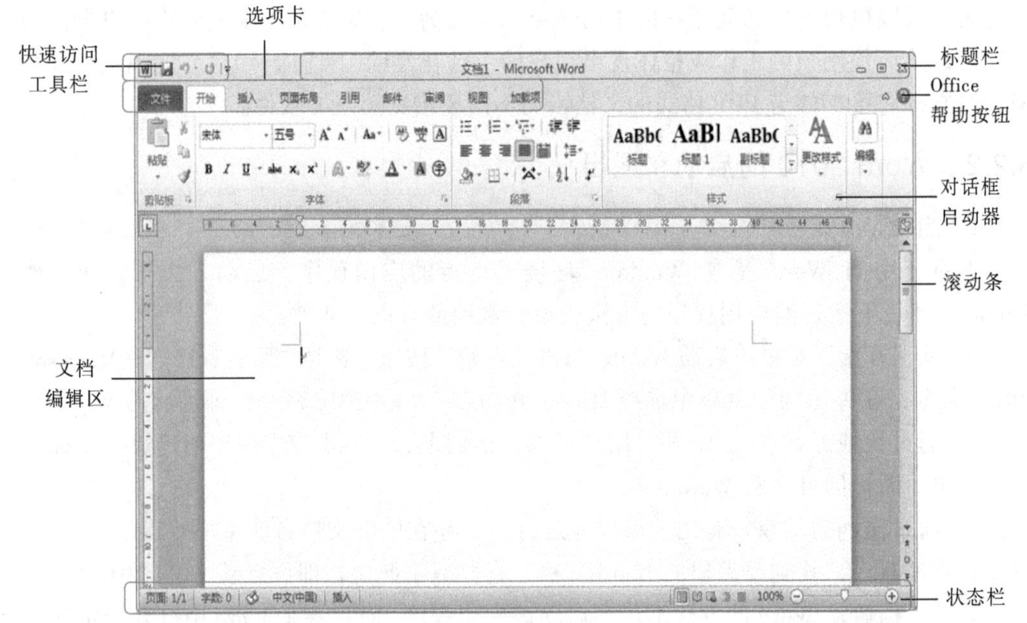

图 3-1 Word 2010 窗口界面

（1）“文件”选项卡

Word 2010 中“文件”选项卡位于 Word 窗口的左上角，单击可打开“文件”选项卡。“文件”选项卡中包括了“保存”“另存为”“打开”或是“关闭”文档的基本功能，还有打开“Word 选项”窗体和退出 Word 的功能。“文件”选项卡中“信息”菜单项可以实现文档的版本管理工作，如图 3-2 所示。“文件”选项卡中“保存并发送”功能项中可以实现更改文件类型的功能，如图 3-3 所示。

（2）“开始”选项卡

“开始”菜单选项卡包含剪贴板、字体、段落、样式和编辑五个分组，主要作用用于 Word2010 文档中进行文字编辑和格式设置，是编辑文档过程中最常用的选项卡，如图 3-4 所示。

（3）“插入”选项卡

“插入”菜单选项卡包含页、表格、插图、链接、页眉和页脚、文本、符号七个分组，主要用于在 Word2010 文档中插入各种元素，如图 3-5 所示。

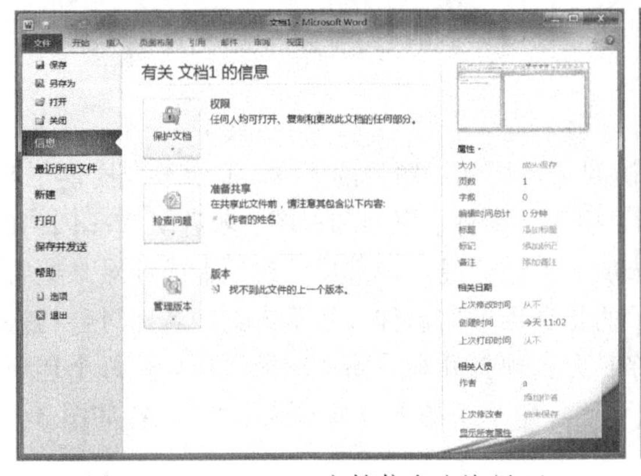

图 3-2 Word 2010 文档信息查询界面

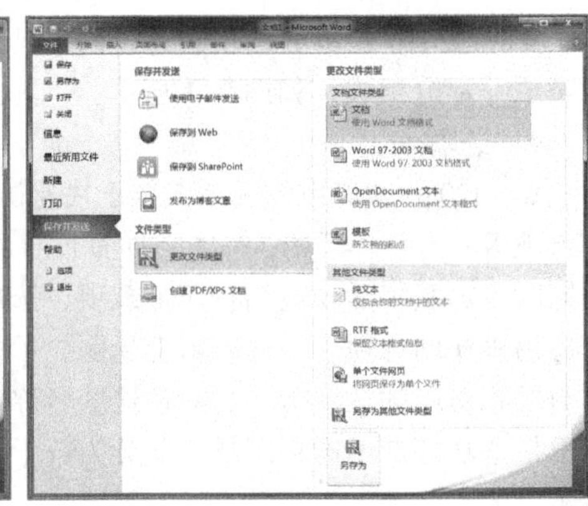

图 3-3 Word 2010 文档保存界面

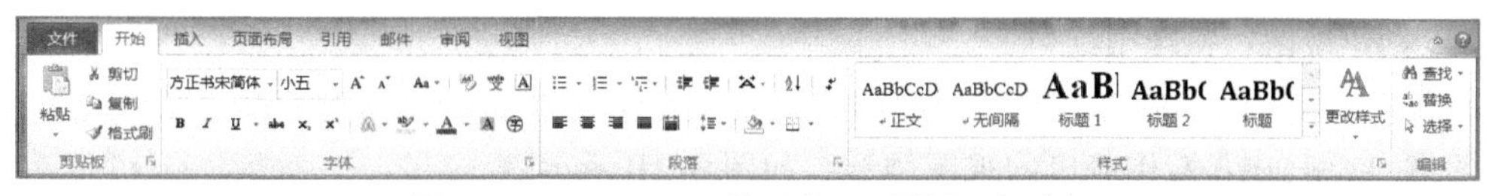

图 3-4　Word 2010 界面中“开始”选项卡

图 3-5　Word 2010 界面中“插入”选项卡

（4）“页面布局”选项卡

“页面布局”菜单选项卡包含主题、页眉设置、稿纸、页面背景、段落、排列六个分组，主要用于设置 Word2010 文档页面样式，如图 3-6 所示。

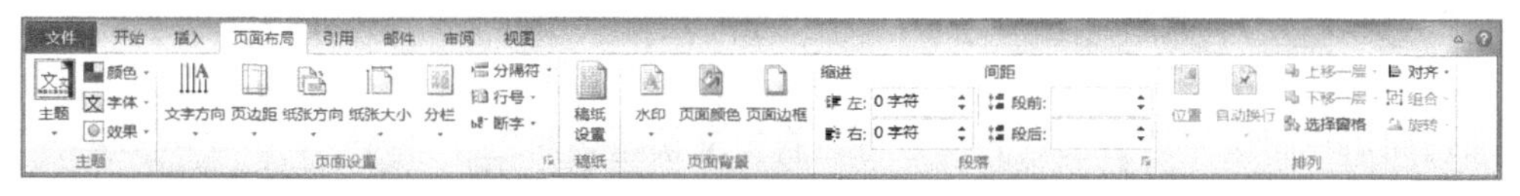

图 3-6　Word 2010 界面中“页面布局”选项卡

（5）“引用”选项卡

“引用”菜单选项卡包含目录、脚注、引文与书目、题注、索引、引文目录六个分组，主要用于实现在 Word2010 文档中插入目录等高级功能，如图 3-7 所示。这些功能在编辑书籍、论文和报告等长篇幅的专业文档的过程中是非常有用的。

图 3-7　Word 2010 界面中“引用”选项卡

（6）“邮件”选项卡

“邮件”菜单选项卡包含创建、开始邮件合并、编写和插入域、预览结果、完成五分组，专门用于在 Word2010 文档中进行邮件合并方面的操作，如图 3-8 所示。

图 3-8　Word 2010 界面中“邮件”选项卡

（7）“审阅”选项卡

“审阅”菜单选项卡包含校对、语言、中文简繁转换、批注、修订、更改、比较和保护八个分组，主要用于对 Word 2010 文档进行校对和修订等操作，如图 3-9 所示；

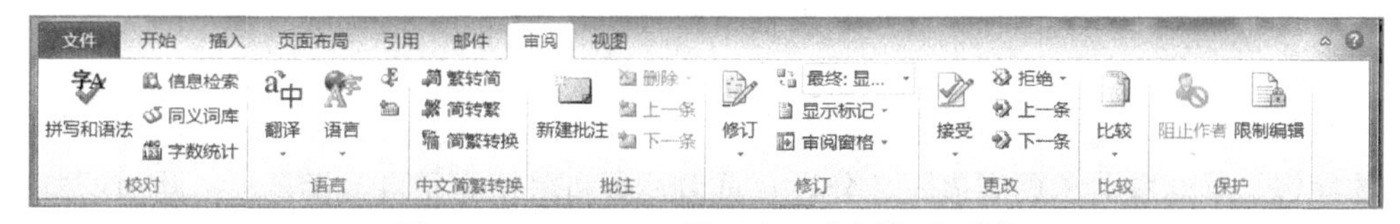

图 3-9　Word 2010 界面中“审阅”选项卡

（8）“视图”选项卡

“视图”菜单选项卡包含文档视图、显示、显示比例、窗口和宏五个分组，主要用于设置 Word 2010 操作窗口的视图类型，如图 3-10 所示；

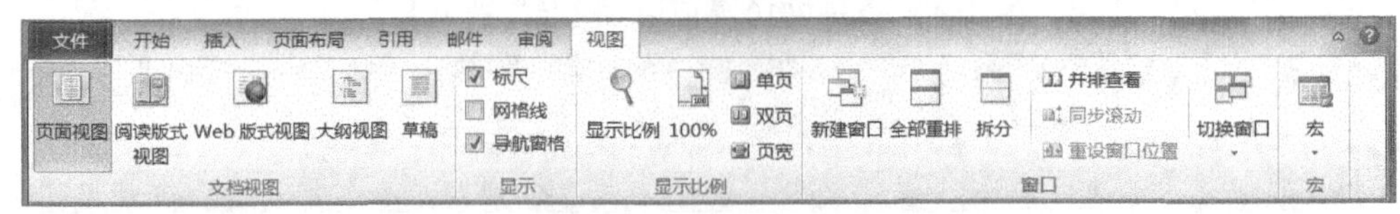

图 3-10　Word 2010 界面中“视图”选项卡

除了以上 8 个选项卡，Word 2010 中还可能出现“加载项”选项卡。这些加载的选项卡是 Word 2010 安装的附加属性，包括如自定义的工具栏或者其他命令扩展。加载的选项卡可以由用户在 Word 2010 选项中添加或者删除加载项。

2. 快速访问工具栏

默认情况下，快速访问工具栏位于 Word 窗口的顶部，如图 3-1 所示，使用它可以快速访问用户频繁使用的工具。用户可以自定义快速访问工具栏，将常用命令添加到快速访问工具栏，如图 3-11 所示。

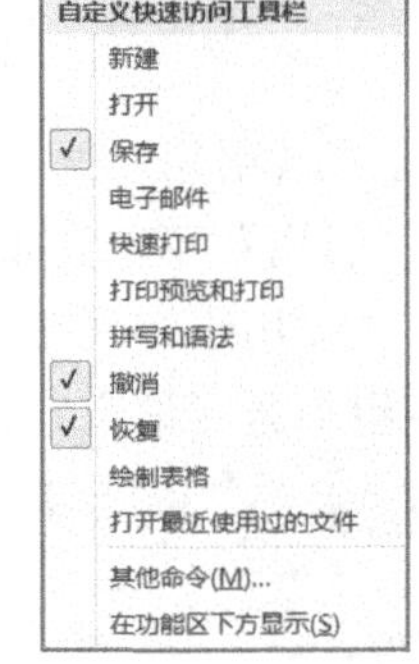

图 3-11　自定义快速访问工具栏的列表选项

3. 滚动条

滚动条位于文档编辑区的右侧（垂直滚动条）和下方（水平滚动条），用以显示文档在窗口以外的内容。

4. 文档编辑区

文档编辑区是输入文本和编辑文本的区域，位于工具栏的下方。其中有一个不断闪烁的竖条，称为插入点，用以表示输入时文字或符号出现的位置。

5. 状态栏

状态栏位于 Word 窗口底部，用以显示文档的当前基本信息和编辑状态，如页码、字数、语言和显示比例等，还可实现在五种文档视图中进行任意切换。Word 2010 在状态栏最右边新增了“显示比例”的工具条。用户通过拖动该工具条可以实现快速精确地改变文档编辑区的大小。

6. 对话框启动器

对话框启动器是出现在某些组的右下角的一些小图标 。单击对话框启动器将打开相关的对话框或任务窗格，显示与该组相关的更多工具。

3.2.4　Word 2010 的视图

由 Word 建立生成的文件称为 Word 文档。Word 2010 提供了多种显示 Word 文档的方式，每一种显示方式称为一种视图。使用不同的显示方式，用户可以把注意力集中到文档的不同方面，从而高效、快捷地查看、编辑文档。Word 2010 提供的五种视图包括：草稿、页面视图、Web 版式视图、大纲视图和阅读版式视图。

1. 草稿

在草稿中可以输入、编辑文字，并设置文字的格式，对图形和表格可以进行一些基本的操作。草稿取消了页面边距、分栏、页眉页脚和图片等元素，仅显示标题和正文，是最节省计算机系统硬件资源的视图方式。当然现在计算机系统的硬件配置都比较高，基本上不存在由于硬件配置偏低而使 Word2010 运行遇到障碍的问题。

2. 页面视图

页面视图是 Word 的默认视图，可以显示整个页面的分布情况及文档中的所有元素，如正文、图形、表格、图文框、页眉、页脚、脚注和页码等，并能对它们进行编辑。在页面视图方式下，显示效果反映了打印后的真实效果，即"所见即所得"功能。

3. Web 版式视图

Web 版式视图主要用于在使用 Word 创建 Web 页时显示出 Web 效果。Web 版式视图优化了布局，使文档以网页的形式显示 Word2010 文档，具有最佳屏幕外观，使得联机阅读更容易。Web 版式视图适用于发送电子邮件和创建网页。

4. 大纲视图

大纲视图使查看长篇文档的结构变得很容易，并且可以通过拖动标题来移动、复制或重新组织正文。在大纲视图中，可以折叠文档，只查看主标题；或者扩展文档，以便查看整篇文档。

5. 阅读版式视图

阅读版式视图不仅隐藏了不必要的工具栏，最大可能地增大了窗口，而且还将文档分为了两栏，从而有效地提高了文档的可读性。

各种视图之间可以方便地进行相互转换，其操作方法有以下两种：

① 单击"视图"功能区，在"文档视图"组中单击"页面视图""阅读版式视图""Web 版式视图""大纲视图"和"草稿"按钮来转换。

② 单击状态栏右侧、"显示比例"的工具条左侧的视图按钮来进行转换，自左往右分别是页面视图、阅读版式视图、Web 版式视图、大纲视图和草稿。

3.2.5 Word 2010 帮助系统

Word 2010 提供了丰富的联机帮助功能，可以随时解决用户在使用 Word 中遇到的问题。用户可以使用关键字和目录来获得与当前操作相关的帮助信息。在功能区用户界面中单击"Microsoft Office Word 帮助"按钮或者按键盘上的【F1】键，就可以打开"Word 帮助"窗口。使用该功能必须与互联网连接。

3.3 Word 文档的基本操作

由 Word 建立生成的文件称为 Word 文档，简称文档，其处理过程包括以下三个步骤。

首先，将文档的内容输入到计算机中，即将一份书面文字转换成电子文档。在输入的过程中，可以使用插入文字、删除文字和改写文字等操作来保证输入内容的正确性，以及对文档内容进行修改。除此以外，Word 还提供了特殊字符的输入、快速定位文字、查找与替换和快速按页面定位、拼写检查等功能，这些功能有助于快速、准确地完成文档编辑任务。

其次，为了使文档的内容清晰、层次分明、重点突出，要对输入的内容进行格式编排。文档中的格式编排是通过对相关文字用相应的格式处理命令来完成的，即所谓的排版。

排版包含对文档中的文字、段落和页面等进行设置。只有充分了解 Word 提供的各种排版手段、所使用的排版术语及含义，才能在使用时得心应手，编排出美观大方的文档。

最后，要将编排完成后的文档保存在计算机中，以便今后查看。如果需要，可将文档通过打印机打印在纸张上，作为文字资料保存或分发给他人。

3.3.1 创建新文档

在进行文本输入与编辑之前，首先要新建一个文档。Word 2010 建立的文档默认扩展名为“.docx”。用户在启动 Word 时，系统就会自动新建一个空文档，其默认文件名为“文档 1.docx”。如果在已启动 Word 后还想建立一篇新的文档，可以使用菜单或工具按钮等方式创建，包括以下三种常用方式：

① 单击“文件”菜单，然后在弹出的菜单中选择“新建”命令，在“可用模板”列表框中选择“空白文档”选项，单击“创建”按钮，即可创建一个空白文档。

② 单击快速访问工具栏上的“新建”按钮。

③ 按【Ctrl+N】组合键。

3.3.2 文档的保存

在文档中输入内容后，为了避免因停电、死机等意外事件导致信息丢失，要将其保存在磁盘上，以便于以后查看文档或再次对文档进行编辑、打印。在 Word 中可保存正在编辑的活动文档，还可以用不同的名称或在不同的位置保存文档的副本。另外，还可以以其他文件格式保存文档，以便在其他的应用程序中使用。

（1）保存未命名的文档

① 单击“文件”菜单，然后在弹出的菜单中选择“保存”命令，弹出“另存为”对话框，在其中的“保存位置”下拉列表框中，选择保存位置；在“文件名”文本框中输入文件名称，最后单击“保存”按钮，即可在指定位置以指定名称保存文档。

② 单击快速访问工具栏上的“保存”按钮，也会弹出“另存为”对话框，其他操作与前相同。

（2）保存已有文档

① 在对已有文档修改完成后，单击“文件”菜单，然后在弹出的菜单中选择“保存”命令，Word 2010 将修改后的文档保存到原来的文件夹中，修改前的内容将被覆盖，并且不再弹出“另存为”对话框。也可单击快速访问工具栏中的“保存”按钮。

② 单击“文件”菜单，然后在弹出的菜单中选择“另存为”命令，则会打开“另存为”对话框，用以在新位置或以新名称保存当前活动文档。

（3）自动保存文档

自动保存文档可以防止在文档编辑过程中因意外而造成文档内容大量丢失，因为在启动该功能后，系统会按设定时间间隔周期性对文档进行自动保存，无须用户干预。

其操作方法是：单击“文件”菜单，在弹出的菜单中选择“选项”命令，弹出“Word 选项”对话框，如图 3-12 所示。选择“保存”选项，在该对话框右侧的“保存文档”选项区域中的“将文件保存为此格式”下拉列表框中选择文件保存的类型。选中“保存自动恢复信息时间间隔”复选框，并在其后的微调框中输入保存文件的时间间隔。在“自动恢复文件位置”文本框中输入保存文件的位置，或者单击“浏览”按钮，在弹出的“修改位置”对话框中设置保存文件的位置。最后单击“确定”按钮即可。

图 3-12 “Word 选项”对话框

（4）保存为非 Word 文档

Word 允许将文档保存为其他文件类型，以便在其他软件中使用。有两种方法：第一种方法的步骤与保存新文档类似，只是在打开的“另存为”对话框中，需单击“保存类型”下拉列表框中的其他类型；第二方法是在“文件”菜单中选择“保存并发送”，然后在“更改文件类型”中选择文档文件类型，或者选择“创建 PDF/XPS 文档”将当前文档保存为 PDF/XPS 文档。

（5）保护文档

保护文档功能可以帮助用户提高文档使用与修改的安全性。“文件”菜单中“信息”选项中可以通过对文档权限的设置来保护文档，包括添加数字签名、按人员限制权限、限制编辑，以及最常用的“用密码进行加密”，即要求必须提供密码才能打开文档。

另外，文档可以通过分别设置文档打开密码与文档修改密码进行保护，其操作方法如下：

① 单击“文件”菜单，在弹出的菜单中选择“另存为”命令，弹出“另存为”对话框，单击“工具”按钮，选择“常规选项”命令，弹出“常规选项”对话框，如图 3-13 所示。

② 在“打开文件时的密码”文本框中，输入以字母、数字和符号组成的密码。设置成功后，在下次打开文档时，就必须正确输入密码才能打开文档。

③ 在“修改文件时的密码”文本框中，输入文档修改密码。设置成功后，在下次编辑文档时，就必须正确输入密码才能保存修改后的文档，否则用户只能以只读方式打开文档。

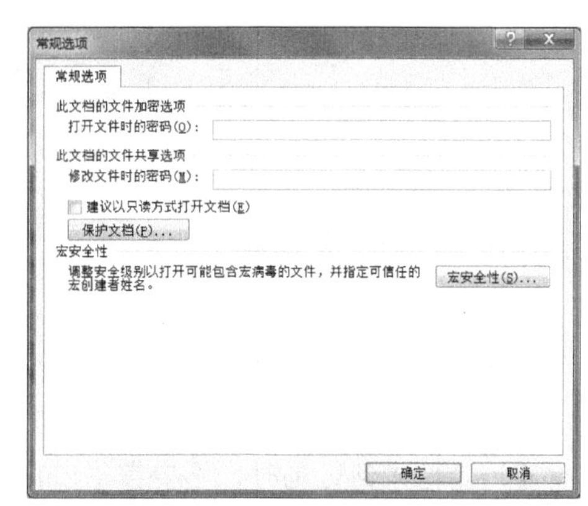

图 3-13 “常规选项”对话框

3.3.3 文档的打开

编辑一篇已存在的文档，必须先打开文档。Word 提供了多种打开文档的方法，这些方法大致可以分为以下两类。

① 双击已保存的 Word 文档图标，在打开文档的同时启动 Word 应用程序。

② 先打开 Word 应用程序再打开需要的文档，其方法可分为以下 3 种：

- 单击“文件”菜单，然后在弹出的菜单中选择“打开”命令。
- 单击“文件”菜单，然后在弹出的菜单右侧列出的最近使用的文档中单击需要打开的文档。
- 使用 Windows“开始”按钮打开最近使用的文档。

3.3.4 文档的显示

当 Word 文档打开后，文档的内容可以以不同的视图显示在文档编辑区中。“视图”选项卡上有切换不同的文档视图的工具。通过“视图”选项卡上的工具可在文档编辑区增加标尺或网格线，也可以由用户指定显示比例，或者按照当前文档编辑区的尺寸以单页、双页或最大页宽来显示文档。

如果在 Windows 环境下同时打开了多个 Word 窗口，可以使用“视图”选项卡上的“全部重排”工具使多个 Word 窗口分块在屏幕上显示。若需要比较两个文档之间的差异，可以使用“视图”选项卡上的“并排查看”及“同步滚动”功能。

3.3.5 文档的关闭

关闭某个文档并不等同于退出 Word 应用程序，只是关闭了当前的活动文档，而保留了 Word 窗口界面，因此用户还可以在其中继续编辑其他文档。关闭文档的操作方法有以下 3 种：

① 单击文档窗口右上角的“关闭”按钮。

② 单击“文件”菜单，然后在弹出的菜单中选择“关闭”命令。

③ 按【Ctrl+F4】组合键。

关闭文档时，如果文档没有保存，系统会提示是否保存文档。

3.4 文档的编辑与排版

3.4.1 文本的基本编辑

1. 输入文本内容

创建新文档后就可以在文档编辑区中输入文档内容。输入的内容会出现在光标插入点，每输入一个字符，插入点自动后移。为了便于排版，在输入时需要注意以下几点：

① 当输入到行尾时，不要按【Enter】键，系统会自动换行。

② 输入到段落结尾时，按【Enter】键，表示段落结束。

③ 如果在某段落中需要强行换行，可以按【Shift+Enter】组合键。

④ 在段落开始处，不要使用空格键后移文字，而应采用“缩进”方式对齐文本。

2. 插入符号或特殊字符

用户在处理文档时可能需要输入一些特殊字符，如希腊字母、俄文字母和数字序号等。这些符号不能直接从键盘输入，用户可以通过以下两种方法实现。

① 单击“插入”选项卡“符号”组中的“符号”按钮，在弹出的下拉列表中选择“其他符号”选项，弹出“符号”对话框，在该对话框中的“字体”下拉列表框中选择所需的字体，在“子集”下拉列表框中选择所需的选项。如图 3-14 所示，单击要插入的符号或字符，再单击“插入”按钮（或双击要插入的符号或字符）即可。（“插入”菜单中的“特殊符号”命令项用法与之类似）

② 使用中文输入法提供的软键盘功能：单击“中文输入法状态框”上的“软键盘”按钮，选择待输入的特殊字符种类，在屏幕右下角打开的软键盘中单击待插入的特殊字符即可。以微软拼音输入法中特殊字符的软键盘为例，如图 3-15 所示。

图 3-14 “符号”对话框

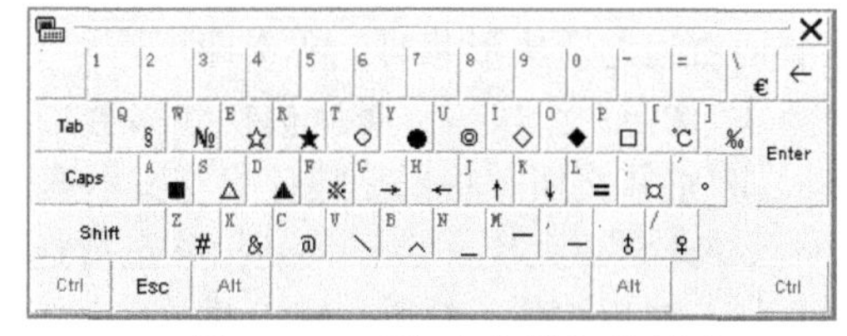

图 3-15 “特殊字符”软键盘

3. 插入日期与时间

在 Word 文档中，除了可以插入固定的日期和时间信息，还可以插入可自动更新的日期和时间，如文档的创建时间、最后打开或保存的日期等。其操作方法如下：

① 将插入点定位在要插入日期和时间的位置。

② 单击“插入”选项卡“文本”组中的“日期和时间”按钮，弹出“日期和时间”对话框。

③ 用户可根据需要在“语言（国家/地区）”下拉列表框中选择一种语言；在“可用格式”下拉列表框中选择一种日期和时间格式。

④ 如果选中“自动更新”复选框，则以域的形式插入当前的日期和时间。该日期和时间是一个可变的数值，它可根据打印的日期和时间的改变而改变。取消选择“自动更新”复选框，则可将插入的日期和时间作为文本永久地保留在文档中。

⑤ 单击“确定”按钮完成设置。

3.4.2 文档的编辑与修改

当用户将 Word 文档中的所有内容建立起来之后，下一步便是对内容进行编辑与修改，其操作主要有：文本的复制、移动、删除及文本的查找与替换。

1. 编辑方式

“插入”和“改写”是 Word 的两种编辑方式。“插入”是指将输入的文本添加到插入点所在位置，插入点以后的文本依次往后移动；“改写”是指输入的文本将替换插入点所在位置的文本。默认的编辑状态为“插入”方式。

“插入”和“改写”两种编辑方式是可以转换的，其转换方法有以下两种：

① 双击状态栏左侧的“改写”标志，若显示为“插入”则是插入方式；若显示为“改写”则是改写方式。

② 按【Insert】键可以进行两种方式间的切换。

2. 选定文本

用户如果需要对某段文本进行移动、复制和删除等操作时，必须先选定该文本，然后再进行相应的处理。当文本被选中后，呈反相显示。如果要取消选定，可以将鼠标移至选定文本外的任何区域，单击即可。除了“开始”选项卡“编辑”组中的“选择”工具可以完成选定文本的功能，人们常常利用鼠标或快捷键来选定文本。

（1）利用鼠标选定文本

① 选定自由长度文本：将鼠标指针移到要选定文本的首部，按下鼠标左键并拖动到所选文本的末端，然后释放鼠标。

② 选定一个句子：按住【Ctrl】键，单击该句的任何地方。

③ 选定一行文字：将鼠标指针移至该行的左侧即文本选定区，当鼠标指针变成一个指向右边的箭头形状时，单击即可。

④ 选定一个段落：将鼠标指针移至文本选定区，双击即可。

⑤ 整篇文档：将鼠标指针移至文本选定区，三击即可。

⑥ 选定一大块文字：将光标移至所选文本的起始处，用滚动条滚动到所选内容的结束处，然后按住【Shift】键，并单击。

⑦ 选定列块（垂直的一块文字）：按住【Alt】键后，将光标移至所选文本的起始处，按下鼠标左键并拖动到所选文本的末端，然后释放鼠标和【Alt】键。

（2）利用组合快捷键选定文本

将光标移到要选定的文本之前，然后用组合键选择文本。常用的选择文本组合键包括【Shift+方向键】【Shift+Home/End】及【Ctrl+Shift+左右方向键】。若需要选择全文在可同时按住【Ctrl+A】组合键。

3. 清除文本

（1）清除文本内容

清除文本内容就是删除文本，即将字符从文档中去掉。删除插入点左侧的一个字符用【Backspace】键；删除插入点右侧的一个字符用【Delete】键。但若需删除较多连续的字符或成段的文本，用这两个键显然很烦琐，可以使用如下方法：

① 选定要删除的文本块后，按【Delete】键。

② 选定要删除的文本块后，单击“开始”选项卡中“剪贴板”组中的“剪切”按钮。

注意：删除和剪切操作都能将选定的文本从文档中去掉，但功能不完全相同。使用剪切操作时删除的内容会保存到“剪贴板”上，可以通过“粘贴”命令进行恢复；使用删除操作时删除的内容则不会保存到“剪贴板”上，而是直接被去掉。

（2）清除文本格式

清除文本格式就是去除用户对该文本所做的所有格式设置，只以默认格式显示文本。选定要清除格式的文本块后，单击“开始”选项卡“字体”组中的“清除格式”按钮。

4. **复制和移动文本**

（1）复制文本

在编辑过程中，当文档出现重复内容或段落时，使用复制命令进行编辑是提高工作效率的有效方法。用户不仅可以在同一篇文档内，也可以在不同文档之间复制内容，甚至可以将内容复制到其他应用程序的文档中。复制文本有以下 3 种操作方法：

① 快捷按钮操作：选定要复制的文本块，单击“开始”选项卡“剪贴板”组中的“复制”按钮，将插入点移到新位置，单击“开始”选项卡“剪贴板”组中的“粘贴”按钮即可。

② 拖动操作：选定要复制的文本块，按住【Ctrl】键，用鼠标拖动选定的文本块到新位置，同时释放【Ctrl】键和鼠标左键。

③ 快捷键操作：按【Ctrl+C】组合键进行复制操作，按【Ctrl+V】组合键进行粘贴操作。

（2）移动文本

移动是将字符或图形从原来的位置删除，插入到另一个新位置，有以下 3 种操作方法：

① 快捷按钮操作：选定要复制的文本块，单击“开始”选项卡“剪贴板”组中的“剪切”按钮，将插入点移到新位置，单击“开始”选项卡“剪贴板”组中的“粘贴”按钮即可。

② 拖动操作：选定要复制的文本块，用鼠标拖动选定的文本块到新位置，同时释放鼠标左键即可。

③ 快捷键操作：按【Ctrl+X】组合键进行剪切操作，按【Ctrl+V】组合键进行粘贴操作。

（3）剪贴板

无论是剪切还是复制操作，都是把选定的文本先存储到剪贴板上的。在以前的 Office 应用程序中使用的是 Windows 剪贴板，它只能暂时存储一个对象（如一段文本、一张图片等）。当用户再次进行剪切或复制操作后，新的对象将替换 Windows 剪贴板中原有的对象。Office 2010 新增了多对象剪贴板功能，可以最多暂时存储 24 个对象，用户可以根据需要粘贴剪贴板中的任意一个对象。单击“开始”选项卡中剪贴板的对话框启动器则可以显示剪贴板，显示当前已剪切的项目。利用剪贴板进行复制操作，只需将插入点移到要复制的位置，然后单击剪贴板任务窗格上的某个要粘贴的项目，该项目就会被复制到插入点所在的位置。

5. **撤销和恢复**

在编辑过程中难免会出现误操作，Word 为用户提供了撤销、恢复与重复功能。

①“撤销”用于取消最近的一次操作：可以直接单击快速访问工具栏中的“撤销”按钮；或按【Ctrl+Z】组合键。利用“撤销”按钮最多可以取消最近 1 000 次的操作。

②“恢复”用于恢复最近的一次被撤销的操作：可以直接单击快速访问工具栏上的“恢复”按钮；或按【Ctrl+Y】组合键。

6. **查找和替换**

Word 提供了许多自动功能，“查找和替换”就是其中之一。查找的功能主要用于在当前文档中搜索指定的文本。替换的功能主要用于将选定的文本替换为指定的新文本。

（1）一般的“查找和替换”

单击“开始”选项卡“编辑”组中的“查找”右侧的下拉按钮，在弹出的下拉列表中选择“高级查找”命令，弹出“查找和替换”对话框。在其中的“查找”选项卡中输入需查找的内容，完成查找；在“替换”选项卡中输入需查找的内容及替换为的内容，完成替换。

一般，Word 自动从当前光标处开始向下搜索文档，查找字符串，如果直到文档结尾还没找到，则继续从文档开始处查找，直到当前光标处为止。若查找到该字符串，则光标停在找出的文本位置，并使其置于选中状态，这时在该位置单击，就可以对该文本进行编辑。

（2）特殊的“查找和替换”

利用“查找和替换”对话框中的“更多”按钮，可以实现特殊字符的替换和格式的替换等功能，其操作方法是：单击“查找和替换”对话框中的“更多”按钮，在扩充的“查找和替换”对话框中设置搜索选项、输入“格式”或“特殊字符”完成特定格式文本的“查找和替换”，如图 3-16 所示。

如果“替换为”文本框为空，操作后的实际效果是将查找的内容从文档中删除。若是替换特殊格式的文本，其操作步骤与特殊格式文本的查找类似。

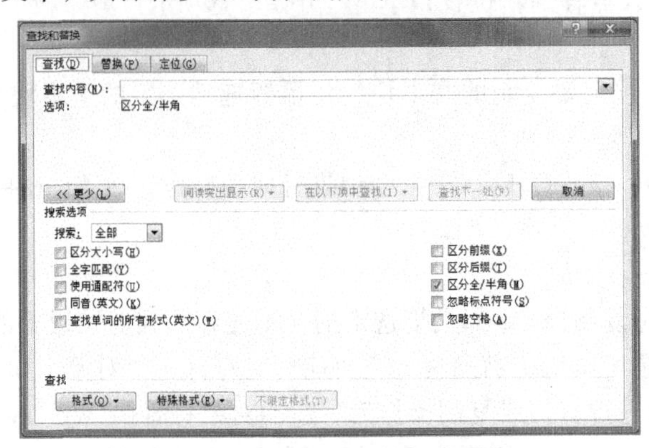

图 3-16 “查找和替换”对话框

7. 自动更正

Word 提供的自动更正功能可以帮助用户更正一些常见的输入错误、拼写和语法错误等，这对英文输入是很有帮助的。对中文输入，自动更正的更大用处是将一些常用的长词句定义为自动更正的词条，再用一个缩写词条名来取代它。

（1）建立自动更正词条

单击“文件”菜单，然后在弹出的菜单中选择“Word 选项”命令，弹出“Word 选项”对话框，选择“校对”→“自动更正选项”命令，弹出“自动更正”对话框。在“替换为”文本框中输入要建立为自动更正词条的文本，如：计算机应用基础；在“替换”文本框中输入词条名，如：sjs。单击“添加”按钮，创建自动更正词条，如图 3-17 所示。

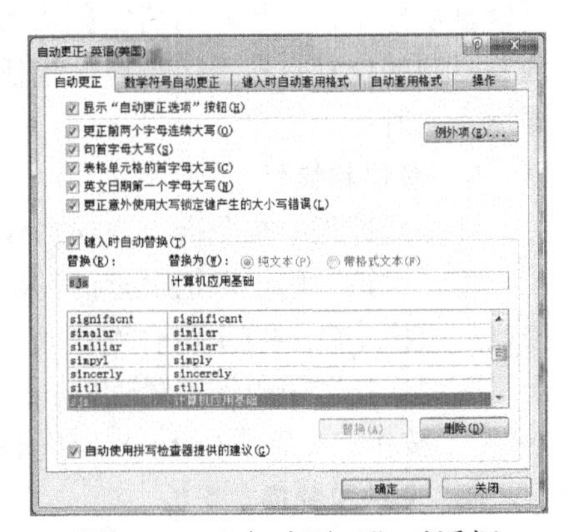

图 3-17 “自动更正”对话框

（2）使用自动更正词条

将插入点定位到要插入的位置，输入词条名，如：sjs，按【Space】键，Word 系统就会用相应的词条即“计算机应用基础”取代“sjs”，显示在插入点处。

8. 拼写、语法检查

默认情况下，在用户输入文本的同时 Word 会自动地进行文字的拼写和语法检查，并使用红色波浪下画线表示可能存在拼写问题的文本，使用绿色波浪下画线表示可能存在语法问题的文本。

另外，用户也可以在功能区用户界面中的“审阅”选项卡中的“校对”组中单击“拼写和语法”按钮，对整篇文档进行快速而彻底的校对。在进行校对时，Word 会将文档中的每个单词与一个标准词典中的词进行比较。因此，检验器有时也会将文件中的一些拼写正确的词（如人名、公司或专业名称的缩写等）作为错误列出来。若出现这种情况，只要忽略跳过这些词便可。

9. 中文繁简转换

对于需要混合使用繁、简中文进行文档编辑的用户，Word 提供了不用单独安装繁体字库，就可以实现将中文简体字转换为繁体字的功能，反之亦然。

转换时首先选中待转换的文字，在功能区用户界面中的“审阅”选项卡“中文简繁转换”组中单击“简繁转换”按钮，即可完成转换操作。

在转换的过程中有时会改变原文字。例如，“大学计算机基础”转换为繁体后就变为更适应繁体语法习惯的“大學電腦基礎”。

10. 字数统计

使用字数统计功能不仅可以快速地统计某段文本的字数、段落数、行数和字符数，而且可以统计整篇文档的字数、页数和行数等。

操作时首先选中要统计的文字（若不选中任何文字则是对整篇文档进行统计），单击“审阅”选项卡“校对”组中的“字数统计”按钮即可。

3.4.3 字符格式设置

通过设置丰富多彩的文字、段落和页面格式，可以使文档看起来更美观、更舒适。Word 的排版操作主要有字符排版、段落排版和页面设置等。

字符格式包括字符的字体、大小、颜色和显示效果等格式。用户若需要输入带格式的字符，可以在输入字符前先设置好格式再输入；也可以先输入完毕后，再对这些字符进行选定并设置格式。在没有进行格式设置的情况下输入的字符按默认格式自动设置（中文为“宋体”“五号”，英文为 Times New Roman、“五号”）。

设置字符格式有下述两种方式。

（1）使用“开始”选项卡

使用“开始”选项卡中的“字体”组可以完成一般的字符格式设置，如图 3-18 所示。

① 设置字体。字体是文字的一种书写风格。常用的中文字体有宋体、楷体、黑体和隶书等。在一段文字中使用不同的字体可以对文字加以区分、强调。

设置文本的字体应先选定要设置或改变字体的字符，单击“开始”选项卡“字体”组中的“字体”下拉按钮，从字体列表中选择所需的字体名称。

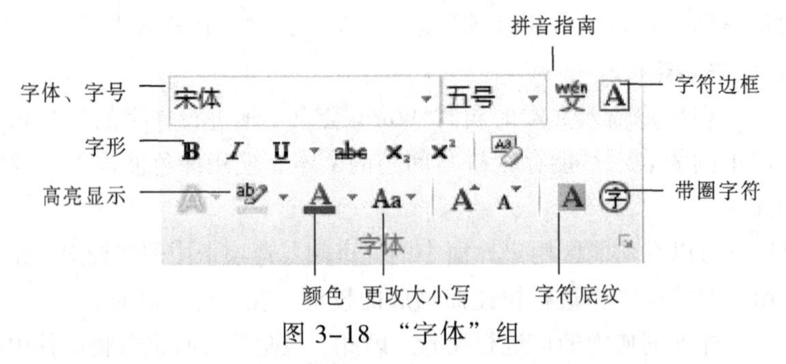

图 3-18 “字体”组

② 设置字号。汉字的大小常用字号表示。字号从初号、小初号、……，直到八号字，对应的文字越来越小。一般书籍、报刊的正文为五号字。英文的大小常用“磅”的数值表示，1 磅等于 1/12 英寸，数值越小表示的英文字符越小。“五号”字大约与“10.5 磅”字的大小相当。

设置文本的字号应先选定要设置或改变字号的字符，单击“开始”选项卡“字体”组中的“字号”下拉按钮，从列表中选择所需的字号。

③ 设置字符的其他格式。利用“开始”选项卡中“字体”组还可以设置字符的“加粗”“斜体”“下画线”“字符底纹”“字符边框”和“字符缩放”等格式。

（2）使用“字体”对话框

使用“字体”对话框可以对格式要求较高的文档进行设置，如图 3-19 所示。

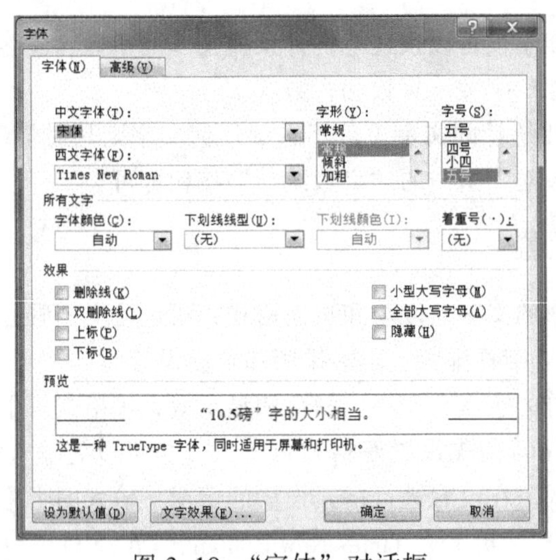

图 3-19 “字体”对话框

选定要进行格式设置的字符，单击“开始”选项卡中“字体”组位于右下角的对话框启动器，弹出“字体”对话框。在“字体”对话框中有两个选项卡：字体和高级。

①“字体”选项卡：对中、英文字符设置字体、字符大小、添加各种下画线、设置不同的颜色和特殊的显示效果，并可通过“预览”窗口随时观察设置后的字符效果，如图 3-19 所示。

②“高级”选项卡：可设置“字符间距”，即设置字符在屏幕上显示的大小与真实

大小之间的比例、字符间的距离和字符相对于基准线的位置。

3.4.4 段落格式设置

在 Word 中，段落是指以段落标记作为结束符的文字、图形或其他对象的集合。用户可以通过单击“开始”选项卡“段落”组中的“显示/隐藏编辑标记”按钮查看段落标记“↵”。段落标记不仅表示一个段落的结束，还包含了本段的格式信息。设置一个段落格式之前不需要选定整个段落，只需要将光标定位在该段落中即可。

段落格式主要包括段落对齐、段落缩进、、段间距、行距和段落的修饰等。

（1）段落对齐

在 Word 中，段落的对齐方式包括两端对齐、居中对齐、右对齐、分散对齐和左对齐。其中，两端对齐是 Word 的默认设置；居中对齐常用于文章的标题、页眉和诗歌等的格式设置；右对齐适合于书信、通知等文稿落款或日期的格式设置；分散对齐可以使段落中的字符等距排列在左右边界之间，在编排英文文档时可以使左右边界对齐，使文档整齐、美观。

① 单击“开始”选项卡“段落”组中的相应按钮进行设置，如图 3-20 所示。

② 单击“开始”选项卡中“段落”组位于右下角的对话框启动器，弹出“段落”对话框。在“段落”对话框中设置，如图 3-21 所示。

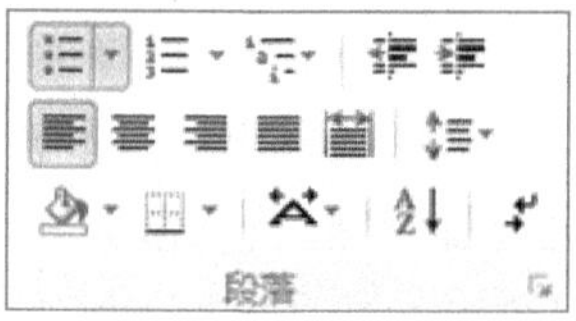

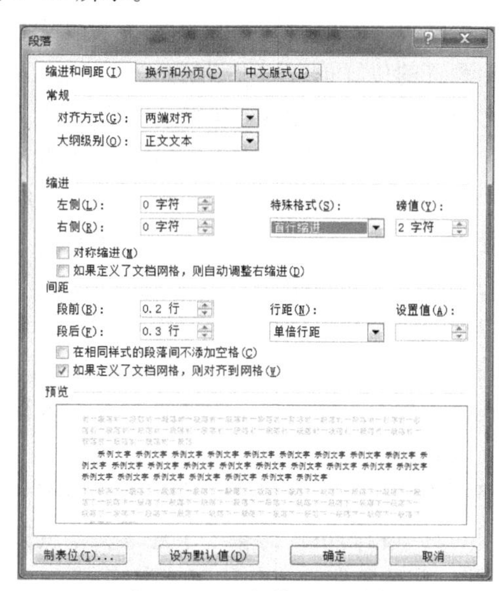

图 3-20 “段落”组的工具按钮

图 3-21 “段落”对话框

（2）段落缩进

段落缩进是指文本与页边距之间的距离。段落缩进包括左缩进、右缩进、首行缩进和悬挂缩进，分别对应标尺上的 4 个滑块，如图 3-22 所示。

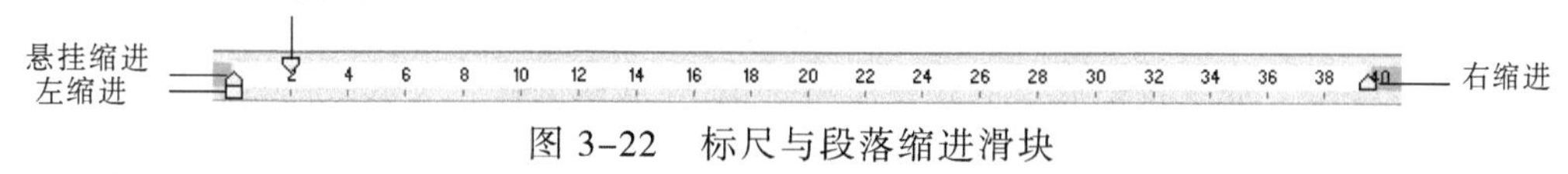

图 3-22 标尺与段落缩进滑块

左缩进用以表示整个段落各行的开始位置；右缩进用以表示整个段落各行的结束位

置；首行缩进用以表示段落中第一行的起始位置；悬挂缩进用以表示段落除第一行外的其他行的起始位置。

段落缩进的设置有以下两种方式：

① 拖动标尺上的相应滑块进行设置。

② 在打开的“段落”对话框进行设置。

（3）段落间距及行距

段落间距表示段落与段落之间的空白距离，默认为0行；行距表示段落中各行文本间的垂直距离，默认为单倍行距。

段落间距与行距的设置在“页面布局”选项卡的“段落”组中进行；或在打开的“段落”对话框中进行。

3.4.5 段落和文本的其他设置

1. 制表位的使用

制表位的作用是使一列数据对齐，制表符类型有左对齐式制表符、居中式制表符、右对齐式制表符、小数点对齐式制表符和竖线对齐式制表符。

（1）制表位的设置

① 鼠标操作：单击水平标尺最左端的制表符按钮，选择所需制表符；将鼠标指针移到水平标尺上，在需要设置制表符的位置单击即可设置该制表位。

② 菜单操作：单击在“段落”对话框左下角的“制表位”按钮，弹出“制表位”对话框，如图3-23所示；在其中可以设置制表位的位置、制表位文本的对齐方式及前导符等。

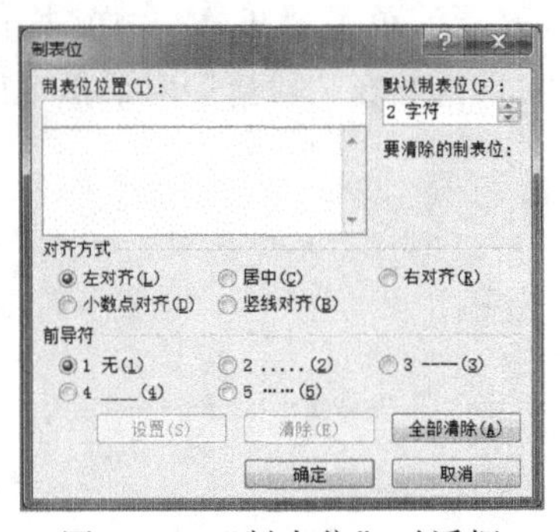

图3-23 “制表位”对话框

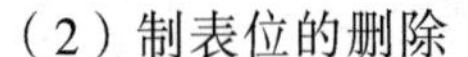

（2）制表位的删除

单击制表位并拖离水平标尺即可删除制表位。

（3）制表位的移动

在水平标尺上左右拖动制表位标记即可移动制表位。

2. 格式刷

通过格式刷可以将某段文本或某个段落的排版格式复制给另一段文本或段落，从而简化了对具有相同格式的多个不连续文本或段落的格式重复设置问题。其操作步骤如下：

① 选定要复制格式的段落或文本。

② 单击“开始”选项卡“剪贴板”组中的“格式刷”按钮，此后鼠标指针变为一把小刷子。

③ 用鼠标选定要设置格式的段落或文本即可。

3. 边框和底纹

Word提供了为文档中的段落或表格添加边框和底纹的功能。边框包括边框形式、框线的外观效果等。底纹包括底纹的颜色（背景色）、底纹的样式（底纹的百分比和图案）和底纹内填充点的颜色（前景色）。其设置方法有以下两种：

① 单击“开始”选项卡“字体”组中的“边框”按钮和“底纹”按钮。

② 单击“开始”选项卡“段落”组中的“下框线”按钮，在弹出的下拉列表中选择“边框和底纹”选项，弹出“边框和底纹”对话框，默认打开“边框”选项卡，如图 3-24 所示。

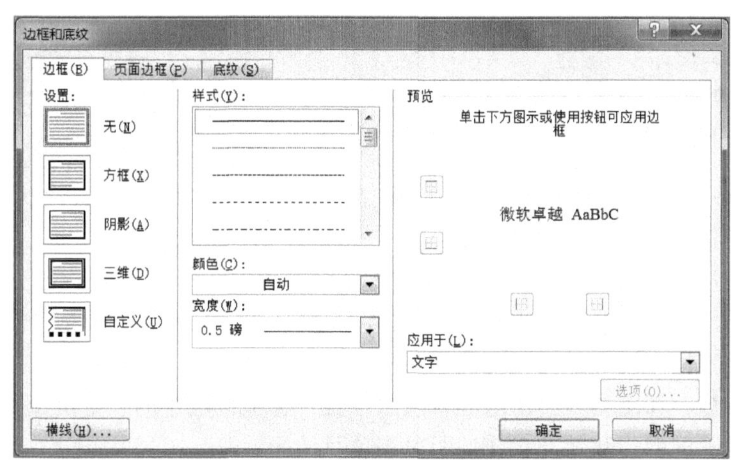

图 3-24 “边框和底纹”对话框

4. 项目符号与编号

在 Word 中，可以快速地给多个段落添加项目符号和编号，使得文档更有层次感，易于阅读和理解。

（1）自动创建项目符号和编号

如果在段落的开始前输入诸如“1”“·”“a)”“一、”等格式的起始编号，再输入文本，当按【Enter】键时 Word 自动将该段转换为编号列表，同时将下一个编号加入到下一段的开始处。

同样当在段落的开始前输入“*”后跟一个空格或制表符，然后输入文本，当按【Enter】键时，Word 自动将该段转换为项目符号列表，星号转换成黑色的圆点。

（2）手动添加编号

对已有的文本，用户可以方便地添加编号。操作方法有以下两种：

① 单击“开始”选项卡“段落”组中的“编号”按钮。

② 单击“开始”选项卡“段落”组中的“编号”按钮右侧的下拉按钮，弹出“编号库”下拉列表，从中进行选择。

（3）手动添加项目符号

项目符号与编号类似，最大的不同在于前者为连续的数字或字母，而后者都使用相同的符号（见图 3-25）。用户若对 Word 提供的项目符号不满意，也可选择“项目符号库”中的“定义新项目符号”选项，在“定义新项目符号”对话框中选择其他项目符号字符，甚至于图片，如图 3-26 所示。

5. 首字下沉

Word 提供的首字下沉格式，又称“花式首字母”。它可以使段落的第一个字符以大写并占用多行的形式出现，从而使文本更为突出，版面更为美观。而被设置的文字，则是以独立文本框的形式存在。

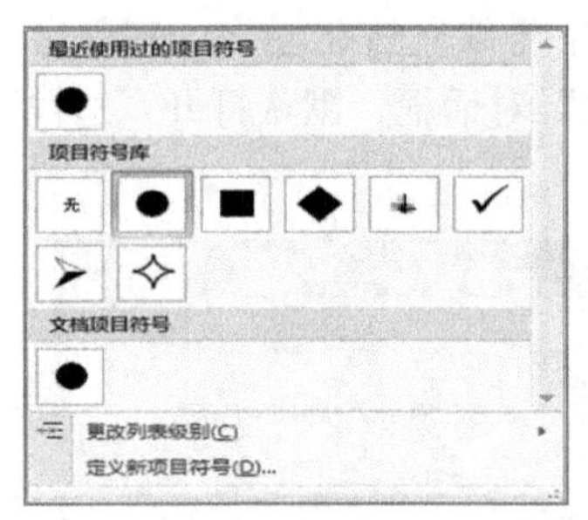

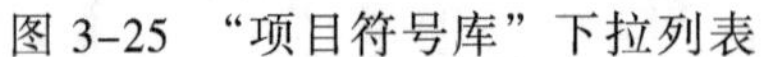

图 3-25 “项目符号库”下拉列表

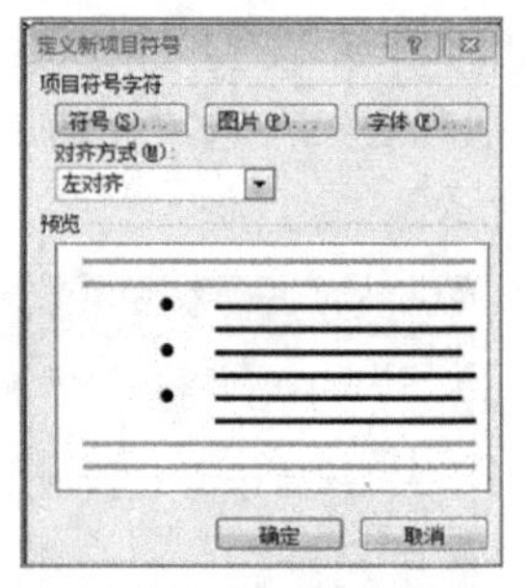

图 3-26 “定义新项目符号”对话框

设置“首字下沉”的操作步骤如下：

① 插入点定位在要设定为“首字下沉”的段落中。

② 单击“插入”选项卡“文本”组中的“首字下沉”选项，弹出“首字下沉”下拉列表，在该下拉列表中选择需要的格式，或者选择“首字下沉选项”选项，弹出“首字下沉”对话框，如图 3-27 所示。单击“位置”选项区域中的“下沉”或“悬挂”方式就可以设置下沉的行数及与正文的距离等项目。

如果要去除已有的首字下沉，操作方法与设置“首字下沉”方法相同，只要在对话框的“位置”选项区域中选择“无”即可。

6. 文字方向

在 Word 中，除了可以水平横排文字外，还可以垂直竖排文字，显示出古代书籍的风格。

（1）竖排整篇文档

① 单击“页面布局”选项卡“页面设置”组中的“文字方向”按钮，弹出“文字方向”下拉列表，在该下拉列表中选择需要的文字方向格式，或者选择“文字方向选项”选项，打开“文字方向-主文档”对话框设置，如图 3-28 所示。在该对话框中的“方向”选项区域中根据需要选择一种文字方向；在“应用于”下拉列表框中选择“整篇文档”，在“预览”选项区域中可以预览其效果。单击“确定”按钮，即可完成文字方向的设置。

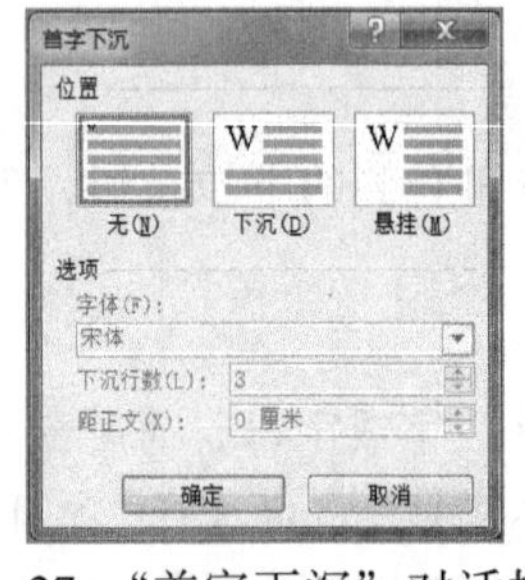

图 3-27 “首字下沉”对话框

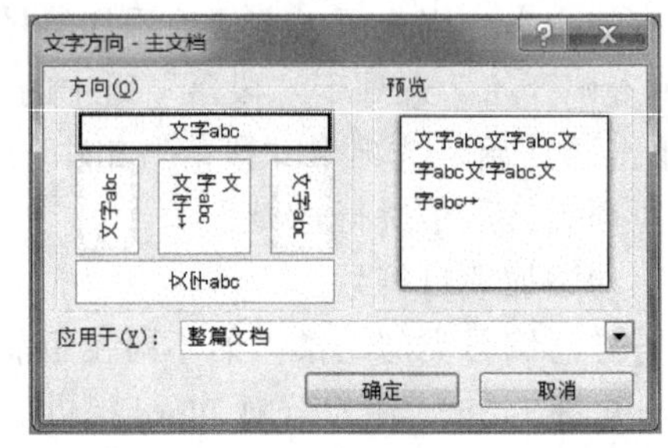

图 3-28 “文字方向”对话框

② 单击“页面布局”选项卡“页面设置”组右下角的对话框启动器，打开“页面设置”对话框，在“文档网格”选项卡中进行设置。

（2）竖排部分文本

对该部分文字加文本框，单击“页面布局”选项卡“页面设置”组中的“文字方向”按钮，弹出“文字方向”下拉列表，在该下拉列表中选择需要的文字方向格式，或者选择“文字方向选项”选项，打开“文字方向-主文档”对话框设置。

3.5 文档的图文混排

Word 为用户提供了完善的图形绘制工具和图片工具，利用这些工具可以实现文档的图文混排效果，以增加文档的可读性，使文档更为生动有趣。图文混排中的图，有两种基本形态：图形与图片，除此之外，艺术字、文本框和公式等实质也是图形或图片。

3.5.1 插入图片与剪贴画

图片通常是由其他软件创建的图形，如位图文件、扫描的图片、照片和剪贴画等。图片可以分为两种类型：嵌入式图片和浮动式图片。嵌入式图片是将图片看作一种特殊的文字，它只能出现在插入点所在位置，选中该图片后，四周会出现 8 个黑色小方块的控制柄；浮动式图片可以出现在文档任意位置，包括文档边界处或已有文字上方或下方，选中该图片后，四周会出现 8 个白色小圆圈的控制柄。两种类型可以通过“设置图片格式”对话框中的“版式”选项卡进行转换。

1. 插入剪贴画或图片

（1）插入剪贴画

Office 为用户提供了内容丰富的“Microsoft 剪贴库”，其中包含剪贴画、声音和图像等内容。剪贴画是以文件形式存储的图片，其扩展名为“.wmf”。用户可以在 Word 中调出并使用剪贴画。

插入剪贴画的操作方法为：定位插入点，单击“插入”选项卡“插图”组中的“剪贴画”按钮，打开“剪贴画”任务窗格。在“搜索文字”文本框中输入剪贴画的相关主题或类别；在“搜索范围”下拉列表框中选择要搜索的范围；在“结果类型”下拉列表框中选择文件类型。单击“搜索”按钮，显示相关主题的剪贴画。单击选中的剪贴画，即可将其插入到文档中。新插入的剪贴画默认为嵌入式。

（2）插入图片文件

剪贴库和绘图工具可以满足大多数用户的要求，但有时需要在文档中加入其他图形软件生成的文件。例如，在公司文档中插入用 Photoshop 制作的已存储的公司标志图片。

插入图片文件的操作方法为：定位插入点，单击“插入”选项卡“插图”组中的“图片”按钮，在弹出的“插入图片”对话框中找到并双击所需图片文件名称，即可将其插入到文档中。新插入的图片文件默认也是嵌入式。

（3）链接图片文件

如果需要的图片文件过大，用户也可以采用链接图片文件的方式使用该图片。链接的图片不是整体插入到文档中，只是在打开文档时通过链接地址临时调入文档中，因此，若图片文件被删除或重命名，文档中就不能正确显示该图片。

链接图片文件的方法与插入图片文件类似，只是在“插入图片”对话框中选定所需图片文件名称后，单击“插入”按钮旁的下拉按钮，在弹出的下拉菜单中选择“链接文件”命令即可。

2. 编辑剪贴画或图片

编辑选定的剪贴画或图片，可以通过两种方式：一是“设置图片格式”对话框，如图 3-29 所示；另一个是“图片工具”|“格式”选项卡。

（1）图片的缩放

① 单击选定图片，将鼠标指针移到任意一个控制柄上，待指针形状变为双向箭头，就可以拖动鼠标改变图片大小。

② 在“图片工具”|“格式”选项的“大小”组的对话框起动器打开“布局”对话框，在其中“大小”选项卡中精确设置图片大小，如图 3-30 所示。

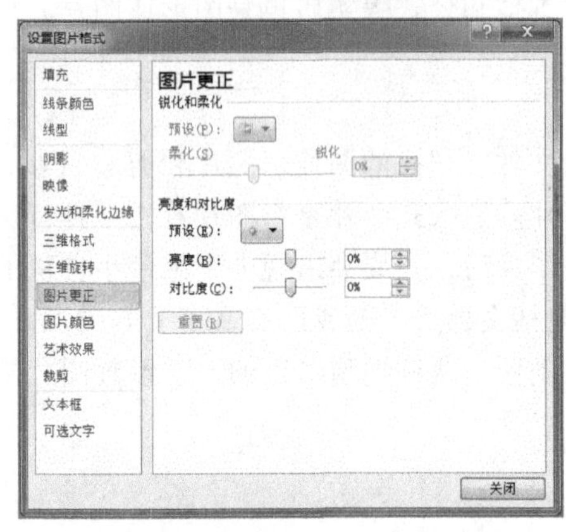

图 3-29 “设置图片格式”对话框

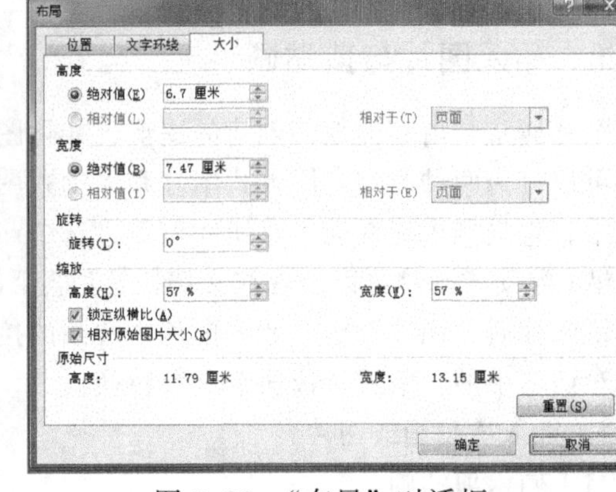

图 3-30 “布局”对话框

（2）图片的裁剪

裁剪图片并不等于删除部分图片，用户仍可以通过“重设图片”恢复图片原状。图片裁剪的操作方法有以下两种。

① 选定图片，单击“图片工具”|“格式”选项卡“大小”组中的“裁剪”按钮，拖动控制柄，划过的区域就是被裁剪掉的部分。

② 在“设置图片格式”对话框的“图片”选项卡中精确设置裁剪数值。

（3）图片的环绕

在 Word 文档中，图片的环绕方式默认为“嵌入环绕”。用户也可以根据实际需要设置其他环绕类型：四周型、紧密型、衬于文字下方和浮于文字上方。操作方法有以下两种。

① 选定图片，单击“图片工具”|“格式”选项卡“排列”组中的“文字环绕”按钮，选择环绕类型。

② 在“设置图片格式”对话框的“版式”选项卡中设置环绕类型及对齐方式。

3.5.2 插入图形形状

Word 提供的绘图工具可以为用户绘制多种简单图形，如线条、五星等。这些工具集中在“插入”选项卡的“插图”组和“图片工具”|“格式”选项卡中。

1. 绘图画布

绘图画布是 Word 在用户绘制图形时自动产生的一个矩形区域。它包容所绘图形对象，并自动嵌入文本中。绘图画布可以整合其中的所有图形对象，使之成为一个整体，以帮助用户方便地调整这些对象在文档中的位置。

2. 绘图图形

单击“插入”选项卡“插图”组中的“形状”按钮，选择要绘制的形状（见图 3-31），将鼠标指针移到绘图画布中，指针显示为十字形，在需要绘制图形的地方按住左键进行拖动，就可以绘制出图形对象了。

3．在图形中添加文字

在图形中可以添加文字，并设置其格式。操作方法为：右击图形对象，在弹出的快捷菜单中选择“添加”命令，在显示的插入点位置就可以添加文字了。

4．移动、旋转和叠放图形

① 移动图形：单击图形对象，当光标变为十字箭头时，拖动图形即可移动其位置。

② 旋转图形：单击图形对象，图形上方出现绿色按钮，拖动该按钮，鼠标指针变为圆环状，就可以自由旋转该图形了。

③ 叠放图形：画布中的图形相互交叠，默认为后绘制的图形在最上方，用户也可以自由调整图形的叠放位置。右击图形对象，在弹出的快捷菜单中选择“叠放次序”命令，在级联子菜单中选择该图形的叠放位置。

5．设置图形尺寸、颜色

① 改变图形大小：单击图形对象，拖动其四周的 8 个控制点，改变图形大小。

② 设置图形颜色：单击图形对象，通过“绘图工具”|“格式”选项卡中“形状样式”组中的相应按钮可以分别为图形内填充的底色、图形的边框线条及图形中的文字设置颜色，或其他填充效果。也可以通过点击“绘图工具”|“格式”选项卡中“形状样式”组对话框启动器可以打开“设置形状格式”对话框进行设置，如图 3-32 所示。

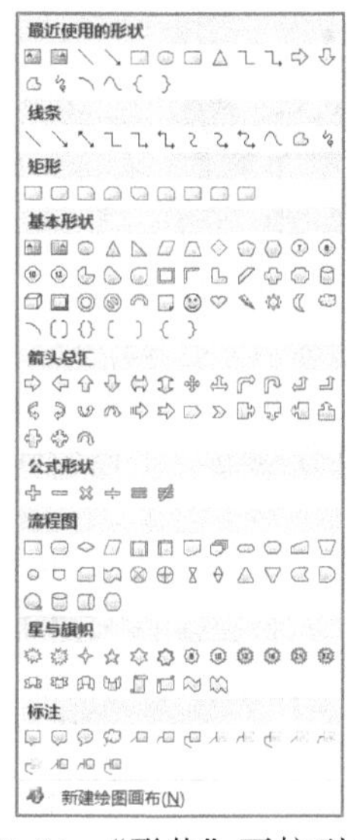

图 3-31 “形状”下拉列表

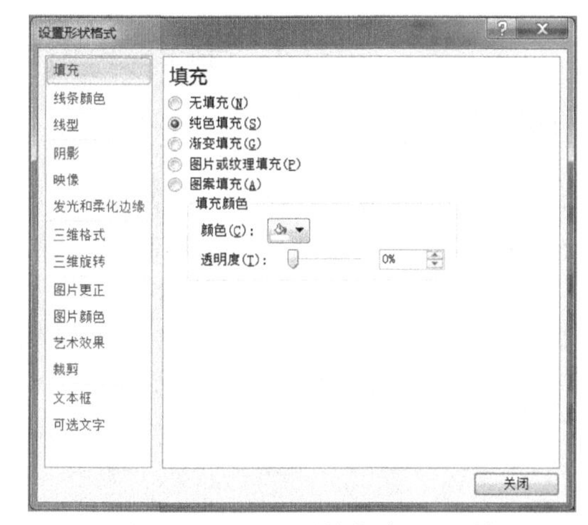

图 3-32 “设置形状格式”对话框

6．设置图形阴影效果

对于图形对象，巧妙搭配色彩、阴影，可以使图形更生动。其设置方法为：选中图形对象，单击“绘图工具”|“格式”选项卡“阴影效果”组中的“阴影效果”按钮，弹出其下拉列表，在该下拉列表中选择一种阴影样式，即可为图形设置阴影效果；选择“阴影颜色”选项，在弹出的子菜单中可设置图形阴影的颜色。

7．设置图形三维效果

为图形设置三维效果使图形更加逼真、形象，并且可以调整阴影的位置和颜色，而不影响图形本身。其设置方法为：选定需要设置阴影效果的图形，单击“绘图工具”|

“格式”选项卡“三维效果”组中的“三维效果”按钮，弹出其下拉列表，在该下拉列表中选择一种三维样式，即可为图形设置三维效果，并可在该下拉列表中设置图形三维效果的颜色、方向等参数。需要注意的是，对于一个图形，不能同时设置阴影和三维效果。

3.5.3 插入 SmartArt 图形

在“插入”功能区“插图”域中单击 SmartArt 按钮，可以在文件中添加 SmartArt 图形，形成图文并茂的效果。SmartArt 图形库显示所有可用的布局，这些布局分为不同类型，有“列表”“流程”“循环”“层次结构”“关系”“矩阵”“棱锥图”和“图片”，如图 3-33 所示。SmartArt 生成的图形的背景不是透明的，这些图形是利用软件提供的绘图工具栏里的绘图工具绘制出来。SmartArt 图形插到 Word 中也有九个控制点，其中八个控制点用于改变大小，一个控制点用于旋转改变方向。

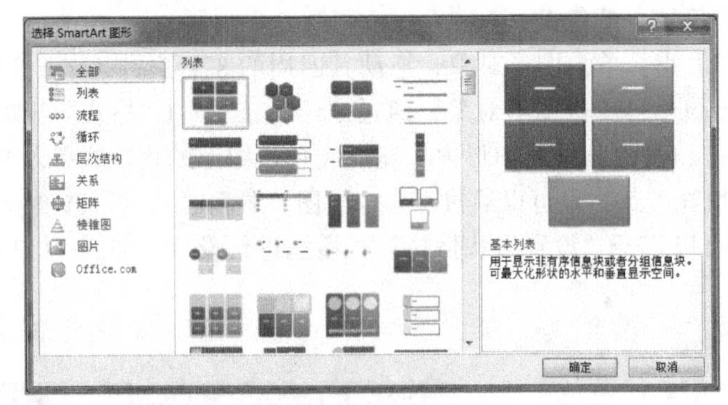

图 3-33 “插入 SmartArt 图形”对话框

3.5.4 插入艺术字

艺术字是进行特殊效果处理后的文字，在 Word 中，其实质是一种图形。所以，艺术字的插入和编辑与图形的绘制和编辑基本相同，不但可以设置颜色、字体格式，还可以设置形状、阴影和三维效果等效果。其操作步骤如下：

① 插入艺术字：定位插入点，单击“插入”选项卡“文本”组中的“艺术字”按钮，在下拉列表中选择艺术字样式，如图 3-34 所示。选择艺术字样式后会弹出“编辑艺术字文字”框，如图 3-35 所示。

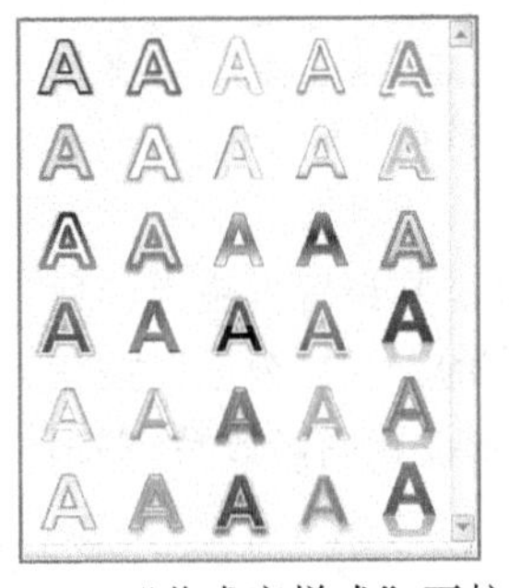

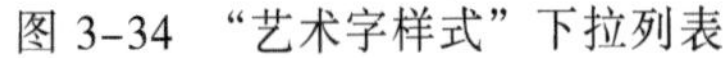

图 3-34 “艺术字样式”下拉列表　　图 3-35 “编辑艺术字文字”框

② 在“编辑艺术字文字”对话框中依次编辑艺术字文本内容和文字格式，以设置出形式多样的艺术字。

③ 若需要编辑已有艺术字，还可以通过“绘图工具”|“格式”选项卡中的相应按钮，更改艺术字的文字内容、样式、格式和环绕方式等。

3.5.5 插入图表

当需要制作带有数据图表的文稿时，可以使用 Word 提供的插入对象功能来实现。具体操作为在“插入”选项卡“插图”组中选择“图表”命令，在弹出的“对象”对话框（见图 3-36）中，选择需要的图表类型。在对应编辑窗口中进行数据和图表的编辑，生成需要的图表，完成后在 Word 编辑区双击即可退出图示编辑返回 Word 编辑，若要再次对图表进行编辑时，只要双击该对象即可进入对象的编辑状态。

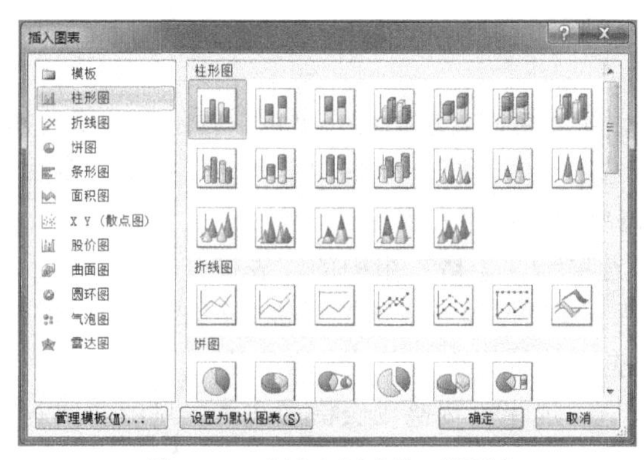

图 3-36 “插入图表”对话框

3.5.6 文本框的插入与使用

文本框是一种特殊的图形对象，它如同一个容器，可以包含文档中的任何对象，如文本、表格、图形或它们的组合。它可以被置于文档的任何位置，也可以方便地进行缩小、放大等编辑操作，还可以像图形一样设置阴影、边框和三维效果。需要注意的是：文本框只能在页面视图下创建和编辑。

1. 创建与编辑文本框

文本框按其中文字的方向不同，可分为横排文本框和竖排文本框两类。其创建与编辑的方法相同，具体操作如下。

（1）创建文本框

创建新文本框：单击“插入”选项卡“文本”组中的“文本框”按钮，在弹出的下拉列表中选择“绘制文本框”选项，在指定位置拖动鼠标指针到所需大小即可插入空白文本框。在文本框插入点处可进一步编辑文本框内容。

（2）编辑文本框

文本框具有图形的属性，所以其编辑方法与图形的编辑类似。对文本框的格式设置方法：选定要设置格式的文本框并右击，从弹出的快捷菜单中选择“设置文本框格式”命令，或者双击，弹出“设置文本框格式”对话框，在弹出的“设置文本框格式”对话框中完成。

2. 链接文本框

文本框不能随着其内容的增加而自动扩展，但可通过链接多个文本框，使文字自动从文档一个部分编排至另一部分，即在一个文本框内显示不下的文本，能继续在被链接的第二个文本框中显示出来，而无须人为干预。

链接各文本框的操作方法为：右击第一个文本框，在弹出的快捷菜单中选择“创建文本框链接”命令，鼠标指针会变成一个直立的杯子形状，再单击需链接的第二个文本框中（注意：该文本框必须为空），则两个文本框之间便建立了链接。

3.5.7 插入表格

相对于大段文字的密集性，表格可以使输入的文本更清晰明朗。Word 表格由包含多行和多列的单元格组成，在单元格中可以随意添加文字或图形，也可以对表格中的数字数据进行排序和计算。

1. 表格的创建

Word 提供了多种创建表格的方法，用户可以根据工作需要选择合适的创建方法：

① 单击“插入”选项卡“表格”组中的“表格”按钮，然后在弹出的下拉列表中拖动鼠标指针以选择需要的行数和列数。

② 单击“插入”选项卡“表格”组中的“表格”按钮，然后在弹出的下拉列表中选择“插入表格”选项，弹出“插入表格”对话框，如图 3-37 所示。

③ 在对话框中设置列数与行数，完成表格创建。

④ 文字转换为表格：选定要转换成表格的文本，单击“插入”选项卡“表格”组中的“表格”按钮，然后在弹出的下拉列表中选择“文本框转换成表格”选项，弹出“将文字转换成表格”对话框，创建该文本对应的表格，如图 3-38 所示。

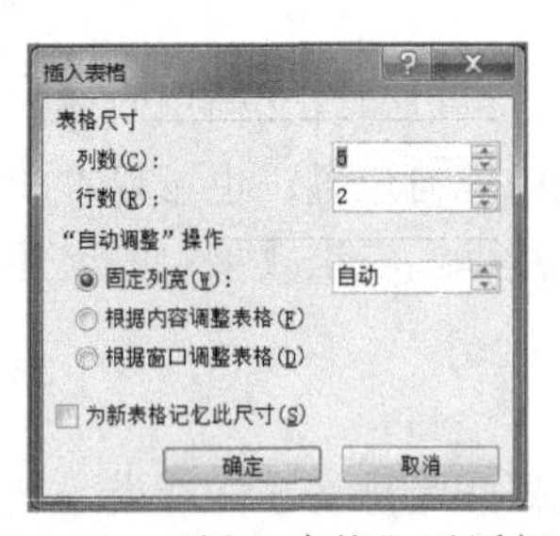

图 3-37 “插入表格”对话框

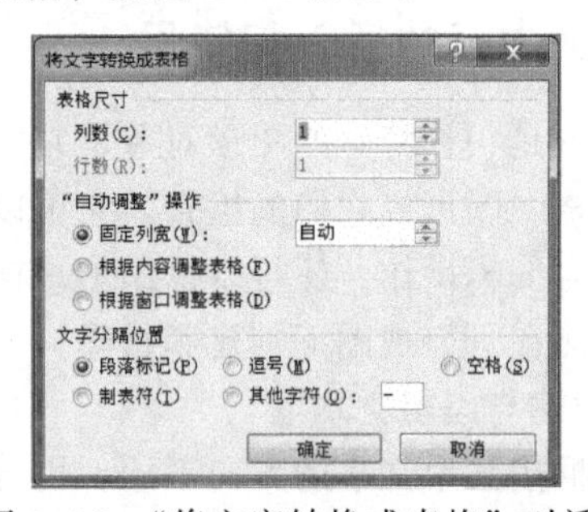

图 3-38 “将文字转换成表格”对话框

⑤ 手工绘制表格：对于不规则且较复杂的表格可以采用手工绘制。单击“插入”选项卡“表格”组中的“表格”按钮，然后在弹出的下拉列表中选择“绘制表格”选项，用笔形指针绘制表格框线。若要擦除框线，单击“擦除”按钮，待指针变为橡皮擦形，将其移到要擦除的框线上双击即可。

2. 表格的编辑

在 Word 文档中插入一个空表格后，将插入点定位在某单元格，即可进行表格内容输入。若想将光标移动到相邻的右边单元格可按【Tab】键，移动光标到相邻的左边单元格则可按【Shift+Tab】组合键。对于单元格中已输入的内容进行移动、复制和删除操作，与一般文本的操作相同。

（1）选定单元格、行、列或整个表格

如前所述，在对一个对象进行操作之前必须先将它选定，表格也是如此。

① 选定单元格。

- 单击单元格前端，即可选定一个单元格。
- 单击“表格工具”|“布局”选项卡“表”组中的“选择”→“选择单元格”选项。

② 选定行或列。

- 单击行左前端，或列上端位置，可以选定一行或一列。
- 单击“表格工具”|“布局”选项卡“表”组中的“选择”→“选择行”/“选择列”选项。

③ 选定整个表格

- 单击表格左上方的⊞按钮选定整个表格。
- 单击“表格工具”|“布局”选项卡中“表”组中的“选择”→“选择表格”选项。

（2）插入行或列、单元格

① 插入行或列。如果需要在表格中插入整行或整列，应先选定已有行或列，插入的新行或列，默认在选定行或列的上方或左侧。另外，在插入的行或列的数目与选定的行或列的数目一致。

- 选定行后，单击“表格工具”|“布局”选项卡“行和列”组中的“在上方插入”或“在下方插入”选项，或者右击，从弹出的快捷菜单中选择“插入”→“在上方插入行”或“在下方插入行”命令，即可在表格中插入所需的行。
- 选定列后，单击“表格工具”|“布局”选项卡“行和列”组中的“在左侧插入”或“在右侧插入”选项，或者单击，从弹出的快捷菜单中选择“插入”→“在左侧插入列”或“在右侧插入列”命令，即可在表格中插入所需的列。

② 插入单元格。选定单元格后，单击“表格工具”|“布局”选项卡“行和列”组中的对话框启动器，弹出“插入单元格”对话框。在该对话框中选择相应的单选按钮，如选中“活动单元格右移”单选按钮，单击“确定”按钮，即可插入单元格。

（3）删除单元格、行或列

删除表格单元格、行或列的操作类似。需要区分的是删除的是这些单元格本身还是单元格里的内容，前者会去掉单元格本身，并以其他单元格来替代删除的单元格；后者只是删除单元格里的内容，单元格本身仍然存在。以行为例，这两种操作如下：

① 删除行：选定要删除的行，按【Backspace】键，或单击“表格工具”|“布局”选项卡“行和列”组中的“删除”按钮，在弹出的下拉列表中选择“删除行”选项，或者右击，从弹出的快捷菜单中选择“删除行”命令，即可删除不需要的行。

② 删除行内文本：选定要删除内容的行，按【Delete】键。

（4）合并与拆分单元格

① 合并单元格。合并单元格是指将多个相邻的单元格合并为一个单元格。其操作方法如下：

- 选中要合并的多个单元格，单击“表格工具”|“布局”选项卡“合并”组中的“合并单元格”按钮。
- 右击后从弹出的快捷菜单中选择“合并单元格”命令，即可清除所选定单元格之间的分隔线，使其成为一个大的单元格。
- 单击“表格工具”|“设计”选项卡“绘图边框”组中的“擦除”按钮，删除分隔

框线也可以实现单元格的合并。

② 拆分单元格。拆分单元格是指将一个单元格分为多个相邻的子单元格。其操作方法如下：

- 选定要拆分的一个或多个单元格，单击“表格工具”|“布局”选项卡“合并”组中“拆分单元格”按钮，在弹出的对话框中选择拆分后的小单元格数目。
- 右击后从弹出的快捷菜单中选择“拆分单元格”命令，在弹出的对话框中选择拆分后的小单元格数目。
- 单击“表格工具”|“设计”选项卡“绘图边框”组中的“绘制表格”按钮，添加分隔框线也可以实现单元格的拆分。

3. 表格的修饰

表格的修饰是指调整表格的行、列宽度，设置表格的边框、底纹效果，设置表格对齐等属性，使表格更清晰、美观。

（1）表格的大小、行高与列宽

① 调整表格的大小。

- 用鼠标拖动表格的边框进行调整。
- 拖动表格右下角的调整按钮□，成比例调整表格大小。
- 在“表格工具”|“布局”选项卡“单元格大小”组中设置表格行高和列宽，或者右击，从弹出的快捷菜单中选择“表格属性”命令，弹出“表格属性”对话框，在其中设置表格尺寸，如图 3-39 所示。

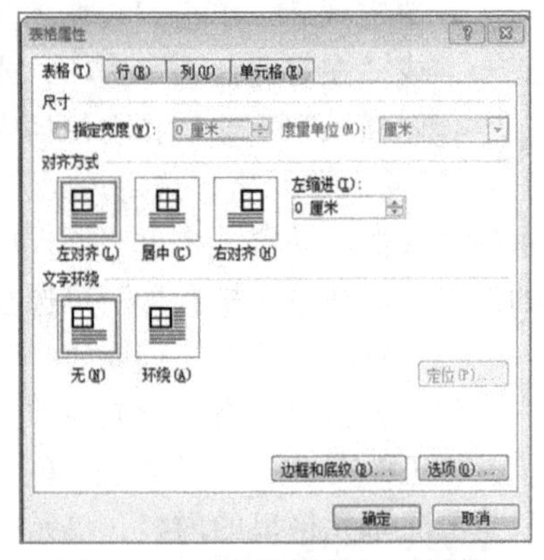

图 3-39 “表格属性”对话框

② 调整表格的行高与列宽。如果没有指定表格的行高与列宽，则行高与列宽取决于该行或列中单元格的内容。用户也可以根据需要自行调整行高或列宽。

- 用鼠标拖动该行或列的边线进行调整。
- 用鼠标拖动标尺上对应的“调整表格行（列）”标记进行调整。
- 在“表格工具”|“布局”选项卡“单元格大小”组中设置表格行高和列宽，或者右击，从弹出的快捷菜单中选择“表格属性”命令，弹出“表格属性”对话框，打开“行”选项卡，在该选项卡中选中“指定高度”复选框，并在其后的微调框中输入相应的行高值；打开“列”选项卡，在该选项卡中选中“指定宽度”复选框，并在其后的微调框中输入相应的列宽值。

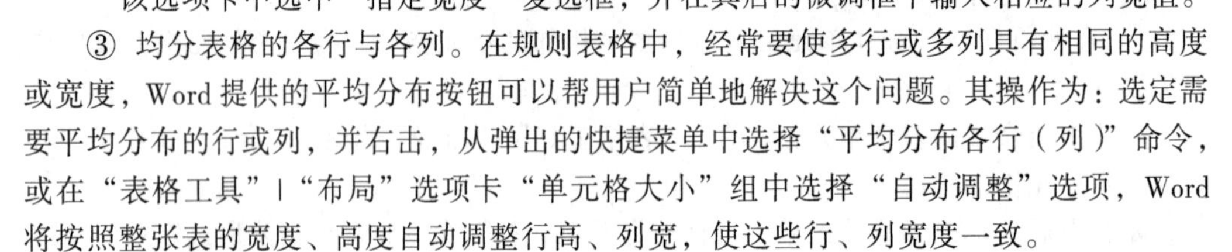

③ 均分表格的各行与各列。在规则表格中，经常要使多行或多列具有相同的高度或宽度，Word 提供的平均分布按钮可以帮用户简单地解决这个问题。其操作为：选定需要平均分布的行或列，并右击，从弹出的快捷菜单中选择“平均分布各行（列）”命令，或在“表格工具”|“布局”选项卡“单元格大小”组中选择“自动调整”选项，Word 将按照整张表的宽度、高度自动调整行高、列宽，使这些行、列宽度一致。

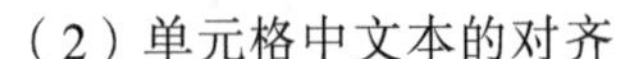

（2）单元格中文本的对齐

单元格中的文本根据不同的实际情况，需要不同的对齐方式，如标题一般在单元格

正中间，数据文本在单元格右端。改变表格单元格中文本的对齐方式，可以使表格数据更明显。其具体操作为：在“表格工具”|“布局”选项卡中的“对齐方式”组设置文本的对齐方式。

（3）表格的边框与底纹

为了使表格更美观，表格各部分数据更明显，可以对表格边框设置不同颜色或粗细的框线，也可为各行或列添加底纹。

① 设置表格边框。单击“表格工具”|“设计”选项卡“表样式”组中的“边框”按钮，或者右击，从弹出的快捷菜单中选择“边框和底纹”命令，弹出“边框和底纹”对话框，打开“边框”选项卡，在该选项卡的“设置”选项区域中选择相应的边框形式；在“样式”列表框中设置边框线的样式；在“颜色”和“宽度”下拉列表框中分别设置边框的颜色和宽度；在“预览”选项区域中设置相应的边框或者单击“预览”选项区域中左侧和下方的按钮；在“应用于”下拉列表框中选择应用的范围。

② 设置表格底纹。单击“表格工具”|“设计”选项卡“表样式”组中的“底纹”按钮，在弹出的下拉列表中设置表格的底纹颜色，或者选择“其他颜色”选项，弹出“颜色”对话框，在该对话框中可选择其他的颜色。

（4）设置表格属性

表格属性包括表格、行、列和单元格的属性，可以在“表格属性”对话框中进行设置。用户可以通过单击“表格工具”|“布局”选项卡“单元格大小”组中的对话框启动器，打开该对话框。

① 表格：设置表格的尺寸、对齐方式和文字环绕方式。

② 行或列：设置行或列的尺寸及特殊行选项。

③ 单元格：设置单元格尺寸及对齐方式。

（5）表格自动套用格式

为了方便用户进行一次性的表格格式设置，Word 提供了 40 多种已定义好的表格格式，用户可通过套用这些格式，快速格式化表格。其操作方法为：在“表格工具”|“设计”选项卡“表格样式”组中设置，单击“其他”下拉按钮，在弹出的“表格样式”下拉列表中选择表格的样式，如图 3-40 所示。

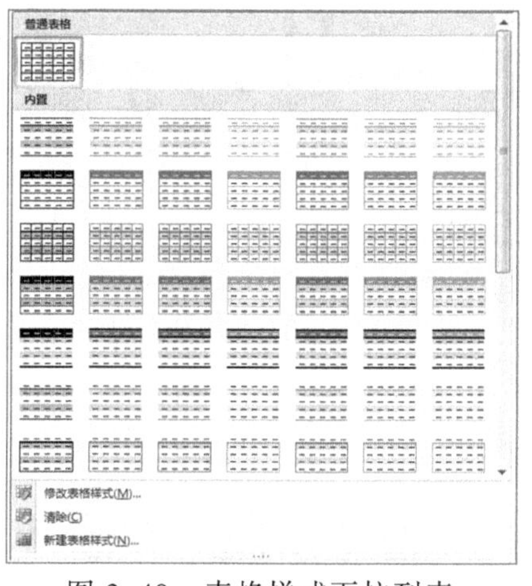

图 3-40　表格样式下拉列表

4. 表格的排序与计算

（1）表格的排序

在 Word 表格中，可以按照递增或递减的顺序对文本、数字或其他数据进行排序。其中，递增称为“升序”，即按 A 到 Z、0 到 9、日期的最早到最晚进行排列；递减称为“降序”，即按 Z 到 A、9 到 0、日期的最晚到最早进行排列。

排序的操作步骤如下：

① 单击“表格工具”|“布局”选项卡“数据”组中的“排序”按钮，弹出“排序”对话框，如图 3-41 所示。

② 选择所需的排序条件，即排序依据的顺序：主要关键字、次要关键字和第三关键字。

③ 单击“确定”按钮，完成排序操作。

（2）表格的计算

Word 提供了在表格中快速进行数值的加、减、乘、除及求平均值等计算的功能。参与计算的数可以是数值，也可以是以单元格名称代表的单元格内容。

表格中的每个单元格按“列号行号”的格式进行命名，列号依次用 A、B、C、……字母表示，行号依次用 1、2、3、……数字表示，如 B3 表示第 3 行第 2 列的单元格。

表格中的计算方式如下：

① 单击“表格工具”|“布局”选项卡“数据”组中的“自动求和”按钮，对选定范围内或附近一行（或一列）的单元格求累加和。

② 单击“表格工具”|“布局”选项卡“数据”组中的“公式”按钮，打开“公式”对话框。

③ 在“公式”对话框中输入复杂公式。例如，在“公式”列表框清除默认公式“Sum（Left）”；在“粘贴函数”下拉式列表框选择 AVERAGE 函数，在“公式”框中相应位置输入自变量“B3:D3”，表示计算平均值的单元格地址区域，在“数字格式”列表框选择保留两位小数的数字格式，图 3-42 是实现该功能的设置。

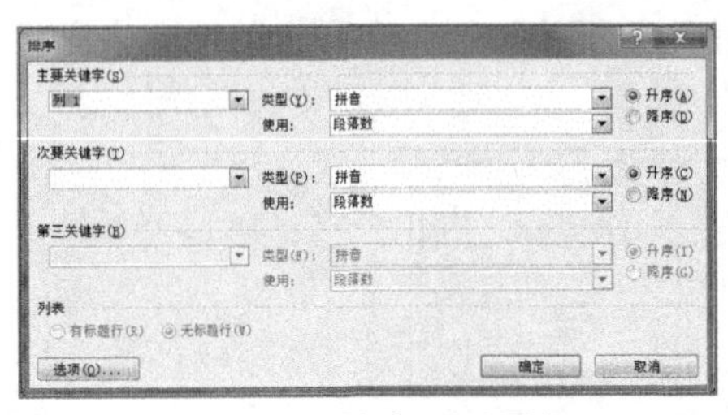

图 3-41 “排序”对话框

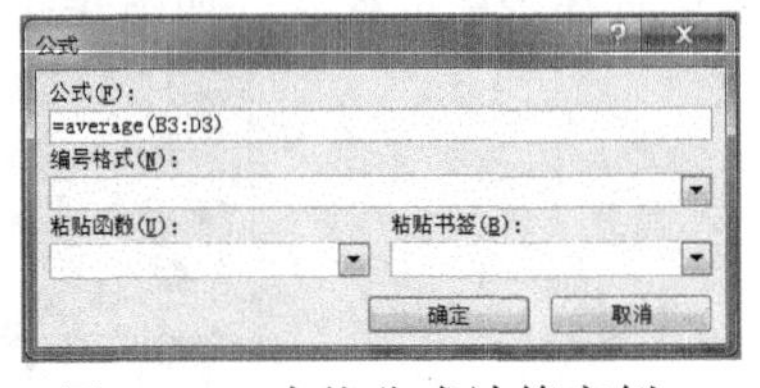

图 3-42 表格公式计算实例

④ 单击“确定”按钮，Word 就会自动计算公式。

但是，在 Word 表格中，对多项重复的计算没有捷径，必须重复使用上述步骤依次计算。

3.5.8 插入公式

插入公式有两种方法。第一种是单击“插入”选项卡“符号”组中的“公式”按钮，在下拉列表中选择，如图 3-43 所示。第二种方法是打开公式编辑器（Equation Editor）

实现数学公式、数学符号的编辑，并能自动调整公式中各元素的大小、间距以及进行格式编排。

利用“公式编辑器”具体的操作步骤如下：

① 定位插入点到待添加公式的位置，单击“插入”选项卡“文本”组中的“对象”按钮，选择“对象”选项，弹出“对象”对话框，如图 3-44 所示。

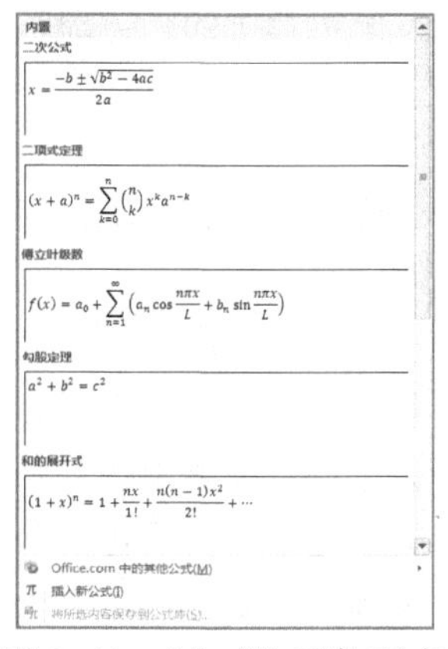

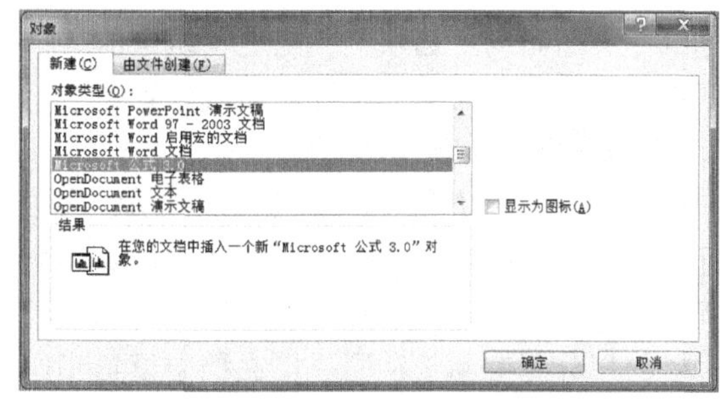

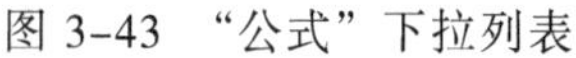

图 3-43 “公式”下拉列表　　　　图 3-44 “对象”对话框

② 双击“Microsoft 公式 3.0”选项，进入公式编辑状态，并显示“公式”工具栏和菜单栏。

③“公式”工具栏的上一行是符号，便于插入各种数学字符；下一行是模板，模板上有一个或多个槽，便于插入一些积分、矩阵等公式符号，如图 3-45 所示。

④ 在工具栏的符号和模板中选择相应的内容，建立数学公式。

⑤ 公式建立结束后，在文档窗口中任意位置单击，即可回到文本编辑状态，建立的数学公式图形便插入到插入点所在的位置。

如果需要编辑已建立的公式，则可双击该公式，再次进入公式编辑状态即可。

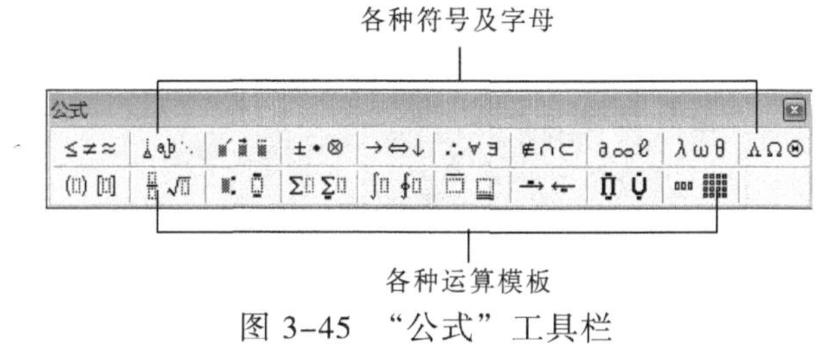

图 3-45 “公式”工具栏

3.6 页面排版与文档的打印

3.6.1 页面布局

在 Word 中除了可以对文本和段落进行设置，还可以对页面进行格式化，以增强文档的感染力。对页面的格式设置包括页面的背景与主题、页边距与纸张大小、文档分页或分节以及页眉页脚等。

1. 页面背景与主题

对页面使用背景与主题可以美化页面在屏幕上的显示效果，但其效果并不能打印出来。

（1）页面背景的设置

单击“页面布局”选项卡“页面背景”组中的“页面颜色”按钮，弹出“主题颜色”下拉列表，在该下拉列表中选择需要的颜色，如果不能满足用户的需要，可在该下拉列表中选择“更多颜色”选项，弹出“颜色”对话框，单击标准配色盘中的颜色即可为文档加上该颜色背景。

（2）主题的设置

单击“页面布局”选项卡“主题”组中的“主题”按钮，弹出“主题”下拉列表，在该下拉列表中选择需要的主题，完成设置。

2. 文档分页与分节

一般情况下，系统会根据纸张大小自动对文档分页，但是用户也可以根据需要对文档进行强制分页。除此之外，用户还可以对文档划分为若干节（如一本书中的每一章即是一节）。所谓的“节”，就是 Word 用来划分文档的一种方式，是文档格式化的最大单位。这样的划分更有利于在同一篇文档中设置不同的页眉、页脚等页面格式。

对文档进行强行分页或分节，可以使用插入“分页符”与“分节符”的方法。分节符是为表示节的结束而插入的标记，在普通视图下，显示为含有“分节符”字样的双虚线，用删除字符的方法可以删除分节符。

插入分节符或分页符的方法：单击“页面布局”选项卡“页面设置”组中的“分隔符”按钮，弹出“分隔符”下拉列表，在该下拉列表中选择需要的分隔符，完成设置。

3. 页面设置

对文档页面的设置会直接影响到整篇文档的打印效果，包括页边距的设置、纸型的设置、版式的设置和文档网格的设置等。这些操作都可以在“页面设置”对话框的 4 个选项卡中完成。打开该对话框的方法为：单击“页面布局”选项卡中“页眉设置”组右下角的对话框启动器，弹出“页面设置”对话框。

①“页边距”选项卡：用以设置页边距（正文与纸张边缘的距离）和纸张的方向。

②“纸张”选项卡：用以设置纸张大小与来源。

③“版式”选项卡：用以设置文档的特殊版式。

④“文档网格”选项卡：用以设置文档网格，指定每行、每列的数字。

3.6.2 页眉和页脚设置

页眉和页脚位于文档中每个页面的顶部与底部区域，在进行文档编辑时，可以在其中插入文本或图形，如书名、章节名、页码和日期等信息。在文档中可自始至终用同一个页眉或页脚，也可在文档的不同节里用不同的页眉和页脚。要查看页眉或页脚必须使用打印预览、页面视图或将文档打印出来。当选择了“页眉和页脚”命令后，Word 会自动转换到页面视图方式，同时显示“页眉和页脚工具”“设计”选项卡，如图 3-46 所示

（1）设置普通页眉和页脚

① 单击“插入”选项卡中“页眉和页脚”组中的“页眉”按钮，选择相应选项进入页眉编辑区，并打开“页眉和页脚工具”|“设计”选项卡。

② 在页眉编辑区中输入页眉内容，并编辑页眉格式。

③ 单击“页眉和页脚工具”|“设计”选项卡“导航”组中的“转至页脚”按钮，切换到页脚编辑区。

④ 在页脚编辑区输入页脚内容，并编辑页脚格式。

⑤ 设置完成后，单击“页眉和页脚工具”|“设计”选项卡“关闭”组中的“关闭页眉和页脚”按钮，返回文档编辑窗口。

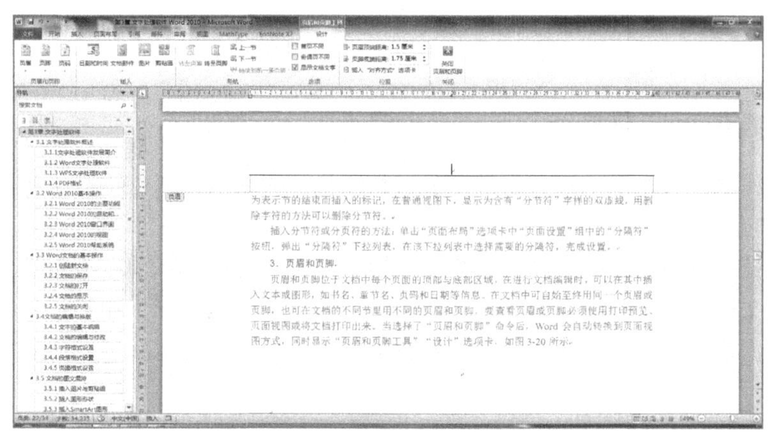

图 3-46　页眉和页脚的设置

（2）设置奇偶页中不同的页眉和页脚

在没有分节的情况下，页眉和页脚的设置虽然只在文档的某页中完成，但是实际会影响该文档的每一页，即每一页都会添加上相同的页面和页脚。所以，如果用户需要编辑的文档要求奇数页与偶数页上具有不同的页眉或页脚时，应在“页眉和页脚工具”|“设计”选项卡“选项”组中选择“奇偶页不同”选项。

（3）设置不同节的页眉和页脚

为文档的不同部分建立不同的页眉和页脚，只需将文档分成多节，然后断开当前节和前一节页眉和页脚间的连接即可。

（4）设置页码

页码是页眉和页脚中使用最多的内容。因此，可以在设置页眉和页脚时通过单击在“页眉和页脚工具”|“设计”选项卡“页眉和页脚”组中的“页码”按钮添加页码。另外，如果在页眉或页脚中只需要包含页码，而无须其他信息，还可以使用插入页码的方式，使页码的设置更为简便，其具体操作步骤如下：

① 单击“插入”选项卡“页眉和页脚”组中的“页码”按钮，在弹出的下拉列表中选择“设置页码格式”选项，弹出“页码格式”对话框。

② 在该对话框中可设置所插入页码的格式。

③ 单击“确定”按钮，完成页码设置。

3.6.3　分栏设计

分栏排版是一种新闻样式的排版方式，不但在报纸、杂志中被广泛采用，而且大量应用于图书等印刷品中。设置分栏的操作步骤如下：

① 选定需要分栏的段落。

② 单击“页面布局”选项卡“页面设置”组中的“分栏”按钮，弹出“分栏”下拉列表，在该下拉列表中选择需要的分栏样式，如果不能满足用户的需要，可在该下拉列表中选择“更多分栏”选项，弹出“分栏”对话框，如图 3-47 所示。

③ 在对话框中设置栏数、宽度、间距和分隔线等，完成分栏。

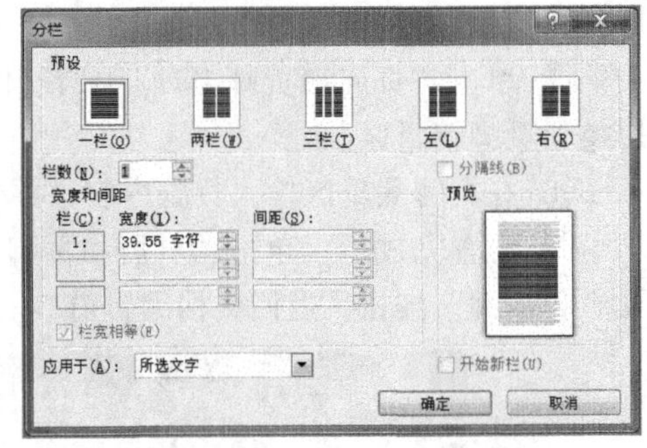

图 3-47 “分栏”对话框

3.6.4 文档的预览与打印

文档在编辑、修饰完毕后，通常要通过打印机打印输出，以供更多人查看。

1. 打印预览

为了节省时间和避免过多的纸张浪费，用户在正式打印文档前，应按照设置好的页面格式进行文档预览。Word 提供的“打印预览”方式，就是系统为用户提供的预先观看打印效果的一种文档视图。它以所见即所得的方式，使用户可以在屏幕中查看最后的打印效果。

进行打印预览的方法：

单击“文件”菜单，然后在弹出的菜单中选择“打印”→“打印预览”命令，即可打开文档的预览窗口。

2. 打印

文档排版完成并经打印预览查看满意后，便可以打印文档。

文档的成功打印必须得到硬件和软件的双重保证。对于硬件，要确保打印机已经连接到主机端口上，电源接通并开启，打印纸已装好；对于软件，要确保所用打印机的打印驱动程序已经安装好。用户可以通过 Windows 控制面板中的“打印机”选项来查看软件的安装情况，也可以打印测试页确保文件顺利打印。

当上述准备工作就绪后，就可以通过单击“文件”菜单，然后在弹出的菜单中选择“打印”命令，打开“打印”对话框，在其中进行打印设置。

① 在“打印”窗口中单击“打印机”下拉按钮，选择计算机中安装的打印机。

② 根据需要修改“份数”数值以确定打印多少份文档。

③ 在“页数”编辑框中，指定要打印的页码。

在预览区域预览打印效果，确定无误后单击“打印”按钮正式打印。

3.7 Word 高级应用

3.7.1 样式与模板

1. 样式

用户在对文本进行格式化设置时，经常需要对不同的段落设置相同的格式。针对这种繁杂的重复劳动，Word 提供了样式功能，从而可以大大提高工作效率。另外，对于应用了某样式的多个段落，若修改了样式，这些段落的格式会随之改变，这有利于构造大纲和目录等。

（1）样式的概念

样式是一组已命名的字符和段落格式设置的组合。根据应用的对象不同，可分为字符样式和段落样式。字符样式包含了字符的格式，如文本的字体、字号和字形等；段落样式则包含了字符和段落的格式及边框、底纹、项目符号和编号等多种格式。

（2）查看和应用样式

Word 中，存储了大量的标准样式。用户可以在“开始”选项卡中“样式”组中的“样式”列表框中查看当前文本或段落应用的样式。

应用样式时，将会同时应用该样式中的所有格式设置。其操作方法为：选择要设置样式的文本或段落，单击“样式”列表框中的样式名称，即可将该样式设置到当前文本或段落中。

（3）创建新样式

若用户想创建自己的样式，在“开始”选项卡“样式”组中的“更改样式”下拉列表中选择“样式集”→“另存为快速样式集”选项是最简单快速的方法，但这种方法只适合建立段落样式。

更多的样式创建则可以通过单击“显示样式窗口”按钮来完成。其操作方法为：单击“显示样式窗口”按钮，单击该样式窗格左下角的“新建样式”按钮，弹出“新建样式”对话框，在其中设置样式名称、样式类型或更多格式选项，单击“确定”按钮完成样式创建。

（4）管理样式

① 修改样式：在“样式”组中，单击右下侧的“显示样式”窗口按钮，在打开的“样式”窗格中右击准备修改的样式，在弹出的快捷菜单中选择“修改”命令，在打开的“修改样式”对话框中进行修改。

② 删除样式：在打开的“样式”窗格中右击准备删除的样式，在弹出的快捷菜单中选择“删除”命令即可。当样式被删除后，应用此样式的段落自动应用“正文”样式。

2. 模板

Word 提供的模板功能可以快捷地创建形式相同但具体内容有所不同的文档。模板是文档的基本结构和文档格式的集合，包括以下几大类：信函与传真、备忘录、简历、新闻稿、议事日程和 Web 主页等。一般情况下，模板以“.dotx”为扩展名存放在 Template 文件夹下。

（1）根据模板创建文档

Word 创建的任何文档都是以模板为基础的，如默认情况下的“空白文档”使用的是 Normal.dotx 模板。

用户如果需要使用其他模板创建文档，可以单击“文件”菜单，然后在弹出的菜单中选择“新建”命令，弹出“新建文档”对话框，在该对话框左侧的“模板”列表框中选择“已安装的模板”选项，在对话框的右侧将显示已安装的模板，在“已安装的模板”列表框中选择需要的文档模板，在对话框的右侧可对文档模板进行预览，单击“创建”按钮，即可根据已安装的模板创建新文档。

(2)根据文档创建模板

除了使用 Word 提供的模板，用户也可以把一个已存在的文档创建为模板。用户只需要在保存文件时将“保存类型”设置为“文档模板(.dotx)”进行保存，就可以创建一个新模板。

3.7.2 目录、索引与引用

1. 文档的纲目结构

论文、著作等长文档都是由多个章节组成的，为了方便编撰，常采用纲目结构呈现。所谓纲目结构，就是文档按文字级别划分为多级标题样式和正文样式。在 Word 提供的大纲视图下，纲目结构能为用户清晰地建立、查看或更方便地调整文档的章节顺序，也可以便捷地自动生成全文目录。

在大纲视图中建立或调整纲目结构主要是通过“引用”选项卡“目录”组中的相应按钮来完成。

2. 目录

一篇文档若已设置好了纲目结构，就无须用户手动录入目录，而可以使用 Word 提供的目录功能对各级标题自动生成目录。其方法为：把光标移到文章最开头要插入目录的空白位置，选择“引用”选项卡“目录”组的“目录”下拉列表中的“插入目录”选项，弹出“目录”对话框，如图 3-48 所示。在“目录”选项卡中设置目录格式即可。

若要通过目录查找指定正文，可以在按住【Ctrl】键的同时，单击该目录标题，光标就会定位到该标题对应的正文处。若需要更新目录，则可以右击目录，在弹出的快捷菜单中选择“更新域”命令。

3. 索引

所谓索引，是指根据用户需要，把文档中的主要概念或各种题名摘录下来，标明页码，按一定次序分条排列，以供用户查阅。索引一般放在文档最后，建立索引就是为了方便在文档中查找某些信息。

索引在创建之前，应该首先标记文档中的词语、单词和符号等索引项。其操作步骤如下：

① 选定要作为索引项使用的文本，单击“引用”选项卡“索引”组中的“标记索引项”按钮，弹出“标记索引项”对话框，如图 3-49 所示。

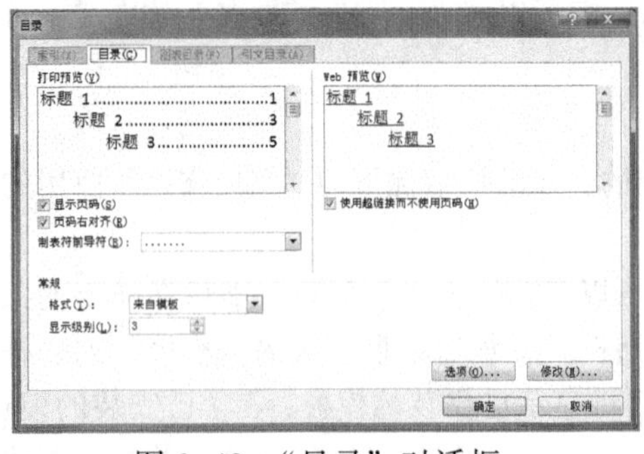

图 3-48 “目录”对话框

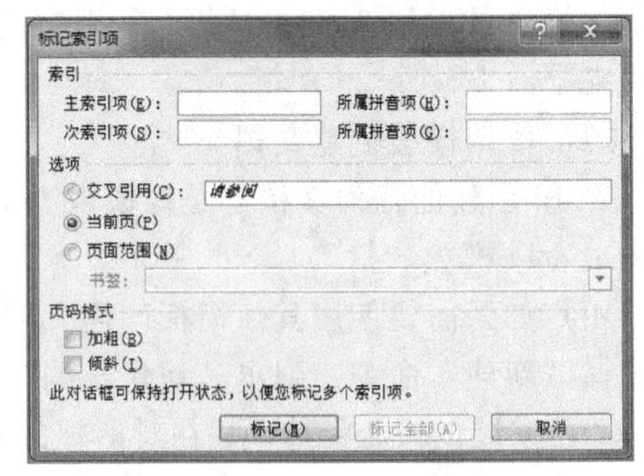

图 3-49 “标记索引项”对话框

② 分别选择各索引项文本，单击“标记”或“标记全部”按钮，完成索引项建立。

所有索引项标记完成后，单击“引用”选项卡“索引”组中的“插入索引”按钮，弹出“索引”对话框，在“索引”选项卡中设定索引样式，即可完成整个索引的建立。

4. 脚注与尾注

在编著书籍或撰写论文时，经常需要对文中的某些内容进行注释说明，或标注出所引用文章的相关信息。而这些注释或引文信息若是直接出现在正文中则会影响文章的整体性，所以可以使用脚注和尾注功能来进行编辑。作为对文本的补充说明，脚注按编号顺序写在文档页面的底部，可以作为文档某处内容的注释；尾注是以列表的形式将文中引用的参考文献集中放在文档末尾，列出引文的标题、作者和出版期刊等信息。

脚注和尾注由两个关联的部分组成：注释引用标记和其对应的注释文本，注释引用标记通常以上标上方式显示在正文中。插入脚注和尾注的操作步骤如下：

① 定位插入点到要插入脚注和尾注的位置。

② 单击“引用”选项卡中“脚注”组右下角的对话框启动器，弹出“脚注和尾注”对话框。

③ 若选中“脚注”单选按钮，则可以插入脚注；若选中“尾注”单选按钮，则可以插入尾注。

④ 单击“确定”按钮后，就可以在出现的编辑框中开始输入注释文本。

输入脚注或尾注文本的方式会因文档视图的不同而有所不同。如果要删除脚注或尾注，只需直接删除注释引用标记，Word 可以自动删除对应的注释文本，并对文档后面的注释重新编号。

3.7.3 邮件合并

在日常工作中，用户经常需要处理大量报表或信件，而这些报表和信件的主要内容基本相同，只是其中的具体数据稍有不同。为了将用户从这种烦琐的重复劳动中解放出来，Word 提供了“邮件合并”功能。该功能可以应用在批量打印信封、批量打印请柬、批量打印工资条、批量打印学生成绩单或批量打印准考证等各方面，使用户的操作更为简便。

邮件合并需要包含两个文档：一个是由共有内容形成的主文档（如未填写的信封样本）；另一个是包括不同数据信息的数据源文档（如需要填写的收件人、发件人和邮编等数据信息）。所谓合并就是在相同的主文档中插入不同的数据信息，合成多个含有不同数据的类似文档。合并后的文件可以保存为 Word 文档，也可以打印出来，还可以以邮件形式发送出去。

执行邮件合并功能的操作步骤如下：

① 选择文档类型。

② 创建主文档，输入内容固定的共有文本内容。

③ 创建或打开数据源文档，找到文档中不同的数据信息。

④ 在主文档的适当位置插入数据源合并域。

⑤ 预览合并效果。

⑥ 完成合并操作，将主文档的固有文本和数据源中的可变数据按合并域的位置分别进行合并，并生成一个合并文档。

“邮件合并分布向导”，如图 3-50 所示。

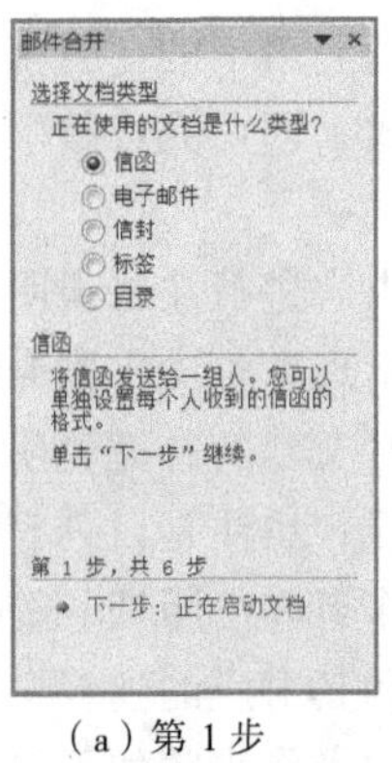

（a）第 1 步

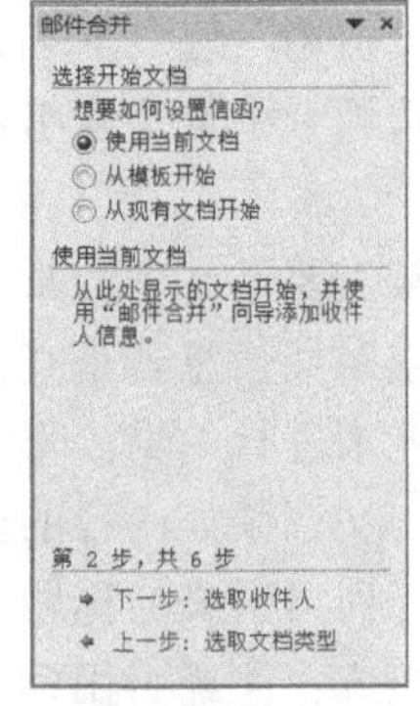

（b）第 2 步

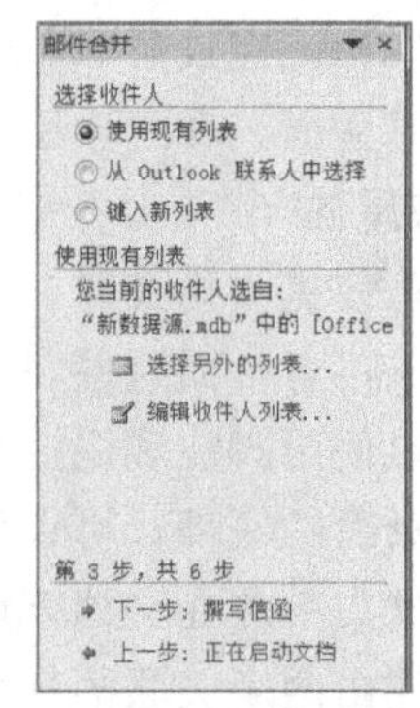

（c）第 3 步

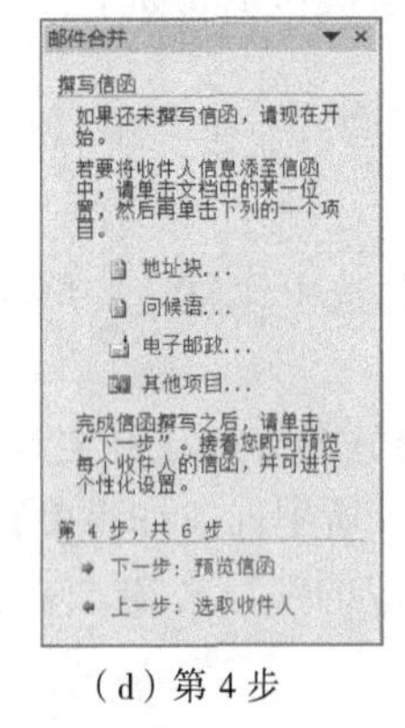

（d）第 4 步

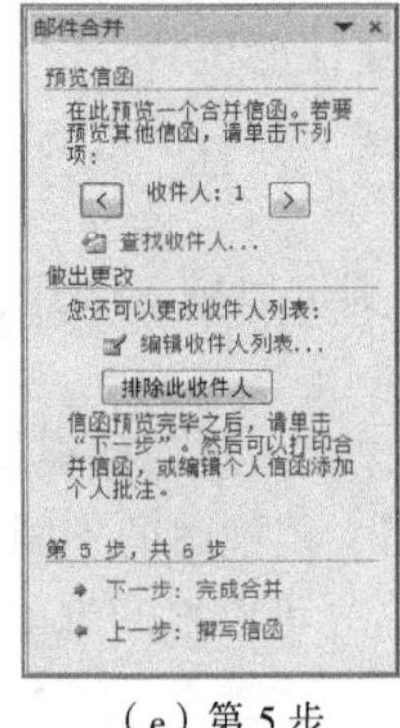

（e）第 5 步

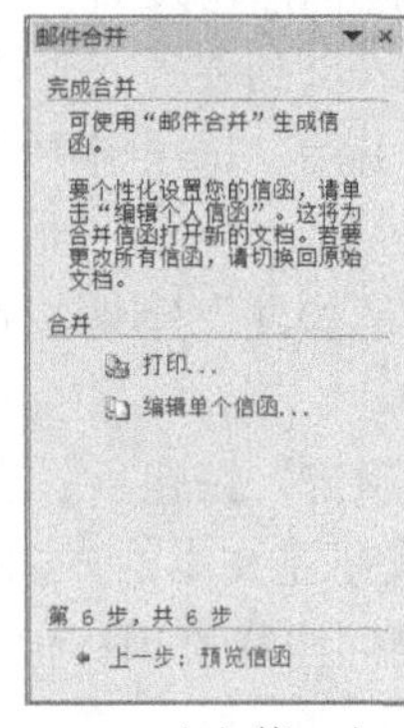

（f）第 6 步

图 3-50 “邮件合并分布向导”步骤

若利用“邮件”选项卡中的功能按钮来完成邮件合并，其步骤如下：

1. 选择“邮件合并”的文档类型

单击“开始邮件合并”组的“开始邮件合并”按钮，在下拉列表中选择“信函”“电子邮件”“信封”“标签”或“目录”中的一种文档类型，如图 3-51 所示。

2. 创建主文档

创建主文档和创建其他文档的方式是一样的，可以在空白文档中输入主文档的内容，也可以从预设的邮件合并模板开始创建。

3. 创建数据源

主文档建立好后，接着就要创建数据源。创建数据源的方法如下：

（1）创建数据源的方法

单击“开始邮件合并”选项组的“选取收件人”，在下拉列表中选择数据源创建方式，如图 3-52 所示。

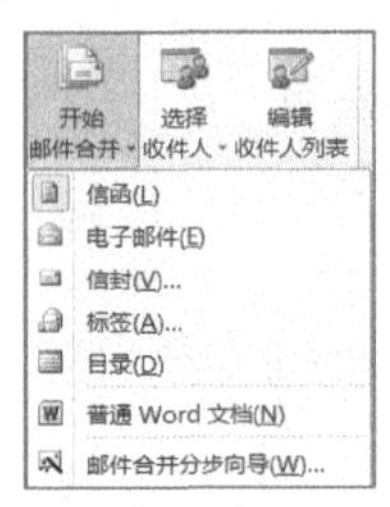

图 3-51 “开始邮件合并”下拉列表

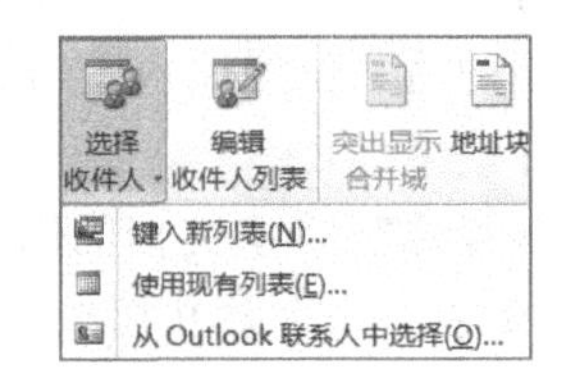

图 3-52 “选择收件人”下拉列表

①“键入新列表”：在此创建数据源。

②“使用现有列表”：使用事先创建的文档作为数据源，其中一种简便的方法是直接利用 Word 建立仅有一张表格的文档，然后在此处打开即可。

③“从 Outlook 联系人中选择”：从 Outlook 联系人文件夹中选取姓名和地址等信息构成数据源。

数据源中的数据可由 Word 文档中一个表格构成，表中每一行称为一条记录，表中每一列称为一个域。在创建数据源时要求每一列必须有一个列名，而且各列名必须是不一样的，如表 3-1 所示。

表 3-1 数据源域值实例

学　　院	姓　　名	计算机应用基础	大学英语	高等数学
法学	王丽丽	86	90	85
信息管理	张晓梅	89	93	81
国际贸易	刘立辉	80	87	76

（2）创建数据源的步骤

利用“键入新列表”方法创建数据源的步骤如下：

① 单击“选择收件人”中“键入新列表”按钮，将显示“新建地址列表”对话框，如图 3-53 所示。

② 定义数据源域名：在“新建地址列表”对话框中提供了一些常用的域名，如果需要对域名进行调整（包括域名的删除、添加、改名、移动位置等），可单击“自定义”按钮，在弹出的“自定义地址列表”对话框中进行设置，如图 3-54 所示。完成后单击“确定”按钮返回。本例中，将“名字”域名改为“姓名”，删除其他系统域名，然后依次添加“学院、计算机应用基础、大学英语、大学语文”四个域名，其中“学院”域名应移动到“姓名”域名之前。修改后的“自定义地址列表”如图 3-55 所示。

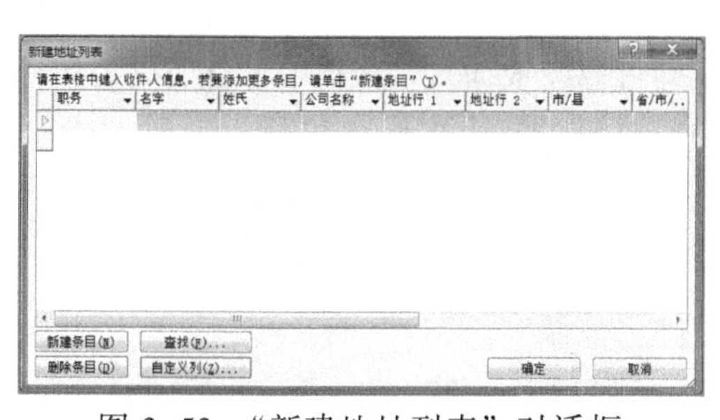

图 3-53 “新建地址列表”对话框

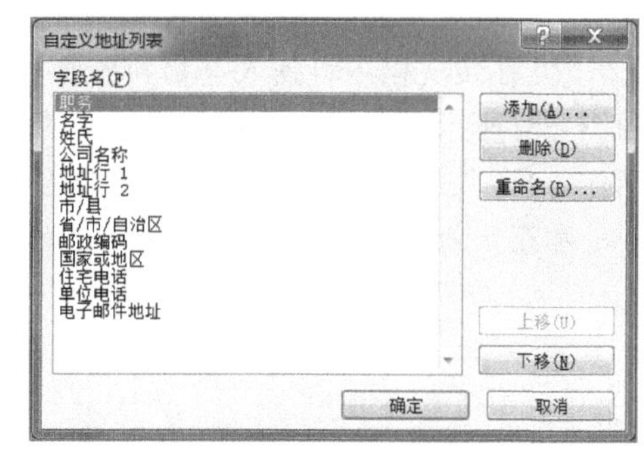

图 3-54 “自定义地址列表”对话框

③ 在调整域名后的“新建地址列表”对话框中依域名次序逐条记录进行输入。在输入数据的过程中，可按“添加”“删除”等按钮进行纪录的增加、删除等操作，显示如图 3-56 所示。

④ 保存数据源：数据源建立完成后，单击“关闭”按钮，将自动弹出“保存通讯录”对话框，用户可为数据源定义一个文件名并将其保存至外存储器上，然后单击“保存”按钮，将弹出如图 3-57 所示的“邮件合并收件人”对话框，在此对话框中可进一

步对数据源中的纪录进行编辑修改，最后单击“确定”按钮进入下一步。

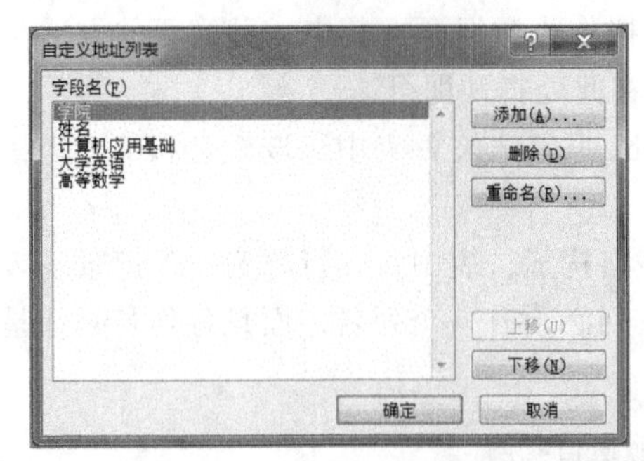

图 3-55　修改后的“自定义地址列表”对话框

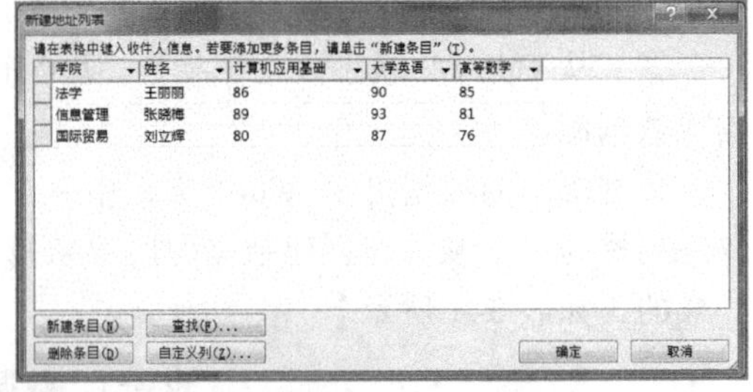

图 3-56　修改后的“新建地址列表”对话框

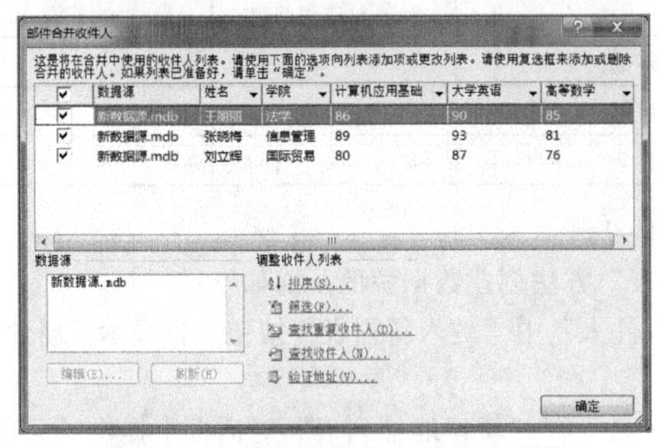

图 3-57　“邮件合并收件人”对话框

4. 插入合并域

建立好数据源后，接下来就要在主文档中确定数据源中数据的插入点，此插入点的确定可通过在主文档中插入合并域名来完成，步骤如下：

① 单击“邮件”选项卡“编写和插入域”组中的“插入合并域”按钮，将显示数据源中的域名，如图 3-58 所示。

② 在主文档中将插入点移到需要插入合并域的位置，然后单击“插入合并域”（如图 3-58 所示）按钮，选定需要插入的域名后即可以完成插入。文档中将出现双尖括号括住的合并域，依此操作将所有的域名插入相应位置，显示如图 3-59 所示。

注意，每次只能插入一个域。

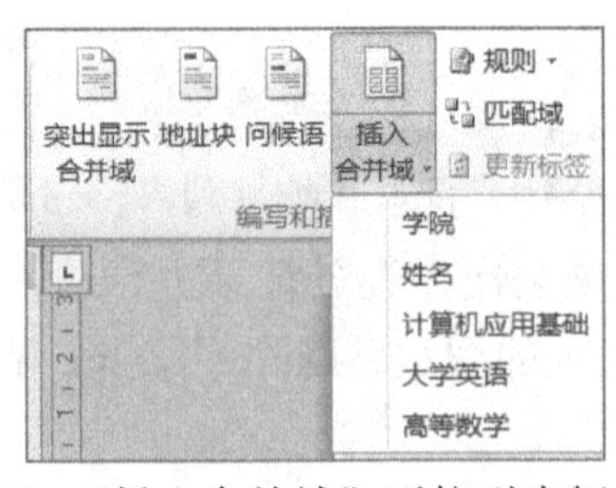

图 3-58　“插入合并域”下拉列表框

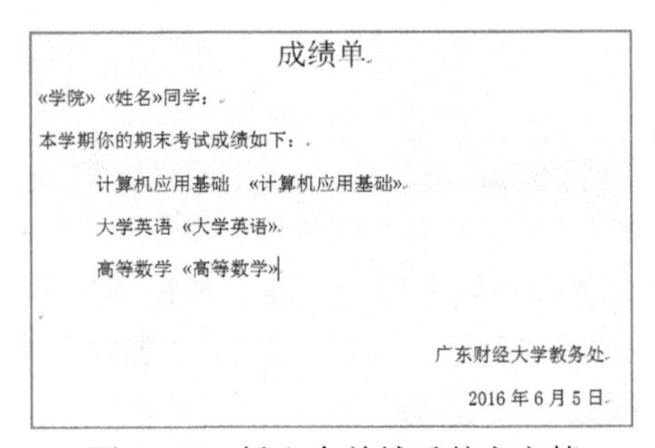

图 3-59　插入合并域后的主文档

5. 执行合并操作

完成以上各步后就可进行邮件合并了。

①“预览结果”：单击“邮件”选项卡“预览结果”组中的“预览结果”按钮可查看合并结果；

②“完成并合并”：单击“邮件”选项卡“完成”组中的“完成并合并”按钮后可在下拉列表中选择合并的去向，如图 3-60 所示。

③ 单击“编辑单个文档”按钮，弹出“合并到新文档”的对话框，如图 3-61 所示。在此对话框中选定保存的范围，单击“确定”按钮，则主文档和数据源将合并成一个新的文档保存。

图 3-60 “完成并合并”下拉列表

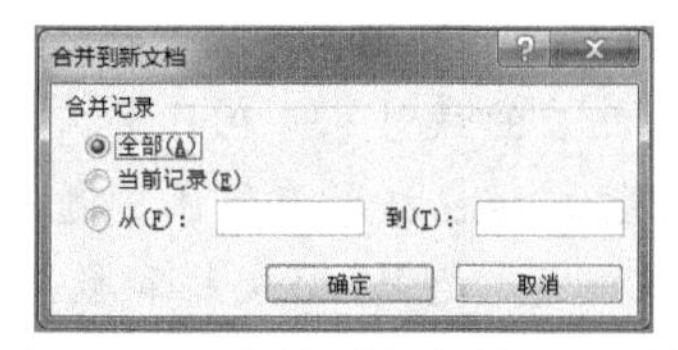

图 3-61 “合并到新文档”对话框

3.7.4 审阅

Word 窗口中“审阅”选项卡中，除了可以完成前面“文档的编辑与修改”中介绍的自动更正、字数统计、中文繁简转换等功能外，还可以翻译、修订、批注、精确比较两个文档、合并多个作者的修订，以及文档限制编辑等功能。其中，最常用到的有修订和批注功能。

1. 修订

修订是指显示文档中所做的各种编辑更改的位置的标记。用户可以通过单击“审阅”选项卡“修订”组中的“修订”按钮，启用修订功能。

当修订功能开启后，用户的每一次插入、删除或者格式更改都会被标记出来。在查看修订时，用户可以选择接受或拒绝每处修改，有两种方法：

① 单击“审阅”选项卡“更改”组中的“接受”或“拒绝”。

② 右击修订的文本，在弹出的快捷菜单中选择“接受”或“拒绝”命令即可。

2. 批注

在修改他人的文档时，审阅者需要在该文档中加入个人的修改意见，但又不能影响原文档的排版，这时可以使用“批注”的方法。

插入批注的方法为：选定待批注的文本，单击“审阅”选项卡“修订”组中的“批注框”按钮，在出现的批注文本框中输入批注信息。

小　　结

本章简单介绍了几种常用文字处理软件及 PDF 文档格式，并重点介绍了 Word 基本操作和高级应用。

模板是被命名的某些规范化的文档格式。Word 2010 提供了大量的模板帮助用户快速创建文档，其中包含相册、简历、日历、名片、博客文章等多种类型的模板供用户选择。还允许用户自定义模板并管理已有的模板。

Word 文档的版面设计是文档编辑的重要环节，包括设置纸张大小、方向、页边距、页眉和页脚等。在一个文档中版面设计可以分节进行。为了查看文档，Word 提供了多种视图供用户选择。对于文档导航，Word 提供了标题导航、页码导航、关键字导航等方式可使用户快速地查看文档中特定部分的内容。

排版毕业论文、书籍等长文档时，很多部分的格式是重复的。可应用样式来简化这一操作。样式是用名称保持的字符格式和段落格式的集合。用户还可以修改系统内置样式或创建新的样式。

Word 文档中目录、页码、题注等指定信息需要在有更新时会自动更新，这需要在文档合适位置插入相应的域对象。在日常工作中，邮件合并常常用于创建批量的信函、通知等文档，其中主文档包括所有信函、通知的公共内容，数据源包括可变信息。通过在主文档中插入合并域，是 Word 文档和数据源协作，自动完成批量文档的制作。

文档中经常需要引用另一位置的内容，如名词解释、图、表或者参考文献等。在引用之前，需要先为它们添加说明。Word 的脚注、尾注可为文中特殊用语添加注释，题注为图、表添加注释，引文和书目用于引用和管理参考文献。交叉引用则在这些项目和正文中相关联的地方建立连接，方面读者阅读和理解文档内容。

允许多人查看 Word 文档，并提出不同的意见。Word 的审阅功能能方便不同用户添加批注和修订标记。文档的作者可以根据情况选择接受或拒绝修订。对于修订前后的文档，可使用 Word 的比较和合并功能查看两个文档的不同之处。

习　　题

一、选择题

1. 在桌面上双击某 Word 文档，即是（　　）。

   A. 仅是打开了 Word 应用程序窗口

   B. 仅是打开了该文档窗口

   C. 既打开 Word 应用程序窗口又打开了该文档窗口

   D. 以上均不对

2. 打开 Word 文档一般是指（　　）。

   A. 把文档的内容从内存中读入并显示出来

   B. 为指定的文件开设一个新的、空的文档窗口

   C. 把文档的内容从磁盘调入内存并显示出来

   D. 显示并打印出指定文档的内容

3. 在 Word 中可以同时显示水平标尺和垂直标尺的视图方式是（　　）。

   A. 普通视图　　B. Web 版式视图　C. 大纲视图　　D. 页面视图

4. Word 的剪贴板可以保存最近（　　）次复制的内容。

   A. 1　　B. 6　　C. 12　　D. 16

5. Word 提供的（　　）功能，可以大大减少断电或死机时由于忘记保存文档而造成的损失。

   A. 快速保存文档　　B. 自动保存文档

C. 建立备份文档　　　　　　　　D. 为文档添加口令

6. 在 Word 中，不能设置文字的（　　）格式。

A. 倾斜　　B. 加粗　　C. 倒立　　D. 加边框

7. 当一页已满而文档正继续被输入时，Word 将插入（　　）。

A. 硬分页符　　B. 硬分节符　　C. 软分页符　　D. 软分节符

8. 若想控制段落的第一行第一个字的起始位置，应该调整（　　）。

A. 悬挂缩进　　B. 首行缩进　　C. 左缩进　　D. 右缩进

9. 下列操作中（　　）不能用于选定整个文档。

A. 按【Ctrl + A】组合键

B. 按住鼠标左键从文档头拖动到文档尾

C. 将鼠标指针移入文本选定区反三击

D. 单击“开始”选项卡“编辑”组中的“选择”→“全选”选项

10. 在 Word 的“最近使用的文档”中可以显示最近打开过的文件，一般默认为（　　）。

A. 2 个　　B. 3 个　　C. 4 个　　D. 5 个

11. 格式刷可以复制格式，若要对选中的格式重复复制多次，应（　　）格式刷进行操作。

A. 单击　　B. 右击　　C. 双击　　D. 拖动

12. 在 Word 表格中，（　　）不能完成删除行的操作。

A. 选定一行，按【Delete】键

B. 选定一行，单击“剪切”按钮

C. 选定一行，按【Backspace】键

D. 选定一行，在快捷菜单中选择“删除行”命令

13. 在 Word 格式工具栏中，水平对齐按钮不包括（　　）。

A. 左对齐　　B. 右对齐　　C. 居中对齐　　D. 两端对齐

14. 在格式工具栏中，单击按钮 U 表示（　　）。

A. 对所选文字加下划线　　　　B. 对所选文字加底纹

C. 改变所选文字颜色　　　　　D. 对所选文字加边框

15. 在 Word 环境下，在文本中插入的文本框（　　）。

A. 只能是横排的　　　　　　　B. 只能是竖排的

C. 既可是横排的也可是竖排的　D. 可以任意角度排版

16. 调整图片大小可以拖动图片四周任一控制点，但只有拖动（　　）控制点才能使图片的长与宽等比例缩放。

A. 左或右　　B. 上或下　　C. 四个角之一　　D. 均不可以

17. 在 Word 中若要插入艺术字，可单击（　　）命令项。

A. “插入”选项卡→“艺术字”

B. “开始”选项卡→“艺术字”

C. “插入”选项卡→“对象”→“艺术字”

D. “插入”选项卡→“图片”→“艺术字”

18. 若要设置打印输出时的页边距，应从（　　）选项卡中单击（　　）按钮。

A. 开始页眉和页脚　　　　B. 页面布局页面设置

C. 引用页面设置　　　　D. 视图页面设置

19. 若要设置文档的页眉页脚，应从（　　）选项卡中单击页眉页脚按钮。

A. 格式　　B. 编辑　　C. 视图　　D. 插入

20. 如果要在 Word 文档中插入数学公式，正确的操作是（　　）。

A. 单击“开始”选项卡中的“公式”按钮

B. 单击“插入”选项卡中的“公式”按钮

C. 单击“插入”选项卡中的“对象”按钮，在对话框中作相应选择，进入公式编辑窗口

D. 以上的操作都不正确

二、填空题

1. 默认环境中，为防止意外关闭而造成文档丢失，正在编辑的文档每隔________分钟就会自动保存一次。

2. 在 Word 中，能快速回到文档开头的快捷键是________。

3. 在 Word 中，若想设置两行文本之间的行间距，应选择“开始”选项卡中的________组，并打开相应的对话框。

4. Word 提供了若干模板，方便用户制作格式相同而具体内容不同的文档，模板文件的扩展名是________。

5. 启动 Word 应用程序时，会自动创建一个空文档，其默认文件名是________。

6. 在 Word 中，按________键可以在“插入”与“改写”两种状态间切换。

7. 删除插入点左侧的一个字符可按________键；删除插入点右侧的一个字符可按________键。

8. 利用键盘完成复制操作时，应先选中要复制的文本，按________组合键完成复制，再定位在目标位置，按________组合键完成粘贴。

9. 文本框是一种特殊的________，它如同一个容器，可以包含文档中的任何对象，如文本、表格、图形或它们的组合。

10. 在打印 Word 文档前，若要查看打印效果可以单击________，从弹出菜单中选择打印命令的________命令项。

三、操作题

1. 使用 Word 2010 制作一份精美的日历。

要求：为了使日历美观，需加入艺术字、图片，并设置页面背景。日期可使用文本框、表格或插入 SmartArt 图形显示。

2. 使用 Word 2010 设计一份个人简历，用于应聘某社团或竞聘某个职位。

提示：个人简历是求职者所必需的，能向招聘单位提供自我介绍，其内容除了包含个人信息外，还可根据应聘职位介绍个人在学习经历和工作经历。注意：内容需层次清晰，重点突出。

3. 请从网上或图书馆查找一份毕业论文的电子版，将其转化为 Word 文档，然后按照本校的毕业论文的格式要求进行排版。

第4章　电子表格处理软件 Excel

4.1　Excel 基 础

4.1.1　概述

电子表格处理软件是专门进行表格绘制、数据整理及数据分析的专业数据处理软件，是现代办公的常用软件，电子表格实际上是一个由若干行、若干列组成的可计算表格，行列的交叉处称为单元格，将数据输入到按规律排列的单元格中，便可依据数据所在单元格的位置，利用公式完成各种自动运算；当修改某些数据后，计算结果也会自动发生改变，无须人工干预。此外，电子表格还提供了丰富的数据编辑、数据查询、数据统计、数据图表等功能，使得电子表格获得了极为广泛的应用。

微软公司从 1983 年开始致力于电子表格处理软件产品的研制，他们的产品名称是 Excel，中文意思是超越。经过不断的努力，先后推出了 Excel 6.0、Excel 97、Excel 2003、Excel 2010 等极具市场影响力的产品。由于 Excel 具有十分友好的人-机界面和强大的计算功能，使其在电子表格领域始终独领风骚。它已成为国内外广大用户管理公司和个人财务、统计数据、绘制各种专业化表格的得力助手。

本章将通过 Excel 2010 讲解电子表格处理软件的概念和基本使用方法。

4.1.2　Excel 的启动与退出

1. Excel 的启动

在 Windows 环境中启动 Excel 的方法一般有以下几种：

① 从“开始”菜单启动：单击“开始”按钮，打开“开始”菜单；单击“所有程序”→“Microsoft Office”→“Microsoft Office Excel 2010”命令即可启动 Excel 2010。

② 使用桌面快捷方式：双击桌面 Excel 2010 的快捷方式图标可启动 Excel 2010。

③ 双击文档启动：双击计算机中存储的 Excel 文档，可直接启动 Excel 2010 并打开文档。

2. Excel 的退出

在完成 Excel 的操作以后，要退出 Excel，退出（关闭）Excel 的方法很多，可任选下面的一种：

① 通过标题栏按钮关闭：单击 Excel 2010 标题栏右上角的“关闭”按钮。

② 通过“文件”选项卡关闭：单击“文件”选项卡，然后单击“退出”按钮。

③ 通过标题栏右击快捷菜单关闭：右击 Excel 标题栏，然后单击快捷菜单中的“关闭”命令。

④ 使用快捷键关闭：按快捷键【Alt+F4】也可退出 Excel 2010。

若是新建文档或对原有文档作过改动，关闭前系统会提问是否保存。

4.1.3 Excel 的窗口组成

每次启动 Excel，它都会自动创建一个新的空白工作簿，如图 4-1 所示。这个窗口实际上由两个窗口所组成：Excel 应用程序窗口和打开的工作簿文档窗口。

从图 4-1 可以看到，Excel 窗口环境主要由以下几个部分组成：

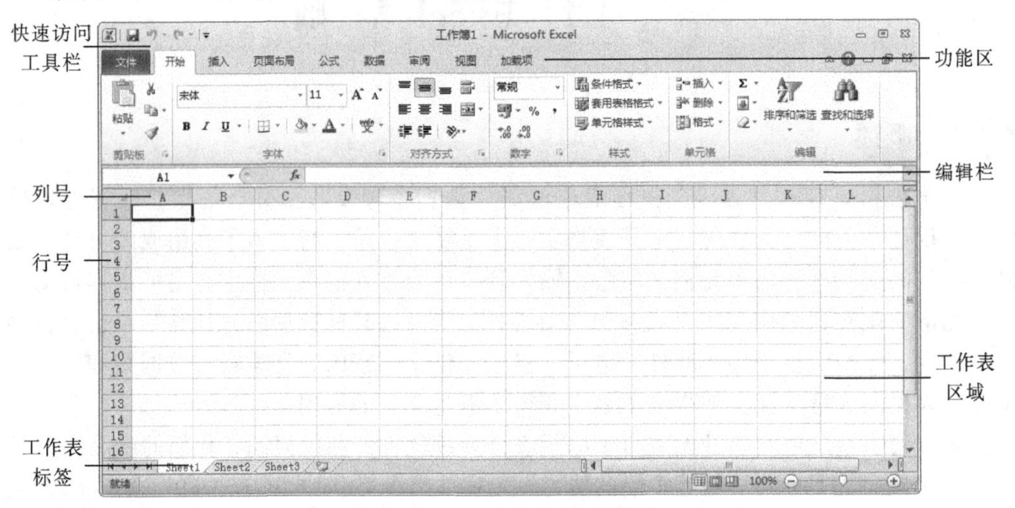

图 4-1 Excel 2010 窗口界面

（1）功能区

功能区是 Excel 窗口界面中的重要元素，通常位于标题栏的下方。功能区由一组选项卡面板所组成，单击选项卡标签可以切换到不同的选项卡功能面板。

Excel 2010 继续沿用了前一版本的功能区（Ribbon）界面风格，将 Excel 2007 版本之前的传统风格菜单和工具栏以多页选项卡功能面板代替。每个选项卡中包含了多个命令组，每个命令组通常都由一些密切相关的命令所组成。

（2）快速访问工具栏

快速访问工具栏是一个可自定义的工具栏，它包含一组常用的命令快捷按钮，并且支持用户自定义其中的命令，用户可以根据需要快速添加或删除其所包含的命令按钮。使用快速访问工具栏可减少对功能区菜单的操作频率，提高常用命令的访问速度。

（3）编辑栏

编辑栏用来输入、编辑单元格的内容，也可以显示出活动单元格中的数据或公式。编辑栏左部为名称框，用来显示活动单元格或区域的地址（或名称），或根据名称寻找单元格或区域；中部框用来控制数据的输入，在框中有 ✕、✓ 或 fx 标记。✕ 表示取消本单元格数据的输入，✓表示完成单元格数据的输入，fx表示进入函数指南框；右部为编辑区，用于完成对当前活动单元格中数据或公式的输入和编辑，如图 4-2 所示。

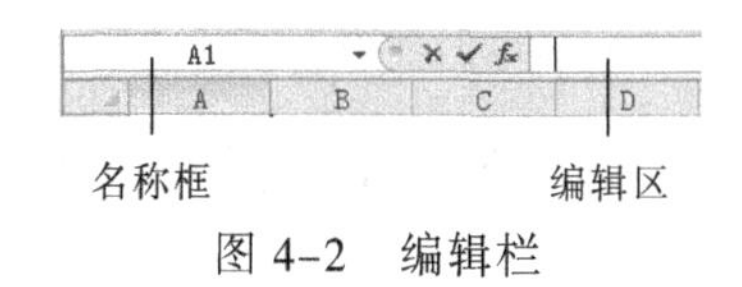

图 4-2　编辑栏

（4）工作表区域

工作表区域位于编辑栏下方，占据屏幕的大部分，用来记录和显示数据。

（5）工作表标签

工作表标签用来标识工作簿中不同的工作表，以便快速在不同工作表间进行切换。

4.1.4　Excel 的基本概念

1. 工作簿

在 Excel 中，用来储存并处理工作数据的文件称为工作簿。每一个工作簿可以拥有多张工作表，在 Excel 2010 中，工作簿中可以容纳的最大工作表数目与可用内存有关。

2. 工作表

工作表是用于处理和存储 Excel 数据的主要文档，依附于工作簿而存在，每个工作表是由行和列组成的二维表格，在 Excel 2010 中，其最大可达 1 048 576 行、16 384 列。每个工作表用一个标签进行标识（如 Sheet1）。

一个工作簿就好像一个活页夹，工作表就像其中的一张活页纸。默认情况下，新建一个工作簿中只包含 3 个工作表，名为 Sheet1、Sheet2 和 Sheet3，分别显示在窗口下边的工作表标签中。用户可以根据需要添加或删除工作表，也可以自定义默认打开的工作表个数。

3. 单元格

一个工作表行与列交叉处的方格称为单元格，是 Excel 工作的基本单位。其地址标识方式为：列标号+行标号。其中，列标号由大写英文字母 A，B，……，Z，AA，AB，……，XFD 等标识，行标号由 1，2，……，1 048 576 等数字标识。

例如，标识形式为“A5”的单元格就表示位于 A 列第 5 行的单元格。若要表示一个连续的单元格区域，可用该区域左上角和右下角单元格地址来表示，中间用冒号“:”分隔，例如，“B3:E8”表示从单元格 B3 到 E8 的区域。

用户可以在单元格内输入和编辑数据，单元格中可以保存的数据包括数值、文本和公式等，除此以外，用户还可以为单元格添加批注及设置多种格式。

单击显示在窗口中的某一个单元格，可使该单元格变为当前活动单元格。活动单元格名称显示在名称框中。Excel 只允许在当前活动工作表的活动单元中输入或修改数据。

另外，如果单元格进行跨工作簿或工作表进行引用，其完整的地址引用形式除了列号、行号外，还要加上引用的工作簿名和工作表名。其中工作簿名用方括号（[ ]）括起来，工作表名与列号、行号之间用“!”号隔开。如：[Book1.xls]Sheet1!A1，表示引用工作簿 Book1 中的 Sheet1 工作表的 A1 单元格。这种加上工作表和工作簿名的单元格地址的表示方法，是为了用户在不同工作簿的多个工作表之间进行数据处理。如果不会引起误会，可不写。省略了工作簿和工作表名表示在当前工作簿的当前工作表中进行地址引用。

4.2 工作簿的类型和基本操作

4.2.1 工作簿类型

工作簿有多种类型。当保存一个新的工作簿时，可以在“另存为”对话框的“保存类型”下拉菜单中选择所需要保存的 Excel 文件格式。在 Excel 2010 中，“*·xlsx”为普通 Excel 工作簿；“*.xlsm”为启用宏的工作簿，当工作簿中包含宏代码时，选择这种类型；“*.xls”为 Excel 97-2003 工作簿，无论工作簿中是否包含宏代码，都可以保存为这种与 Excel 2003 兼容的文件格式。

默认情况下，Excel 2010 文件保存的类型为“Excel 工作簿（*.xlsx）”。

4.2.2 工作簿的基本操作

工作簿的基本操作包括对工作簿的建立、保存、打开、关闭、隐藏和保护等。

1. 工作簿的建立

启动 Excel 后，系统会自动生成一个空白工作簿，名称为“工作簿 1”。如果要自己创建一个新工作簿，可在功能区中选择“文件”→“新建”命令，在打开的“新建工作簿”对话框中，选择“空工作簿”后单击“创建”按钮。

2. 工作簿的保存

编辑工作簿时，为了避免掉电、死机等意外造成的数据丢失，应养成良好的保存习惯。

① 在功能区中选择“文件”→“保存”（或“另存为”）命令。

② 选择“快速启动工具栏”→“保存”命令。

3. 工作簿的打开

打开现有工作簿的方法如下：

① 在功能区中选择“文件”→“打开”命令。

② 直接在保存工作簿的位置找到要打开的工作簿，然后双击该工作簿图标即可。

4. 工作簿的关闭

当结束 Excel 工作后，可以关闭工作簿以释放计算机内存。以下几种方式可以关闭当前工作簿。

① 在功能区中选择“文件”→“关闭”（或“退出”）命令。

② 单击工作簿窗口上的“关闭窗口”按钮。

5. 工作簿的隐藏

有时在数据处理时为了隐藏含有敏感数据的工作表，可对工作簿执行隐藏操作。隐藏时，工作簿仍处于打开状态，其他文档仍然可以使用该工作簿的数据。其操作方法为：在功能区中选择“视图”→“隐藏”命令。如要恢复显示该工作簿可选择“视图”→“取消隐藏”命令。

6. 工作簿的保护

为了防止工作簿内容的丢失、被修改和破坏，可对工作簿进行保护。其操作方法为：在功能区中选择“审阅”→“保护工作簿”命令，出现“保护工作簿”对话框，如图 4-3 所示。根据需要可对工作簿的结构和窗口进行保护，只要在相应的复选框前打“√”即可。

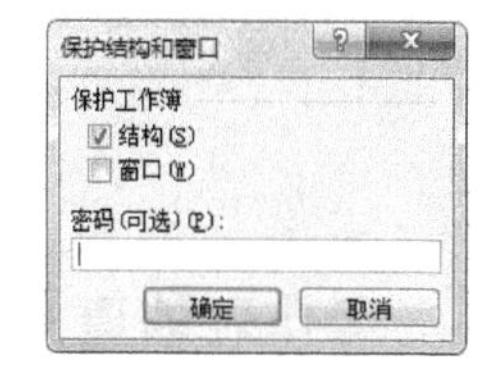

图 4-3 “保护工作簿”对话框

7. 工作簿的共享

在 Excel 中，如果允许多个用户对一个工作簿同时进行编辑，可将使用的工作簿设置为共享工作簿，共享工作簿的具体操作步骤如下所述。

① 在功能区中选择“审阅”→“共享工作簿”命令，打开“共享工作簿”对话框，如图 4-4 所示。

② 选择“允许多用户同时编辑，同时允许工作簿合并”复选框，然后切换到“高级”选项卡，在其中进行共享工作簿的相关设置，如图 4-5 所示。

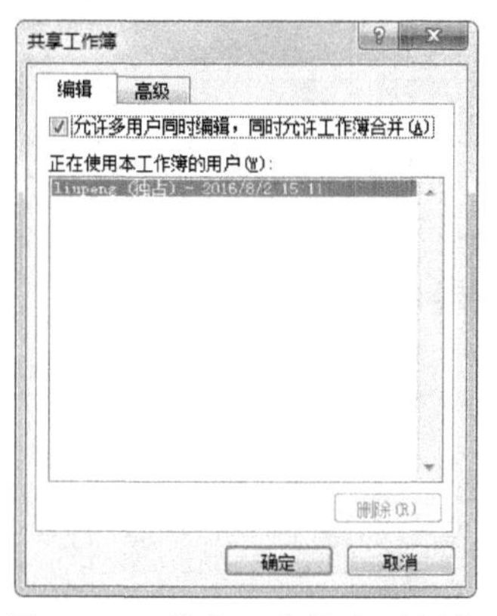

图 4-4 “共享工作簿”对话框

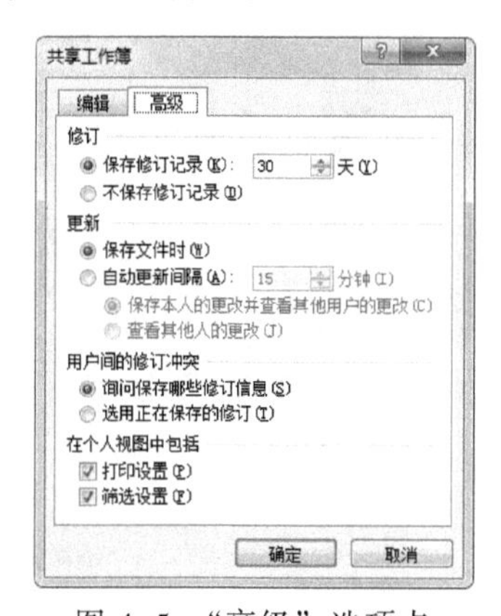

图 4-5 “高级”选项卡

8. 查看和共享工作簿

在 Excel 2010 中创建共享工作簿后，可以使用修订功能更改共享工作簿中的数据，同样也可以查看其他用户对共享工作簿的修改，并根据情况接收或拒绝更改。

（1）开启或关闭修订功能

在功能区中选择“审阅”→“修订”→“突出显示修订”命令，并选中“编辑时跟踪修订信息，同时共享工作簿”复选框，如图 4-6 所示。其中，在“突出显示修订”对话框中，各项功能如下：

① 在屏幕上突出显示修订：当鼠标停留在修改过的单元格上时，屏幕上将自动显示修订信息。

② 在新工作表上显示修订：将自动生成一个包含修订信息的名为“历史记录”的工作表。

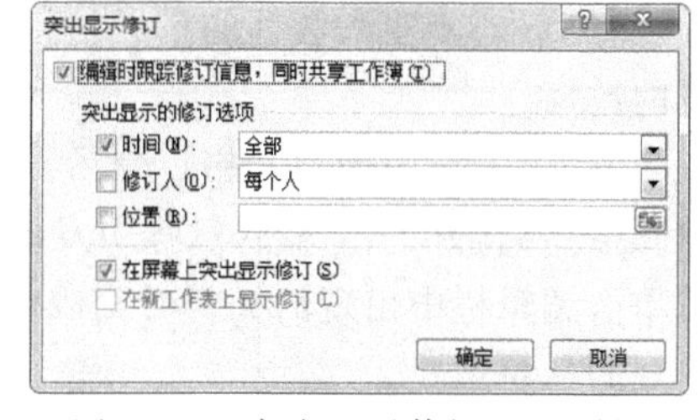

图 4-6 “突出显示修订”对话框

（2）浏览修订

当发现工作簿中存在修订时，可选择“审阅”→“更改”→“修订”→“接收/拒绝修订”命令，选择相应的选项即可接收或拒绝修订。

4.3 工作表的建立和数据输入

4.3.1 工作表的建立

任何一个二维数据表都可建成一个工作表。在新建的工作簿中，选取一个空白工作表是创建工作表的第一步。逐一向表中输入文字和数据，就有了一张工作表的结构。

例如建立一张商品销售业绩的工作表结构，操作步骤如下。

① 选中 A1 单元格，输入表标题，如“商品销售业绩”。

② 向 A2，B2，C2、D2、E2、F2、G2、H2、I2 和 J2 单元格中输入数据清单的列标题：姓名、性别、级别、商品、工作时间、全年销售额、级别奖金、业绩奖金、总奖金、业绩评价。若输入的文字超出了当前的单元格长度，可移动鼠标到该列列标号区右边线处，按下左键并向右拖动到合适位置。这样就建立了一张包括标题及各栏目名称的工作表的结构，如图 4-7 所示。

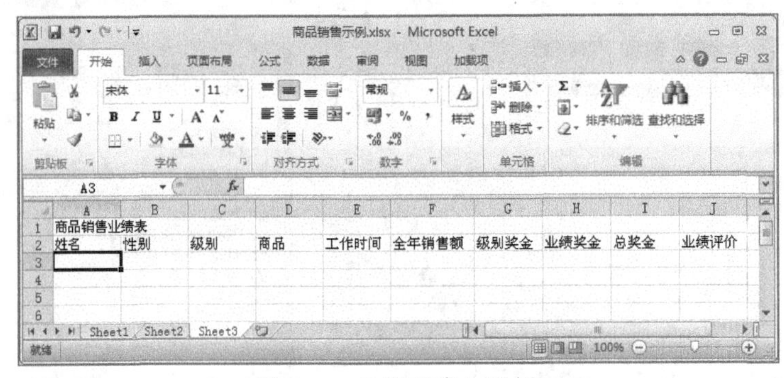

图 4-7　工作表建立示例

4.3.2 工作表的数据输入

Excel 单元格中可以输入的数据包括四种基本类型：数值、日期（时间）、文本（字符）、公式；两种特殊类型：逻辑值和错误值。各种类型的数据都具有其特定的格式。Excel 以不同的方式存储和显示各单元格中的数据。

向单元格中输入数据有以下三种方法：

① 单击要输入的单元格，使其成为活动单元格，然后直接输入数据。

② 双击要输入数据的单元格，单元格内出现光标，此时可直接输入数据或修改已有的数据。

③ 单击选中的单元格，然后在编辑栏中输入数据。此时输入的数据会同时出现在单元格和编辑栏上。输入过程中发现有错误，可用【Backspace】键删除。按【Enter】键或单击编辑栏中出现的✓符号完成输入。若要取消，可直接按【Esc】键或单击编辑栏中出现的×符号。

1. 数值的输入

所有代表数量的数字形式都称为数值，可以是正数，也可以是负数，都可以进行诸如加、减、乘、除等数值计算。除了普通数字以外，还有一些带有特殊符号的数字也被

Excel 理解为数值，例如：百分号（%）、货币符号（如 $ 、¥ 等）、千分位分隔符（,）及科学计数符号（E 或 e）。

Excel 可以表示和存储的数字最大精确到 15 位有效数字。对于超过 15 位的整数数字，Excel 会自动将 15 位以后的数字变为零，如 123456789123456000。对于大于 15 位有效数字的小数，则会将超出的部分截去。

对于一些很大或者很小的数值，Excel 会自动以科学计数法来表示（用户也可以通过设置将所有数值以科学计数法表示），例如，123456789123456 会以科学计数法表示为 1.23457E+14，即 1.23457×10^{14}。

对于分数的输入应注意，如果需要输入的分数包括整数部分，如“$3\frac{2}{5}$”，可在单元格中输入“3 2/5”（整数部分和分数部分之间使用一个空格间隔）；如果需要输入的是纯分数，如“2/5”，则输入时必须以“0”作为这个分数的整数部分输入，其输入方式为“0 2/5”，否则 Excel 会将其当成日期类型数据。输入到单元格中的数值，将自动向右对齐。

需要说明的是，输入数值（又称存储数值）与显示数据未必总是相同。如输入数据长度超过单元格宽度，Excel 自动以科学计数法表示或以若干“#”来显示（取决于单元格的显示格式）。又如，若单元格数值格式设置为两位小数，此时若输入三位以上小数，则在第三位进行四舍五入。注意，Excel 计算时将以输入数值而不是显示数值为准。

2. 日期和时间数据的输入

日期和时间属于一类特殊的数值类型，其输入格式非常灵活，可接受多种形式的输入数据。

在中文 Windows 系统的默认日期设置下，可以被 Excel 自动识别为日期数据的输入形式如下所示：

① 使用短横线分隔符“-”的输入，如“2014-5-1”、“14-5-1”、“5-1”（识别为当年 5 月 1 日），“2014-5”（识别为 2014 年 5 月 1 日）。

② 使用斜线分隔符“/”的输入，如“2014/5/1”“14/5/1”“5/1”“2014/5”。

③ 使用中文“年月日”的输入，如“2014 年 5 月 1 日”“14 年 5 月 1 日”“2014 年 5 月”“5 月 1 日”。

④ 使用包括英文月份的输入，如“May 1”“1 May”“May-1”“1-May”“May/1”“1/May”，以上形式都表示当年的 5 月 1 日。

时间数据由时、分、秒组成。输入时，时、分、秒之间用冒号分割，如 9:34:23 表示 9 点 34 分 23 秒。

Excel 将日期和时间作为数值数据来处理。日期和时间可以相加减，如果要在公式中使用日期和时间（这里指常量数据），应采用带双引号的文本形式输入日期和时间。如在单元格中输入公式="2008/8/1"-"2008/4/1"表示计算此两个日期之间的差值，结果为 122。

如果要在同一单元格中输入日期和时间，可在中间用空格分离。输入当天系统日期可按组合键【Ctrl+;】，输入当天系统时间则按【Ctrl+Shift+;】组合键。

3. 文本的输入

文本通常指一些非数值型的文字、符号等，另外，许多不代表数量的、不需要进行数值计算的数字也可以保存为文本形式，事实上，在 Excel 看来，凡是不能理解为数值

（包括日期和时间）和公式的数据都被视为文本数据。文本数据不能用于数值计算，但可以比较大小。

Excel 会自动将输入的文字在单元格中左对齐。如果单元格的宽度容纳不下文本串，允许占用相邻单元格的显示位置（相邻单元格本身的存储位置并没有被占据），如果相邻单元格中已经有数据，将产生截断显示。需要注意的是，超出部分的跨列显示，仅仅是数据显示方式的改变，并不影响存储于单元格中的数据值。有些数字如果需要作为文本处理，如电话号码、职工编号、邮政编码等。须在其前加半角单引号。如要输入文本“0001”，应输入“'0001”；或者先输入一个等号“=”，再在文本前后加上双引号，如=“0001”。需要注意的是，如果在单元格中没有输入任何内容，则称该单元格是空的，而如果输入了一个空格后，该单元格就不为空，它的值是一个空格（虽然看不见）。所以，在输入数据的时候，无论是数字、逻辑值或文本，一定不要多加空格，否则容易产生错误，并且不容易查找和改正。

4. 几种高效的数据输入方法

除了上述通常的数据输入方式外，如果数据本身包括某些顺序上的关联特性，还可利用 Excel 提供数据填充机制来实现，这样可以减少用户数据录入的工作量，常用的几种输入方法如下。

（1）使用填充柄自动填充

当选择某一单元格或某一区域后，所选区域（或单元格）边框的右下角处有一个小黑块，这就是“填充柄”。鼠标指向填充柄时，鼠标指针会变为实心十字形。此时按鼠标左键并拖动鼠标（即拖动填充柄）经过相邻单元格，就会将选中区域中的数据按一定规律填充到这些单元中去。在填充的时候根据选中区域中的初始值这可分为如下几种情况：

① 纯字符或纯数字的填充。初始值为纯字符或纯数字，填充相当于数据复制。如 A1 单元中的初值为 1，拖动 A1 单元格的填充柄到 F1 单元格，则 A1:F1 单元格区域中都为 1，纯字符亦然。对于此种情况，先通过对初始值执行“复制”操作，然后在目标区域执行“粘贴”操作亦可达到同样的目的。

② 混合体数据的填充。初始值为文字与数字的混合体，填充时文字不变，最右边的数字递增变化，如 A2 单元中初始值为 1B1，填充到 F2 单元格，则 A2:F2 单元格区域中依次为 1B1、1B2、…、1B6。

又如，若希望在 A3:J3 单元格区域中依次填入字符型数据 1001、1002、…、1010，可以首先在 A3 单元格输入“'1001”，（其中“' ”即数字 1001 左上方的半角单引号表示数字数据作字符处理），输入完成后，拖动 A3 单元格的填充柄至 J3 单元格，则在 A3:J3 单元格区域将依次填入字符 1001、1002、…、1010，此种情况可看成是一种特殊的文字数字混合体。

③ 等差、等比序列的填充。首先输入序列的前几个值（一般是前两个值）作为序列的初始值，选择初始值区域，按住鼠标右键并拖动此区域填充柄到目标位置，在弹出的快捷菜单中选择“等差序列”或“等比序列”即可。对于等差序列，在选择初始值区域后，可直接按住鼠标左键拖动区域填充柄而无须进行快捷菜单的选择。例如，要在 A6:J6 单元格区域中依次填入 2、4、…、20，单元格可以先在 A6 单元格，B6 单元格中分别填入 2 和 4，然后选定区域 A6:B6，拖动区域的填充柄（在单元格 B6 右下角处）至 J6 单元

格即可完成。

④ 利用预设序列填充。Excel 针对某些常用序列事先建立了预设序列数据库，如果初始值为 Excel 预设的自动填充序列中的成员，则按预设序列顺序填充。如 A4 单元格中初始值为“星期一”，利用填充柄拖动后将自动产生序列“星期一、星期二……”。

系统建立的预设序列可通过在功能区中选择“文件”→“选项”命令，在弹出的“Excel 选项”对话框中选择“高级”选项卡，单击“高级”选项卡“常规”区域中的“编辑自定义列表”命令查看。

（2）自定义序列

Excel 预设的自动填充序列数量是有限的，用户可根据实际工作的需要，将一些常用的序列数据，如单位人员名单、职称序列、比赛名次等，自行定义为序列，添加到 excel 预设的序列数据库中，以备工作需要时作自动填充用。其操作方法如下：

① 在功能区中选择“文件”→“选项”→“高级”→“编辑自定义列表”命令，弹出如图 4-8 所示“自定义序列”对话框。

② 在自定义序列的列表框中选“新序列”，在“输入序列”编辑框中每输入一个序列成员按一次【Enter】键，或在各序列成员间以半角逗号分隔。如输入“第一名”“第二名”“第三名”“第四名”“第五名”“第六名”等。输入完毕，单击“添加”按钮，即把新序列加入左边的自定义序列中，如图 4-8 所示。单击“确定”按钮后，返回工作界面。

序列定义成功后就可用来进行自动填充了，如选定 A4 单元格，输入“第一名”，拖动 A4 单元格的填充柄至 F4 单元格，则 A4:F4 单元格区域自动填充了上述自定义的序列。

有时，为省去自定义序列时输入数据的麻烦，用户可以将工作表中已有的数据作为自定义序列，此时，只需选中这些数据，在“自定义序列”标签中单击“导入”按钮即可。

（3）使用填充菜单产生序列

在功能区中选择“开始”→“填充”命令可以产生一些有规律变化的数据。例如：如果想在 A5:J5 单元格区域中填入数值型数据 11001、11003、…、11019，间隔为 2。可以按下列步骤完成：

① 在单元格 A5 中输入 11001，然后按【Enter】键，再将 A5 选为当前单元格。

② 在功能区中选择“开始”→“填充”命令，在出现的下拉菜单中选“序列”选项，出现“序列”对话框，如图 4-9 所示，其中：

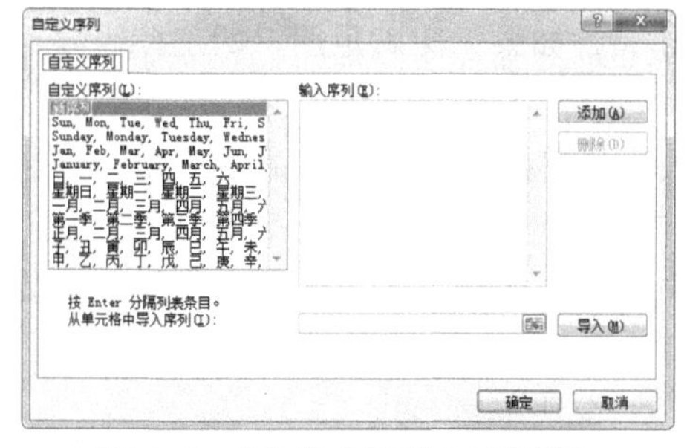

图 4-8 “自定义序列”对话框

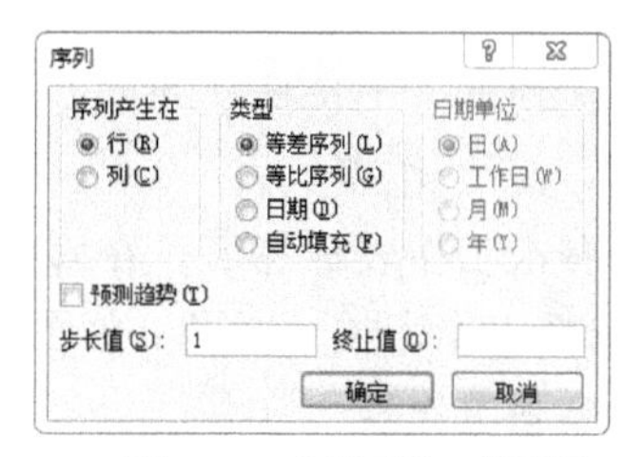

图 4-9 “序列”对话框

在“序列产生在”设置区域中，用户可以选择是根据选中单元格范围中的哪一个格中的数据进行填充。如果用户选择了单选项“行”，则表示将根据选定范围内每行的第一个单元格中的数据填充该行单元格；如果用户选择了单选项“列”，则表示将根据范围内每列的第一个单元格中的数据填充该列单元格。

在“类型”设置区域中，给出了 4 个单选项，用户可以通过选择其中的某个单选项来规定填充数据之间的关系。在“步长值”文本框中，用户可以输入填充数据的步长。

- 等差序列：表示下一单元格中的填充数据将是本单元格的数据与步长之和。
- 等比序列：表示下一单元格中的填充数据将是本单元格的数据与步长之积。
- 日期：表示所有填充单元格中的数据都是日期。选定日期后用户还需选择“日期单位”选择框中的各项。
- 自动填充：选择该项与拖动填充柄的填充效果相同。在“步长值”中输入的数值以及任何“日期单位”选项将被忽略，它将以选定范围内现有的数据为基础填充空白区域。

本例中我们指定序列产生方式为“行”方式，类型为“等差序列”，步长值为 2 及终止值为 11019，单击“确定”按钮，则在 A5:J5 单元格区域内自动填入 11001、11003、…、11019。

4.4 工作表的管理

4.4.1 工作表的重命名、插入、删除操作

1. 工作表重命名

默认的表名为“Sheet1”等，这样不能很好地反映工作表中的内容，因此在实际的应用中应该为每个工作表取一个明白易懂的名字。下述方法可以用来对工作表重命名：

① 在功能区中选择“开始”→“格式”→“重命名工作表”命令。

② 右击需要改名的工作表标签，然后选择快捷菜单中的“重命名”命令，如图 4-10 所示。

③ 双击需要改名的工作表标签名，当其变为黑底白字时，输入新的名字，按【Enter】键即可。

图 4-10　工作表重命名

2. 插入工作表

一个新建的工作簿只有三个默认的工作表，如果无法满足用户的工作需要，可以通过如下方法添加：

① 在功能区中选择“开始”→“插入”→“插入工作表”命令，则会在当前工作表之前插入新工作表。

② 右击工作表标签名，在弹出快捷菜单中，选择“插入”命令，弹出“插入”对话框，选择工作表类型即可，如图 4-11 和图 4-12 所示。

3. 删除工作表

先选定要删除的工作表标签名。在功能区中选择“开始”→“删除”→“删除工作表”命令。若删除的工作表中包含数据，选择此命令后系统会显示提示。也可选择快捷菜单的“删除”命令删除当前工作表。

图 4-11　插入工作表

图 4-12　“插入”对话框

4.4.2　工作表的移动和复制

通过复制操作，工作表可以在同一个工作簿或者不同工作簿中创建副本；工作表还可以通过移动操作，在同一个工作簿中改变排列顺序，也可以在不同的工作簿间转移。几种常见的移动和复制工作表的方法如下。

1. 在同一个工作簿内移动或复制工作表

（1）工作表移动

单击要移动的工作表标签拖动至合适的新标签位置后放开。

（2）工作表复制

选定要移动的工作表标签，按【Ctrl】键，按住鼠标左键不放，再拖动到合适的新标签位置处放开。

移动或复制工作表也可以通过菜单来完成。选定要移动或复制的工作表后，在功能区中选择“开始”→“格式”→“移动或复制工作表”命令或右击工作表标签名，在快捷菜单中选择“移动或复制工作表”命令，如图 4-13 所示。在对话框中“下列选定工作表之前”列表中选择插入点，单击“确定”按钮即可完成移动操作。如果选择对话框中的“建立副本”复选框，则可完成复制操作。

2. 在不同工作簿之间移动或复制工作表

（1）直接用鼠标拖动

在此种情况下，需要先将两个工作簿同时打开并出现在窗口中。在功能区中选择“视图”→“全部重排”命令，在弹出的“重排窗口”对话框中选择一种排列方式，使打开的多个窗口同时出现，如图 4-14 所示。然后，在一个工作簿中选择要移动或复制的工作表标签，然后直接拖动（移动）或按住【Ctrl】键再拖动（复制）到目的工作簿的标签行中。

图 4-13　“移动或复制工作表”对话框

图 4-14　“重排窗口”对话框

（2）使用菜单操作

将用于移动或复制的工作表作为当前工作表。在功能区中选择“开始”→“格式”→“移动或复制工作表”命令，打开如图 4-13 所示对话框。在“工作簿”列表框中选择用于接收的工作簿名称。若用新的工作簿接收数据，就在“工作簿”列表框中选择“(新工作簿)”。在“下列选定工作表之前”列表框中选择被复制或移动工作表的放置位置。若要执行复制操作，还要选择“建立副本”复选框，否则执行表移动。

4.4.3　工作表窗口的拆分和冻结

工作表窗口的拆分是指将工作表窗口分为几个子窗口，每个子窗口均可显示工作表的不同部分。工作表的冻结是指将工作表窗口的上部或左部固定，不随滚动条移动。

1. 拆分窗口

由于屏幕大小有限，工作表很大时，往往出现只能看到工作表部分数据的情况，如果希望比较对照工作表中相距甚远的数据，可将窗口分成几个部分，在不同的窗口中均可移动滚动条来显示工作表的不同部分，上述功能可通过工作表的拆分来实现。拆分窗口的两种方法如下：

① 菜单命令法：选定作为拆分窗口分割点位置的单元格，在功能区中选择“视图”→“拆分”命令，可以将当前表格区域沿着当前激活单元格的左边框和上边框的方向拆分为 4 个窗格。移动窗格间的两条分隔线可调节窗格大小，每个拆分得到的窗格都是独立的，用户可以根据自己的需要让它们显示同一个工作表不同位置的内容，如图 4-15 所示。

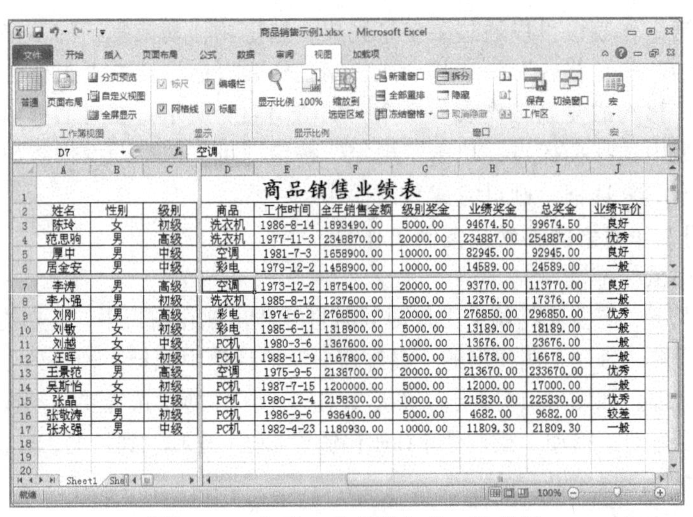

商品销售业绩表

姓名	性别	级别	商品	工作时间	全年销售金额	级别奖金	业绩奖金	总奖金	业绩评价
陈玲	女	初级	洗衣机	1986-8-14	1893490.00	5000.00	94674.50	99674.50	良好
范思响	男	高级	洗衣机	1977-11-3	2348870.00	20000.00	234887.00	254887.00	优秀
厚中	男	中级	空调	1981-7-3	1658900.00	10000.00	82945.00	92945.00	良好
居金安	男	中级	彩电	1979-12-2	1458900.00	10000.00	14589.00	24589.00	一般
李涛	男	高级	空调	1973-12-2	1875400.00	20000.00	93770.00	113770.00	良好
李小强	男	初级	洗衣机	1985-8-12	1237600.00	5000.00	12376.00	17376.00	一般
刘刚	男	高级	彩电	1974-6-2	2768500.00	20000.00	276850.00	296850.00	优秀
刘敏	女	初级	彩电	1985-6-11	1318900.00	5000.00	13189.00	18189.00	一般
刘越	女	中级	PC机	1980-3-6	1367600.00	10000.00	13676.00	23676.00	一般
汪晖	女	初级	PC机	1988-11-9	1167800.00	5000.00	11678.00	16678.00	一般
王景范	男	高级	空调	1975-9-5	2136700.00	20000.00	213670.00	233670.00	优秀
吴斯怡	女	初级	PC机	1987-7-15	1200000.00	5000.00	12000.00	17000.00	一般
张晶	女	中级	PC机	1980-12-4	2158300.00	10000.00	215830.00	225830.00	优秀
张敬涛	男	初级	PC机	1986-9-6	936400.00	5000.00	4682.00	9682.00	较差
张永强	男	中级	PC机	1982-4-23	1180930.00	10000.00	11809.30	21809.30	一般

图 4-15　水平、垂直拆分窗口示意图

根据鼠标定位位置的不同，拆分操作也可能只将表格区域拆分为水平或者垂直的两个窗格。如果单击水平拆分线的下一行的行号或下一行最左列单元格，执行“视图”→“拆分”命令，则为水平拆分；如果单击垂直拆分线右一列的列号或右一列最上方的单元格，执行“视图”→“拆分”命令，则为垂直拆分。

② 鼠标拖动法：在垂直滚动条顶端和水平滚动条右端分别有一个拆分柄，如图 4-16 所示，分别向下、向左拖动拆分柄，可拆分工作表窗口。

要在窗口内去除某条拆分条，可将此拆分条拖到窗口边缘或者在拆分条上双击。要取消整个窗口的拆分状态，可以在 Excel 功能区中选择“视图”→“拆分”命令切换状态。

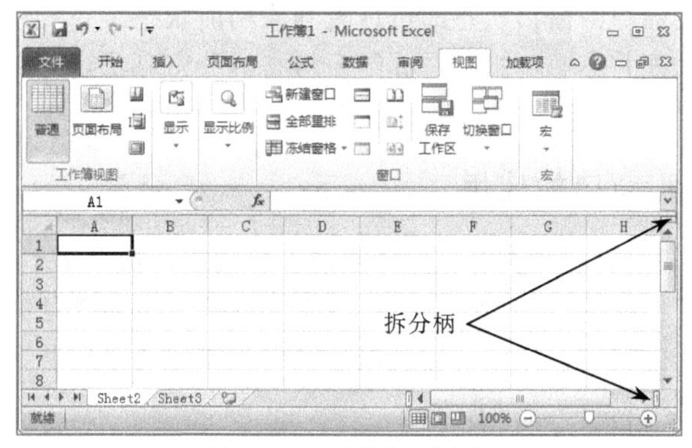

图 4-16　拆分柄示意图

2. 冻结工作表窗口

工作表较大时，由于屏幕大小的限制，往往需要通过滚动条移动工作表来查看其屏幕窗口以外的部分，但有些数据（如行标题和列标题）是不希望随着工作表的移动而消失的。最好能始终保持行标题或列标题在窗口的上部或左部，以便于识别数据，此项功能可通过工作表窗口的冻结来实现。

选定一单元格作为冻结点，在功能区中选择“视图”→“冻结窗格”→“冻结拆分窗格”命令，此时会沿着当前激活单元格的左边框和上边框的方向出现水平和垂直方向的两条黑色冻结线条，将工作表区分为 4 个窗格。

此时，黑色冻结线左侧和上方的所有单元格被冻结，如图 4-17 所示。例如，在本例中沿着水平方向滚动浏览表格内容时，A、B 列冻结区域保持不变且始终可见；而当沿着垂直方向滚动浏览表格内容时，则第 2 行的标题区域保持不变且始终可见。

商品销售业绩表

姓名	性别	级别	商品	工作时间	全年销售金额	级别奖金	业绩奖金	总奖金	业绩评价
陈玲	女	初级	洗衣机	1986-8-14	1893490.00	5000.00	94674.50	99674.50	良好
范思驹	男	高级	洗衣机	1977-11-3	2348870.00	20000.00	234887.00	254887.00	优秀
厚中	男	中级	空调	1981-7-3	1658900.00	10000.00	82945.00	92945.00	良好
居金安	男	中级	彩电	1979-12-2	1458900.00	10000.00	14589.00	24589.00	一般
李涛	男	高级	空调	1973-12-2	1875400.00	20000.00	93770.00	113770.00	良好
李小强	男	初级	洗衣机	1985-8-12	1237600.00	5000.00	12376.00	17376.00	一般
刘刚	男	高级	彩电	1974-6-2	2768500.00	20000.00	276850.00	296850.00	优秀
刘敏	女	初级	彩电	1985-6-11	1318900.00	5000.00	13189.00	18189.00	一般
刘越	女	中级	PC机	1980-3-6	1367600.00	10000.00	13676.00	23676.00	一般
汪晖	女	初级	PC机	1988-11-9	1167800.00	5000.00	11678.00	16678.00	一般
王景范	男	高级	空调	1975-9-5	2136700.00	20000.00	213670.00	233670.00	优秀
吴斯怡	女	初级	PC机	1987-7-15	1200000.00	5000.00	12000.00	17000.00	一般
张晶	女	中级	PC机	1980-12-4	2158300.00	10000.00	215830.00	225830.00	优秀
张敬涛	男	初级	PC机	1986-9-6	936400.00	5000.00	4682.00	9682.00	较差
张永强	男	中级	PC机	1982-4-23	1180930.00	10000.00	11809.30	21809.30	一般

图 4-17　冻结窗口示意图

此外，用户还可以在“冻结窗格”的下拉菜单中选择“冻结首行”或“冻结首列”命令，快速地冻结表格首行或者冻结首列。

用户如果需要变换冻结位置，需要先取消冻结，然后再执行一次冻结窗格操作，但

"冻结首行"或者"冻结首列"不受此限制。

要取消工作表的冻结窗格状态，可以在 Excel 功能区中选择"视图"→"冻结窗格"→"取消冻结窗格"命令，窗口状态即可恢复到冻结前状态。

使用冻结窗格功能并不影响打印。冻结窗格与拆分窗口功能无法在同一工作表上同时使用。

4.4.4 工作表监视窗口的使用

在 Excel 中，如果需要即时查看某些特定的在当前工作窗口中不可见的单元格值时，可以使用 Excel 的"监视窗口"功能，其好处是无须反复滚动或定位到工作表的不同部分就能即时查看数据的变动。使用"监视窗口"可以方便地在大型工作表中检查、审核或确认公式及其计算结果。

在功能区中选择"公式"→"监视窗口"命令，打开如图 4-18 所示窗口，单击"添加监视"按钮，打开"添加监视点"对话框，如图 4-19 所示。将光标定位至"选择您想监视其值的单元格"文本框中，然后选择表格中需要监视的数据，单击"添加"按钮，此时，选中的单元格已被添加到"监视窗口"任务窗格中，如图 4-20 所示。

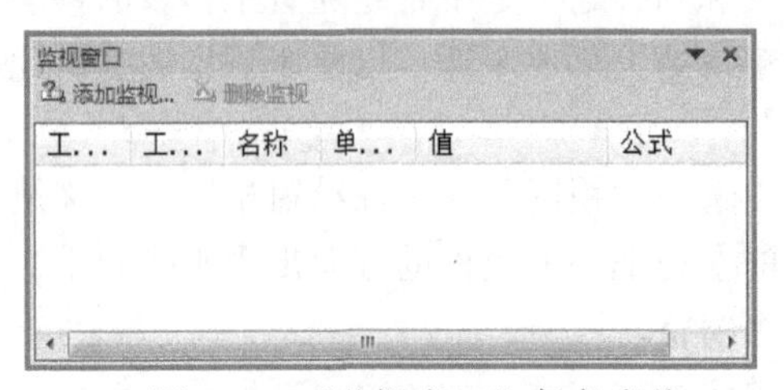

图 4-18 "监视窗口"任务窗格

图 4-19 "添加监视点"对话框

监视窗口

添加监视... 删除监视

工作簿	工作表	名称	单元格	值	公式
工作簿1	Sheet1		R15		
工作簿1	Sheet1		S19		
工作簿1	Sheet1		Q19		

图 4-20 "监视窗口"任务窗格

在滚动查看工作表时，被"监视"的数据在"监视窗口"任务窗格中始终可见。此外，如果对表格中的该数据进行修改，那么"监视窗口"任务窗格中的数据也随之改变。

4.4.5 工作表的保护

保护工作簿功能可以保护工作簿的结构和窗口。保护工作表功能可以防止修改工作表中的单元格、图表、图形对象等。其操作方法为：在功能区中选择"审阅"→"保护工作表"命令，弹出"保护工作表"对话框，如图 4-21 所示。在"允许此工作表的所有用户进行"下方的列表框中选择用户在工作表处于密码保护状态下可进行的操作。

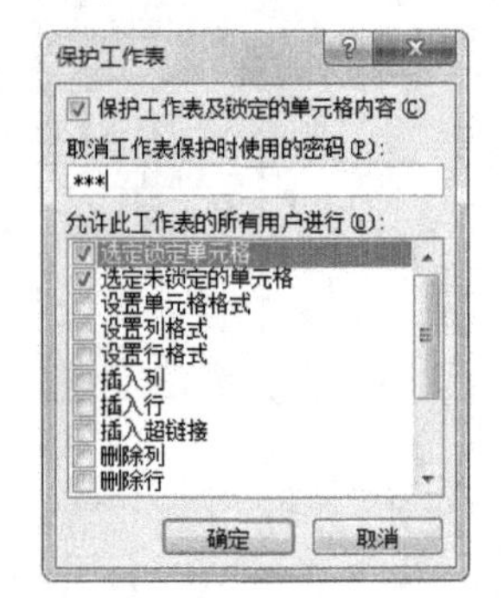

图 4-21 "保护工作表"对话框

4.5 工作表数据的编辑

4.5.1 工作表区域的选择与命名

1. 工作表区域的选择

在 Excel 中进行操作前，首先要正确选定操作的对象，对象包括行、列、单元格及区域等。选定与释放单元格或区域的方法主要有：

① 单击任意一个单元格，选定该单元格。

② 从指定单元格开始拖动鼠标至另一单元格，就选定了以这两个单元格为对角的区域。

③ 当所选区域较大时，可先单击一个起始单元格，然后将鼠标移动到另一单元格，按住【Shift】键再单击该单元格。

④ 单击行号标志或列号标志，可以选定一行或一列。

⑤ 在行号标志或列号标志上拖动鼠标可连续选定若干行或列。

⑥ 单击工作表左上角按钮选定整个工作表。

⑦ 同时选定多个区域时，在选择第二个及以后区域时，先按下【Ctrl】键再选该区域。

⑧ 在编辑栏的“名称”框中，直接输入要选定区域的左上角和右下角单元格地址，中间用“:”隔开，按【Enter】键即可。

⑨ 在所选区域外的任何空白处单击可释放被选定的区域。

2. 工作表区域的命名

实际工作中，为了在工作表中快速定位，或者使一些特殊的单元格更容易记忆，或者在编写公式时对某些单元格的含义更容易理解，用户可对已选定的单元格或区域进行命名。命名区域的名字中，可以是字母、数字或汉字，还可以包括下画线和句号等，但不能有空格，不能以数字开头，不能使用其他单元格的地址，长度不能超过 255 个字符。

（1）使用名称框快速创建名称

如图 4-22 所示，选择 A3:A10 单元格区域，将鼠标定位到“名称框”内，输入“姓名”后按【Enter】键。

（2）在“新建名称”对话框中定义名称

Excel 提供了以下几种打开“新建名称”对话框的方法：

① 在功能区中选择“公式”→“定义名称”命令，弹出“新建名称”对话框，如图 4-23 所示。

② 在功能区中选择“公式”→“名称管理器”命令，弹出“名称管理器”对话框，如图 4-24 所示。单击“新建”按钮。

（3）根据所选内容批量创建名称

可以将一行的最左单元格或最右单元格中的内容指定为这一行的名称；同样，也可以将一列的最上面单元格或最下面单元格中的内容指定为这一列的名称。方法如下：

选定要命名的区域，在功能区中选择“公式”→“根据所选内容创建”命令，在弹出的“以选定区域创建名称”对话框中选择放置名称的单元格位置，如图 4-25 所示。

区域一旦命名，凡可以输入单元格或范围地址的地方都可以被区域名代替。在一个工作簿中名称是唯一的，该名称在工作簿的各个工作表中均可共享。

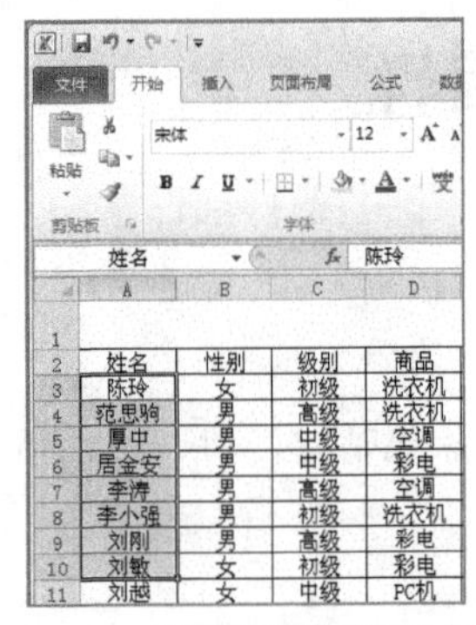

图 4-22　使用名称框定义名称

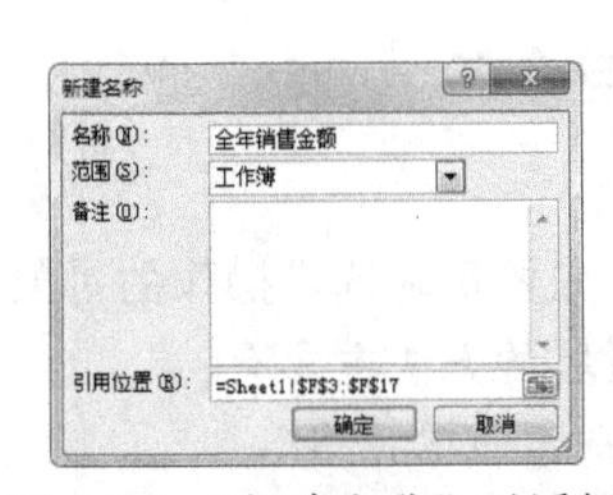

图 4-23　“新建名称”对话框

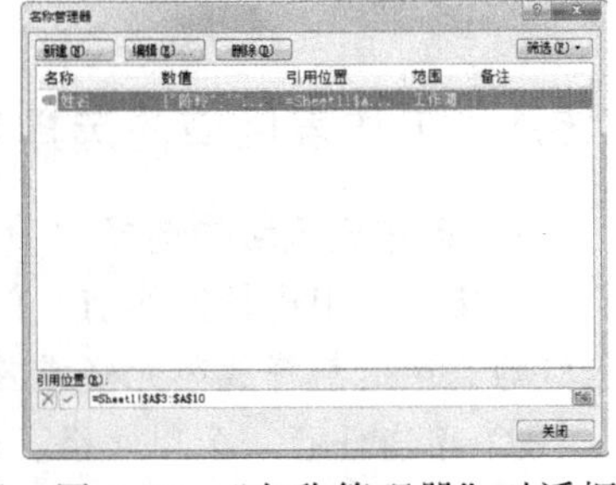

图 4-24　“名称管理器”对话框

商业销售业绩表

姓名	性别	级别	商品	工作时间	全年金额	级别奖金	业绩奖金	总奖金	业绩评价
陈玲	女	初级	洗衣机	1986-8-14	1893490.00	5000.00	94674.50	99674.50	良好
范思驹	男	高级	洗衣机	1977-11-3	2348870.00	20000.00	234887.00	254887.00	优秀
厚中	男	中级	空调	1981-7-3	1658900.00	10000.00	82945.00	92945.00	良好
居金安	男	中级	彩电	1979-12-2	1458900.00	10000.00	14589.00	24589.00	一般
李涛	男	高级	空调	1973-12-2	1875400.00	20000.00	[illegible]	[illegible]	良好
李小强	男	初级	洗衣机	1985-8-12	1237600.00	5000.00	[illegible]	[illegible]	一般
刘刚	男	高级	彩电	1974-6-2	2768500.00	20000.00	[illegible]	[illegible]	优秀
刘敏	女	初级	彩电	1985-6-11	1318900.00	5000.00	[illegible]	[illegible]	一般
刘越	女	中级	PC机	1980-3-6	1367600.00	10000.00	[illegible]	[illegible]	一般
汪晖	女	初级	PC机	1988-11-9	1167800.00	5000.00	[illegible]	[illegible]	一般
王景范	男	高级	空调	1975-9-5	2136700.00	20000.00	[illegible]	[illegible]	优秀
吴斯怡	女	初级	PC机	1987-7-15	1200000.00	5000.00	[illegible]	[illegible]	一般
张晶	女	中级	PC机	1980-12-4	2158300.00	10000.00	[illegible]	[illegible]	优秀
张敏涛	男	初级	PC机	1986-9-6	936400.00	5000.00	4682.00	9682.00	较差
张永强	男	中级	PC机	1982-4-23	1180930.00	10000.00	11809.00	21809.30	一般

图 4-25　根据所选内容批量创建名称

4.5.2　单元格的编辑

1. 单元格的清除和删除

（1）单元格清除

清除针对的对象是单元格中的数据，单元格本身并不受影响。选定要清除的单元格，在功能区中选择“开始”→“清除”命令，在如图 4-26 所示的下拉列表中选择合适的菜单项，就可以完成清除操作。若选定单元格后直接按【Delete】键，效果相当于选择清除“内容”命令。

（2）单元格删除

删除针对的对象是单元格，删除后选取的单元格连同里面的数据将从工作表中消失。选定要删除的单元格，在功能区中选择“开始”→“删除”→“删除单元格”命令，出现如图 4-27 所示对话框，在其中选定删除方式。注意，删除将彻底清除单元格或区域中所包含的一切内容，同时它的操作也会引起整个表格结构的变化。

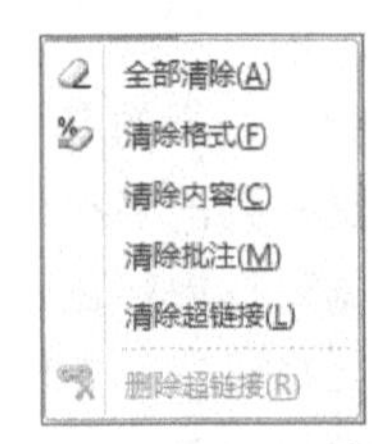

图 4-26　“清除”下拉列表

图 4-27　“删除”对话框

2. 单元格数据的移动、复制

移动和复制数据就是将工作表中某单元格或某区域中的数据移动或复制到同一工作表中另一单元格或另一区域中。如有需要，还可以通过剪贴板将数据移动或复制到另一工作表或另一工作簿中去（注意：在不同工作簿间进行移动或复制时要保证工作簿都处于打开状态），具体方法如下：

① 选定要移动的单元格或区域。

② 在功能区选择“开始”→“剪切”命令（复制时选择“开始”→“复制”命令）。

③ 选定移动到的目的单元格，选择“粘贴”命令，就可以完成移动（或复制）操作。

单元格数据的移动和复制也可以通过鼠标的拖动来完成。选定单元格后，用鼠标拖动完成移动操作，按住【Ctrl】键用鼠标拖动完成复制操作，此种方法比较适合于短距离、小范围的数据复制和移动。

3. 单元格中数据的查找与替换

在一张工作表中，有时候需要快速找出或更改指定的一些数据，如果用人工方式处理将是一件很烦琐的事，若用 Excel 提供的“查找”和“替换”功能则可以快速、准确地完成操作。查找与替换操作可以在一个工作表中进行，也可以在多个工作表中进行。在进行查找与替换操作之前应选定搜索范围。若没有选定范围，则搜索在整个工作表中进行；若选定一个单元格，则范围为当前工作表；如果选定了单元格区域，则搜索在该区域中进行；若选定了多个工作表，则搜索在多个工作表中进行。

（1）查找

选定要查找数据的区域，在功能区中选择“开始”→“查找和选择”命令，弹出如图 4-28 所示对话框。

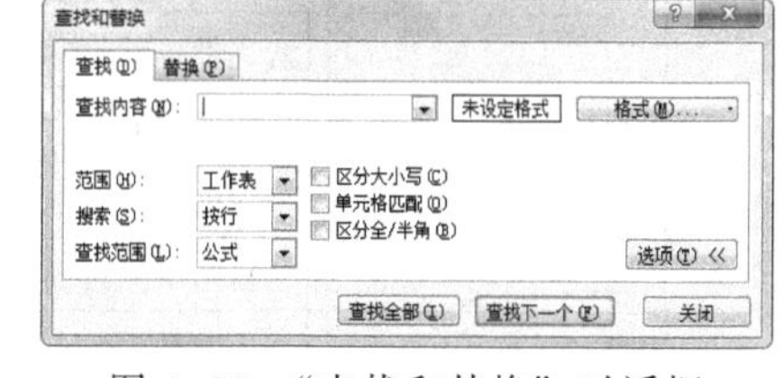

图 4-28 “查找和替换”对话框

在“查找内容”文本框中输入和选择相应的内容，并根据需要设置范围、搜索方式、查找范围、查找和替换格式等选项。

（2）替换

在“查找和替换”对话框中单击“替换”标签，在“查找内容”和“替换为”文本框中输入相应内容，同“查找”一样，可以设置各种需要的替换选项。值得注意的是，在执行“查找和替换”操作时，如果“替换为”文本框中不输入内容，将产生删除查找内容的效果。

4. 单元格、行、列的插入与删除

如果需要在表格中间添加一些内容，可以通过插入行、列或单元格功能实现，插入后的工作表中原有数据位置会自动调整。同样，也能删除多余的行、列或单元格，删除后工作表的后继数据会自动填补。

（1）插入

在功能区中选择“开始”→“插入”命令，在弹出的下拉列表中进行相应的选择，如图 4-29 所示，如需同时插入多行、多列或多个单元格，则要先选择多行、多列或多个单元格，然后执行插入操作。

（2）删除

选定要删除的区域，在功能区中选择“开始”→“删除”命令，在弹出的下拉列表

中进行相应的选择，如图 4-30 所示。

5. 选择性复制单元格属性

一个单元格可以含有多种特性，如内容、格式、批注等。此外，它还可能是一个公式，含有有效规则等。在复制数据时，有些数据特性是需要的，但有些数据特性却是目的数据不需要的，如只想复制结果，而不需要数据格式。另外，复制数据的同时可能还需要进行算术运算、行列转置等。以上这些要求都可以通过选择性粘贴来实现。

选择性粘贴操作步骤为：先将数据复制到剪贴板，再选择待粘贴目标区域中的第一个单元格，在功能区中选择“开始”→“粘贴”→“选择性粘贴”命令，出现如图 4-31 所示“选择性粘贴”对话框，选择相应选项后，单击“确定”按钮完成选择性粘贴。

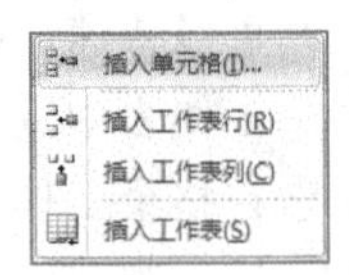

图 4-29 “插入”下拉列表

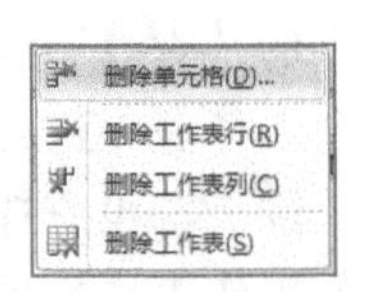

图 4-30 “删除”下拉列表

图 4-31 “选择性粘贴”对话框

“选择性粘贴”对话框中各选项含义如表 4-1 所示：

表 4-1 “选择性粘贴”选项说明表

命令	选　　项	含　　义
粘贴	全部	默认设置，将源单元格所有属性都粘贴到目标区域中
	公式	只粘贴单元格公式而不粘贴格式、批注等
	数值	只粘贴单元格中显示的内容，而不粘贴其他属性
	格式	只粘贴单元格的格式，而不粘贴单元格内实际内容
	批注	只粘贴单元格的批注，而不粘贴单元格的实际内容
	有效数据	只粘贴源区域中的有效数据规则
	边框除外	只粘贴单元格的值和格式等，但不粘贴边框
	列宽	将某个列宽或列的区域粘贴到另一个列或列的区域
	公式和数字格式	仅从选中的单元格粘贴公式和所有数字格式属性
	值和数字格式	仅从选中的单元格粘贴值和所有数字格式属性
运算	无	默认设置，不进行运算，用源单元格数据完全取代目标区域中数据
	加	源单格中数据加上目标单元格数据再存入目标单元格
	减	源单元格中数据减去目标单元格数据再存入目标单元格
	乘	源单元格中数据乘以目标单元格数据再存入目标单元格
	除	源单元格中数据除以目标单元格数据再存入目标单元格
其他	跳过空单元	避免源区域的空白单元格取代目标区域的数值，即源区域中空白单元格不被粘贴
	转置	将源区域的数据行列交换后粘贴到目标区域
	粘贴链接	将被粘贴数据链接到活动工作表

4.6 工作表的格式化

Excel 提供了丰富的格式化命令和方法，利用这些命令和方法对工作表布局和数据进行格式化处理，可以使得表格更加美观、数据更易于阅读。

单元格的样式外观主要包括数据显示格式、字体样式、文本对齐方式、边框样式以及单元格颜色等。一般可采用自定义格式化、套用表格格式、格式复制及样式等方法实现。

4.6.1 自定义格式化

对单元格进行格式设置，可以通过“功能区命令组”“浮动工具栏”“设置单元格格式”对话框等多种方法来完成。

- 功能区命令组：Excel 的“开始”选项卡功能区提供了多个命令组用于设置单元格格式。包括“剪贴板”“字体”“对齐方式”“数字”“样式”“单元格”“编辑”等，如图 4-32 所示。

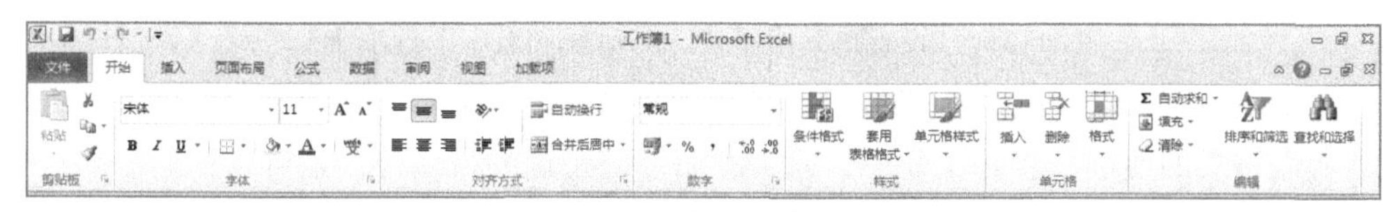

图 4-32　功能区命令组

- “浮动工具栏”：选中单元格，右击后会弹出快捷菜单，在快捷菜单上方会同时出现“浮动工具栏”，其中包括常用的单元格格式设置命令，如图 4-33 所示。
- “设置单元格格式”对话框：在“开始”选项卡中，单击“字体”“对齐方式”等命令组右下角的“对话框启动器”按钮，可打开“设置单元格格式”对话框，或者在任意单元格中右击，在弹出的快捷菜单中选择“设置单元格格式”命令，结果如图 4-34 所示。

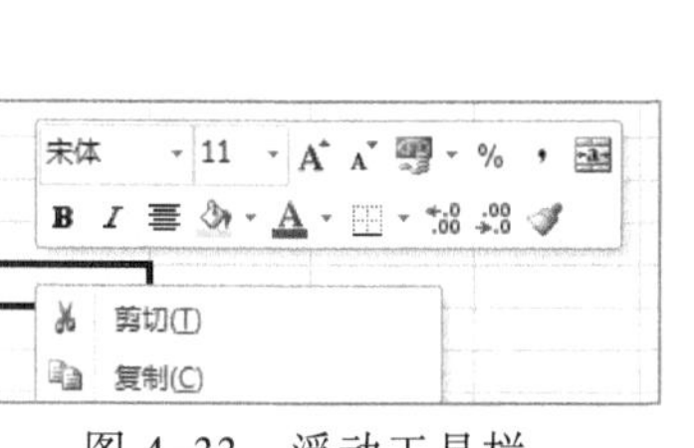

图 4-33　浮动工具栏

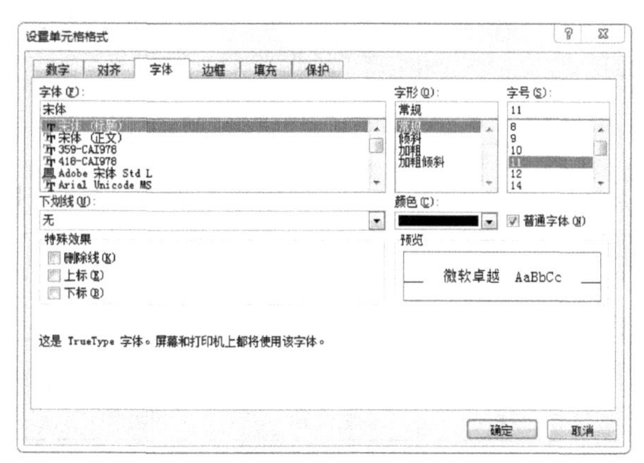

图 4-34　“设置单元格格式”对话框

1. 数字格式的设置

Excel 为数据提供了多种数字格式，如：常规、数值、货币、分数、时间等。默认的数字格式是常规格式。常规格式在很多情况下都无法反映出数字的特点。如果能为单元格中的数据加上诸如货币符号“$”、百分号“%”等修饰符就可以很好地表达数据的特性。“设置单元格格式”对话框中的“数字”选项卡，用于对单元格中的数字格式化，如图 4-35。对话框左边的“分类”列表框分类列出数字格式的类型，右边显示该类型的格式。

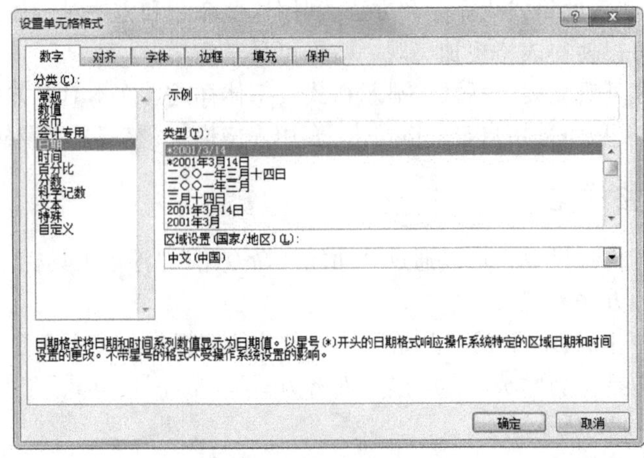

图 4-35 “设置单元格格式”对话框“数字”选项卡

在图 4-35 中的“分类”列表框最后列出的“自定义”格式分类为用户提供了自行设计所需格式的便利。实际工作中，除了利用系统预设的格式外，还可以根据需要自行设置单元格格式，Excel 常用的数据格式定义符及其说明如表 4-2 所示。

表 4-2 数据格式定义符及其说明

格式化符号	说明
G/通用格式	未格式化单元使用的默认格式，在列宽允许的情况下，尽可能地显示数字的精度，对于大数值或很小的数值使用科学计数格式
#	数字位置标识符，只显示有意义的数字而不显示无意义的零，当数字的小数点两边的数字个数比格式中指定的“#”数少时，并不显示增加的零。例如，定义格式代码为####,##.，则 1234.567 显示为 1234.57。而 123.4 显示为 123.4
0	数字位置标志符。用以指定小数点两边的位数。与 # 不同的地方是当小数点右边的数字位数比 0 个数少时，少的位数会用“0”补足。例如，定义格式代码为 0.00，则 0.567 显示为 0.57，而 0.3 则显示为 0.30
?	数字位置标志符，规则与 0 相同，格式化数据以小数点对齐
.	小数点。用以标出小数点的位置，小数点前后的位数由数字位置标志符的位数确定
%	将单元格的值乘以 100，并以百分数形式显示，例如 123.456 显示为 12345.6%
,	逗号用作千分位分隔符，只需要在第一节千位的位置标出。如定义格式代码为 #，###，则 1234567 显示为 1,234,567
_	下画线。用来使跟在下画线后面的字符跳进一个字符的宽度。例如，在一个数据格式的末尾输入“_)”将留出等于右括号的宽度，这个特性可使正数和括号内的负数对齐
:，¥，$，¢，£，−，+，(，)，空格	可直接输入到格式中并按其通常意义使用
*字符	用*后面的字符填充剩余的列宽
;	用于自定义格式不同部分之间的分隔，如正数格式、负数格式
[颜色]	用指定的颜色格式化单元格内容，颜色代码必须是格式定义代码部分的第一项

2．对齐方式的设置

单元格中的数据通常具有不同的数据类型，在默认的情况下，Excel 根据输入单元格的数据类型自动采用某种默认的对齐方式，例如文字左对齐，数值右对齐，逻辑值和错误值居中对齐等。如果需要调整默认的对齐方式，可以利用“设置单元格格式”对话框中的“对齐”选项卡来完成，如图 4-36 所示。

设置对齐方式，首先要选中需要设置对齐方式的单元格。如果设置的对齐方式是“左对齐”“居中对齐”“右对齐”或“合并及居中”等常用对齐方式，可以直接通过功能区中的“对齐方式”命令组完成。其他更多的对齐方式，可通过“对齐”选项卡进行设置。

“对齐”选项卡中“文本对齐”框包括水平对齐和垂直对齐两个下拉列表框，用户可在此选择合适的水平或垂直对齐方式。“文本控制”框中的复选框，用以解决单元格中文字较长而被“截断”显示的问题。

- 自动换行：根据单元格的列宽对输入的文本自动换行。
- 缩小字体填充：减小单元格中字符字体的大小，使数据的宽度与列宽相同。
- 合并单元格：将多个单元格合并为一个单元格，并与“水平对齐”列表框的“居中”选项结合，一般用于标题的对齐设置。

“方向”框中左侧的“文本”竖框选定后，用于单元格文本的竖排显示；而右侧的指针用于改变单元格中横排文本的旋转角度，旋转角度的变化范围为-90°～90°。

各种对齐格式的示例，如图 4-37 所示。

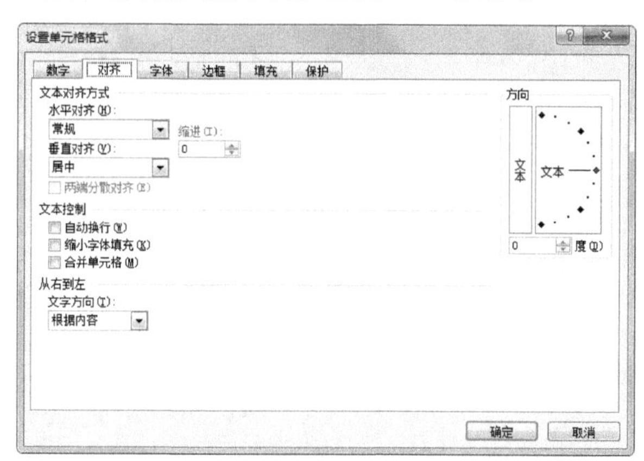

图 4-36 “设置单元格格式”对话框“对齐”选项卡

	A	B	C
1	水平对齐	垂直对齐	方向
2	左对齐	靠上	正45度
3	居中对齐	居中对齐	垂直
4	右对齐	靠下	负45度
5	填充填充填充	两端对齐	
6	两端对齐	分散对齐	
7	跨列居中		
8	分 散 对 齐		
9			

图 4-37 文本对齐方式示例

3．字体格式的设置

设置数据显示时的字体格式、字体大小、字体颜色及字形等，各项含义和设置方法与 Word 相似，在此不再赘述。

4．边框和底纹的设置

在默认情况下，Excel 的表格线都是统一的淡虚线，而且没有表格边框线明确标示表格的实际范围。为使工作表便于阅读，突出重要数据，可以通过“设置单元格格式”→“边框”（或“填充”）命令，为表格添加各种类型的边框和底纹效果。

（1）边框设置

先选定单元格区域，选择“开始”→“格式”→“设置单元格格式”→“边框”命令，根据需要设置边框格式，如图 4-38 所示。

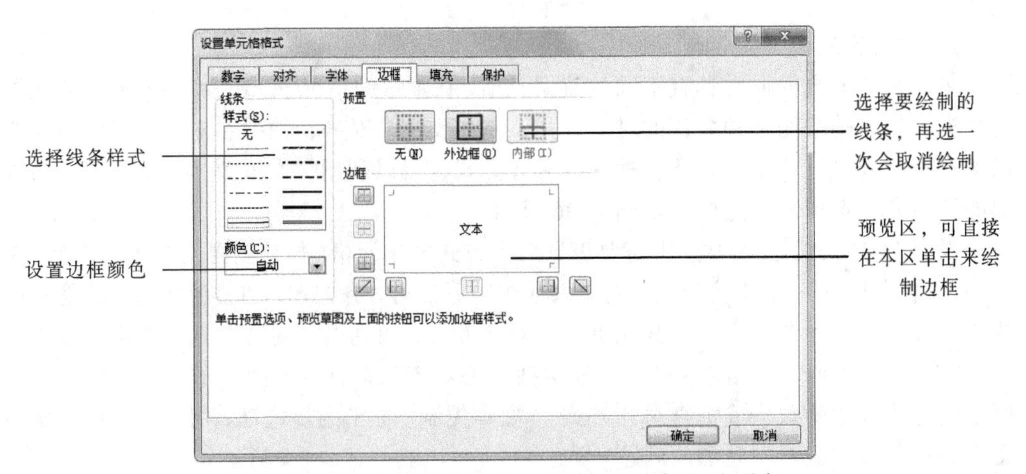

图 4-38 “设置单元格格式”对话框“边框”选项卡

（2）底纹设置

先选定单元格区域，选择“开始”→“格式”→“设置单元格格式”→“填充”命令，可为不同的选区设置不同颜色的底纹（背景），如图 4-39 所示。

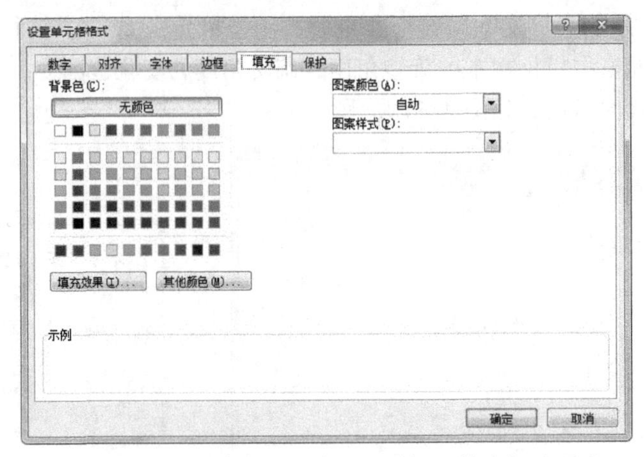

图 4-39 “设置单元格格式”对话框“填充”选项卡

5. 行高和列宽的设置

当用户建立工作表的时候，所有单元格具有相同的宽度和高度。如果需要调整，可通过如下方式进行。

（1）精确设置行高和列宽

设置行高前，先选定目标行（单行或者多行）整行或者行中单元格，在功能区中选择“开始”→“格式”→“行高”命令，在弹出的“行高”对话框中输入需要设定的行高的具体值，如图 4-40 所示。设置列宽的方法与此类似。

另一种方法是在选定行或者列后右击，在弹出的快捷菜单中选择“行高”（或者“列宽”）命令，然后进行相应的操作。

（2）直接改变行高和列宽

除了使用菜单命令精确设置行高和列宽的方法以外，还可以直接在工作表中通过鼠标拖动来改变行高和列宽。

在工作表中选中单列或者多列，将鼠标指针指向选中列和与其相邻的列标签之间，此时鼠标指针变为一个黑色双向箭头，按住鼠标左键并向左或向右拖动至所需列宽即可，如图 4-41 所示。设置行高的方法与此类似。

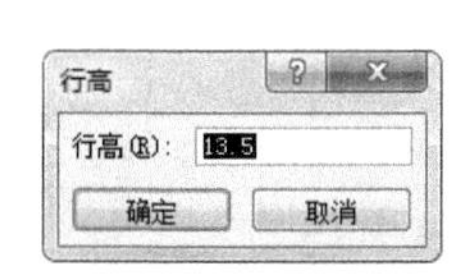

图 4-40 “行高”对话框

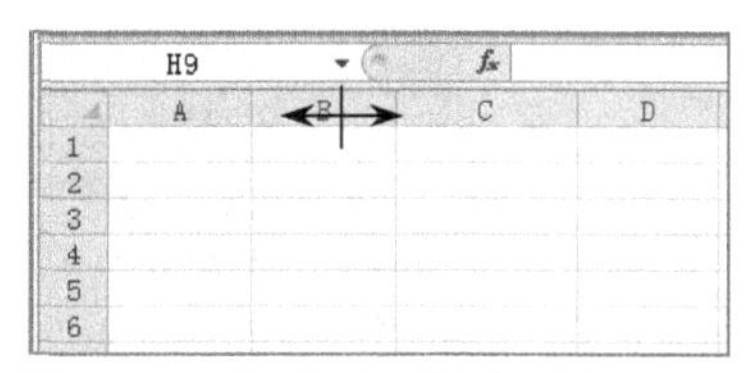

图 4-41 拖动鼠标设置列宽示意图

注意对行高和列宽数值单位的理解，行高的单位是磅，1 磅近似等于 1/72 英寸（即 0.35 毫米），列宽的单位是字符，约等于一列所能容纳的数字字符个数。另外，直接用鼠标拖动改变行高和列宽时显示的数值单位是像素。

6. 条件格式

条件格式是 Excel 的突出特性之一。运用条件格式，用户可以预置一种单元格格式或者单元格内的图形效果，并在指定的某种条件被满足时自动应用于目标单元格。使得用户在使用工作表时，可以更快、更方便地获取重要的信息。可预置的单元格格式包括边框、底纹、字体颜色等，单元格图形效果包括“数据条”“色阶”“图标集”等。

（1）基于图形效果设置条件格式

Excel 在条件格式功能中提供了“数据条”“色阶”和“图标集”3 种单元格图形效果样式。例如，在学生成绩表中，运用“数据条”直观地反映成绩的高低情况。操作步骤如下。

① 选中需要设置条件格式的单元格区域，如 B2:D8 单元格区域。

② 在功能区中选择“开始”→“条件格式”→“数据条”命令。

③ 在展开的选项菜单中，选中“浅红色数据条”样式，效果如图 4-42 所示。

数据条的长短可以直观地反映数据值的大小。其他图形效果的条件格式，如“色阶”和“图标集”的使用方法与此类似。

	A	B	C	D
1	姓名	计算机	英语	数学
2	张定波	96	78	67
3	吴斯奇	67	81	87
4	王道乐	45	89	67
5	刘建国	88	52	90
6	李如宜	56	67	83
7	杨科	92	88	72
8	宋海涛	66	77	56

图 4-42 设置“浅红色数据条”条件格式样式

（2）基于各类特征设置条件格式

除了上述基于图形效果的条件格式外，Excel 还提供了多种基于特征值设置的条件格式，例如可以按大于、小于、等于、包含、发生日期、重复值等特征突出显示单元格，也可以按大于或小于前 10 项或 10%、高于或低于平均值等项目要求突出显示单元格。

例如，在学生成绩表中，将 90 分以上的成绩前添加“小红旗”来突出显示，不及格的成绩用红色标识。操作步骤如下。

① 选择需要设置条件格式的 B2:D8 单元格区域。

② 在功能区中选择“开始”→“条件格式”→“新建规则”命令，弹出“新建格式规则”对话框。

③ 选择“基于各自值设置所有单元格的格式”。

④ 在“格式样式”下拉列表中，选择“图标集”。在第一个“图标”下拉列表中选

择“小红旗”，当值是输入“>=”和“90”，类型选择“数字”，其余两个图标选择“无单元格图标”。设置如图 4-43 所示。

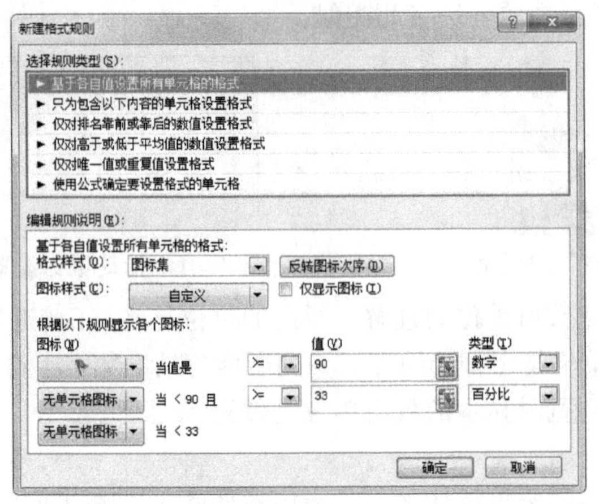

图 4-43　基于各自值设置所有单元格的格式

⑤ 选择“只为包含以下内容的单元格设置格式”。

⑥ 在“编辑规则说明”中选择“单元格值”为“<”和“60”，颜色设置为红色。效果如图 4-44 和图 4-45 所示。

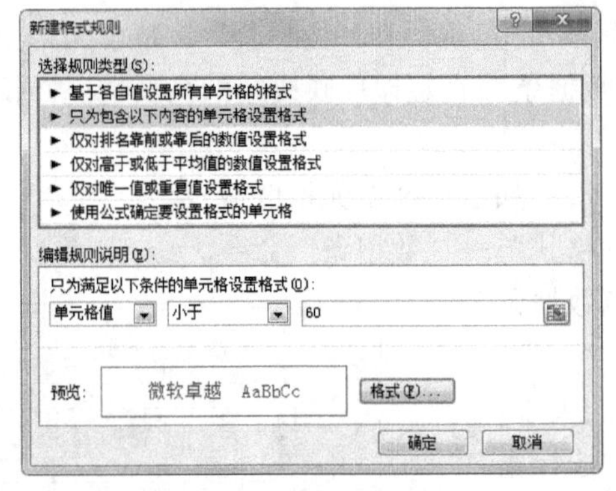

图 4-44　只为包含以下内容的单元格设置格式

	A	B	C	D
1	姓名	计算机	英语	数学
2	张定波	96	78	67
3	吴斯奇	67	81	87
4	王道乐	45	89	67
5	刘建国	88	52	90
6	李如宜	56	67	83
7	杨科	92	88	72
8	宋海涛	66	77	56

图 4-45　基于特征值设置条件格式

7. 数据有效性

数据有效性通常用来限制单元格中输入数据的类型和范围，防止用户输入无效数据。此外，用户还可以使用数据有效性定义帮助信息。数据有效性的设置主要包括设置整数或小数的有效性、设置序列、设置日期或时间有效性、设置文本长度的有效性、设置输入提示信息及设置出错警告等。

例如，在工资表中，限制“职称”列的数据输入范围为“教授、副教授、讲师、工程师”，当超出范围时，提示警告信息“职称输入不正确!”。操作步骤如下。

① 选择要设置数据有效性的单元格或单元格区域，如 C2:C10 单元格区域。

② 在功能区中选择“数据”→“数据有效性”→“设置”命令，在“允许”下拉列表框中选择“序列”。在“来源”编辑框中手动输入序列内容，注意要以半角逗号分隔各项，或者直接引用工作表中的现有序列数据，如图 4-46 所示。

③ 选择“出错警告”选项卡，在“样式”下拉列表框中选择“停止”，在“标题”

和“错误信息”框中分别输入“提示:”和“职称输入不正确!”,如图 4-47 所示。

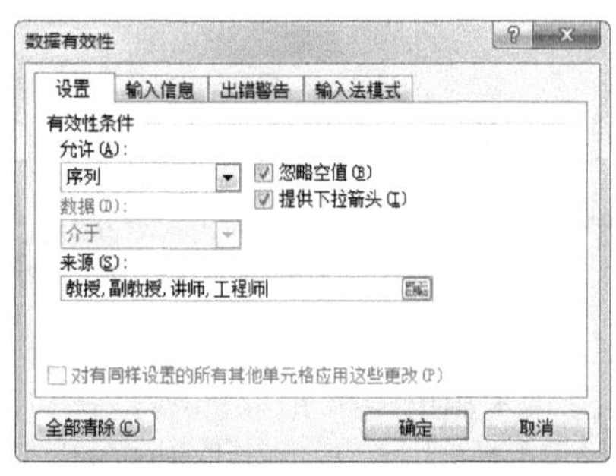

图 4-46 设置“序列”条件

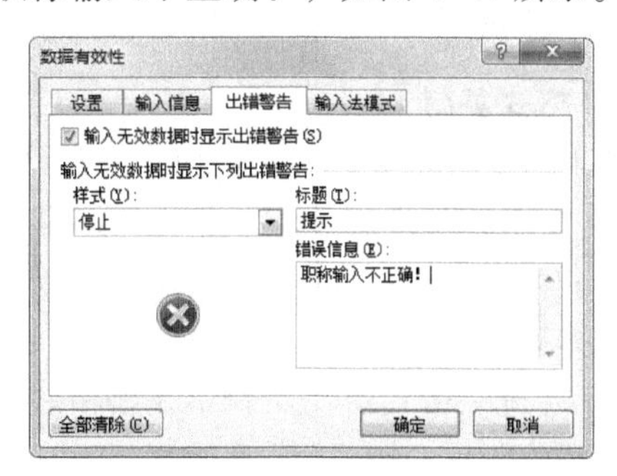

图 4-47 设置“警告”信息

4.6.2 套用表格格式

Excel 2010 的“套用表格格式”功能提供了 60 种表格格式,为用户格式化数据表提供了丰富的选择。操作步骤如下。

① 选中数据表中的任意单元格,在功能区中选择“开始”→“套用表格格式”命令。

② 在展开的下拉列表中,选择需要的表格格式,如图 4-48 所示。

③ 在弹出的“套用表格格式”对话框中确认引用范围,单击“确定”按钮,数据表被创建为“表格”并应用了格式。

④ 在功能区中选择“设计”→“转换为区域”命令,在打开的对话框中,单击“确定”按钮,“表格”将被转换为保留格式的普通数据表。

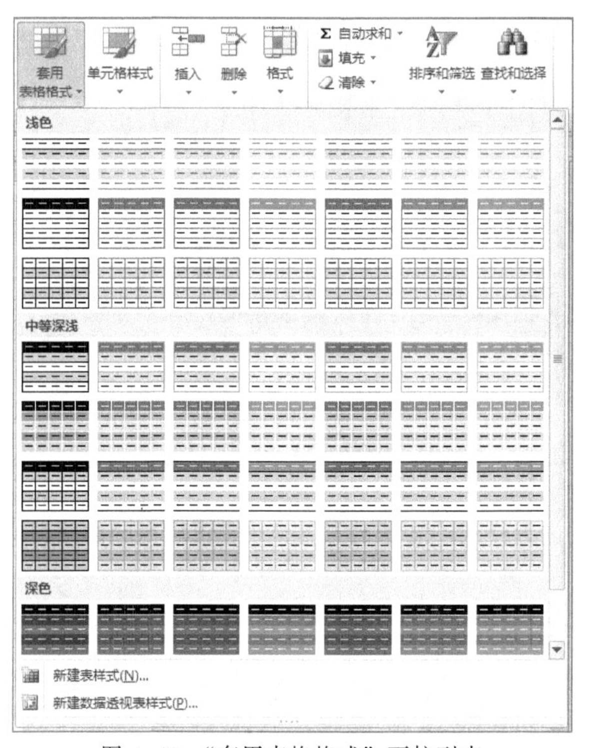

图 4-48 “套用表格格式”下拉列表

4.6.3 其他格式设置方法

1. 格式复制

如果需要将现有的单元格格式复制到其他单元格区域，常用方法如下。

① 复制粘贴格式：选定格式来源的单元格或区域，在功能区中选择“开始”→“复制”命令，然后选定目标区域，选择“开始”→“粘贴”→“其他粘贴选项”命令，在其中选择%选项。

② 通过“格式刷”复制单元格格式：选定格式来源的单元格或区域，在功能区中选择“开始”→“格式刷”( )，这时光标变成刷子图形，用此刷子拖动到目标区域即可。双击“格式刷”按钮，可在多处使用该格式。

2. 使用样式

样式是指一组特定的单元格格式组合。使用样式可以快速、规范地对需要相同格式的单元格或区域进行格式化。

（1）应用内置样式

Excel 内置了一些典型的样式，用户可以直接套用这些样式来快速设置单元格格式。操作步骤如下。

① 选中目标单元格或区域，在功能区中选择“开始”→“单元格样式”命令，弹出单元格样式下拉列表，如图 4-49 所示。

② 在样式列表库中移动鼠标，选择需要的样式。

如果希望修改某个内置样式，可以在该样式名称上右击，在弹出的快捷菜单中选择“修改”命令。在打开的“样式”对话框中，根据需要对相应样式的“数字”“对齐”“字体”“边框”“填充”“保护”等格式进行修改。

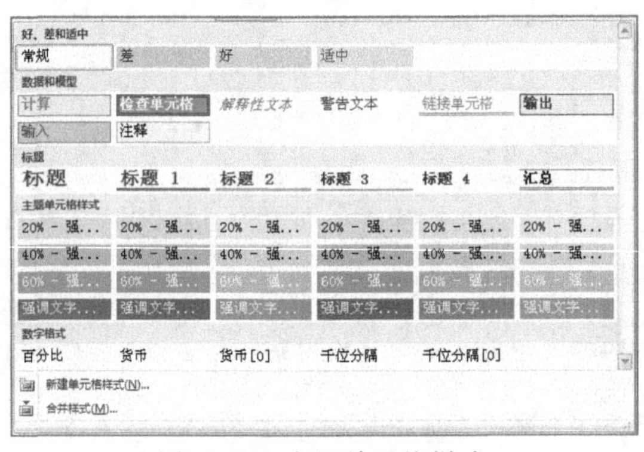

图 4-49 内置单元格样式

（2）自定义样式

如果系统提供的内置样式不能满足需要，用户可以自己创建新的样式。操作步骤如下。

① 在功能区中选择“开始”→“单元格样式”→“新建单元格样式”命令，弹出“样式”对话框。

② 在“样式名”框中输入样式的名称，如“销售金额”，单击“格式”按钮，弹出“设置单元格格式”对话框，按要求进行单元格格式设置。

新建自定义样式后，在样式下拉列表库上方会出现“自定义”样式区，其中包括新建的自定义样式的名称，如图 4-50 所示。

值得注意的是，建立新样式时，只能将该新样式应用于建立该样式的工作簿，并将与当前工作簿一起存盘，这样的新样式不会出现在其他工作簿中。但如果选择功能区中的“开始”→“单元格格式”→“合并样式”命令，可以将其他打开工作簿中定义的样式复制或合并到当前工作簿中使用。

删除样式时，在如图 4-49 所示的样式库中，选择需要删除的样式，右击后在弹出的快捷菜单中选择“删除”。

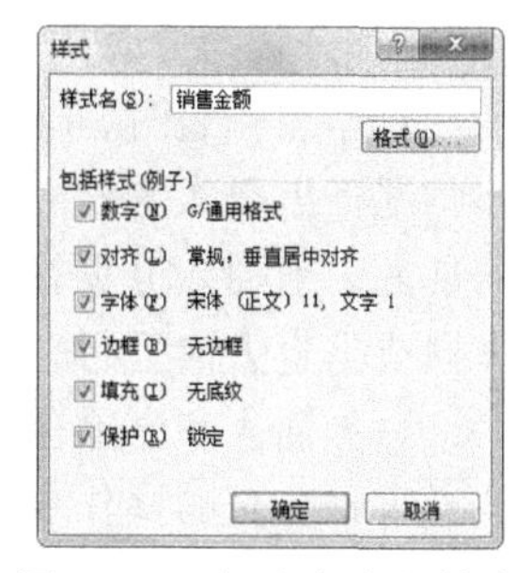

图 4-50　新建自定义样式

4.7　工作表的打印

当制作好工作表后，通常要做的下一步工作就是把它打印输出。利用 Excel 2010 提供的页面设置、打印区域设置、打印预览等打印功能，可以对制作好的工作表进行各种相关打印设置、美化打印效果。本节将介绍打印工作表的相关操作。

4.7.1　设置打印区域和分页

1. 设置打印区域

如果仅需打印工作表的一部分，可在表中选定这一区域；如果同时打印多个不连续的区域，可使用【Ctrl】键与鼠标的配合来选定这些不连续的区域，被选定的区域将被分别打印在不同的页上。区域选择不是必须的，如打印整个工作表时可不进行区域的选择。打印具体操作如下：

先选择要打印的区域，然后在功能区中选择“页面布局”→“打印区域”→“设置打印区域”命令，即可设定打印区域，此时该区域边框上出现虚线，如图 4-51 所示。打印时只有被选定的区域中的数据被打印。工作表保存后，再打开时设定的打印区域仍然有效。

打印区域的改变可通过选择“页面布局”→“打印标题”命令，在弹出的对话框中选择“工作表”选项卡，在“打印区域”编辑栏中设置新的打印区域，如图 4-52 所示。如果要取消打印区域的设置，可以在功能区中选择“页面布局”→“打印区域”→“取消打印区域”命令即可。

商品销售业绩表

姓名	性别	级别	商品	工作时间	全年销售金额	级别奖金	业绩奖金	总奖金	业绩评价
陈玲	女	初级	洗衣机	1986-8-14	1893490.00	5000.00	94674.50	99674.50	良好
范思驹	男	高级	洗衣机	1977-11-3	2348870.00	20000.00	234887.00	254887.00	优秀
厚中	男	中级	空调	1981-7-3	1658900.00	10000.00	82945.00	92945.00	良好
居金安	男	中级	彩电	1979-12-2	1458900.00	10000.00	14589.00	24589.00	一般
李涛	男	高级	空调	1973-12-2	1875400.00	20000.00	93770.00	113770.00	良好
李小强	男	初级	洗衣机	1985-8-12	1237600.00	5000.00	12376.00	17376.00	一般
刘刚	男	高级	彩电	1974-6-2	2768500.00	20000.00	276850.00	296850.00	优秀
刘敏	女	初级	彩电	1985-6-11	1318900.00	5000.00	13189.00	18189.00	一般
刘越	女	中级	PC机	1980-3-6	1367600.00	10000.00	13676.00	23676.00	一般
汪晖	女	初级	PC机	1988-11-9	1167800.00	5000.00	11678.00	16678.00	一般
王景范	男	高级	空调	1975-9-5	2136700.00	20000.00	213670.00	233670.00	优秀
吴斯怡	女	初级	PC机	1987-7-15	1200000.00	5000.00	12000.00	17000.00	一般
张晶	女	中级	PC机	1980-12-4	2158300.00	10000.00	215830.00	225830.00	优秀
张敬涛	男	初级	PC机	1986-9-6	936400.00	5000.00	4682.00	9682.00	较差
张永强	男	中级	PC机	1982-4-23	1180930.00	10000.00	11809.30	21809.30	一般

图 4-51　打印区域和分页示例图

图 4-52　页面设置对话框

2. 分页与分页预览

打印工作表时，Excel 会自动根据设置的纸张大小、边框等自动为工作表分页。但大多情况下需要人为设置。例如有时本该显示在一页上的信息却输出在不同的页上，这时需要人为地插入分页符，强迫 Excel 将信息输出在同一页上。插入分页符时可以按水平方向或垂直方向进行，分页符在屏幕上是以粗体虚线的方式显示的。

（1）插入和删除分页符

水平分页的操作步骤为：单击要另起一页的起始行号（或选择该行最左边单元格），在功能区中选择“页面布局”→“分隔符”→“插入分页符”命令，此时起始行上端产生一条水平虚线表示分页成功。

垂直分页时必须单击另起一页的起始列号（或选择该列最上端单元格），分页成功后将在该列左边产生一条垂直分页线。

如果选择的不是最左或最上的单元格，插入分页符将在该单元格上方和左侧个产生一条分页虚线。

删除分页符可选择分页虚线的下一行或右一列的任一单元格，选择“页面布局”→“分隔符”→“删除分页符”命令即可。此外，选中整个工作表，然后选择“页面布局”→“分隔符”→“重设所有分页符”命令可删除工作表中所有人工分页符。注意，系统自动设置的分页符是删除不掉的。

（2）分页预览

分页预览功能可直接查看工作表分页情况，仍可像平常一样编辑工作表，直接改变设置的打印区域大小和调整分页符位置。

分页后选择“视图”→“分页预览”命令。可进入分页预览视图，如图 4-53 所示。

	A	B	C	D	E	F	G	H
1	商业销售业绩表							
2	姓名	性别	级别	商品	工作时间	全年金额	级别奖金	业绩奖金
3	陈玲	女	初级	洗衣机	1986-8-14	##########	5000.00	94674.50
4	范思驹	男	高级	洗衣机	1977-11-3	##########	20000.00	234887.00
5	厚中	男	中级	空调	1981-7-3	##########	10000.00	82945.00
6	居金安	男	中级	彩电	1979-12-2	##########	10000.00	14589.00
7	李涛	男	高级	空调	1973-12-2	##########	20000.00	93770.00
8	李小强	男	初级	洗衣机	1985-8-12	##########	5000.00	12376.00
9	刘刚	男	高级	彩电	1974-6-2	##########	20000.00	276850.00
10	刘敏	女	初级	彩电	1985-6-11	##########	5000.00	13189.00
11	刘越	女	中级	PC机	1980-3-6	##########	10000.00	13676.00
12	汪晖	女	初级	PC机	1988-11-9	##########	5000.00	11678.00
13	王景范	男	高级	空调	1975-9-5	##########	20000.00	213670.00
14	吴斯怡	女	初级	PC机	1987-7-15	##########	5000.00	12000.00
15	张晶	女	中级	PC机	1980-12-4	##########	10000.00	215830.00
16	张敬涛	男	初级	PC机	1986-9-6	936400.00	5000.00	4682.00
17	张永强	男	中级	PC机	1982-4-23	##########	10000.00	11809.00

图 4-53 分页预览视图

分页预览视图中蓝色粗实线表示分页情况，如果事先设置了打印区域，那么蓝色粗边框框住了所有打印区域的数据，非打印区域为深色背景，打印区域为浅色背景。分页预览时可以设置、取消打印区域；插入、删除分页符。若要改变打印区域大小，可将鼠标移到打印区域的边界上，指针变为双箭头，鼠标拖动即可改变打印区域大小，此外，预览时还可直接调整分页符的位置，将鼠标指针移动分页实线上，指针变为双箭头时，鼠标拖动可调整分页符的位置。

4.7.2 页面设置

Excel 具有默认的页面设置，用户可以直接打印工作表。如有特殊需要，可在功能区中选择“页面布局”→“打印标题”命令，出现如图 4-54 所示对话框，在其中进行有关的设置。

1. 页面

“页面”选项卡用于设置页面方向、缩放比例、纸张大小、打印质量和打印起始页码。其中，“方向”和“纸张大小”同 Word 的页面设置。“缩放”用于放大或缩小打印工作表，其“缩放比例”允许在 10%～400%之间变化，100%为正常大小。“调整为”表示把工作表拆分为几部分打印，如调整为“3 页宽”“2 页高”表示水平方向截为 3 部分，垂直方向截为 2 部分，共分 6 页打印。打印质量以分辨率表示（每英寸打多少点），数字越大则打印质量越好。

2. 页边距

“页边距”选项卡用于设置上、下、左、右边距的大小，页眉/页脚的高度及工作表在页面上水平或垂直方向的居中输出效果，如图 4-55 所示。注意如果没有设置水平或垂直居中输出方式，则工作表有时候会看起来显得不平衡，因为，在默认情况下，Excel 是按左边距在页面的顶部显示工作表的，因此，将工作表居中可以得到一种比较专业的外观效果。另外，在设置的时候，页眉和页脚距上下两边的距离应小于在“上边距、下边距”设置中设定的尺寸，否则页眉/页脚将与正文重合。

图 4-54 “页面”选项卡

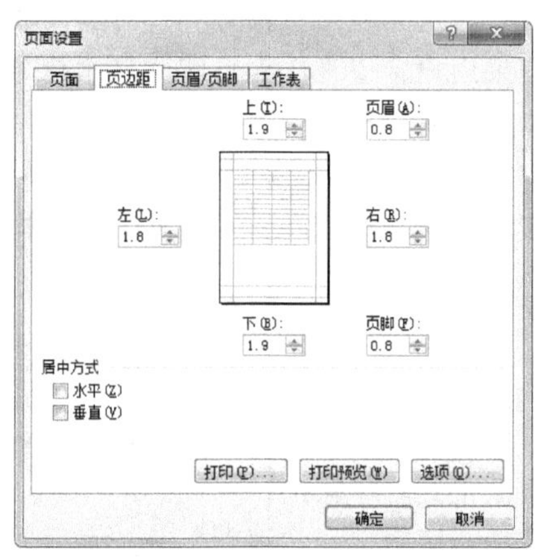

图 4-55 “页边距”选项卡

3. 页眉/页脚

“页眉/页脚”选项卡用于创建页眉/页脚内容，如图 4-56 所示。Excel 允许用户指定一个在每个打印页面上显示的标准页眉和页脚。用户可以从一系列预定义值中进行选择，或者通过单击“自定义页眉”或“自定义页脚”按钮创建自己的页眉和页脚。

“自定义页眉”或“自定义页脚”对话框中有三部分（编辑框），允许用户指定左对齐、居中、右对齐的三种页眉或页脚。用户还可以插入特殊的变量，显示当前的页码、页数、日期、时间、文件路径、工作簿名、工作表名和图片等，如图 4-57 所示。

图 4-56 “页眉/页脚”选项卡

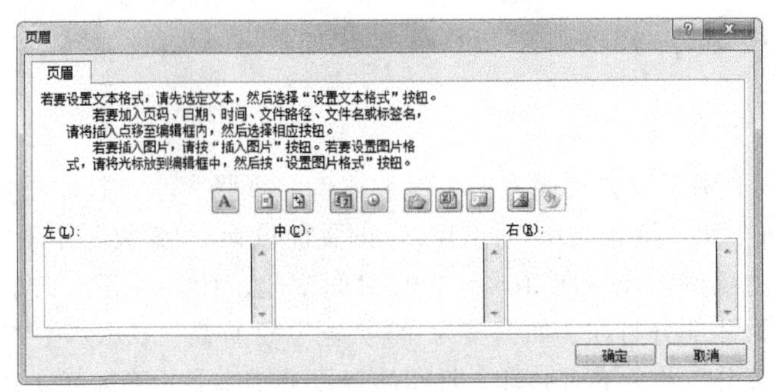

图 4-57　自定义“页眉”对话框

4. 工作表

“工作表”选项卡用于设置打印区域、打印标题、打印网格线或行标列标、打印顺序等，如图 4-52 所示。

当工作表较大需分成多页打印时，会出现除第一页外其余页要么看不见列标题、要么看不见行标题的情况。“顶端标题行”和“左端标题列”用于指出在各页上端和左端打印的行标题与列标题，便于对照数据。“先列后行”规定垂直方向先分页打印完，再考虑水平方向分页，此为默认打印顺序。“先行后列”则是水平方向先分页打印，然后再垂直方向打印。这为超出一页宽和一页高的较大工作表提供了打印顺序的选择。

如果用户希望工作表打印时显示行号和列标，可选择“行号列标”复选框，默认为不输出。如果用户没有为工作表设置边框线，可选择“网格线”复选框产生带边框的表格效果，增强工作表数据的可读性。如果想以快速和节约的方式输出工作表，可选择“单色打印”和“草稿品质”复选框，但这样做会降低打印质量。

4.7.3　打印预览和打印

1. 打印预览

打印预览是打印之前浏览文件的外观，模拟显示打印的效果。一旦设置正确即可在打印机上正式打印输出。

在功能区中选择“视图”→“页面布局”命令，即可在屏幕上显示打印预览窗口，如图 4-58 所示。

单击可添加页眉

商品销售业绩表

姓名	性别	级别	商品	工作时间	全年销售金额	级别奖金	业绩奖金
陈玲	女	初级	洗衣机	1986-8-14	###########	5000.00	94674.50
范思驹	男	高级	洗衣机	1977-11-3	###########	20000.00	##########
厚中	男	中级	空调	1981-7-3	###########	10000.00	82945.00
居金安	男	中级	彩电	1979-12-2	###########	10000.00	14589.00
李涛	男	高级	空调	1973-12-2	###########	20000.00	93770.00
李小强	男	初级	洗衣机	1985-8-12	###########	5000.00	12376.00
刘刚	男	高级	彩电	1974-6-2	###########	20000.00	##########
刘敏	女	初级	彩电	1985-6-11	###########	5000.00	13189.00
刘越	女	中级	PC机	1980-3-6	###########	10000.00	13676.00
汪晖	女	初级	PC机	1988-11-9	###########	5000.00	11678.00
王景范	男	高级	空调	1975-9-5	###########	20000.00	##########
吴斯怡	女	初级	PC机	1987-7-15	###########	5000.00	12000.00
张晶	女	中级	PC机	1980-12-4	###########	10000.00	##########
张敬涛	男	初级	PC机	1986-9-6	936400.00	5000.00	4682.00
张永强	男	中级	PC机	1982-4-23	###########	10000.00	11809.30

图 4-58　“打印预览”窗口

2. 打印工作表

选定要打印的工作表，经设置打印区域、页面设置、打印预览后即可正式打印。选择“开始”→“打印”命令，即可打印工作表，如图 4-59 所示。

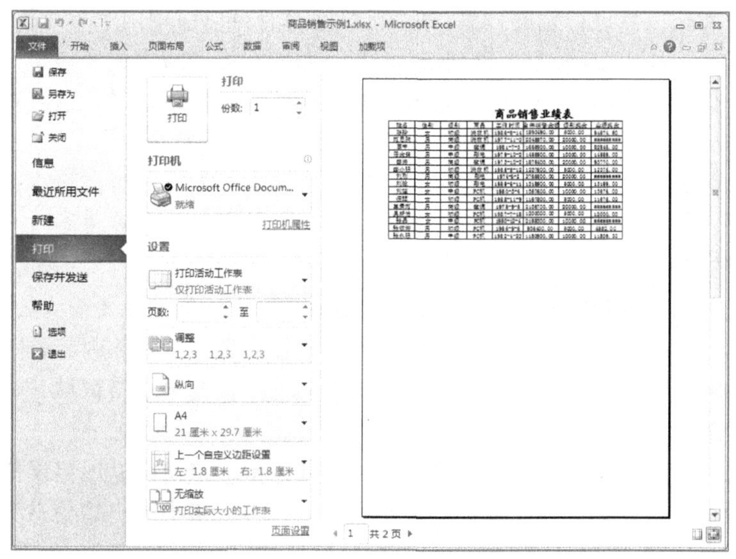

图 4-59 “打印”设置

4.8 Excel 的公式和函数

Excel 工作表单元格中的许多原始数据是直接输入的，但是也有一些数据是通过公式计算得出的。在大型数据报表中，计算、统计工作是经常遇到的。Excel 的强大功能正是体现在计算上，通过在单元格中输入公式和函数，可以完成针对表中数据的各种数字、文本、逻辑的运算及各种查询功能。利用 Excel 的自动计算功能不仅可以避免手工计算的繁杂和可能出现的计算错误，而且，当公式中相应的单元格中的数据发生变动时，公式的计算结果也会随之自动更新，这是手工计算根本无法比及的。

4.8.1 使用公式

Excel 中的公式和数学公式相似，例如，数学公式 A1=B1+C1，将这个公式用 Excel 表示，需要在 A1 单元格中输入“=B1+C1”，该公式的含义是将 B1 单元格和 C1 单元格的值相加，结果放在 A1 单元格中。由此可见，Excel 的公式是一个以“=”为引导，由运算符将数据、单元格地址、函数等按照一定的顺序组合进行数据运算处理的等式。

1. 公式中使用的运算符

公式中使用的运算符包括：算术运算符、关系运算符、文本运算符和引用运算符。

（1）算术运算符包括：加（+）、减（－）、乘（*）、除（/）、乘方（^）和百分号（%）等。例如，数学计算式 $2^3 \times 4 \div 5$ 在 Excel 中应表示为“=2^3*4/5”。

（2）关系运算符包括：等于（＝）、大于（>）、小于（<）、大于等于（>=）、小于等于（<=）、不等于（<>）。关系运算的结果是逻辑值，即 TRUE（真）和 FALSE（假）。

（3）文本运算符：只有一个连接运算符“&”。其作用是把两个或多个文本连接成为一个新的文本。例如，“="计算机"&"应用"”的值为“计算机应用”。

（4）引用运算符包括：区域运算符（:）、交叉运算符（空格）和联合运算符（,），其作用是对单元格区域进行合并计算，其中区域运算符可以引用两个单元格之间的区域，如：A1:D4 表示引用以 A1 为左上角到 D4 为右下角的矩形区域中的所有单元格。交叉运算符引用两个区域的交集部分，如“A1:D4D4:F7”的交集为 D4。联合运算符引用两个区域的并集部分，如“A1:D4,B2:E6”。

如果一个公式中包含多个运算符，运算时按其优先级先后进行。运算符的优先级从高到低依次为：引用运算符、算术运算符、文本运算符和关系运算符。

2. 公式的输入

输入公式的操作与输入其他数据类似，其操作步骤是：先选取要输入公式的单元格，输入等号“=”，Excel 将自动变为输入公式状态，再输入公式的具体内容，最后按【Enter】键结束公式输入。注意，在输入公式状态下，如果选中其他单元格区域，被选区域将作为引用自动输入到公式中。

公式如果表达正确，则会得出需要的结果。如果出现错误将返回错误值。表 4-3 列出了常见错误返回值及其产生原因。需要指出的是，单元格中的出错信息不一定说明该单元格的输入有问题，问题也可能出在与该单元格公式（或函数）有关的其他单元格中，如：A1 单元格中有公式“=1+B1”，B1 单元格中有字符常量“abc”，则在 A1 单元格中将出现“#VALUE !”错误信息。

表 4-3　常见错误返回值及其产生原因

错误返回值	产生原因
#DIV/0 !	公式中出现 0 作除数，可能是引用了空单元格作除数引起的
#N/A	公式中无可用的值或函数缺少参数
#NAME ?	引用了 Excel 不能识别的文本，输入错误或使用了未定义的名称
#NULL !	使用了不正确的区域运算或引用了不正确的单元格
#NUM !	在公式或函数中使用了不合法数字，如不在函数定义域中的数字
#REF !	单元格引用无效，如引用的单元格不存在
#VALUE !	用户使用的操作数类型与运算符要求的不匹配
#####	数值长度超过了单元格列宽。不代表公式有错误

3. 单元格引用和公式的复制、移动

在公式中可以引用当前工作簿或其他工作簿中的单元格。通过单元格引用形式告诉 Excel 公式所使用数据在工作表中的存放位置。公式的值会随着所引用单元格值的变化而自动变化。

（1）单元格引用类型

单元格引用根据它在公式复制过程中其引用形式所发生的变化，分为相对引用、绝对引用和混合引用 3 种。

① 相对引用。相对引用，又称相对地址，以列号和行号组成，如 A1，B2，C3 等。相对引用是指当把一个含有相对地址的公式复制到一个新的位置时，公式中的相对地址

会随之发生相应改变。变化的规律是公式所在位置和它所引用的单元格之间的相对位置保持不变。

例如，在图 4-60 中，C2 单元格中包含公式“=A1+A3”，现将 C2 中公式复制到 C8 单元格，则 C8 中的结果公式将自动根据其所在的新位置参照先前的公式和其引用单元格之间的相对位置关系从 A7 和 A9 单元格中取得新数据，构成新的公式形式“=A7+A9”。

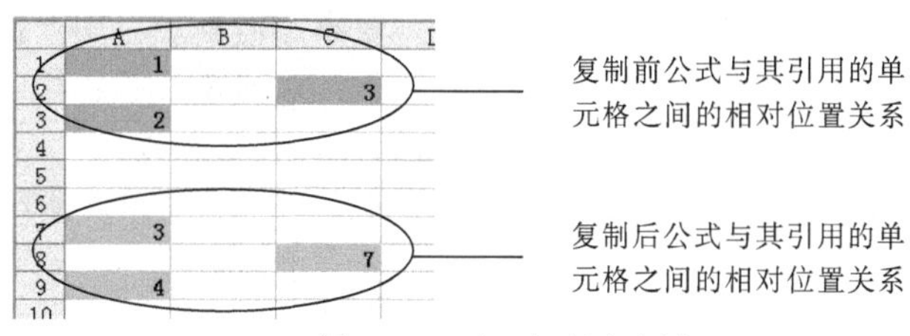

图 4-60　相对引用示例

② 绝对引用。绝对引用，又称绝对地址，以列号和行号前加上符号“$”表示，如 $A$1，$B$2 等。绝对引用是指当把一个含有绝对地址的公式复制到一个新的位置时，公式中的绝对地址保持不变。

如在上例中，将 C2 单元格中的公式改为“=$A$1+$A$3”，将其复制到 C7 单元格后，依然会保持“=$A$1+$A$3”的形式不变。即绝对地址与公式所在单元格的位置无关。

③ 混合引用。混合引用，又称混合地址，混合引用是指在一个单元格地址中，既有绝对引用又有相对引用，如$A1，或 A$1 等。当复制公式到其他单元格时，仅保持所引用单元格的行或列方向之一的绝对位置不变，而另一方向位置发生变化。如果“$”符号在列号前，如$A1，则表示在公式复制过程中，保持“列”地址不发生变化，而“行”地址会随着新的复制位置发生相对变化。同样道理，如果“$”符号在行号前，如 A$1，则表示在公式复制过程中，保持“行”地址不发生变化，而“列”地址会随着新的复制位置发生相对变化。

（2）引用同一工作簿其他工作表的单元格

要在公式中引用同一工作簿其他工作表中的单元格内容，需要在单元格或区域前注明工作表名。例如，当前工作表为 Sheet1，要在 A1 单元格中求 Sheet2 的 B1:D6 单元格区域中数据的平均值，方法如下：

先选择 Sheet1 的 A1 单元格，然后在其中输入公式“=AVERAGE(Sheet2!B1:D6)”，按【Enter】键确定。也可以利用鼠标快速输入，在输入“=AVERAGE(”后，用鼠标选取 Sheet2 的 B1:D6 单元格区域，再输入“)”，按【Enter】键即可。

（3）引用不同工作簿的单元格

如果要引用其他工作簿中的数据，还必须在引用地址前注明工作簿的名称。如 [Book1.xlsx]Sheet1!A1，表示引用工作簿 Book1.xlsx 中 Sheet1 工作表的 A1 单元格。

（4）公式的复制和移动

复制和移动公式的方法与复制和移动单元格的方法类似。只是公式的复制与绝对引用和相对引用有关。当复制公式时，公式中的相对地址随引用公式的单元格地址的变化而变化，公式中的绝对地址保持不变。移动公式不同于复制公式，移动公式时，公式中的引用地址不论是相对地址还是绝对地址，都不因引用公式的单元格地址的变化而变化，都保持原地址不变。

4.8.2 使用函数

1. 函数基础

函数是系统预定义的对特定值按照特定语法执行计算的公式。在 Excel 中为了方便用户使用，提供了大量的内置函数。这些函数涵盖范围包括：财务、日期与时间、数学与三角函数、统计、查找与引用、数据库、文本、逻辑、信息等。用户甚至可以根据数据处理的需要自定义函数。在使用函数的时候有以下几点需要注意：

① 函数是以公式形式出现的，所以函数与公式一样，必须以“=”开始。

② 所有函数都是由函数名和一对括号及位于其中的一系列参数所组成，即函数名（参数 1，参数 2，……）。

③ 有些函数运算中不需要参数，称为无参函数。无参函数在使用的时候，括号不能省略，否则将作为一个无效符号，如随机函数 Rand()。

④ 函数名代表了该函数的功能，函数参数可以是常量（包括数值常量和字符常量）、单元格引用、区域引用、计算式、其他函数（又称嵌套函数），如果有多个参数，参数间用半角逗号隔开。

2. 函数输入

函数输入有两种方法：直接输入与利用函数向导输入。

（1）直接输入

对于一些简单的函数，可以采用直接输入的方法。输入函数与输入公式方法一样，先选中单元格，然后在编辑栏或直接在单元格中按函数的语法规则输入即可。

（2）利用函数向导输入

对于直接输入，固然速度较快，但用户必须熟悉函数名的书写及正确的参数类型，这对于非专业人员来说，要记住 Excel 的几百个函数及其参数难度很大。为此，Excel 提供了函数向导来进行输入。利用函数向导可以根据提示一步步输入函数，可以避免错误操作。下面以在 A6 单元格中输入公式“=SUM(A1:A5)”为例说明函数输入向导的使用方法。

① 选择 A6 单元格。

② 在功能区中选择“公式”→“插入函数”命令，弹出“插入函数”对话框，如图 4-61 所示。

③ 在“或选择类别”列表框中选择函数类型，如“常用函数”。在“选择函数”列表框中选择函数名称，如“SUM”。单击“确定”按钮，出现如图 4-62 所示的“函数参数”对话框。

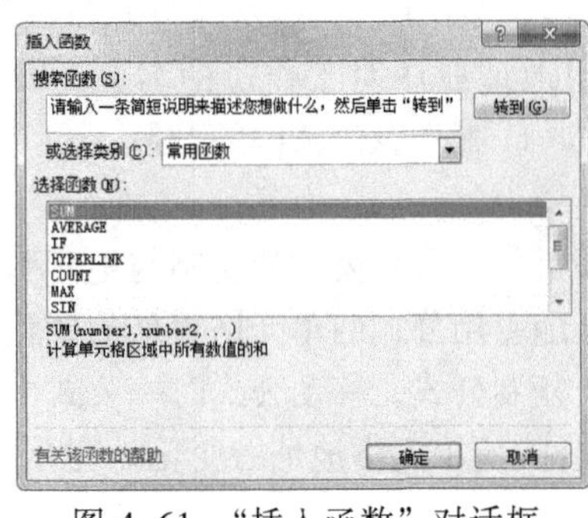

图 4-61 “插入函数”对话框

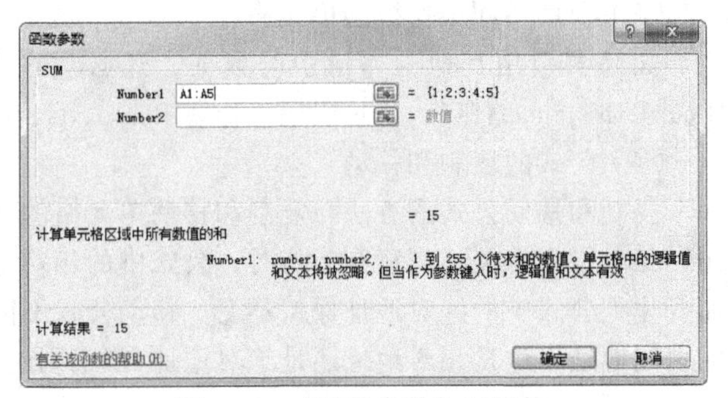

图 4-62 “函数参数”对话框

④ 在参数框 Number 中输入常量，单元格或区域。如本例中输入“A1:A5”。也可单击参数框右侧的“折叠对话框”按钮，暂时折叠对话框，到工作表中选择单元格或区域（本例选 A1 到 A5），最后单击折叠后的输入框右侧按钮，返回到图 4-62 所示的对话框。

⑤ 函数所需的所有参数输入完毕后，单击“确定”按钮。在单元格中显示结果，编辑栏中显示公式。

4.8.3 常用函数

Excel 一共提供了数百个内部函数，此处仅对一些最常用的函数作一简单介绍。如有需要，可查阅 Excel 的联机帮助或其他参考资料，以了解更多函数和更详细的说明。

1. 数学函数

（1）绝对值函数 ABS

格式：ABS(number)

功能：返回参数 number 的绝对值。

例如：ABS(-7)的结果为 7；ABS(7)的结果为 7。

（2）向下取整函数 INT

格式：INT(number)

功能：返回一个不大于参数 number 的最大整数。

例如：INT(8.9)和 INT(-8.9)，其结果分别为 8 和-9。

（3）圆周率函数 PI

格式：PI()

功能：返回圆周率 π 的值。

说明：此函数无须参数，但函数名后的括号不能少。

（4）四舍五入函数 ROUND

格式：ROUND(number,n)

功能：根据指定位数，将数字四舍五入。

说明：其中 n 为整数，函数按指定 n 位数，将 number 进行四舍五入。当 n>0，数字将被四舍五入到所指定的小数位数；当 n=0，数字将被四舍五入成整数；当 n<0，数字将被四舍五入到小数点左边的指定位数。

例如：Round(21.45,1)，Round(21.45,0)，Round(21.45,-1)其结果分别是 21.5，21，20。

（5）求余函数 MOD

格式：MOD(number,divisor)

功能：返回两数相除的余数。结果的正负号与除数相同。

说明：number 为被除数，divisor 为除数。

例如：MOD(3,2)等于 1，MOD(-3,2)等于 1，MOD(3,-2)等于-1，MOD(-3,-2)等于-1。

（6）随机函数 RAND 和 RANDBETWEEN

格式：RAND()

功能：返回一个位于[0,1]区间内的随机数。

说明：此函数无须参数，但函数名后的括号不能少。

格式：RANDBETWEEN(number1,number2)

功能：返回一个位于[number1,number2]区间内的随机整数。

（7）平方根函数 SQRT

格式：SQRT(number)

功能：返回给定正数的平方根。

例如：SQRT(9)等于 3。

（8）无条件取数函数 TRUNC

格式：TRUNC(number, [num_digits])

功能：将数字的小数部分截去，返回整数部分或者返回第二参数指定精度的数字。

说明：num_digits 是可选参数，用于指定取整精度的数字，默认值为 0。

例如：TRUNC(8.9)和 TRUNC(-8.9)，其结果分别为 8 和-8。TRUNC(3.29,1)和TRUNC(-3.29,1)，其结果分别为 3.2 和-3.2。

（9）求和函数 SUM

格式：SUM(number1,number2,⋯)

功能：返回参数表中所有参数之和。

说明：number1,number2,⋯是 1～255 个需要求和的参数。若在参数中直接输入数值、逻辑值或文本型数字，则逻辑真和假值将转换为数值 1 和 0，文本型数字将转换成对应的数值型数字参加运算。若引用的单元格中出现空白单元格、逻辑值、文本型数字，则该参数将被忽略。

（10）单条件求和函数 SUMIF

格式：SUMIF(range,criteria,sum_range)

功能：根据指定的条件对单元格求和。

说明：

- range：用于条件判断的单元格区域。
- criteria：进行累加的单元格应满足的条件，其形式可以为数字、表达式、文本或包含统计条件的单元格引用。如：条件可以表示为“5”“"6"”“"<60"”“"教授"”或“A6”等。
- sum_range：求和的实际单元格。如果省略 sum_range，则直接对 range 中的单元格求和。

例如：在如图 4-63 所示表格中求职称为教授人员的月收入和。

A9 =SUMIF(B2:B8,"教授",A2:A8)

	A	B	C	D	E	F
1	月收入	职称				
2	8000	教授				
3	6000	讲师				
4	7500	教授				
5	5500	工程师				
6	6500	副教授				
7	8500	教授				
8	6000	讲师				
9	24000					

图 4-63　SUMIF 函数统计示例

针对指定的条件，在 A9 单元格构造统计公式如下：

=SUMIF(B2:B8,"教授",A2:A8)

（11）多条件求和函数 SUMIFS

格式：SUMIFS(sum_range,criteria_range1,criteria1,criteria_range2,criteria2,…)

功能：根据指定的多重条件对单元格求和。

说明：

- sum_range：求和的单元格。
- criteria_range1,criteria_range2：用于条件判断的单元格区域。
- criteria1,criteria2：进行求和的单元格应满足的条件，其形式可以为数字、表达式、文本或包含统计条件的单元格引用。如：条件可以表示为“5”“"6"”“"<60"”“"教授"”“A6”等。

例如：在如图 4-64 所示“商品销售业绩表”中，统计男性职工空调的全年销售金额。

A21 =SUMIFS(F3:F17,B3:B17,D21,D3:D17,E21)

商品销售业绩表

姓名	性别	级别	商品	工作时间	全年销售金额	级别奖金	业绩奖金	总奖金	业绩评价
陈玲	女	初级	洗衣机	1986-8-14	1893490.00	5000.00	94674.50	99674.50	良好
范思驹	男	高级	洗衣机	1977-11-3	2348870.00	20000.00	234887.00	254887.00	优秀
厚中	男	中级	空调	1981-7-3	1658900.00	10000.00	82945.00	92945.00	良好
居金安	男	中级	彩电	1979-12-2	1458900.00	10000.00	14589.00	24589.00	一般
李涛	男	高级	空调	1973-12-2	1875400.00	20000.00	93770.00	113770.00	良好
李小强	男	初级	洗衣机	1985-8-12	1237600.00	5000.00	12376.00	17376.00	一般
刘刚	男	高级	彩电	1974-6-2	2768500.00	20000.00	276850.00	296850.00	优秀
刘敏	女	初级	彩电	1985-6-11	1318900.00	5000.00	13189.00	18189.00	一般
刘越	女	中级	PC机	1980-3-6	1367600.00	10000.00	13676.00	23676.00	一般
汪晖	女	初级	PC机	1988-11-9	1167800.00	5000.00	11678.00	16678.00	一般
王景范	男	高级	空调	1975-9-5	2136700.00	20000.00	213670.00	233670.00	优秀
吴斯怡	女	初级	PC机	1987-7-15	1200000.00	5000.00	12000.00	17000.00	一般
张晶	女	中级	PC机	1980-12-4	2158300.00	10000.00	215830.00	225830.00	优秀
张敬涛	男	初级	PC机	1986-9-6	936400.00	5000.00	4682.00	9682.00	较差
张永强	男	中级	PC机	1982-4-23	1180930.00	10000.00	11809.30	21809.30	一般

结果
5671000

条件

性别	商品
男	空调

图 4-64　SUMIFS 函数统计示例

针对指定的条件，在 A21 单元格构造统计公式如下所示：

=SUMIFS(F3:F17,B3:B17,D21,D3:D17,E21)

本例采用包含统计条件的单元格作为条件参数。

2. 统计函数

（1）求平均值函数 AVERAGE

格式：AVERAGE(number1,number2,…)

功能：求参数的平均值。

说明：number1,number2,…是 1～255 个需要求和的参数。参数可以是数值、区域或区域名。若引用参数中包含文字、逻辑值或空单元格，则将忽略这些参数。

例如：A1:A5 单元格区域中的数值分别为“1，2，3，4，5”，则 AVERAGE(A1:A5) 为 3。

（2）带条件求平均值函数 AVERAGEIF

格式：AVERAGEIF(range,criteria,average_range)

功能：根据指定的条件对单元格求平均。

说明：使用方法参照 SUMIF。

（3）多条件求平均值函数 AVERAGEIFS

格式：AVERAGEIFS(average_range,criteria_range1,criteria1,criteria_range2,criteria2,…)

功能：根据指定的多重条件对单元格求平均。

说明：使用方法参照 SUMIFS。

（4）COUNT 函数

格式：COUNT(value1,value2,…)

功能：返回参数表中数值型数据的个数。

说明：value1，value2，…是 1～255 个需要计数的参数。函数计数时，会把直接作为参数输入的数字、文本型数字、空值、逻辑值、日期计算进去；但对于错误值或无法转化成数据的内容则被忽略。如果参数是数组或引用，那么只统计数组或引用中的数字，数组或引用中的空白单元格、逻辑值、文本型数字也将被忽略。这里的“空值”是指函数的参数中有一个“空参数”，和工作表单元格的“空白单元格”是不同的。

例如：COUNT(0.1,FALSE, "5","three",4,6.66,70,,8,#div/0!)中就有一个空值，计数时也计算在内，该函数的值为 8；而 COUNT(A1:D4)是计算区域 A1:D4 中非空白的数字单元格的个数，注意，空白单元格不计算在内。

（5）COUNTA 函数

格式：COUNTA(value1,value2,…)

功能：返回参数列表中非空值的个数。

例如：在如图 4-65 所示成绩表中统计参考人数（包括有正当理由的缺考人员）。

C2　　fx　=COUNTA(B2:B10)

	A	B	C	D	E
1	考号	成绩	参考人数		
2	001	90	8		
3	002	67			
4	003	缓考			
5	004	80			
6	005	75			
7	006	缓考			
8	007	90			
9	008				
10	009	66			

图 4-65　COUNTA 函数示例

针对指定的条件，在 C2 单元格构造计数公式如下：

=COUNTA(B2:B10)

（6）条件计数函数 COUNTIF

格式：COUNTIF(range,criteria)

功能：返回指定区域中满足特定条件的单元格个数。

说明：

- range：用于条件判断的单元格区域。
- criteria：需计数单元格应满足的条件，其形式可以为数字、表达式、文本或包含计数条件的单元格引用。

例如：设 A1:A4 单元格区域中的内容分别是“red”“green”“red”和“black”，则 COUNTIF(A1:A4, "red")为 2；若 B1:B4 单元格区域中的内容分别为 25，35，40 和 60，则 COUNTIF(B1:B4, ">=40")为 2。

（7）多条件计数函数 COUNTIFS

格式：COUNTIFS(range1,criteria1,range2,criteria2,…)

功能：根据指定的多重条件统计指定区域中数值数据个数。

说明：

- range1,range2：用于条件判断的单元格区域。
- criteria1,criteria2：进行计数的单元格应满足的条件，其形式可以为数字、表达式、文本或包含统计条件的单元格引用。如：条件可以表示为“5”“"6"”“"<60"”“"教授"”或“A6”等。

例如：在如图 4-66 所示成绩表中统计三门课都大于 90 分的人数。

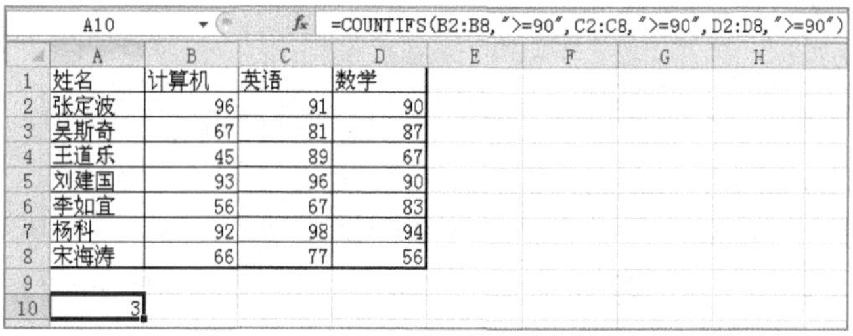

A10 =COUNTIFS(B2:B8,">=90",C2:C8,">=90",D2:D8,">=90")

	A	B	C	D
1	姓名	计算机	英语	数学
2	张定波	96	91	90
3	吴斯奇	67	81	87
4	王道乐	45	89	67
5	刘建国	93	96	90
6	李如宜	56	67	83
7	杨科	92	98	94
8	宋海涛	66	77	56
9				
10	3			

图 4-66 COUNTIFS 函数示例

针对指定的条件，在 A10 单元格构造计数公式如下所示：

=COUNTIFS(B2:B8,">=90",C2:C8,">=90",D2:D8,">=90")

（8）最大值函数 MAX

格式：MAX(number1,number2,…)

功能：返回参数表中的最大值。

说明：number1，number2，…是 1～255 个需要计算的参数。参数可以是数值、空白单元格、逻辑值或数字的文本表达式等。错误值或不能转化为数值的文字作为参数时，会引起错误。若参数中不含数字，则返回 0。

例如：MAX(78,"98",TRUE,,66)的计算结果为 98。

（9）最小值函数 MIN

格式：MIN(number1,number2,…)

功能：返回参数表中的最小值。

说明：参数说明参照 MAX。

3. 文本函数

（1）LOWER 函数

格式：LOWER(text)

功能：将一个字符串中的所有大写字母转换为小写字母。

说明：text 是要转换为小写形式的字符串。函数 LOWER 不改变字符串中的非字母的字符。

例如：LOWER("Apt. 2B") 等于“apt. 2b”。

（2）UPPER 函数

格式：UPPER(text)

功能：将一个字符串中的所有小写字母转换为大写字母。

说明：text 是要转换为大写形式的字符串。函数 UPPER 不改变字符串中的非字母的字符。

例如：UPPER("total") 等于“TOTAL”。

(3) TRIM 函数

格式：TRIM(text)

功能：用于删除字符串中多余的空格。

说明：text 是需要删除空格的文本字符串或对含有文本字符串单元格的引用，此函数执行后会在词与词之间保留一个作为分隔的空格。

例如：TRIM(" 计 算   机")的计算结果为“计 算 机”。

(4) LEFT 函数

格式：LEFT(text,num_chars)

功能：在字符串 text 中从左边第一个字符开始截取 num_chars 个字符。

说明：参数 num_chars 为截取的字符串的长度，必须大于等于零。如果 num_chars 大于 text 的总长度，则返回 text 全部内容。如果省略 num_chars，则视为 1。

例如：LEFT("计算机应用基础",5)为“计算机应用”，LEFT("abcd")为“a”。

(5) RIGHT 函数

格式：RIGHT(text,num_chars)

功能：在字符串 text 中从右边第一个字符开始截取 num_chars 个字符。

说明：参数说明同 LEFT 函数。

例如：RIGHT("Merry，Chrismas"，8)为“Chrismas”，RIGHT("abcd")为“d”。

(6) MID 函数

格式：MID(text,start_num,num_chars)

功能：从字符串 text 的第 start_num 个字符开始截取 num_chars 个字符。

说明：start_num 是截取字符串的起始位置。如果 start_num 大于字符串的长度，则函数 mid 返回“”(空字符串)；如果 start_num 小于字符串的长度，但 start_num 与 num_chars 的和超过字符串长度，则函数 mid 返回从 start_num 到字符串结束的所有字符；如果 start_num 小于 1，则函数 Mid 将返回错误值#VALUE!

例如：MID("peking university",1,6)为“peking”

(7) LEN 函数

格式：LEN(text)

功能：返回字符串 text 中字符的个数。

例如：len("university")为 10。

(8) FIND 函数

格式：FIND(text,within_text,start_num)

功能：在字符串 within_text 中，从第 start_num 个字符开始从左至右查找字符串 text，并返回在 within_text 中第一次出现 text 时的起始字符位置。

说明：text 为需要查找其出现位置的字符串，不能包含任何通配符；within_text 为需要在其中查找 text 的字符串；start_num 开始查找的起始字符位置。若 start_num 缺省，则视为 1；若在 within_text 中未找到 text，或 start_num<=0，或 start_num 大于 within_num 的长度，均返回错误值#VALUE!。

例如：FIND("is","This is a book")为 3；FIND("is","This is a book",4)为 6。

（9）SEARCH 函数

格式：格式：SEARCH(text,within_text,start_num)

功能：类似 FIND 函数。

说明:查找文本时,SEARCH 函数不区分大小写字母,并且 text 中可以使用通配符:?和*。而 FIND 函数则区分大小字母，并且不允许使用通配符。

（10）VLOOKUP 函数

格式：VLOOKUP(lookup_value,table_array,col_index_num,range_lookup)

功能:在查找范围中的首列中搜索满足条件的数据,并根据指定的列号返回对应的值。

说明：

- lookup_value：需要查找的值。
- table_array：搜索范围。
- col_index_num：查找数据所在的列数。
- range_lookup：决定函数的查找方式。如果为 0 或 FALSE，函数进行精确查找；如果为 1 或 TRUE(也是省略方式)，则使用模糊匹配方式进行查找，即如果找不到精确匹配值，则返回小于 lookup_value 的最大数值，如果找不到，则返回错误值 #N/A。

例如：在如图 4-67 所示的成绩表中，查找学号为“A00006”同学的数学成绩。

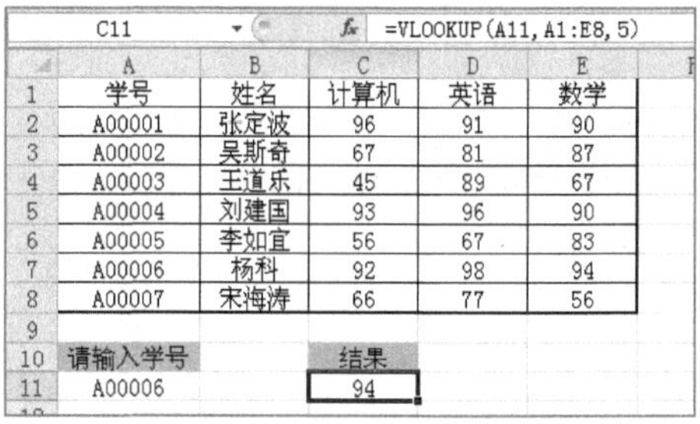

C11 =VLOOKUP(A11,A1:E8,5)

	A	B	C	D	E
1	学号	姓名	计算机	英语	数学
2	A00001	张定波	96	91	90
3	A00002	吴斯奇	67	81	87
4	A00003	王道乐	45	89	67
5	A00004	刘建国	93	96	90
6	A00005	李如宜	56	67	83
7	A00006	杨科	92	98	94
8	A00007	宋海涛	66	77	56
9					
10	请输入学号		结果		
11	A00006		94		

图 4-67　VLOOKUP 函数示例

针对指定的条件，在 C11 单元格构造查找公式如下所示：

=VLOOKUP(A11,A1:E8,5)

（11）HLOOKUP 函数

格式：HLOOKUP(lookup_value,table_array,row_index_num,range_lookup)

功能:在查找范围中的首行中搜索满足条件的数据,并根据指定的行号返回对应的值。

说明：

- lookup_value：需要查找的值。
- table_array：搜索范围。
- row_index_num：查找数据所在的行数。
- range_lookup：决定函数的查找方式。如果为 0 或 FALSE，函数进行精确查找；如果为 1 或 TRUE(也是省略方式)，则使用模糊匹配方式进行查找，即如果找不到精确匹配值，则返回小于 lookup_value 的最大数值，如果找不到，则返回错误值 #N/A。

例如：在如图 4-68 所示的气温表中查找 8 月份广州的平均气温。

B9 =HLOOKUP(A9,A2:M6,4)

	A	B	C	D	E	F	G	H	I	J	K	L	M
1	部分城市每月平均气温情况表(单位:℃)												
2		1月	2月	3月	4月	5月	6月	7月	8月	9月	10月	11月	12月
3	北京	-10	0	3	10	13	18	21	26	25	20	16	8
4	上海	3	6	8	12	15	21	23	27	27	23	18	10
5	广州	8	14	16	18	21	23	29	31	33	28	21	16
6	深圳	9	15	17	18	23	22	30	32	32	30	23	17
7													
8	条件	结果											
9	8月	31											

图 4-68　HLOOKUP 函数示例

针对指定的条件，在 B9 单元格构造查找公式如下：

=HLOOKUP(A9,A2:M6,4)

4. 日期与时间函数

（1）DATE 函数

格式：DATE(year,month,day)

功能：返回指定日期的序列数，所谓序列数是从 1900 年 1 月 1 日到所输入日期之间的总天数。

说明：year 代表年份，是介于 1 900 到 9 999 之间的一个数字。month 代表月份，如果输入的月份大于 12，将从指定年份的一月份开始往上加算。day 代表该月份中第几天，如果 day 大于该月份的最大天数，将从指定月份的第一天开始往上加算。

例如：DATE(2015,5,1)为 42125，返回代表 2015 年 5 月 1 日的序列数。

（2）YEAR 函数

格式：YEAR(serial_number)

功能：返回与序列数 serial_number 相对应的年份数。

例如：YEAR(42336)为 2015。

（3）MONTH 函数

格式：MONTH(serial_number)

功能：返回与序列数 serial_number 相对应的月份数。

例如：MONTH(42125)为 5。

（4）DAY 函数

格式：DAY(serial_number)

功能：返回与序列数 serial_number 相对应的天数。

例如：DAY(42125)为 1。

（5）TODAY 函数

格式：TODAY()

功能：返回计算机系统内部时钟现在日期的序列数。

例如：TODAY()为 42336，表示计算机系统当前日期是 2015 年 11 月 28 日。

（6）TIME 函数

格式：TIME（hour，minute，second）

功能：返回指定时间的序列数。

说明：该序列数是一个介于 0 到 0.999999999 之间的十进制小数，对应着自 0:00:00（12:00:00 AM）到 23:59:59（11:59:59 PM）的时间。其中 hour 介于 0～23，代表小时；minute 介于 0～59，代表分钟；second 介于 0～59，代表秒。

例如：TIME(12,0,0)为 0.5，对应 12:00:00 PM；TIME(17,58,10)为 0.748726852，对应 5:58PM。

（7）NOW 函数

格式：NOW()

功能：返回计算机系统内部时钟的现在日期和时间的序列数。

说明：该序列数是一个大于 1 的带小数的正数，其中整数部分代表当前日期，小数部分代表当前时间。

例如：NOW()为 42125.486866667，表示 2015 年 5 月 1 日 11:52AM。

5. 逻辑函数

（1）AND 函数

格式：AND(logical1,logical2,…)

功能：当所有参数的逻辑值为真（TRUE）时返回 TRUE；只要一个参数的逻辑值为假（FALSE）即返回 FALSE。

说明：logical1, logical2, ...为待检测的若干个条件值（最多 255 个），各条件值必须是逻辑值（TRUE 或 FALSE）、计算结果为逻辑值的表达式，或者是包含逻辑值的单元格引用。如果引用的参数包含文字或空单元格，则忽略其值；如果指定的单元格区域内包含非逻辑值，则返回错误值#VALUE。

例如：AND(TRUE,7>2) 为 TRUE；AND(9-5=4,5>8)为 FALSE。

（2）OR 函数

格式：OR(logical1,logical2, …)

功能：在参数中，任何一个参数逻辑值为真，即返回逻辑值 TRUE；只有全部参数为假，才返回 FALSE。

说明：与 AND 函数相同。

例如：OR(TRUE,3+5=8)为 TRUE；OR(1+1=3,3+2=6)为 FALSE。

（3）NOT 函数

格式：NOT(logical)

功能：对逻辑参数 logical 取反。

例如：NOT(FALSE)为 TRUE；NOT(1+4=5)为 FALSE。

（4）IF 函数

格式：IF(logical_test,value_if_true,value_if_false)

功能：对条件式 logical_test 进行测试，如果条件为逻辑值 TRUE，则取 value_if_true 的值，否则取 value_if_false 的值。

说明：

- logical_test：计算结果为 TRUE 或 FALSE 的任何数值或表达式。
- value_if_true：logical_test 为 TRUE 时函数的返回值，可以为常量、单元格引用或公式。
- value_if_false：logical_test 为 FALSE 时函数的返回值，可以为常量、单元格引用、公式或另一个嵌套的 if 函数（处理多路分支情况）。

例如：在如图 4-69 所示的商品销售业绩表中，要求用 IF 函数完成对每位人员的业绩评价。评价的标准是：全年销售额>=2000000 为“优秀”，1500000<=全年销售额<2000000 为“良好”，1000000<=全年销售额<1500000 为“一般”，全年销售额<1000000 为“较差”。其操作步骤如下：

① 在 J3 单元格输入函数：

=IF(J3>=2000000,"优秀", IF(J3>=1500000,"良好",IF(J3>=1000000,"一般","较差")))

② 将 J3 单元格中的公式复制到 J4:J17 单元格区域。

J3 =IF(F3>=2000000,"优秀",IF(F3>=1500000,"良好",IF(F3>=1000000,"一般","较差")))

商品销售业绩表

姓名	性别	级别	商品	工作时间	全年销售金额	级别奖金	业绩奖金	总奖金	业绩评价
陈玲	女	初级	洗衣机	1986-8-14	1893490.00	5000.00	94674.50	99674.50	良好
范思驹	男	高级	洗衣机	1977-11-3	2348870.00	20000.00	234887.00	254887.00	优秀
厚中	男	中级	空调	1981-7-3	1658900.00	10000.00	82945.00	92945.00	良好
居金安	男	中级	彩电	1979-12-2	1458900.00	10000.00	14589.00	24589.00	一般
李涛	男	高级	空调	1973-12-2	1875400.00	20000.00	93770.00	113770.00	良好
李小强	男	初级	洗衣机	1985-8-12	1237600.00	5000.00	12376.00	17376.00	一般
刘刚	男	高级	彩电	1974-6-2	2768500.00	20000.00	276850.00	296850.00	优秀
刘敏	女	初级	彩电	1985-6-11	1318900.00	5000.00	13189.00	18189.00	一般
刘越	女	中级	PC机	1980-3-6	1367600.00	10000.00	13676.00	23676.00	一般
汪晖	女	初级	PC机	1988-11-9	1167800.00	5000.00	11678.00	16678.00	一般
王景范	男	高级	空调	1975-9-5	2136700.00	20000.00	213670.00	233670.00	优秀
吴斯怡	女	初级	PC机	1987-7-15	1200000.00	5000.00	12000.00	17000.00	一般
张晶	女	中级	PC机	1980-12-4	2158300.00	10000.00	215830.00	225830.00	优秀
张敬涛	男	初级	PC机	1986-9-6	936400.00	5000.00	4682.00	9682.00	较差
张永强	男	中级	PC机	1982-4-23	1180930.00	10000.00	11809.30	21809.30	一般

图 4-69 IF 函数示例

6. 财务函数

(1) PV 函数

格式：PV(rate,nper,pmt,[fv],[type])

功能：用于计算固定偿还能力下的可贷款总数。

说明：

- rate：各期利率。
- nper：还款总期数。
- pmt：各期计划偿还的金额。
- fv：最后一次付款后，还能获得的现金余额。若此参数缺省，其默认值为 0。
- type：为 0 或 1，表示何时付款。0 或省略表示期末付款，1 表示期初付款。

其中，fv 和 type 参数一般情况下省略。

例如：某企业欲向银行贷款，贷款期限为 2 年，贷款的年利率为 14%，该企业在贷款后的月偿还能力为 80 000 元，则该企业可向银行贷款总额为：PV(14%/12,12*2,80000)= -1666219.45 元。

(2) PMT 函数

格式：PMT(rate,nper,pv,[fv],[type])

功能：与 pv 函数相反，本函数用于贷款后，计算每期需偿还的金额。

说明：

- rate：贷款各期利率。
- nper：付款总期数。
- pv：贷款数。
- fv 和 type 含义同上。

例如：某企业欲向银行贷款 3 000 万元，贷款期限为 2 年，分期每月偿还部分贷款，贷款的年利率为 14%，则该企业的每月还款额为：PMT(14%/12,12*2,30000000)=-1440386.50 元。

（3）FV 函数

格式：FV(rate,nper,pmt,[pv],[type])

功能：用于根据固定利率计算投资的未来值。

说明：

- rate：各期利率。
- nper：年金的付款总期数。
- pmt：各期应付的金额，在整个年金期间保持不变。
- pv 和 type 含义同上。

例如：某人利用“零存整取”方式进行个人理财，假设银行存款年利率为 2.7%，某人每月向银行存入现金 1000 元，则 5 年后的存款总额为：FV(2.7%/12,12*5,1000)=-64161.44 元。

7. 其他函数

（1）频率统计函数 FREQUENCY

格式：FREQUENCY(range1,range2)

功能：用于计算数值在某个区域内出现的频率。将区域 range1 中的数据按垂直区域 range2（分段点）进行频率分布的统计，统计结果放在 range2 右边列的对应位置。

说明：此函数必须以数组公式的形式输入，输入前要选定显示结果的区域，返回数组中的元素个数比 range2 中的元素数目多一个，输入公式完毕要按【Ctrl+Shift+Enter】组合键，不能按【Enter】键。

例如：在如图 4-70 所示的成绩表中，统计分数在 0～59、60～69、70～79、80～89 和 90～100 各区间中的人数。

E2 {=FREQUENCY(B2:B10,D2:D5)}

	A	B	C	D	E	F
1	姓名	计算机		成绩区间	统计结果	说明
2	张定波	96		59	2	0~59
3	吴斯奇	67		69	3	60~69
4	王道乐	45		79	0	70~79
5	刘建国	88		89	2	80~89
6	李如宜	56			2	90以上
7	杨科	92				
8	宋海涛	66				
9	方乾坤	68				
10	赵晓宁	84				

图 4-70　FREQUENCY 函数示例

操作步骤如下：

① 在区域 D2:D5 单元格区域中输入分段点的分数 59、69、79、89。

② 选定显示结果的单元格区域 E2:E6。

③ 在编辑栏中输入公式“=FREQUENCY(B2:B10,D2:D5)”。

④ 按【Ctrl+Shift+Enter】组合键。

（2）排名函数 RANK

格式：RANK(number,range,rank-way)

功能：返回单元格 number 在一个垂直区域 range 中的排位名次，rank-way 是排位的方式。rank-way 为 0 或省略，则按降序排列（值最大的为第 1 名）。Rank-way 不为 0，则按升序排列（值最小的为第 1 名）。

说明：RANK 函数对相同数的排位相同。但相同数的存在将影响后续数值的排位。

例如：A1:A5 单元格区域中含有数字 5、7、3、9、3，则 RANK(A2,A1:A5)=2；RANK(A2,A1:A5,1)=4。

4.9 Excel 的数据管理

Excel 不仅可以处理计算数据，而且在数据管理和统计分析方面也提供了强大的功能。它可以针对不同类型的数据进行各种处理，包括排序、筛选、统计、透视和汇总等。

4.9.1 数据列表的概念

在 Excel 中，数据列表是包含相似数据组的带标题的一组工作表数据行。可以将“数据列表”看成“数据库”，其中行相当于数据库中的记录，列相当于数据库中的字段，列标题对应数据库中的字段名称。图 4-71 所示是一个结构完整的商品销售数据列表。

	A	B	C	D	E	F	G	H	I	J
1	商品销售业绩表									
2	姓名	性别	级别	商品	工作时间	全年销售金额	级别奖金	业绩奖金	总奖金	业绩评价
3	陈玲	女	初级	洗衣机	1986-8-14	1893490.00	5000.00	94674.50	99674.50	良好
4	范思驹	男	高级	洗衣机	1977-11-3	2348870.00	20000.00	234887.00	254887.00	优秀
5	厚中	男	中级	空调	1981-7-3	1658900.00	10000.00	82945.00	92945.00	良好
6	居金安	男	中级	彩电	1979-12-2	1458900.00	10000.00	14589.00	24589.00	一般
7	李涛	男	高级	空调	1973-12-2	1875400.00	20000.00	93770.00	113770.00	良好
8	李小强	男	初级	洗衣机	1985-8-12	1237600.00	5000.00	12376.00	17376.00	一般
9	刘刚	男	高级	彩电	1974-6-2	2768500.00	20000.00	276850.00	296850.00	优秀
10	刘敏	女	初级	彩电	1985-6-11	1318900.00	5000.00	13189.00	18189.00	一般
11	刘越	女	中级	PC机	1980-3-6	1367600.00	10000.00	13676.00	23676.00	一般
12	汪晖	女	初级	PC机	1988-11-9	1167800.00	5000.00	11678.00	16678.00	一般
13	王景范	男	高级	空调	1975-9-5	2136700.00	20000.00	213670.00	233670.00	优秀
14	吴斯怡	女	初级	PC机	1987-7-15	1200000.00	5000.00	12000.00	17000.00	一般
15	张晶	女	中级	PC机	1980-12-4	2158300.00	10000.00	215830.00	225830.00	优秀
16	张敬涛	男	初级	PC机	1986-9-6	936400.00	5000.00	4682.00	9682.00	较差
17	张永强	男	中级	PC机	1982-4-23	1180930.00	10000.00	11809.30	21809.30	一般

图 4-71 数据列表实例图

1. 数据列表的创建

数据列表是一种特殊的表格，其特殊性在于此类表格在结构上必须具备以下特点：

① 数据列表的第一行是字段标题，用于描述下面所对应列的内容。

② 第一行以下是连续排列的多行数值或文本数据。

③ 每列的数据类型必须相同。

④ 列表中不能存在重复的标题。

⑤ 数据列表中应避免空白行和空白列。

⑥ 如果一个工作表中包含多个数据列表，各列表间至少空一行或空一列，以便分隔不同区域的数据信息。

2. 记录的增加、修改和删除

数据列表建立后，可以对记录内容进行增加、修改和删除。这些操作既可像一般工作表一样进行编辑，也可通过“记录单”命令来完成，操作方法如下所示。

选中任意数据列表单元格，在功能区中选择“数据”→“记录单”命令，出现如

图 4-72 所示对话框，该对话框由输入字段内容的文本框、记录间移动的垂直滚动条和数据库管理命令按钮三部分组成。

在记录单对话框中可以实现的操作如下所述：

- 浏览记录：单击“上一条”“下一条”按钮可以查看各记录内容，显示的记录内容除公式外，其余可直接在文本框中修改。对话框中的滚动条亦可用于翻滚记录，快速定位。
- 增加记录：单击对话框的“新建”按钮后输入各字段数据，即可增加新纪录。新建记录位于数据列表的最后，且一次可连续增加多个记录。录入完毕后，按“关闭”按钮，新增记录即录入数据列表。
- 修改记录：在文本框中单击要修改的地方，修改记录内容，然后按【Enter】键。在修改过程中随时单击“还原”按钮将该记录恢复为修改前状态。
- 删除记录：在浏览时找到要删除的记录，单击“删除”按钮。
- 查找记录：单击“条件”按钮，进入条件对话框，此时的对话框不是用来输入记录的字段值，而是用来输入搜索条件的。在条件输入框中可以使用常量和>、<、>=、<=、=、<>等比较运算符。例如，要搜索 1980 年以前参加工作的高级销售员。在“级别”框中输入“高级”，在“工作时间”框中输入“<1980-1-1”，如图 4-73 所示。单击“下一条”按钮查看符合该组合条件的记录。如果符合条件的记录不止一个，可继续按“下一条”按钮查找。

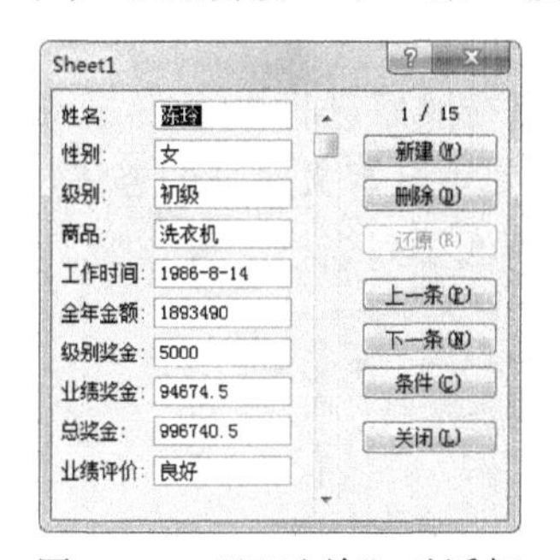

图 4-72 “记录单”对话框

图 4-73 条件对话框

4.9.2 数据排序

排序是组织数据的一种手段，是将数据按关键字的某种顺序进行重新排列，有利于用户查找分析数据。

Excel 允许对整个工作表或表中某个区域中的记录进行单关键字或多关键字排序。按列排序是指以某一个或多个字段名为关键字重新组织记录的排列顺序，此为系统默认的排序方式。按行排序是指以某行字符的 ASCII 码值的顺序进行排列的，即改变字段的先后顺序。通常系统默认的递增顺序为数字、文字、逻辑值、错误值、空格。

1. 简单排序

当仅仅需要按照数据列表中的某一列数据进行排序时，只需要选中该列中的任一单元格，在功能区的“数据”选项卡中单击“升序”（A↓Z）或“降序”（Z↓A）按钮，即可按选定列指定方式排序。

2. 复杂排序

有时需要对数据列表中的记录按照多个关键字进行排序，如对图 4-71 所示数据列表中的记录按如下方式进行排序：先按销售人员级别由高到低进行排序，如果级别相同，则按全年销售金额递增排序。操作方法如下：

① 选中数据列表中任意单元格，在功能区中选择“数据”→“排序”命令，在弹出的“排序”对话框中选择“主要关键字”为“级别”。

② 单击“添加条件”按钮，继续在弹出的“排序”对话框中设置新条件，将“次要关键字”设置为“全年销售金额”。

③ 单击“确认”按钮，完成排序，如图 4-74 所示。

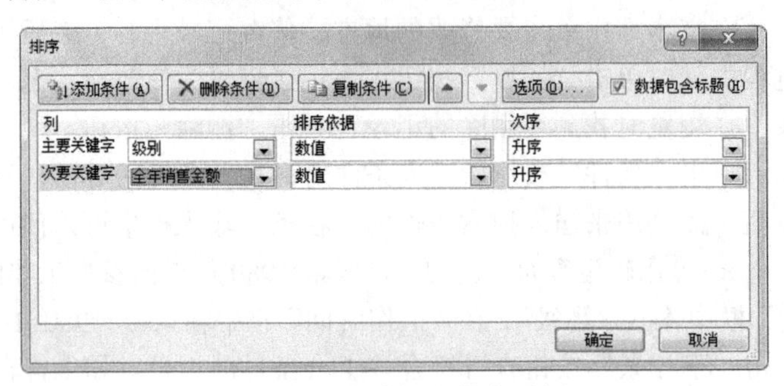

图 4-74　多关键字排序示例

3. 自定义排序

Excel 除了可以根据数字顺序或字母顺序这种标准顺序进行排序外，还可以根据用户需要的特殊次序进行排序，此时，排序的依据可以使用自定义序列的方法定义。

例如：在如图 4-75 所示的工资表中，按职称高低排列表格，操作如下。

	A	B	C	D	E	F	G
1	编号	姓名	职称	性别	年龄	出生日期	基本工资
2	00001	张大林	副教授	男	39	1965-1-20	1955.3
3	00002	张敏	讲师	男	33	1970-12-21	1520.5
4	00003	曾志	教授	男	54	1950-8-17	2315.5
5	00004	汪玲	助教	女	33	1971-9-9	1208.5
6	00005	钟雨	讲师	女	34	1970-8-16	1528.4
7	00006	史方	助教	女	32	1972-3-30	1208.5
8	00007	何文	教授	男	51	1953-1-7	2022.3
9	00008	王晓	副教授	男	44	1959-2-20	1967.5
10	00009	蔡成	教授	男	52	1951-8-28	2087.5
11	00010	彭中	副教授	男	40	1963-11-30	1978.3

图 4-75　职工工资表

① 按照前面介绍方法创建自定义序列“教授，副教授，讲师，助教”，存入系统序列库。

② 选中工资列表中的任意单元格，在功能区中选择“数据”→“排序”命令，在弹出的“排序”对话框中选择“主要关键字”为“职称”，“排序依据”为数值，“次序”为自定义序列，在弹出的“自定义序列”对话框中选择刚才定义的职称新序列，单击“确定”按钮，如图 4-76 所示。

③ 单击“排序”对话框中的“确定”按钮，完成排序，结果如图 4-77 所示。

除了以上排序方式外，Excel 还允许按照笔画顺序、单元格背景颜色、字体颜色及单元格内显示的图标进行排序，方法与此类似。

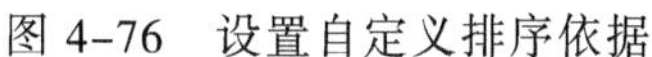

图 4-76　设置自定义排序依据

	A	B	C	D	E	F	G
1	编号	姓名	职称	性别	年龄	出生日期	基本工资
2	00003	曾志	教授	男	54	1950-8-17	2315.5
3	00007	何文	教授	男	51	1953-1-7	2022.3
4	00009	蔡成	教授	男	52	1951-8-28	2087.5
5	00001	张大林	副教授	男	39	1965-1-20	1955.3
6	00008	王晓	副教授	男	44	1959-2-20	1967.5
7	00010	彭中	副教授	男	40	1963-11-30	1978.3
8	00002	张敏	讲师	男	33	1970-12-21	1520.5
9	00005	钟雨	讲师	女	34	1970-8-16	1528.4
10	00004	汪玲	助教	女	33	1971-9-9	1208.5
11	00006	史方	助教	女	32	1972-3-30	1208.5

图 4-77　按“职称”自定义排序

4.9.3　数据筛选

在管理数据列表时，根据某种条件筛选出匹配的数据是一项常见的需求，Excel 提供的“筛选”功能可以很好地解决这类问题。Excel 2010 提供了两种形式的筛选功能：“自动筛选”和“高级筛选”，其中“自动筛选”适用于简单的条件筛选，这种方式是将不满足条件的记录暂时隐藏起来，而将满足条件的记录显示在工作表原来的位置上；“高级筛选”适用于复杂的筛选条件，并允许把满足条件的记录复制到另外的区域，以便生成一个新的数据列表。

1. 自动筛选

在功能区中选择“数据”→“筛选”命令，即可启动自动筛选功能。此时数据列表中所有字段的标题单元格中会出现下拉箭头，单击此下拉箭头，在弹出的下拉菜单中可根据不同类型的数据构造各种筛选条件。注意，不同类型的数据字段所使用的筛选选项不尽相同，如图 4-78～图 4-80 所示。

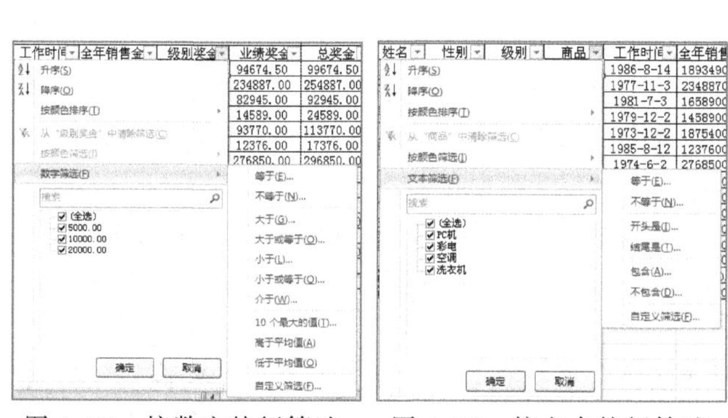

图 4-78　按数字特征筛选　　图 4-79　按文本特征筛选

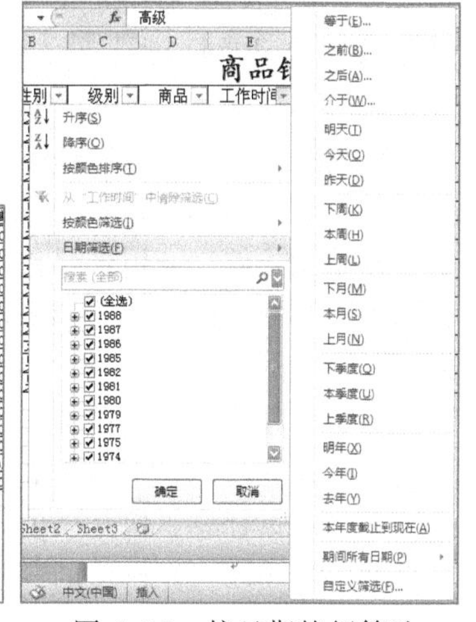

图 4-80　按日期特征筛选

例如，在上述商品销售业绩表中查看全年销售额在 150 万元～200 万元之间的记录。其操作步骤如下：

① 鼠标单击数据列表中任一单元格。

② 选择“数据”→“筛选”命令。

③ 单击“全年销售额”旁的下拉箭头，在其中选择“数字筛选”→“自定义筛选”

命令，弹出如图 4-81 所示“自定义自动筛选方式”对话框。在左边操作符下拉列表框中选择“大于或等于”，在右边值列表框中输入 1500000。

④ 选中“与”单选按钮，在操作符列表框中选择“小于或等于”，在值列表框中输入 2000000，单击“确定”按钮，即可筛选出符合条件的记录，结果如图 4-82 所示。

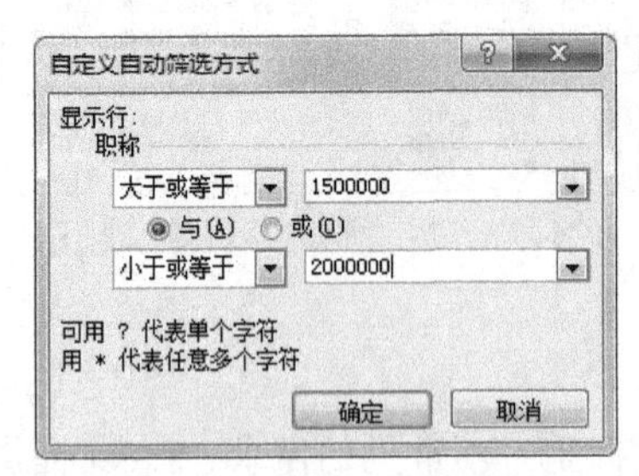

图 4-81 “自定义自动筛选方式”对话框

	A	B	C	D	E	F	G	H
1	商品销售业绩表							
2	姓名	性别	级别	商品	工作时间	全年销售金	级别奖金	业绩奖金
3	陈玲	女	初级	洗衣机	1986-8-14	1893490.00	5000.00	94674.50
5	厚中	男	中级	空调	1981-7-3	1658900.00	10000.00	82945.00
7	李涛	男	高级	空调	1973-12-2	1875400.00	20000.00	93770.00

图 4-82 自定义自动筛选结果

- 要取消对指定列的筛选，可以选择筛选下拉列表框中的“全选”复选框。
- 要取消数据列表中的所有筛选，可以在功能区中选择“数据”→“清除”命令。
- 要取消所有“筛选”下拉箭头，可以再次选择“数据”→“筛选”命令，即可取消筛选状态，恢复全部数据的显示。
- 筛选条件还可以再复杂些。对于一列要求的复杂条件的筛选，可通过“自定义自动筛选方式”实现。对于多列需要同时指定的筛选条件，可以依次对多列设置筛选条件。注意，对多列同时应用筛选时，筛选条件之间是“与”的关系。

2. 高级筛选

高级筛选不但包含了筛选的所有功能，而且还可以设置更为复杂的筛选条件，另外，在输出方式上，高级筛选除了可以使用和自动筛选方式类似的数据输出格式外，还允许把满足条件的记录复制到当前工作表的空白位置或其他工作表中，形成一个新的数据列表。

“高级筛选”和“自动筛选”不同，在其使用之前，应先在工作表适当的空白位置建立条件区域。“高级筛选”的条件区域至少包含两行。第一行为字段名行（列标题），第二行开始是条件行，用来存放条件表达式。如果多个条件之间是“与”的关系，则各条件的条件行应在同一行；如果多个条件之间是“或”的关系，则各条件的条件行应在不同行。

需要特别强调的是：条件区域的字段名必须与数据列表中的字段名相匹配，因此最简捷的方法是通过“复制”“粘贴”命令将数据列表中的字段名粘贴到条件区域的第一行。其排列顺序可以任意，但是不能留有空列。

例如，在图 4-71 所示的商品销售业绩数据列表中进行高级筛选，将高级销售员中全年销售额在 200 万元以上的记录复制到 A22 单元格开始的区域中。操作步骤如下：

① 在数据列表的空白处 E19:F20 单元格区域中建立条件。

② 选择要筛选的区域或在此区域中任意单元格定位。

③ 在功能区中选择“数据”→“高级”命令，弹出“高级筛选”对话框，如图 4-83 所示。

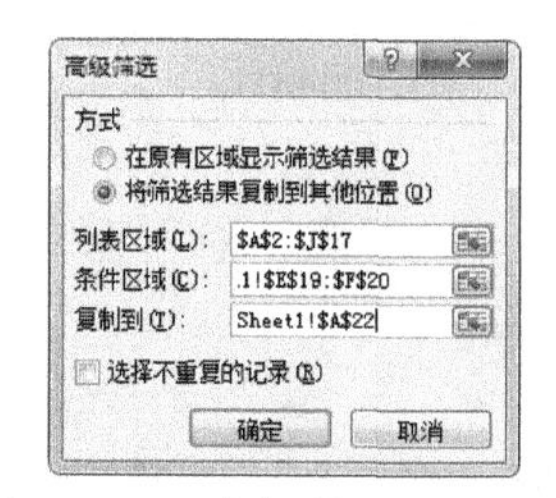

图 4-83 “高级筛选”对话框

④ 在对话框中设定筛选要求：

- 在“方式”框中选择“将筛选结果复制到其他位置”（否则在原有区域显示筛选结果，隐藏不满足的记录）。
- 在“列表区域”文本框中输入数据区域范围 A2:J17（含字段标题）。如果执行了第 2 步，则不用输入。
- 在“条件区域”文本框中输入条件区域范围 E19:F20（含字段标题）。
- 在“复制到”文本框中输入用于存放筛选结果区域左上角单元格地址，如 A22。

筛选结果如图 4-84 所示。

	A	B	C	D	E	F	G	H	I	J
1	商品销售业绩表									
2	姓名	性别	级别	商品	工作时间	全年销售金额	级别奖金	业绩奖金	总奖金	业绩评价
3	陈玲	女	初级	洗衣机	1986-8-14	1893490.00	5000.00	94674.50	99674.50	良好
4	范思驹	男	高级	洗衣机	1977-11-3	2348870.00	20000.00	234887.00	254887.00	优秀
5	厚中	男	中级	空调	1981-7-3	1658900.00	10000.00	82945.00	92945.00	良好
6	居金安	男	中级	彩电	1979-12-2	1458900.00	10000.00	14589.00	24589.00	一般
7	李涛	男	高级	空调	1973-12-2	1875400.00	20000.00	93770.00	113770.00	良好
8	李小强	男	初级	洗衣机	1985-8-12	1237600.00	5000.00	12376.00	17376.00	一般
9	刘刚	男	高级	彩电	1974-6-2	2768500.00	20000.00	276850.00	296850.00	优秀
10	刘敏	女	初级	彩电	1985-6-11	1318900.00	5000.00	13189.00	18189.00	一般
11	刘越	女	中级	PC机	1980-3-6	1367600.00	10000.00	13676.00	23676.00	一般
12	汪晖	女	初级	PC机	1988-11-9	1167800.00	5000.00	11678.00	16678.00	一般
13	王景范	男	高级	空调	1975-9-5	2136700.00	20000.00	213670.00	233670.00	优秀
14	吴斯怡	女	初级	PC机	1987-7-15	1200000.00	5000.00	12000.00	17000.00	一般
15	张晶	女	中级	PC机	1980-12-4	2158300.00	10000.00	215830.00	225830.00	优秀
16	张敬涛	男	初级	PC机	1986-9-6	936400.00	5000.00	4682.00	9682.00	较差
17	张永强	男	中级	PC机	1982-4-23	1180930.00	10000.00	11809.30	21809.30	一般
18										
19					级别	全年销售金额				
20					高级	>=2000000				
21										
22	姓名	性别	级别	商品	工作时间	全年销售金额	级别奖金	业绩奖金	总奖金	业绩评价
23	范思驹	男	高级	洗衣机	1977-11-3	2348870.00	20000.00	234887.00	254887.00	优秀
24	刘刚	男	高级	彩电	1974-6-2	2768500.00	20000.00	276850.00	296850.00	优秀
25	王景范	男	高级	空调	1975-9-5	2136700.00	20000.00	213670.00	233670.00	优秀
26										

图 4-84 高级筛选条件设定和执行结果

需要说明的是，在指定筛选条件时，可以使用通配符，通配符“*”代表 0 到任意多个连续字符；通配符“？”代表任意一个字符。如要查找李姓人员的数据，可在条件行中写“李*”。通配符仅能用于文本类型数据，对数值和日期类型数据无效。另外，如果查找的字符是通配符本身，需要在其前面加上波形符“～”。

4.9.4 分类汇总

分类汇总能够以某一个字段为分类项，对数据列表中的数值字段进行各种统计计算，包括求和、计数、平均值、最大值、最小值、乘积等。值得注意的是，在进行分类汇总前要根据分类字段进行排序。

例如，在商品销售业绩表（见图 4-71）中，要求按销售人员级别分类汇总“全年销售额”和“总奖金”的均值。操作步骤如下：

① 首先进行分类，按“级别”字段进行简单排序（递增或递减均可）。

② 单击数据列表中任一单元格。

③ 在功能区中选择“数据”→“分类汇总”命令，出现如图 4-85 所示分类汇总对话框。

④ 在对话框中设定汇总参数：

- “分类字段”表示按该字段进行分类，该下拉列表框用以设定数据是按哪一列标题进行排序分类的。本例中应选定“级别”。
- “汇总方式”表示选取进行汇总的方式，如求和、计数、平均值等。本例中选定“平均值”。

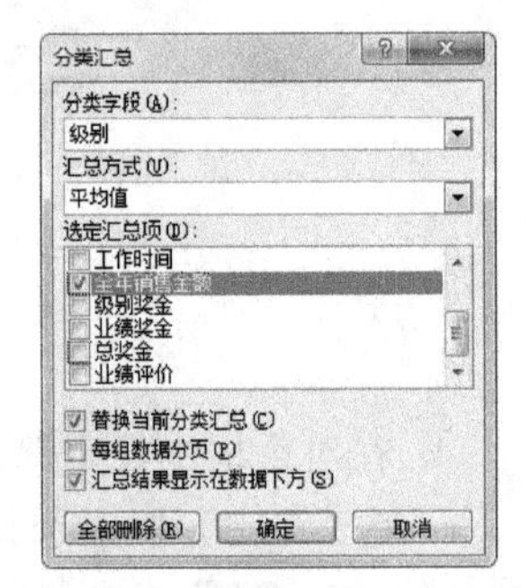

图 4-85 “分类汇总”对话框

- “选定汇总项”表示用选定的汇总方式所针对的计算对象。本例中选定“全年销售额”和“总奖金”，并取消选择其余在复选框中默认的或已经选定的汇总对象。同一汇总方式可以选定多个对象，对多个字段进行汇总。
- 选择“替换当前分类汇总”复选框，表示将此次分类汇总的结果替换已经存在的分类汇总结果。

⑤ 单击“确定”按钮，Excel 会分析数据列表，运用 SUBTOTAL 函数完成汇总计算，结果如图 4-86 所示。

F20 =SUBTOTAL(1,F15:F19)

	A	B	C	D	E	F	G	H	I	J
1	商品销售业绩表									
2	姓名	性别	级别	商品	工作时间	全年销售金额	级别奖金	业绩奖金	总奖金	业绩评价
3	陈玲	女	初级	洗衣机	1986-8-14	1893490.00	5000.00	94674.50	99674.50	良好
4	李小强	男	初级	洗衣机	1985-8-12	1237600.00	5000.00	12376.00	17376.00	一般
5	刘敏	女	初级	彩电	1985-6-11	1318900.00	5000.00	13189.00	18189.00	一般
6	汪晖	女	初级	PC机	1988-11-9	1167800.00	5000.00	11678.00	16678.00	一般
7	吴斯怡	女	初级	PC机	1987-7-15	1200000.00	5000.00	12000.00	17000.00	一般
8	张敬涛	男	初级	PC机	1986-9-6	936400.00	5000.00	4682.00	9682.00	较差
9		初级 平均值				1292365.00			29766.58	
10	范思驹	男	高级	洗衣机	1977-11-3	2348870.00	20000.00	234887.00	254887.00	优秀
11	李涛	男	高级	空调	1973-12-2	1875400.00	20000.00	93770.00	113770.00	良好
12	刘刚	男	高级	彩电	1974-6-2	2768500.00	20000.00	276850.00	296850.00	优秀
13	王景范	男	高级	空调	1975-9-5	2136700.00	20000.00	213670.00	233670.00	优秀
14		高级 平均值				2282367.50			224794.25	
15	厚中	男	中级	空调	1981-7-3	1658900.00	10000.00	82945.00	92945.00	良好
16	居金安	男	中级	彩电	1979-12-2	1458900.00	10000.00	14589.00	24589.00	一般
17	刘越	女	中级	PC机	1980-3-6	1367600.00	10000.00	13676.00	23676.00	一般
18	张晶	女	中级	PC机	1980-12-4	2158300.00	10000.00	215830.00	225830.00	优秀
19	张永强	男	中级	PC机	1982-4-23	1180930.00	10000.00	11809.30	21809.30	一般
20		中级 平均值				1564926.00			77769.86	
21		总计平均值				1647219.33			97775.05	

图 4-86 分类汇总结果

分类汇总后，在工作表左侧会自动产生分级显示控制标志。在默认情况下，数据分三级显示，可以通过单击分级显示区上方的“1”“2”“3”三个按钮进行控制。单击“1”按钮，只显示列表中的列标题和总计结果；“2”按钮显示各个分类汇总结果和总计结果；“3”按钮显示所有的详细数据。当分类汇总方式不止一种时，按钮会多于 3 个。

分级显示区中有“显示明细数据符号（+）”和“隐藏明细数据符号（-）”。“+”号表示该级明细数据没有展开。单击“+”号可从高级向低一级展开数据，同时“+”号变为“-”号。“-”号表示低一级折叠为高一级数据。单击“-”号可隐藏由该行层级所指定的明细数据，同时“-”号变为“+”号。这样就可以将十分复杂的列表数据转变成为可展开不同层次的汇总数据。

数据分级显示可以按需要选定或取消。在功能区中选择“数据”→“取消组合”→“清除分级显示”命令，可以清除分级显示区域；选择“数据”→“创建组”→“自动建立分级显示”命令，则显示分级显示区域。

若要取消已经设置好的分类汇总，可以在功能区中选择“数据”→“分类汇总”命令，在弹出的对话框中选择“全部删除”按钮。

4.9.5 合并计算

合并计算是 Excel 提供的一种功能非常强大的数据汇总模式，包括求和、平均值、计数、最大值和最小值等多种方式。通过合并计算，可以把来自一个或多个源区域的数据进行汇总，并建立合并计算表。这些源区域可以是同一工作表中的不同表格，也可以是同一工作簿中的不同工作表，还可以是不同工作簿中的表格。具体方法有两种：一是按类别合并计算；一是按位置合并计算。

例如，某企业两个分公司今年商品销售情况如图 4-87 所示：

要求汇总计算两个分公司所有商品的销售情况。操作步骤如下：

① 选中 A10 单元格，作为合并计算后结果存放的起始位置，在功能区中选择“数据”→“合并计算”命令，弹出“合并计算”对话框，如图 4-88 所示。

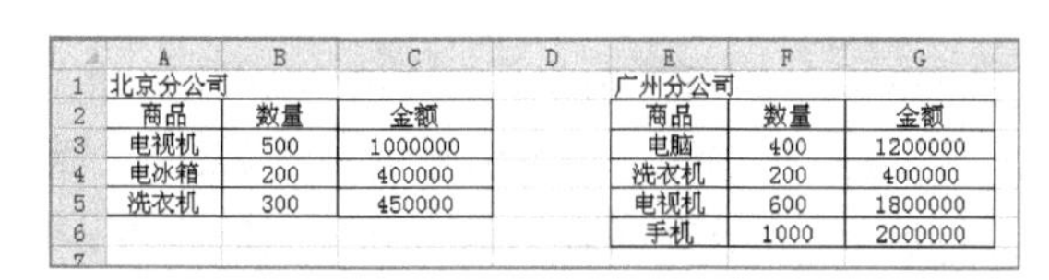

	A	B	C	D	E	F	G
1	北京分公司				广州分公司		
2	商品	数量	金额		商品	数量	金额
3	电视机	500	1000000		电脑	400	1200000
4	电冰箱	200	400000		洗衣机	200	400000
5	洗衣机	300	450000		电视机	600	1800000
6					手机	1000	2000000
7							

图 4-87　合并计算数据用例

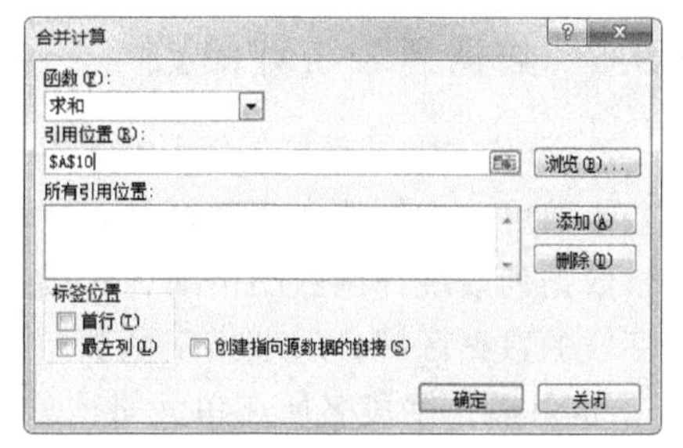

图 4-88 “合并计算”对话框

② 激活“引用位置”编辑框，选中“北京分公司”所在的 A2:C5 单元格区域，单击“添加”按钮，所引用的单元格区域地址会出现在“所有引用位置”列表框中。使用同样的方法将“广州分公司”所在的 E2:G6 单元格区域添加到“所有引用位置”列表框中。

③ 选择“首行”和“最左列”复选框，单击“确定”按钮，即可生成合并计算结果表，如图 4-89 所示。

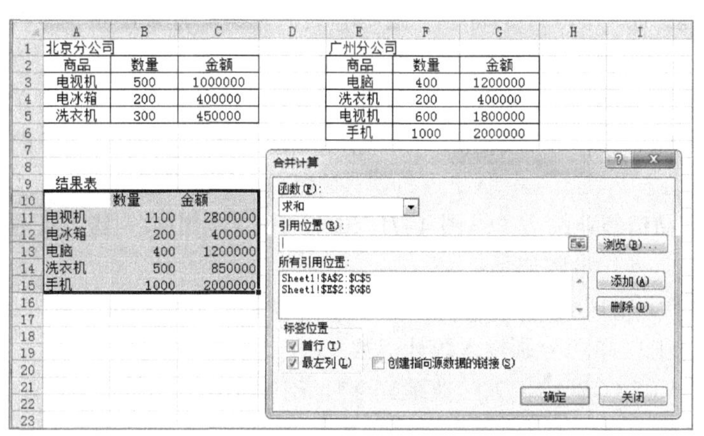

	A	B	C	D	E	F	G
1	北京分公司				广州分公司		
2	商品	数量	金额		商品	数量	金额
3	电视机	500	1000000		电脑	400	1200000
4	电冰箱	200	400000		洗衣机	200	400000
5	洗衣机	300	450000		电视机	600	1800000
6					手机	1000	2000000
9	结果表						
10		数量	金额				
11	电视机	1100	2800000				
12	电冰箱	200	400000				
13	电脑	400	1200000				
14	洗衣机	500	850000				
15	手机	1000	2000000				

图 4-89　合并计算结果表

注意：

1. 在进行合并计算时如果选中“首行”或“最左列”复选框，则进行的是按类别合并计算模式，此时会将不同的行列的数据根据行列标题进行分类合并，具体来说，如果选择“首行”复选框，则会根据列标题进行分类合并计算，如果选择“最左列”复选框，则会根据行标题进行分类合并计算，如果同时选择“首行”和“最左列”复选框，则会同时根据列标题和行标题进行分类合并计算。合并计算后相同标题的数据会合并成一条记录、不同标题的数据则形成多条记录，最后产生的结果表中会包含数据源表中所有的行列标题。

2. 合并结果表中包会含行列标题，但如果在合并时同时选择了“首行”和“最左列”两个复选框，则所生成的合并表中会缺少第一列的列标题。

3. 如果进行合并计算时不选择“首行”和“最左列”两个复选框，则进行的是按位置合并计算模式，此时 Excel 会将数据源表中相同位置上的数据进行合并计算而不关心各数据源表的行列标题是否相同，在这种情况下要求数据源表结构完全相同，否则会计算错误。

4.9.6 数据列表统计函数

Excel 中，除了常规的统计函数以外，还专门提供了针对数据列表的统计函数，利用这些函数可以方便地完成数据列表的相关统计和分析工作。

数据列表统计函数的格式为：函数名(database，field，criteria)。其中 database 是包含字段的数据区域；field 指定函数所要统计的数据列，可以是带引号的字段名，如“级别”，也可以是字段名所在单元格地址，还可以是代表数据列表中数据列位置的序号，如 1 表示第一列，2 表示第二列等；criteria 为一组包含给定条件的单元格区域，即条件区域，条件区域的构造与高级筛选条件的构造方法相同。

常用的数据列表统计函数有 DAVERAGE、DCOUNT、DCOUNTA、DMAX、DMIN、DSUM 等。其基本含义和格式如下：

- DAVERAGE(database,field,criteria)：对数据列表中满足条件记录的指定字段求平均值。
- DSUM(database,field,criteria)：对数据列表中满足条件记录的指定字段求和。
- DMAX(database,field,criteria)：对数据列表满足条件记录的指定字段求最大值。
- DMIN(database,field,criteria)：对数据列表中满足条件记录的指定字段求最小值。
- DCOUNT(database,field,criteria)：计算数据库列表中满足指定条件的单元格个数。
- DCOUNTA(database,field,criteria)：计算数据列表中满足指定条件的非空单元格个数。

例如，在商品销售业绩表（见图 4-71）中，计算男性中级销售人员业绩奖金的平均值及他们的人数。操作步骤如下：

① 在空白单元格区域 E19:F20 建立条件，方法同“高级筛选”条件区域的建立。

② 在 E21、E22 单元分别输入统计函数：

E21：=DAVERAGE(A2:J17，"业绩奖金"，E19:F20)

E22：=DCOUNT(A2:J17，，E19:F20)

统计结果如图 4-90 所示。

E21 =DAVERAGE(A2:J17,"业绩奖金",E19:F20)

	A	B	C	D	E	F	G	H	I	J
1	商品销售业绩表									
2	姓名	性别	级别	商品	工作时间	全年销售金额	级别奖金	业绩奖金	总奖金	业绩评价
3	陈玲	女	初级	洗衣机	1986-8-14	1893490.00	5000.00	94674.50	99674.50	良好
4	范思驹	男	高级	洗衣机	1977-11-3	2348870.00	20000.00	234887.00	254887.00	优秀
5	厚中	男	中级	空调	1981-7-3	1658900.00	10000.00	82945.00	92945.00	良好
6	居金安	男	中级	彩电	1979-12-2	1458900.00	10000.00	14589.00	24589.00	一般
7	李涛	男	高级	空调	1973-12-2	1875400.00	20000.00	93770.00	113770.00	良好
8	李小强	男	初级	洗衣机	1985-8-12	1237600.00	5000.00	12376.00	17376.00	一般
9	刘刚	男	高级	彩电	1974-6-2	2768500.00	20000.00	276850.00	296850.00	优秀
10	刘敏	女	初级	彩电	1985-6-11	1318900.00	5000.00	13189.00	18189.00	一般
11	刘越	女	中级	PC机	1980-3-6	1367600.00	10000.00	13676.00	23676.00	一般
12	汪晖	女	初级	PC机	1988-11-9	1167800.00	5000.00	11678.00	16678.00	一般
13	王景范	男	高级	空调	1975-9-5	2136700.00	20000.00	213670.00	233670.00	优秀
14	吴斯怡	女	初级	PC机	1987-7-15	1200000.00	5000.00	12000.00	17000.00	一般
15	张晶	女	中级	PC机	1980-12-4	2158300.00	10000.00	215830.00	225830.00	优秀
16	张敬涛	男	初级	PC机	1986-9-6	936400.00	5000.00	4682.00	9682.00	较差
17	张永强	男	中级	PC机	1982-4-23	1180930.00	10000.00	11809.30	21809.30	一般
18										
19					性别	级别				
20					男	中级				
21				平均值	36447.767					
22				人数	3					
23										

图 4-90　数据列表函数统计结果

说明：

- 上例中，E21 单元格中的公式还可以写成如下形式：

=DAVERAGE(A2:J17，8，E19:F20)，其中“8”表示统计字段“业绩奖金”所在列号。

或者

=DAVERAGE(A2:J17，h2，E19:F20)，其中，“h2”表示统计字段“业绩奖金”字段名所在单元格地址。

- 上例中，E22 单元格中公式的第二参数应空缺，或者指定任意数值类型的数据列。

4.9.7　数据透视表

数据透视表是一个功能强大的数据汇总工具，其有机地综合了数据排序、筛选、分类汇总等数据分析的特点，以多种不同的方式灵活地展示数据的特征。分类汇总虽然也可以对数据进行多字段的汇总分析，但每次仅适合于按一个字段分类，并且它形成的信息是静态的。数据透视表则可按多个字段分类，它是一种动态的、二维的表格。在数据透视表中，由行字段和列字段建立了行列交叉表，可以通过行列转换以查看数据源的不同统计结果。数据透视表采用交叉方式，当改变透视表中数据或改变行、列项的位置时，数据透视表也随之更新。

1. 建立数据透视表

例如，在商品销售业绩表中（见图 4-71）统计不同级别销售人员完成每种商品的全年销售额。操作步骤如下：

① 选定数据列表区域的任一单元格，在功能区中选择“插入”→“数据透视表”命令，弹出如图 4-91 所示“创建数据透视表”对话框。

② 保持“创建数据透视表”对话框内默认选项不变，单击“确定”按钮即可创建一张空的数据透视表，如图 4-92 所示。

③ 在“数据透视表字段列表”对话框中分别选择“级别”和“全年销售金额”字段的复选框，它们将出现在对话框的“行标签”和“数值”区域，同时也被添加到数据透视表中，如图 4-93 所示。

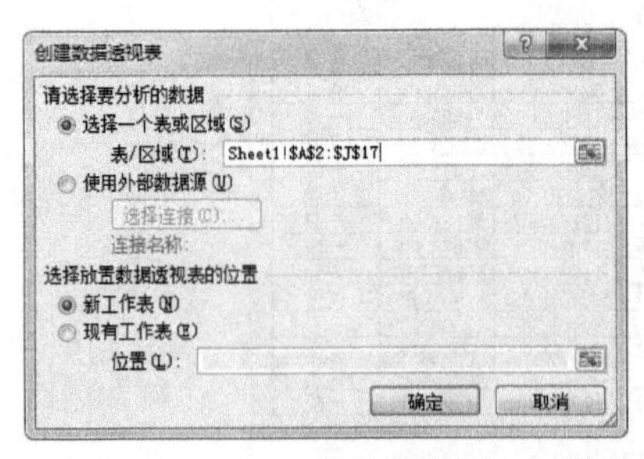

图 4-91 “创建数据透视表”对话框

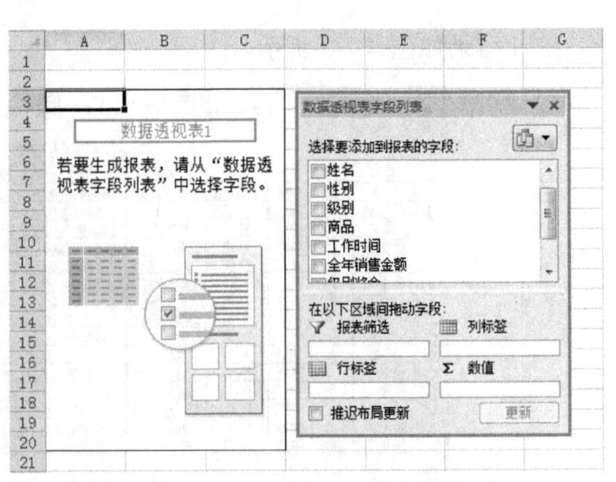

图 4-92 创建空的数据透视表

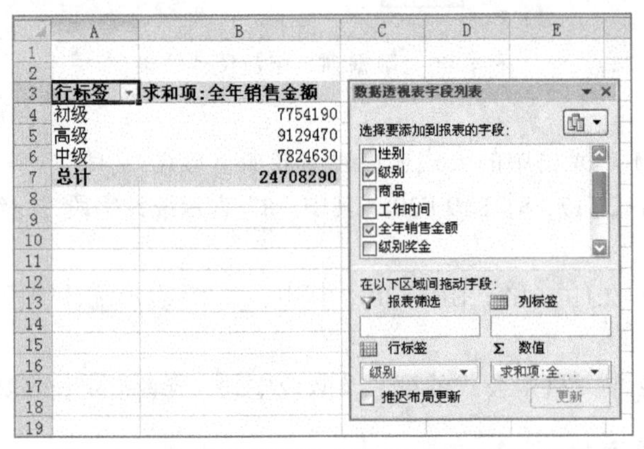

图 4-93 向数据透视表中添加行标签和统计项

④ 在“数据透视表字段列表”对话框中将“商品”字段拖动至“列标签”区域内，此字段同时也作为列字段出现在数据透视表中，结果如图 4-94 所示。

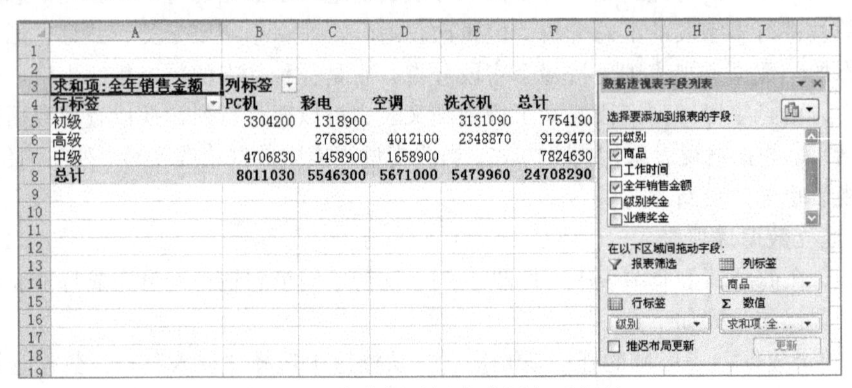

图 4-94 向数据透视表中添加列标签

2. 编辑数据透视表

出于数据处理的需要，数据透视表经常需要增加、更替分类项目或改变汇总方式。此时，并不需要重建数据透视表，只需在原表基础上适当更改即可。

例如，在上例中如果要统计不同性别不同级别的人员销售不同商品的年平均销售金额，可在行区域或列区域中增加一个“性别”字段，操作步骤如下。

① 在“数据透视表字段列表”对话框中选择“性别”字段复选框，此字段将默认出现在对话框的“行标签”区域，同时也被添加到数据透视表中，如图 4–95 所示。

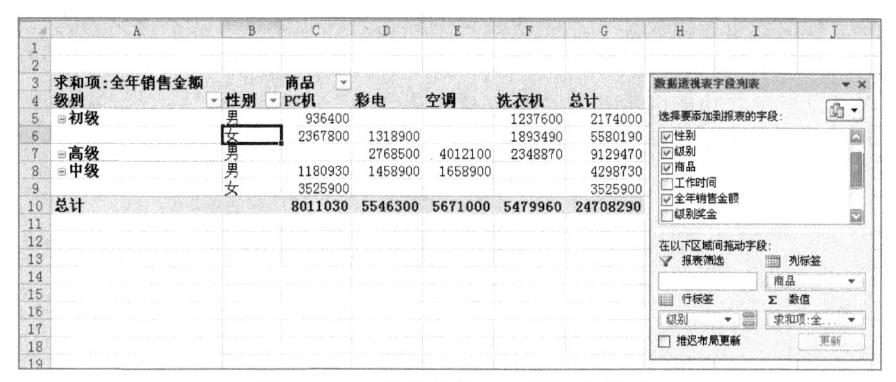

求和项:全年销售金额		商品				
级别	性别	PC机	彩电	空调	洗衣机	总计
初级	男	936400			1237600	2174000
	女	2367800	1318900		1893490	5580190
高级	男		2768500	4012100	2348870	9129470
中级	男	1180930	1458900	1658900		4298730
	女	3525900				3525900
总计		8011030	5546300	5671000	5479960	24708290

图 4–95　向数据透视表中添加行标签

② 如果要将“性别”字段添加到“列标签”区域内，可直接在“数据透视表字段列表”对话框中将“性别”字段拖动至“列标签”区域内，此字段同时也作为列字段出现在数据透视表中，此方法也适用于“行标签”和“数值”对象的生成，结果如图 4–96 所示。

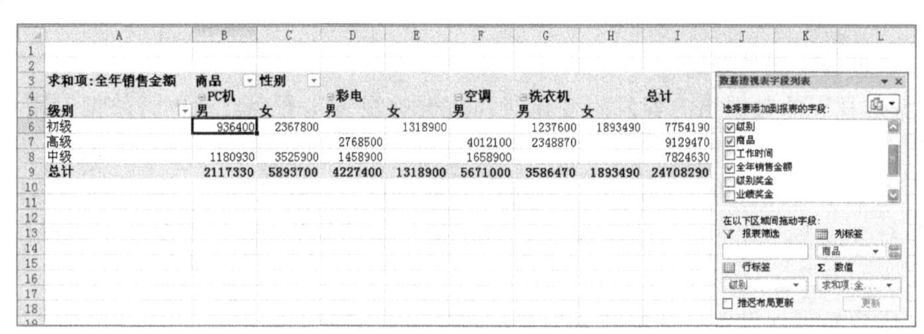

求和项:全年销售金额	商品	性别						
	PC机		彩电		空调	洗衣机		总计
级别	男	女	男	女	男	男	女	
初级	936400	2367800		1318900		1237600	1893490	7754190
高级			2768500		4012100	2348870		9129470
中级	1180930	3525900	1458900		1658900			7824630
总计	2117330	5893700	4227400	1318900	5671000	3586470	1893490	24708290

图 4–96　向数据透视表中添加列标签

③ 在“数据透视表字段列表”对话框中单击“数值”区域中的字段，在弹出的菜单中选择“值字段设置”命令，在“值汇总方式”下的“计算类型”中选择“平均值”，最终结果如图 4–97 所示。

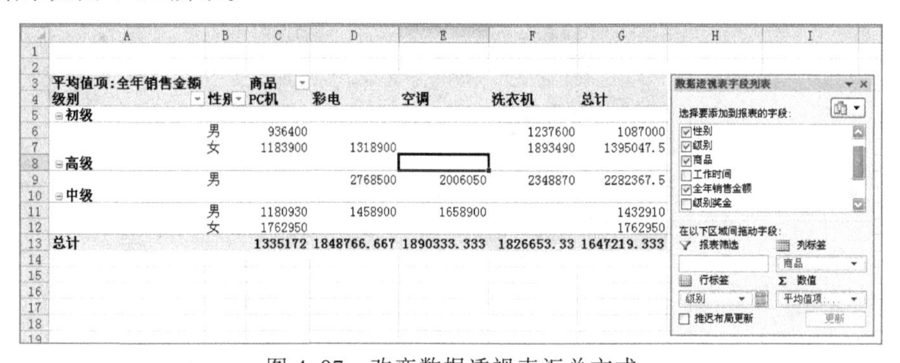

平均值项:全年销售金额		商品				
级别	性别	PC机	彩电	空调	洗衣机	总计
初级						
	男	936400			1237600	1087000
	女	1183900	1318900		1893490	1395047.5
高级						
	男		2768500	2006050	2348870	2282367.5
中级						
	男	1180930	1458900	1658900		1432910
	女	1762950				1762950
总计		1335172	1848766.667	1890333.333	1826653.33	1647219.333

图 4–97　改变数据透视表汇总方式

本例也可以将“性别”字段拖动到“报表筛选”字段处，以不同页面的方式显示汇总结果。

3. 改变数据透视表的显示格式

数据透视表为用户提供了“以压缩形式显示”“以大纲形式显示”和“以表格形式显示”等三种报表布局的显示形式。新创建的数据透视表显示方式系统默认为“以压缩形式显示”。

用户可以通过在功能区中选择“数据透视表工具”→“设计”→“报表布局”命令来选择不同的显示方式，如图 4-98 所示。

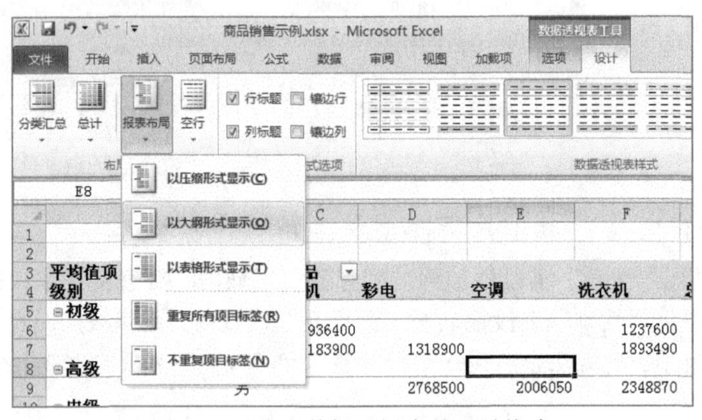

图 4-98　改变数据透视表的显示格式

4. 数据透视表的更新

数据透视表的数据源内容发生变化时，数据透视表并不会自动更新数据，用户可通过以下方式完成数据的更新。

① 在数据透视表中任意定位，在功能区中选择“数据透视表工具”→“选项”→“刷新”命令或者在数据透视表的任意一个区域右击，在弹出的快捷菜单中选择“刷新”命令。

② 用户还可以设置数据透视表的自动更新，方法如下所示：

在功能区中选择“数据透视表工具”→“选项”→“选项”命令，在弹出的“数据透视表选项”对话框中选择“数据”选项卡，选择“打开文件时刷新数据”复选框，如图 4-99 所示。

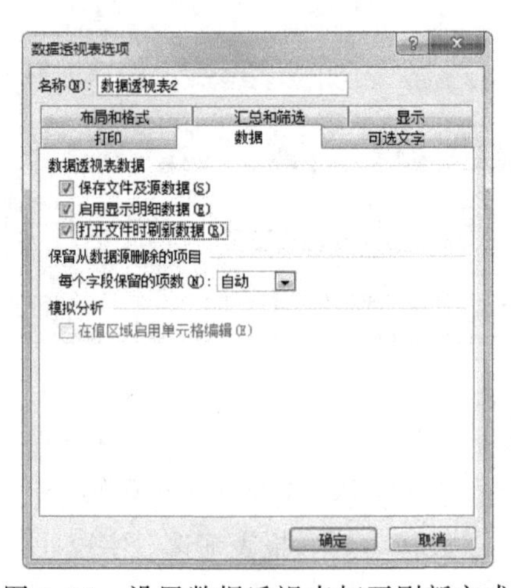

图 4-99　设置数据透视表打开刷新方式

4.9.8 数据透视图

数据透视图是数据透视表的一个自然扩展，它以图形格式显示在数据透视表中创建的数据，使数据透视表更加生动。与常见的图表不同，数据透视图可以用与数据透视表相同的方式进行处理。

例如，在图 4-94 所示数据透视表的基础上创建数据透视图，操作步骤如下。

① 在数据透视表中任意定位，在功能区中选择“数据透视表工具”→“选项”→“数据透视图”命令，弹出“插入图表”对话框，如图 4-100 所示。

图 4-100 “插入图表”对话框

② 选择需要的图标类型，如“簇状柱形图”，单击“确定”按钮，即可生成一张数据透视图，如图 4-101 所示。

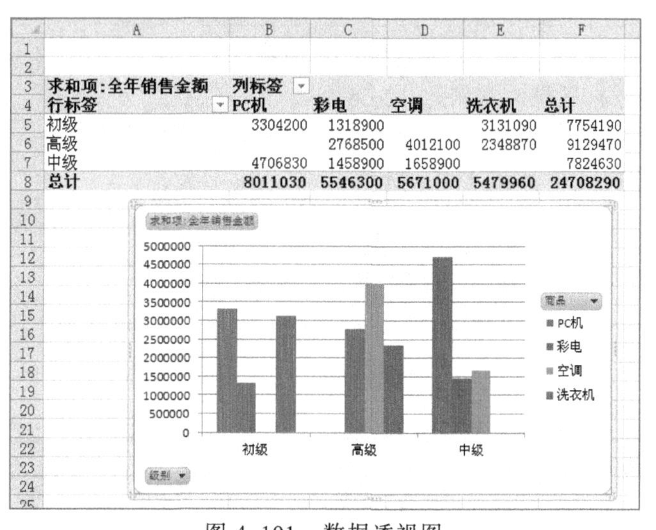

图 4-101 数据透视图

与 Excel 图表相比，数据透视图不但具备数据系列、分类、数据标志、坐标轴等通常的元素，还包括报表筛选字段、数值字段、系列图例字段、项、分类轴字段等特殊元素。用户可以像处理 Excel 图表一样处理数据透视表，包括改变图表类型、设置图表格式等。如果在数据透视图中改变字段布局，与之关联的数据透视表也会一起发生变化。

4.10 Excel 的图表功能

图表是工作表数据的图形显示，用户可以很直观、容易地从中获取大量信息。基于数据列表建立的图表使用户可以清楚地对数据进行分析处理。

Excel 中的图表可分为两种类型，一种是嵌入式图表，它是工作表的一个图表对象，可以置于工作表的任何位置，与工作表一起保存和打印；另一种是独立图表，它是独立的图表工作表，打印时与数据分开打印。

根据数据特征和观察角度的不同，Excel 提供了丰富的图表类型，有柱形图、折线图、饼图、条形图、面积图、XY 图等十几种类型，而且每种类型的图表还有若干子类型。

4.10.1 创建图表

创建图表，通常要先选定创建图表的数据区域。选定的数据区域可以是连续的，也可以是不连续的。但须注意，若选定的区域不连续，第二个区域应和第一个区域所在行或所在列具有相同的矩形；若选定的区域有文字，则文字应在区域的最左列或最上行，以说明图表中数据的含义。

下面以图 4-102 所示的商品销售表为例，用图表来统计每种商品在不同商场的销售量。操作步骤如下：

	A	B	C	D	E	F
1			商品销售表			
2	商品名称	王府井	广百	东百	友谊	总计
3	PC机	2000	2300	1600	1400	7300
4	空调	3400	3100	3000	1800	11300
5	彩电	5600	4600	4400	3200	17800
6	洗衣机	4600	4100	3800	2600	15100
7						

图 4-102 商品销售表

① 选定作图数据区域，本例为 A2:E6。

② 在功能区中选择“插入”→“柱形图”→“簇状柱形图”命令，即可完成基本图表的制作，如图 4-103 和图 4-104 所示。

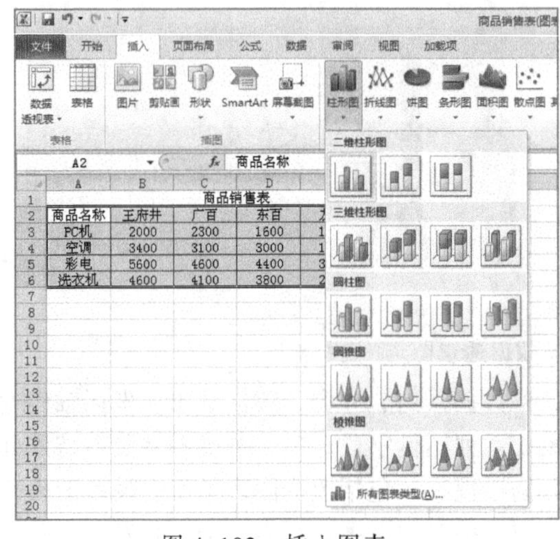

图 4-103 插入图表

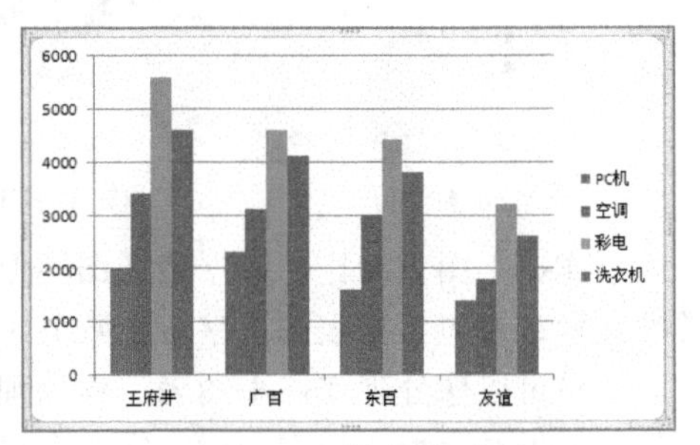

图 4-104 簇状柱形图

注意：图表是数据的一种直观表现形式。建立图表后，图表与创建图表的数据区域之间就建立了联系。每当工作表中的数据发生变化时，则图表中的对应数据也随之自动更新。

4.10.2 选择数据

基本图表完成后，如果需要对数据系列进行诸如增加、删除等方面的相关设置，可按如下步骤操作。

① 在功能区中选择“图表工具”→“设计”→“选择数据”命令，弹出如图 4-105 所示“选择数据源”对话框。

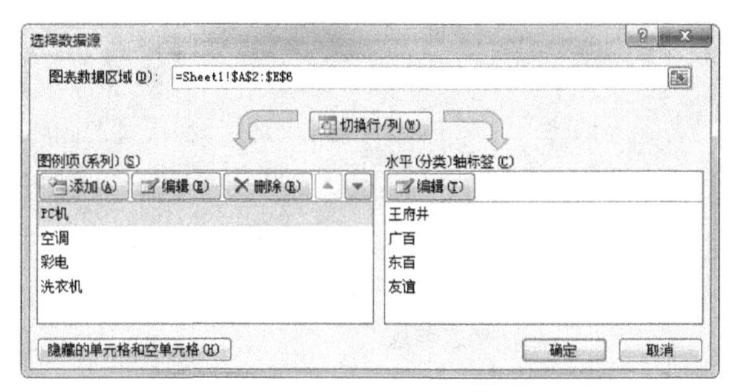

图 4-105　选择数据

② 在此对话框中可以添加、编辑、删除数据系列，改变数据源的范围，调整数据系列的先后次序，编辑水平轴标签的区域范围，交换数据系列的行列显示位置。

注意：删除图表中的数据系列不影响工作表中的数据，而删除工作表中的数据，则图表中对应的数据系列也自然会被删除。

4.10.3 更改图表类型

对于已创建的图表，可根据需要改变图表的类型。

① 可单击图表的任意位置，在功能区中选择“图表工具”→“设计”→“更改图表类型”命令，弹出如图 4-106 所示对话框。

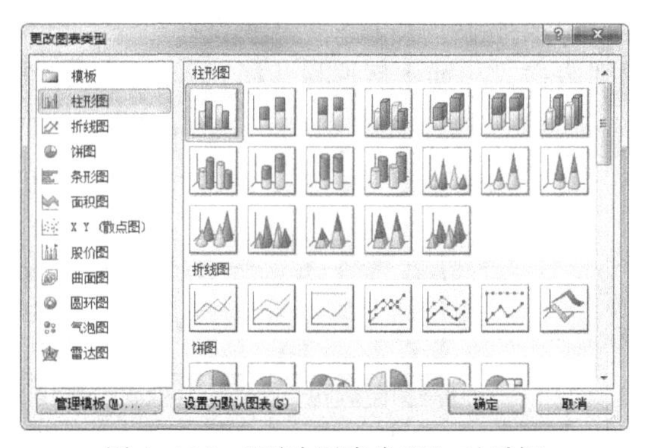

图 4-106　“更改图表类型”对话框

② 在对话框中选择所需的图表类型和子类型，单击“确定”按钮即可。

需要说明的是，可以根据需要选择不同的图表类型，但图表中所表示的数值并没有变化。同一组数据能用多种不同类型的图表来表达，因此在选择图表类型时可以选择最适合于表达数据内容的图表类型。例如，如果要表示各部分数据的对比情况，可以选择直方图；如果要表示数值的发展趋势情况，可以选择线图；要表示比例关系就可以选择饼图。

4.10.4 选择图表布局

图表布局指的是影响图表标题、图例、坐标轴、坐标轴标题以及网格线等图表元素的选项组合。

选中图表，在功能区中选择“图表工具”→“设计”→“图表布局”命令，在弹出的下拉列表中选择一种布局方式，如本例选择“布局 5”，结果如图 4-107 所示。

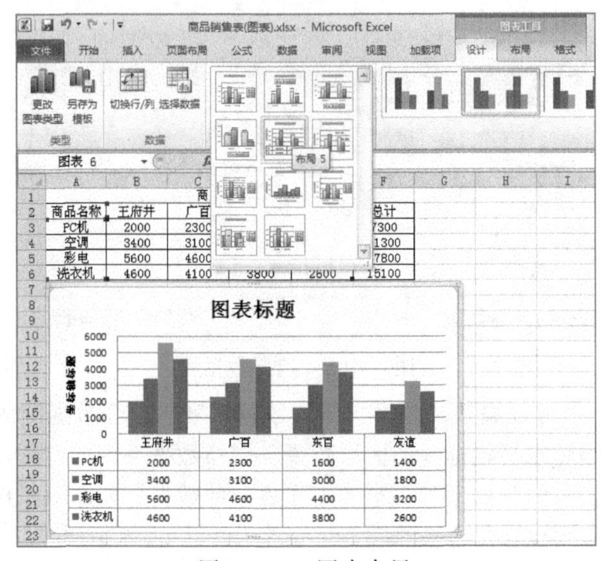

图 4-107 图表布局

4.10.5 选择图表样式

图表样式指的是前景色和背景色的组合，它们用于匹配单元格样式、形状样式及表样式，以使工作簿外观协调、专业、视觉冲击力强。

选中图表，在功能区中选择“图表工具”→“设计”→“图表样式”命令，在弹出的下拉列表中选择一种图表样式，如本例选择“样式 18”，结果如图 4-108 所示。

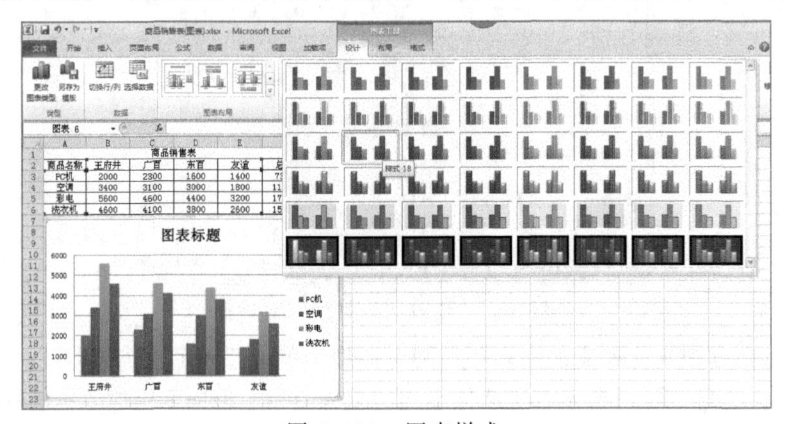

图 4-108 图表样式

4.10.6 修饰图表

在 Excel 中插入的图表，如果仅仅使用内置的默认样式，只能满足一些简单图表的制作要求。如果需要利用图表更加清晰地表达数据的含义，或是制作一些特殊效果的图表，还需要对图表进行进一步的修饰和处理。

1. 图表位置的改变

图表位置的改变是指将原创建的图表转换成独立图表或嵌入式图表。要进行此种转换，只需单击图表，在功能区中选择“图表工具”→“设计”→“移动图表”命令，在弹出的如图 4-109 所示的对话框中选择是嵌入式图表还是独立图表。

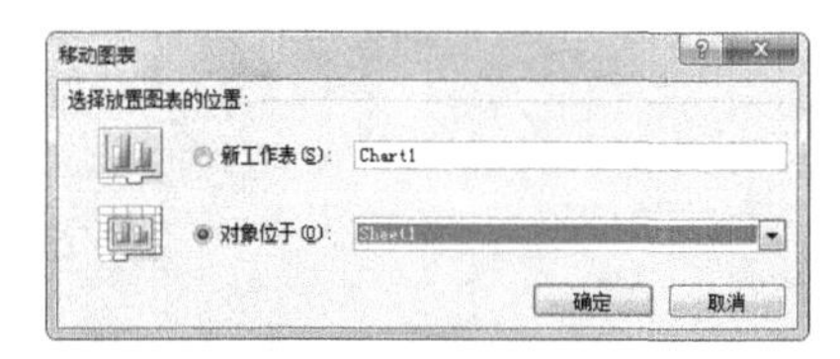

图 4-109 “移动图表”对话框

2. 图表的移动、复制、缩放和删除

对选定图表的移动、复制、缩放和删除操作与对任何图形的此类操作相同：拖动图表可进行移动；按【Ctrl】键同时拖动可对图表进行复制；拖动 8 个方向句柄之一进行缩放；按【Delete】键为删除。当然也可以通过功能区中“开始”选项卡中的“复制”“剪切”和“粘贴”命令对图表在同一工作表或不同工作表间进行移动或复制。

3. 图表中文字的编辑

为便于更好地说明图表的有关内容，常常需要在图表中加入说明性文字。在创建图表时未曾确定的内容或对已输入内容的修改都可通过下列方式予以补充完善。

（1）增加图表标题和坐标轴标题

① 选中图表，在功能区中选择“图表工具”→“布局”→“图表标题”或“坐标轴标题”命令，可以设置标题的显示位置，如图 4-110 所示。

② 选中标题，在功能区中选择“图表工具”→“布局”→“设置所选内容格式”命令，弹出如图 4-111 所示的“设置标题格式”对话框，在打开的对话框中可以设置包括填充、边框颜色、边框样式、阴影、三维格式和对齐方式等方面的标题格式。

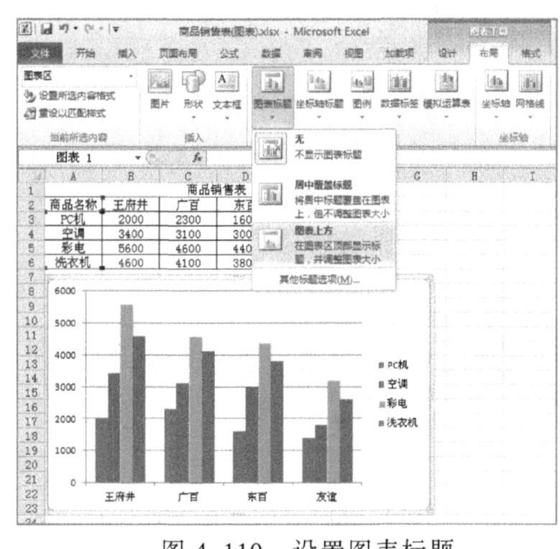

图 4-110 设置图表标题

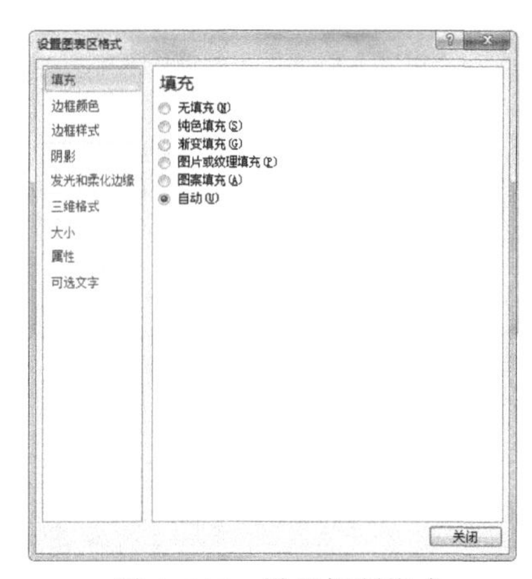

图 4-111 设置标题格式

（2）增加数据标签

所谓数据标签就是为图表中的各数据系列加以标志，是各数据点的一种文字描述。

标志的形式与创建的图表类型有关，即使是同一图表类型，也有多种形式。用户可根据需要选用不同的数据标签形式。

添加数据标签的方法：在图表中选中需要标记的数据系列，在功能区中选择“图表工具”→“布局”→“数据标签”命令，在弹出的下拉列表中选择合适的数据标签形式，如图 4-112 所示。

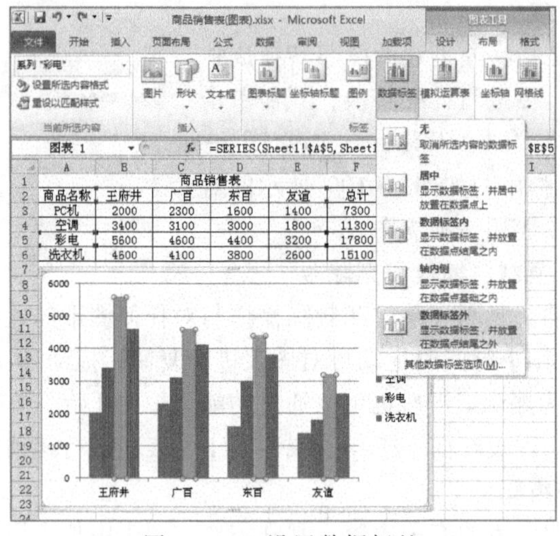

图 4-112　设置数据标签

（3）修改和删除文字

若要对文字进行修改，只需先单击要修改的文字处，即可直接修改其中的内容；若要删除文字，只需选中待删除的文字，按【Delete】键即可删除文字。

4. 设置坐标轴格式

选中数值轴（纵坐标轴）或分类轴（横坐标轴），在功能区中选择“图表工具”→“布局”→“设置所选内容格式”命令，弹出如图 4-113 或图 4-114 所示“设置坐标轴格式”对话框，在其中按需要的格式进行设置，上述格式设置对话框也可以通过双击数值轴或分类轴打开。

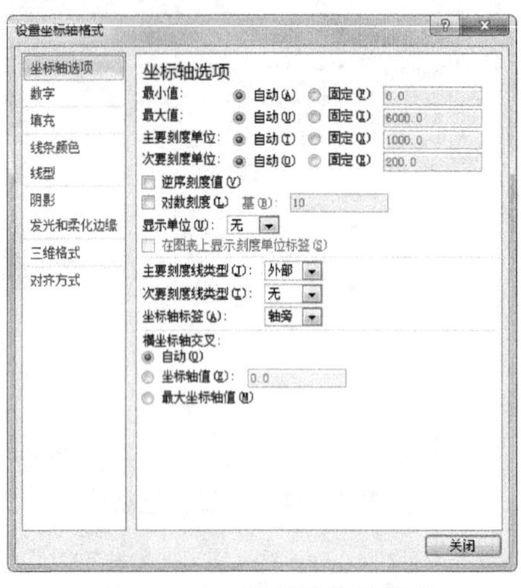

图 4-113　设置数值轴格式

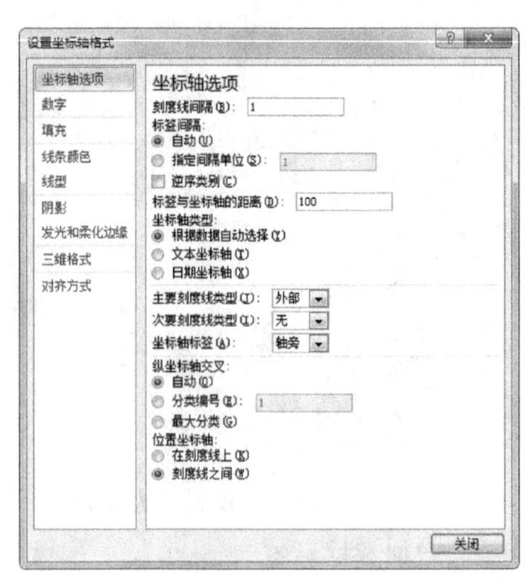

图 4-114　设置分类轴格式

小　结

本章阐述了电子表格的原理和基本应用方法，电子表格是财经类专业人员的神兵利器，可以说只要不是一些特别的应用，电子表格是数据处理的首选工具。填充计算、排序、筛选、分类统计、合并计算、透视表、函数和公式应用、图表的使用，为我们处理商业数据提供了便捷的工具。

习　题

简答题

1. 工作簿、工作表、单元格之间的关系如何?
2. Excel 是如何区分输入数据的类型的?
3. 编辑栏的作用主要有哪些?
4. 相对地址、绝对地址、混合地址有什么异同?
5. 高级筛选中如何构造复合条件?
6. 什么是“分类汇总”和“数据透视”功能?它们有什么异同?
7. 不同类型的图表能够等效转换吗?
8. Excel 中的修饰图形能够实现和 Word 中一样的排版效果吗?

第5章　演示文稿制作软件PowerPoint

演示文稿是应用信息技术，将文字、图片、声音、动画和电影等多种媒体有机结合在一起形成的多媒体幻灯片，广泛应用于会议报告、课程教学、广告宣传、产品演示等方面。学习制作多媒体演示文稿是大学计算机基础课程的一个重要内容。PowerPoint是微软公司推出的 Office 软件包的一部分，用于演示文稿的制作和幻灯片演示。用PowerPoint 制作的演示文稿具有使用方便、操作简单等优点，因此 PowerPoint 是制作演示文稿的首选工具。

5.1　演示文稿制作软件的基本操作

5.1.1　演示文稿制作软件概述

演示文稿是由一系列幻灯片组成的，幻灯片是演示文稿的基本演示单位。在幻灯片中可以插入图形、图像、动画、影片、声音、音乐等多媒体素材。

制作演示文稿的软件工具主要有微软公司的 Office 套件之 PowerPoint 软件、金山公司的 WPS Office 套件之幻灯片制作组件 WPS 演示软件和 Apple 公司的 Keynote 软件等。

1. PowerPoint 软件

PowerPoint 是微软公司 Office 套件中非常出名的一个应用软件，它的主要功能是进行幻灯片的制作和演示，可有效帮助用户演讲、教学和产品演示等，更多地应用于企业和学校等教育机构。PowerPoint 2010 提供了比以往更多的方法，能够为用户创建动态演示文稿并与访问群体共享。使用令人耳目一新的视听功能及用于视频和照片编辑的新增和改进工具，可以让用户创作更加完美的作品。

Office PowerPoint 2010 与之前版本相比，具有如下新功能。

（1）插入剪辑视频和音频功能

用户可以直接在 PowerPoint 中轻松嵌入和编辑视频，而不需要其他软件。可以剪裁、添加淡化等效果，甚至可以在视频中包括书签以播放动画。

（2）左侧面板的分节功能

PowerPoint 新增加了分节功能。在左侧面板中，用户可以将幻灯片分节，方便地管理幻灯片。

（3）广播幻灯片功能

广播幻灯片功能允许其他用户通过互联网同步观看主机的幻灯片播放。

（4）过渡时间精确设置功能

为了更加方便地控制幻灯片的切换时间，在 PowerPoint 中切换幻灯片设置摒弃了原来的“快中慢”的设置，变成了精确的设置。用户可以自定义精确的时间。

（5）录制演示功能

“录制演示”功能可以说是“排练计时”的强化版，它不仅能够自动记录幻灯片的播放时长，还允许用户直接使用传声器为幻灯片加入旁白注释，并将其全部记录到幻灯片中，大大提高了新版幻灯片的互动性。这项功能使得用户不仅能够观看幻灯片，还能够听到讲解等，给用户以身临其境，如同处在会议现场的感受。

（6）图形组合功能

制作图形时，可能需要使用不同的组合形式，如联合、交集、打孔和裁切等。在 PowerPoint 中也加入了这项功能，只不过默认没有显示在 Ribbon 工具条中，而设置在了文件按钮的选项中。

（7）合并和比较演示文稿功能

使用 PowerPoint 中的合并和比较功能，用户可以比较当前演示文稿和其他演示文稿，并可以立即合并它们。

（8）将演示文稿转换为视频功能

将演示文稿转换为视频是分发和传递演示文稿的一种新方法。如果希望为同事或客户提供演示文稿的高保真版本（通过电子邮件附件形式、发布到网站，或者刻录 CD 或 DVD），就可以选择将其保存为视频文件。

（9）将鼠标转变为激光笔功能

在“幻灯片放映”视图中，只需按住【Ctrl】键并单击，即可出现激光笔的效果。

2. WPS 演示软件

WPS Office 套件之幻灯片制作组件称为 WPS 演示，具有与 PowerPoint 相似的功能，可以通过用户界面轻松制作演示文稿，并能兼容 Office PowerPoint 制作的文稿。与 Office PowerPoint 软件相比，WPS 演示具有自己鲜明的一些特点。

（1）可扩展的插件机制

WPS 演示软件通过插件机制为广大程序员提供自定义功能的良好嵌入，来扩展 WPS 演示软件的功能。

（2）特定位置局部放大显示

在播放 WPS 幻灯片过程中，可能会碰到一些听众特别关注的要点，此时为了加强介绍效果，需要临时对 WPS 幻灯片中的这些要点位置进行局部放大显示。

（3）将演示文档转换成 Flash 文件

WPS 演示默认附带了闪播插件（如果没有可以在“工具”→“插件平台”中安装），只要选择“文件”→“输出为 Flash 格式”命令，就可以将演示文稿保存为 Flash 文件，这样即使使用者的计算机中没有字体，甚至没有办公软件，也不影响演示正常播放。

（4）直接的加密功能

WPS 提供了直接的文件加密功能，用于保护演示文档版权，使其不被任意修改。

（5）方便的网络存储功能

WPS 演示提供了网络存储功能，免费提供 1 GB 存储空间，直接把文档存储在网络中，如果接入网络方便就不必使用 U 盘了。

3. Keynote 软件

Keynote 软件是 Apple 公司针对 Mac 系统开发的一款制作演示文稿的工具，它支持几乎所有的图片字体，借助 Mac OS X 内置的 Quartz 等图形技术还使得界面和设计更图形化。此外，Keynote 还有真三维转换，幻灯片在切换的时候用户便可选择旋转立方体等多种方式。随着 Apple 的 iOS 系列产品的发展，Keynote 也推出了 iOS 版本，可以通过 iCloud 在 Mac、iPhone、iPad、iPod Touch 及 PC 之间共享。

相比其他演示软件，Keynote 软件具有以下一些功能特点。

（1）使用简单，轻松入手

第一次使用 Keynote 就会充分体会到它的易用性。增强的主题选取器让用户能预览 44 种 Apple 设计的精美主题，进入一个主题后，来回滑动鼠标便可快速浏览其中每张幻灯片不同的设计排版。选好主题后，只需将幻灯片上面占位符处的文本和图像换成用户自己的内容。

简单易用的工具使用户可以很方便地在幻灯片中添加表格、图表、媒体文件或形状。轻轻一点便可添加表格以及带有动画效果的 3D 图表。使用媒体浏览器，用户可以很方便地将 iPhoto 或 Aperture 图库中的照片、iMovie 文件夹中的影片以及 iTunes 音乐库中的音乐拖放到幻灯片中。

（2）强大的图形处理工具

Keynote 内置的强大图形工具让每张幻灯片都呈现出最佳面貌。Alpha 工具能够快速有效地清除图片的背景，或者以预先画好的形状，如圆形或星形将其遮罩。使用对齐和间距参考线，可以很容易地找到幻灯片的中心，以确认对象是否对齐。添加到幻灯片中的任何对象，包括图像、文本框或形状都能够精确地摆放在理想的位置上。如果需要添加流程图或关系图，那么新增的连接线功能就可以实现。连接线始终被锁定在对象上，对象移动时，其间的连接线也会随对象一起移动。

（3）动画效果

Keynote 内置超过 25 种过渡效果，甚至包括部分 3D 过渡效果，足以将观众的目光锁定在屏幕上。在重复的对象如公司标识上添加全新的神奇移动功能，该对象便能在连续的几张幻灯片中自动变换位置、大小、透明度及旋转角度。

用户可以为幻灯片中的文本和对象中添加动画效果，让所要表达的观点更加鲜明有力。例如，将幻灯片中的文字进行渐变、融合并转换成下一张幻灯片的文字，让幻灯片中的内容分文本行、表格行或者图表的区域逐一显示，或者一次性从左边进入观众视线或旋转舞入。还可以对效果进行微调，包括调整动画的持续时间及各个动画效果的先后次序，并规定动画的直线或曲线路径等。

（4）灵活的演示方式

借助预演幻灯片显示功能，让演示的节奏更自然流畅。观众在主屏幕上欣赏用户的演示的同时，用户可以在次屏幕上看到当前和下一张幻灯片、讲演者注释以及时钟和计时器。Keynote Remote 通过 Wi-Fi 将 iPod Touch 变成无线遥控器，可以自在地在房间的任何角落进行演示。在使用肖像模式显示时，用户可以看到幻灯片和演讲者注释。

如果用户无法亲自上台，可以利用 Keynote 内置的旁白工具录制画外音，并设定好时间以配合幻灯片中的动画，以及幻灯片之间的过渡效果。这样也不会影响演示的正常进行。

（5）兼容共享

Keynote 提供多种方式让用户分享自己创作的演示文稿，还可以打开 Microsoft PowerPoint 文件，将创建的 Keynote 文件存为 PowerPoint 格式。并且，它还可以将演示文稿输出成 QuickTime 影片、PDF、HTML 或图片格式，甚至直接上传到网站上。

本章首先简要介绍了制作演示文稿的一些软件，然后以 PowerPoint 为例，讲解演示文稿的制作、编辑及打包等内容。

5.1.2 PowerPoint 的启动和退出

1. 启动 PowerPoint

进入 PowerPoint 和进入其他 Office 应用软件方法一样，可以通过以下几种方式启动：

① 在 Windows 7 界面下，单击“开始”→“所有程序”→Microsoft Office→Microsoft PowerPoint 2010 命令，进入 PowerPoint，如图 5-1 所示。

② 在 Windows 桌面上，直接双击桌面上的 PowerPoint 快捷图标，也可以进入到图 5-1 所示的初始界面。

③ 双击任一个 PowerPoint 文件，可以在启动 PowerPoint 的同时打开这个演示文稿文件。

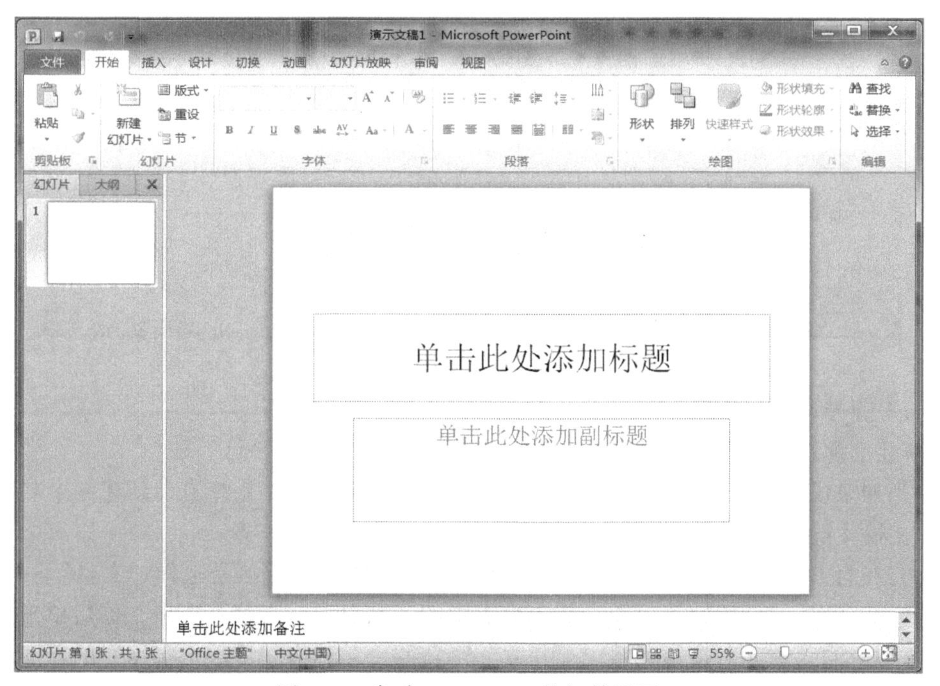

图 5-1 启动 PowerPoint 的初始界面

2. 退出 PowerPoint

和所有 Windows 应用程序类似，退出 PowerPoint 选择“文件”菜单中的“退出”命令；或双击 PowerPoint 标题栏左上角的控制菜单图表；或单击窗口右上角的关闭按钮。

退出 PowerPoint 时，对当前正在编辑的演示文稿，系统通常会显示保存文件的对话框。用户根据需要决定是否保存文件。

5.1.3 演示文稿文件的建立、打开和保存

1. 新建演示文稿

在 PowerPoint“文件”选项卡“新建”选项中包含了 7 种新建演示文稿的方式：

- 创建空白演示文稿
- 利用最近打开的模板创建
- 利用样本模板创建
- 利用主题创建
- 利用用户自定义的“我的模板”
- 根据现有内容新建
- 使用 Office.com 提供的在线模板创建

这些方式的选择有助于用户按照既定的形式创建演示文稿。用户在建立演示文稿时，选择一种方式，单击“创建”按钮即可，如图 5-2 所示。

图 5-2　新建演示文稿方式的选择

（1）新建空演示文稿

新建空演示文稿有两种方式。

① 如果没有打开演示文稿文件，启动 PowerPoint 程序后，系统自动新建一个名称为“演示文稿 1.pptx”的空白演示文稿。

② 在打开的演示文稿文件窗口中要新建空演示文稿，方法是选择“文件”→“新建”命令，选择“可用的模板和主题”列表中的“空白演示文稿”选项，然后单击右边预览窗格中的“创建”按钮，系统即建立一个新的、名称为“演示文稿 X”的新演示文稿。X 为正整数，系统根据当前打开的演示文稿数量自动确定。

幻灯片版式是 PowerPoint 2010 软件中的一种常规排版的格式，通过幻灯片版式的应用可以对文字、图片等更加合理简洁地完成布局，版式由文字版式、内容版式、文字和内容版式与其他版式组成。

（2）根据模板和主题新建演示文稿

模板和主题决定幻灯片的外观和颜色，包括幻灯片背景、项目符号，以及字形、字体颜色、字号、占位符位置和各种设计强调内容。

PowerPoint 提供多种模板和主题，同时可在线搜索合适模板和主题。此外，用户可以根据自身的需要，自建模板和主题。

根据模板和主题建立新演示文稿的方法是单击“文件”菜单，选择“新建”命令，在“可用的模板和主题”和 Office.com 提供的在线模板子菜单栏中选择所需模板，然后在右边预览窗口中，单击“创建”按钮即可建立一个新的、名称为“演示文稿 X”的新演示文稿，X 为正整数，系统根据当前打开的演示文稿数量自动确定。

（3）根据现有内容新建演示文稿

打开“文件”菜单，选择“新建”命令，在“可用的模板和主题”列表中选择“根据现有内容新建”选项，弹出“根据现有演示文稿新建”对话框，选择一个存在的演示文稿文件，单击“新建”按钮。打开的演示文稿内容不变，系统将名称自动更改为“演示文稿 X”，X 为正整数，由系统自动确定。

（4）利用模板创建相册

在 PowerPoint 提供的“样本模板”及 Office.com 提供的模板中有一些专门针对制作相册的模板。通过这些模板的选择可以快速创建各种风格的相册。相册是一个特殊的演示文稿，由标题幻灯片和图形图像集组成，每个幻灯片包含一个或多个图像。可以从图形文件、扫描仪或与计算机相连的数码照相机获取图像。创建相册的操作步骤如下：

① 单击“插入”选项卡“图像”组中的“相册”按钮。PowerPoint 将显示“相册”对话框，如图 5-3 所示。

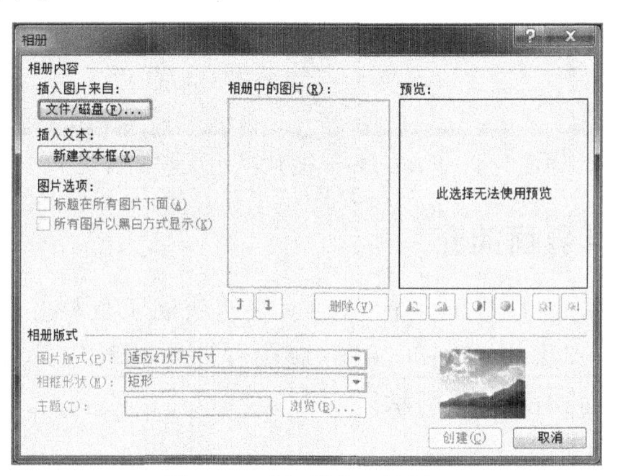

图 5-3 “相册”对话框

② 在“相册”对话框中构建相册演示文稿。可以使用控件插入图片，插入文本框（用于显示文本的幻灯片），预览、修改或重新排列图片，调整幻灯片上图片的布局及添加标题。

③ 单击“创建”按钮以创建相册。

2. 演示文稿的打开和保存

演示文稿的打开方式与其他 Office 程序的打开方式类似。

对于已经打开的演示文稿，用户可以通过选择“文件”→“保存”或者“另存为”命令来进行保存。通常，PowerPoint 演示文稿的文件扩展名为.pptx。

如果演示文稿中有很多图片，可将演示文稿存为 PowerPoint 图片演示文稿，即每张幻灯片已转换为图片的 PowerPoint 演示文稿，如图 5-4 所示。将文件另存为 PowerPoint 图片演示文稿将减小文件大小。PowerPoint 图片演示文稿的文件扩展名也为.pptx。

在 PowerPoint 2010 中，通过选择“开始”选项卡，单击“保存并发送”按钮可将演示文稿转化成 PDF 文档、视频文件、打包成 CD 或者创建讲义，甚至还可以将制作好的演示文稿通过电子邮件发送出去或者保存在网上，等等，如图 5-4 所示。

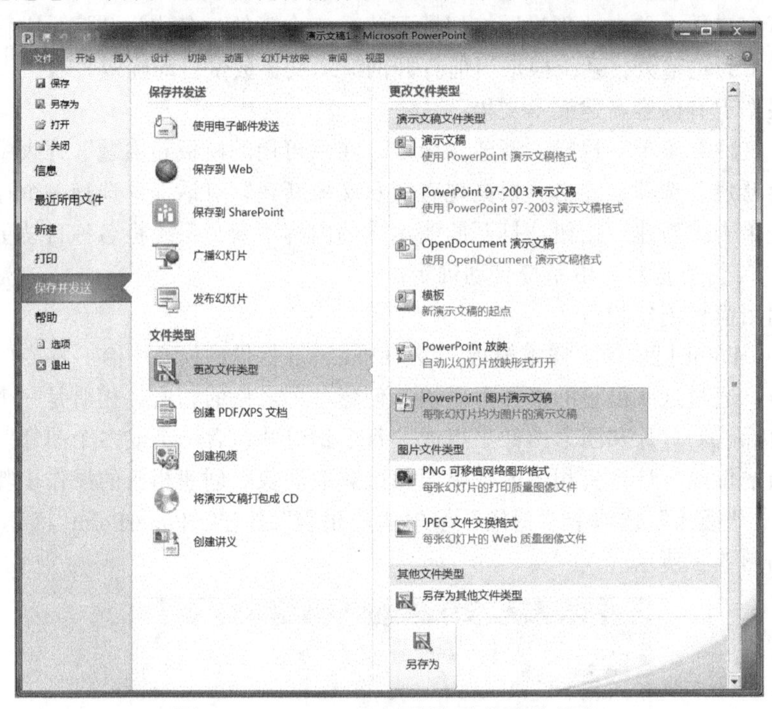

图 5-4　PowerPoint 图片演示文稿的保存

5.1.4　PowerPoint 界面简介

PowerPoint 2010 的窗口界面由标题栏、快速访问工具栏、选项卡、窗格、状态栏等部分组成，使用方法与 Word 2010 应用程序中相对应部分的使用方法相同。PowerPoint 的工作界面如图 5-5 所示。

1. 标题栏

标题栏显示打开的文件名称和软件名称 Microsoft PowerPoint 所组成的标题内容。右边是 3 个窗口控制按钮。

2. 选项卡

选项卡包括“文件”“开始”“插入”“设计”“切换”“动画”“幻灯片放映”“审阅”“视图”和“帮助”等。双击任意一个选项卡可以将快速访问工具栏隐藏或打开。

图 5-5　PowerPoint 工作界面

（1）“文件”选项卡

使用“文件”选项卡可创建新文件、打开或保存现有文件、打印或打包演示文稿。通过单击“文件”选项卡中“信息”按钮可查看当前演示文稿的信息，如图 5-6 所示。单击“文件”选项卡中“选项”按钮打开“PowerPoint 选项”进行设置。

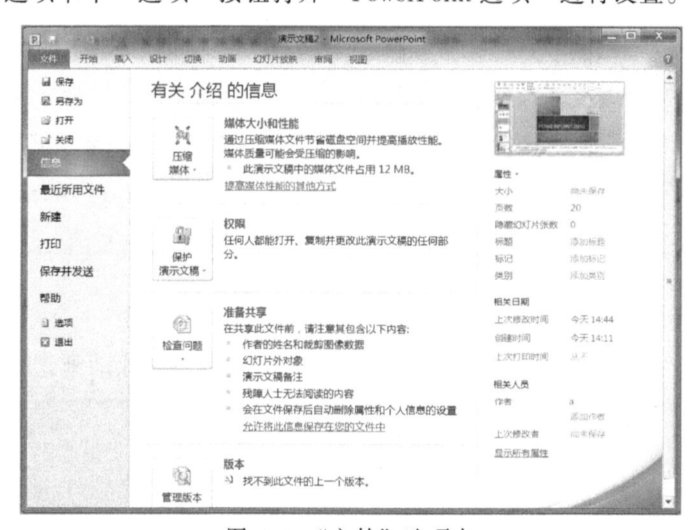

图 5-6　“文件”选项卡

（2）“开始”选项卡

使用“开始”选项卡可插入新幻灯片、将对象组合在一起及设置幻灯片上的文本的格式。单击“新建幻灯片”旁边的下拉箭头，则可从多个幻灯片布局进行选择，如图 5-7

所示。“字体”组包括“字体”“加粗”“斜体”和“字号”按钮。“段落”组包括“文本右对齐”“文本左对齐”“两端对齐”和“居中”。“绘图”组包括绘图需要的各种形状。若要将多个图形进行“组合”操作时，需单击“排列”按钮，然后在“组合对象”中选择“组合”。

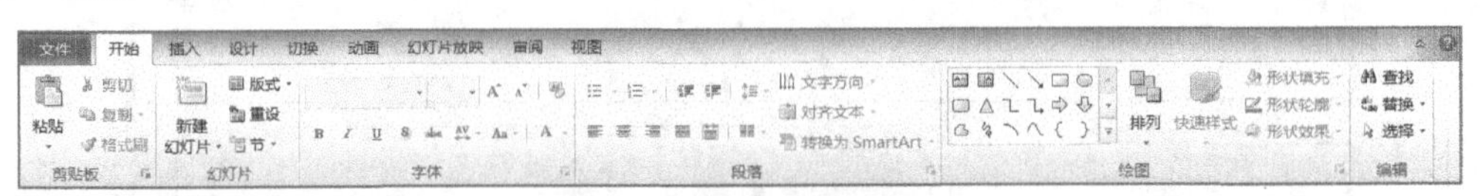

图 5-7 “开始”选项卡

（3）“插入”选项卡

使用“插入”选项卡可将表格、图像、形状、图表、页眉或页脚、艺术字、公式、音频、视频等对象插入到演示文稿中合适位置，如图 5-8 所示。

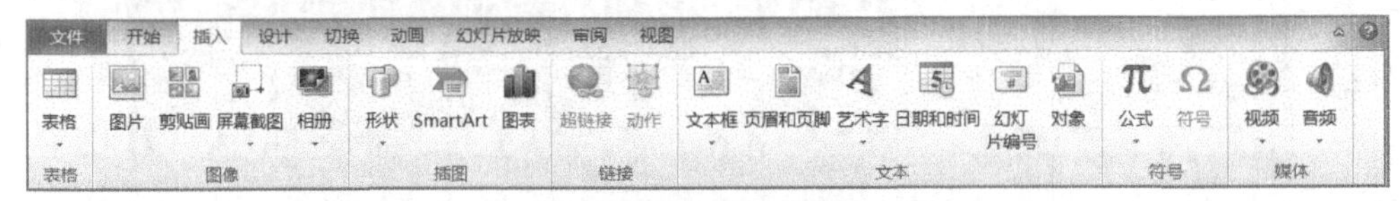

图 5-8 “插入”选项卡

（4）“设计”选项卡

使用“设计”选项卡可自定义演示文稿的背景、主题设计和颜色或页面设置，如图 5-9 所示。

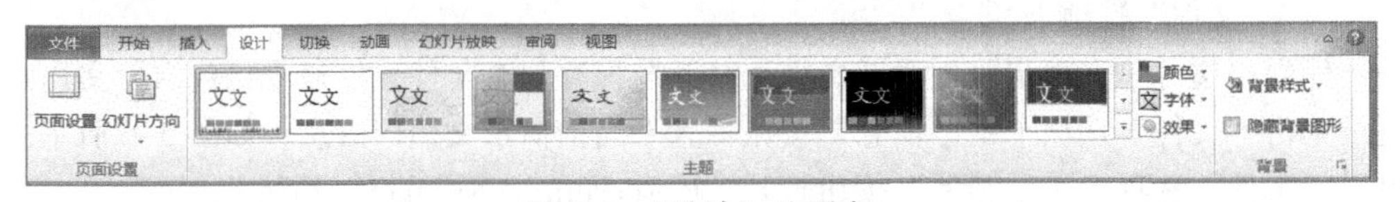

图 5-9 “设计”选项卡

（5）“切换”选项卡

使用“切换”选项卡可对当前幻灯片应用、更改或删除切换，如图 5-10 所示。

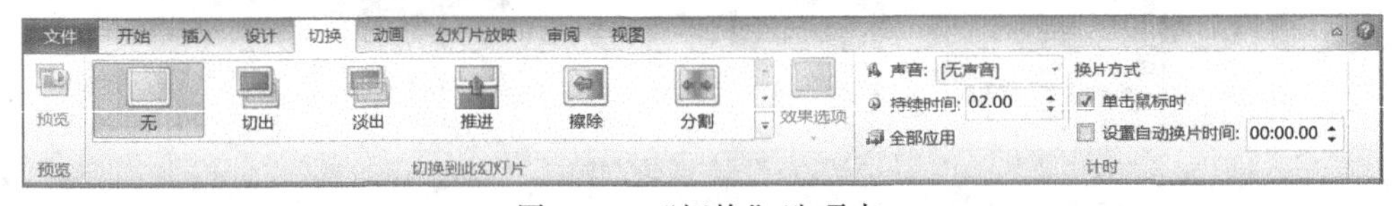

图 5-10 “切换”选项卡

（6）“动画”选项卡

使用“动画”选项卡可对幻灯片上的对象应用、更改或删除动画，如图 5-11 所示。

图 5-11 “动画”选项卡

（7）“幻灯片放映”选项卡

使用“幻灯片放映”选项卡可开始幻灯片放映、自定义幻灯片放映的设置和隐藏单个幻灯片，如图 5-12 所示。

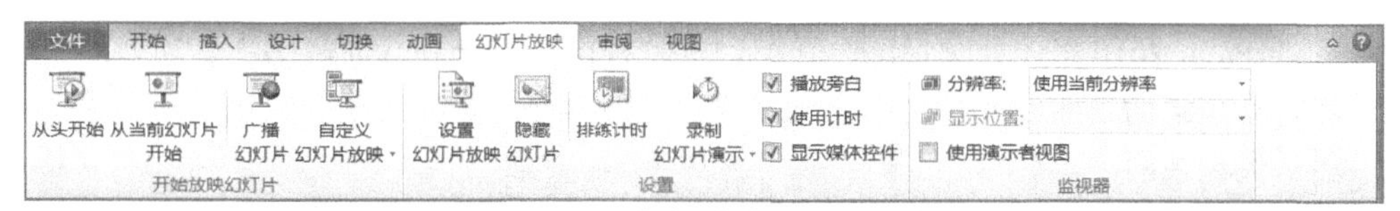

图 5-12 “幻灯片放映”选项卡

（8）“审阅”选项卡

使用“审阅”选项卡可检查拼写、更改演示文稿中的语言或比较当前演示文稿与其他演示文稿的差异，如图 5-13 所示。

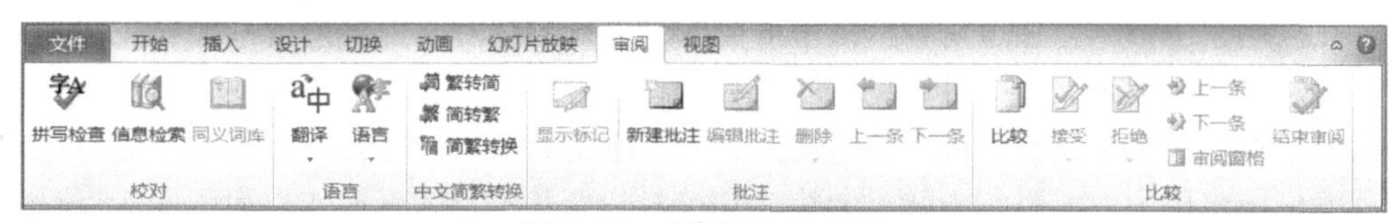

图 5-13 “审阅”选项卡

（9）“视图”选项卡

使用“视图”选项卡可以查看幻灯片母版、备注母版、幻灯片浏览，还可以打开或关闭标尺、网格线和绘图指导，如图 5-14 所示。

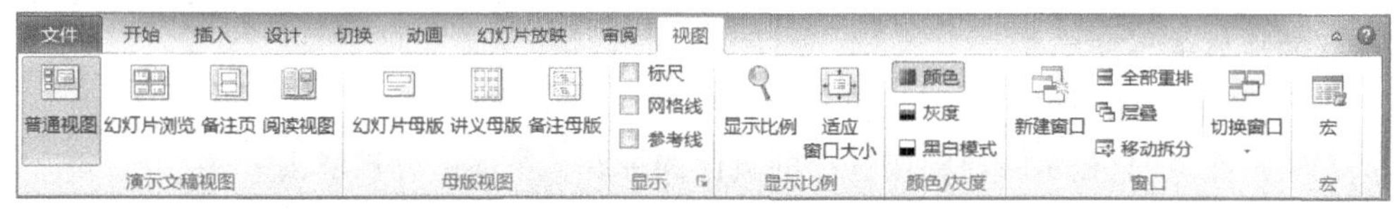

图 5-14 “视图”选项卡

3. 窗格

PowerPoint 窗口界面中有幻灯片窗格、幻灯片缩略图窗格和备注窗格。拖动窗格边框可调整各个窗格的大小。

（1）幻灯片窗格

在 PowerPoint 中打开的第一个窗口有一块较大的工作空间，该空间位于窗口中部，除右侧外其周围有多个小区域。这块中心空间就是幻灯片区域，正式名称为“幻灯片窗格”。

（2）幻灯片缩略图窗格

幻灯片窗格左侧是幻灯片缩略图窗格，它是正在使用的幻灯片的缩略图。它的顶端和右下端都有视图切换按钮。在普通视图时，任意选择“幻灯片”选项卡和“大纲”选项卡，均可以单击此处的幻灯片缩略图在幻灯片之间导航。

（3）备注窗格

幻灯片窗格下面是备注窗格，用于输入在演示时要使用的备注。如果需要在备注中加入图形，则必须转入到备注页才能实现。

5.1.5 PowerPoint 中的视图

视图是 PowerPoint 为用户提供的查看和使用演示文稿的方式。PowerPoint 2010 中一共有 4 种：普通视图、幻灯片浏览视图、备注页和阅读视图。

1. 普通视图

当 PowerPoint 启动后，一般都进入到普通视图状态。普通视图是最常用的一种视图模式，包含 3 种窗格：幻灯片窗格、幻灯片缩略图窗格和备注窗格。

PowerPoint 2010 将“大纲视图”和“幻灯片视图”组合到普通视图中，通过幻灯片缩略图窗格顶端的视图切换按钮来进行这两种视图界面之间的切换。

（1）大纲视图

单击“幻灯片缩略图窗格”顶端的大纲视图按钮，视图方式切换为大纲视图方式。在左边的窗格内显示演示文稿所有幻灯片上的全部文本,并保留除色彩以外的其他属性。通过大纲视图，可以浏览整个演示文稿内容的纲目结构全局，因此大纲视图是综合编辑演示文稿内容的最佳视图方式。

在大纲视图下，在左边窗格内选中一个大纲形式的幻灯片时，幻灯片窗格则显示该幻灯片的全部详细情况，并且可以对其进行操作。

当切换到大纲视图后，可以通过使用选项卡中的按钮对幻灯片进行操作，也可在幻灯片缩略图窗格中，使用右击弹出的快捷菜单对幻灯片进行编辑操作，如图 5-15 所示。

①“升级”：使选择的文本上升一级。例如，第 2 级正文上升为第 1 级正文，第 1 级正文升级后，将成为一张新幻灯片的标题。

②“降级”：作用与“升级”相反。

③“上移”：使选中的文本上移一层。通过上移可改变页面的顺序，或者改变层次小标题的从属关系。

④“下移”：作用与“上移”相反。

⑤“折叠”：只显示当前的或选择的页面的标题，主体部分被隐去。

⑥“展开”：既显示当前的或者选择的页面的标题，也恢复显示被隐去的主体部分。

⑦“全部折叠”：只显示文稿的全部标题，主体部分全部被隐去。

⑧“全部展开”：恢复显示文稿的全部标题和主体。

⑨“摘要幻灯片”：在当前幻灯片前插入一张“摘要幻灯片”。

⑩“显示文本格式”：切换文本显示方式，或者显示纯文本，或者显示格式化文本。

（2）幻灯片视图

单击“幻灯片缩略图窗格”顶端的幻灯片视图按钮，视图方式切换为幻灯片视图方式。在左边的窗格内显示演示文稿所有幻灯片的缩略图。

幻灯片的编辑和制作均在普通视图下进行。其中幻灯片的选择、插入、删除、复制一般在普通视图的“幻灯片缩略图窗格”中进行，而每一张幻灯片内容的添加、删除等操作均在“幻灯片窗格”中进行。

2. 幻灯片浏览视图

幻灯片浏览视图是一种观察文稿中所有幻灯片的视图，如图 5-16 所示。在幻灯片浏览视图中，按缩小了的形态显示文稿中的所有幻灯片，每个幻灯片下方显示有该幻灯片的演示特征（如定时、切入等）图标。在该视图中，用户可以检查文稿在总体设计上设计方案的前后协调性，重新排列幻灯片顺序，设置幻灯片切换和动画效果，设置（排练）幻灯片放映时间等。但是要注意的是：在该视图中不能对每张幻灯片中的内容进行操作。

3. 幻灯片放映

幻灯片放映就是真实的播放幻灯片，即按照预定的方式一幅幅动态地显示演示文稿的幻灯片，直到演示文稿结束。

用户在制作演示文稿过程中，可以通过幻灯片放映来预览演示文稿的工作状况，体验动画与声音效果，观察幻灯片的切换效果，还可以配合讲解为观众带来直观生动的演示效果。

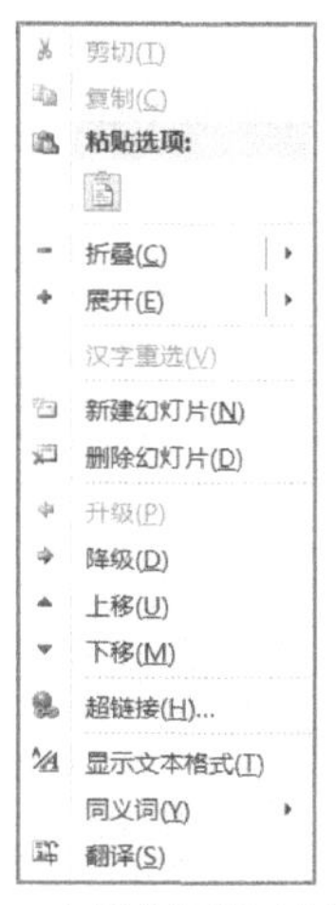

图 5-15　大纲视图快捷菜单

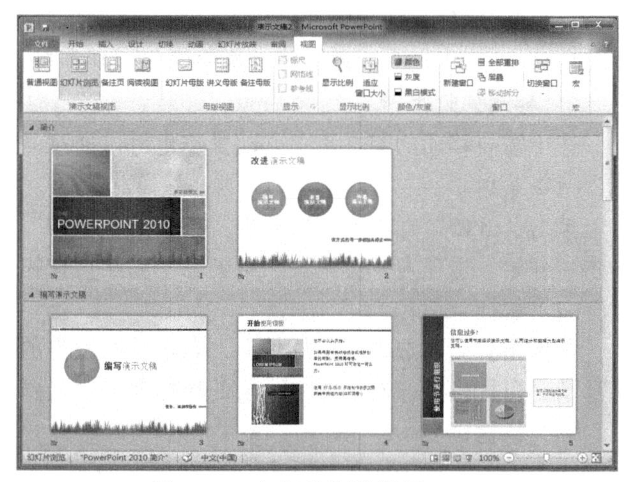

图 5-16　幻灯片浏览视图

4. 备注页

备注页视图是专为幻灯片制作者准备的，使用备注页，可以对当前幻灯片内容进行详尽说明。单击“视图”选项卡“演示文稿视图”组中的“备注页”按钮，可以完整显示备注页。在备注页中，可以添加文本、图形、图像等内容。

5.2　编辑演示文稿

5.2.1　演示文稿的编辑

演示文稿的编辑指对幻灯片进行选择、复制、移动、插入和删除等操作。这些操作可以在普通视图、幻灯片浏览视图下进行，而不能在放映视图模式下进行。

1. 选择幻灯片

在普通视图和幻灯片浏览视图的“幻灯片缩略图”窗格中，单击幻灯片，则表明选中该幻灯片。如果需要选择多张不连续幻灯片，按住【Ctrl】键，然后单击希望选择的幻灯片即可；如果需要选择多张连续的幻灯片，按住【Shift】键，单击第一张幻灯片，然后单击最后一张幻灯片即可。

2. 复制幻灯片

选中需要复制的幻灯片，复制操作可以通过4种方式来实现。

（1）菜单

单击“开始”选项卡“剪贴板”组中的“复制”按钮，然后，光标移动到目标位置，单击“开始”选项卡“剪贴板”组中的“粘贴”按钮。

（2）快捷菜单

鼠标指针放在选中的幻灯片上，右击并在弹出的快捷菜单中选择“复制”命令，光标移动到目标位置，右击并在弹出的快捷菜单中选择“粘贴”命令。

（3）快捷键

按【Ctrl+C】组合键，然后光标移动到目标位置，按【Ctrl+V】组合键。

（4）拖动鼠标

按住【Ctrl】键，用鼠标拖动选中的幻灯片到目标位置，释放鼠标和【Ctrl】键。

3. 移动幻灯片

选中需要移动的幻灯片，移动操作也可以通过4种方法来实现。

（1）菜单

单击“开始”选项卡“剪贴板”组中的“剪切”按钮，然后光标移动到目标位置，单击“开始”选项卡“剪贴板”组中的“粘贴”按钮。

（2）快捷菜单

鼠标指针放在选中的幻灯片上，右击并在弹出的快捷菜单中选择“剪切”命令，光标移动到目标位置，右击并在弹出的快捷菜单中选择“粘贴”命令。

（3）快捷键

按【Ctrl+X】组合键，然后光标移动到目标位置，按【Ctrl+V】组合键。

（4）拖动鼠标

直接用鼠标拖动选中的幻灯片到目标位置，然后释放鼠标。

4. 插入幻灯片

插入幻灯片指在已经建立好的演示文稿中添加幻灯片，包括插入新幻灯片和插入其他演示文稿中的幻灯片。添加的幻灯片将被插入到当前打开的演示文稿中的正在操作的幻灯片后面。

（1）插入新幻灯片

插入新幻灯片的操作步骤如下：

① 在普通视图或者幻灯片浏览视图窗口中确定需要插入的幻灯片位置。

② 单击“开始”选项卡“幻灯片”组中的“新建幻灯片”按钮，或者按【Ctrl+M】组合键，插入一张新的幻灯片。

（2）从其他演示文稿中插入

一般情况下，可以在当前编辑的演示文稿中插入其他演示文稿文件中的一些幻灯片。具体实现过程如下：

① 在普通视图或者幻灯片浏览视图窗口中确定需要插入的幻灯片的位置。

② 单击“开始”选项卡“幻灯片”组中的“新建幻灯片”按钮，在弹出的下拉菜单中选择“重用幻灯片”命令。在窗体右边会弹出“重用幻灯片”任务窗格。单击“浏览”按钮，在弹出的下拉列表中浏览文件，选择源文件，单击“确定”按钮后，则在预览框里面显示源文件的所有幻灯片。

③ 选择需要插入的幻灯片，然后单击，则将源文件的选定幻灯片插入到当前演示文稿编辑状态幻灯片的后面。

5. 删除幻灯片

选中需要删除的幻灯片，可以通过两种方法现实幻灯片删除操作。

（1）快捷菜单

鼠标指针放在选中的幻灯片上，右击并在弹出的快捷菜单中选择“删除幻灯片”命令。

（2）【Delete】或【Backspace】键盘键

按【Delete】键或【Backspace】键。

5.2.2 演示文稿的制作

演示文稿实质上是由一系列幻灯片组成，每张幻灯片都可以有独立的标题、说明文字、数字、图标、图像及多媒体组件等元素对象。演示文稿的制作，实际上就是对每一张幻灯片内容的具体安排，即对文本、图片、声音、视频和其他对象等元素对象的具体布置。

新建幻灯片的可以通过单击“开始”选项卡“幻灯片”组中的“新建幻灯片”下方的按钮来选定不同的幻灯片布局，如图 5-17 所示。幻灯片布局中的幻灯片内容框中有六个小按钮，分别对应“插入表格”“插入图表”“插入 SmartArt 图形”“插入来自文件的图片”“剪贴画”和“插入媒体剪辑”。

为了使制作的演示文稿更加吸引观众，PowerPoint 允许用户在任意位置插入对象。在内容上，可以添加如 Word（文本、表格）、Excel、图表、组织结构图、图示等对象，在形式上，可以通过超链接功能实现更加合理的演示效果。

在幻灯片中还常包含一些视频、音频、图像、公式和特殊格式的内容（如专门软件制作的图片、图表等），可以通过调用其专用程序来编辑它们，然后将编辑成果插入幻灯片中。要调用专门程序，只需要选择“插入”→“文本”→“对象”→“新建”命令来实现。插入对象的方式有“新建”和“由文件创建”两种。

图 5-17 选择幻灯片布局

1. 插入文本

通常，文本是演示文稿的主体。插入文本是演示文稿最常用的操作。

（1）插入文本

文本必须插入在文本框中，多数幻灯片版式中包含文本框。当用户新建一张幻灯片时，在新建的幻灯片中标题栏占位符、正文占位符处出现的“单击此处添加标题”或者“单击此处添加副标题”，表示用户可添加文本到此处，如图 5-1 所示。其他新建的幻灯片中标题栏占位符或者内容占位符处出现的“单击此处添加标题”或者“单击此处添加文本”，表示用户可添加文本到此处，如图 5-17 所示。另外，用户也可以自行在幻灯片的任意位置添加文本框，然后在文本框中插入文本。

无论是幻灯片版式上自带的文本框还是用户自己在幻灯片上插入的文本框，文本框的大小、位置、框线颜色等的设定与在 Word 中的相同。

（2）格式化文本

在演示文稿中没有样式，因此，针对选定的文本，字体、字号、对齐方式、行距等需分别设置。当然，用户也可在母版上统一格式化文本，既简便又统一。

① 字符格式：对选定需要格式化的文本进行格式化的方法有两种。

利用“开始”选项卡中的“字体”组对文字进行如字体、字号及加粗、倾斜等设定；同时会出现“绘图工具”|“格式”选项卡。

右击也会出现文字编辑的工具，在弹出的浮动工具栏中对文字进行设定。

② 行距：行距是行与行之间的距离，行距设置可以通过两种方法实现。

- 单击“开始”选项卡“段落”组中右下角的对话框启动器，弹出“段落”对话框，对“缩进和间距”及“中文版式”进行设定。
- 右击并选择“段落”命令，会弹出“段落”对话框，可进行“缩进和间距”及“中文版式”设定。

注意：默认情况下，“开始”选项卡的“段落”组中是不显示“缩进和间距”及“中文版式”命令按钮的。

③ 对齐方式：设置文本的对齐方式也可以通过两种方法实现。

- 单击“开始”选项卡“段落”组中的“左对齐”“居中”和“右对齐”等按钮设定。
- 右击并选择“段落”命令，会弹出“段落”对话框，可在“常规”选项卡中选择“左对齐”“居中”“右对齐”“两端对齐”和“分散对齐”命令。

（3）项目符号和编号

在演示文稿中，段落前面添加项目符号或编号，将会使演示文稿更加有条理、易于阅读。在 PowerPoint 2010 中，总共可以有 5 级项目符号，且每一级项目符号都不相同，它们代表了 5 级文字。用户可以通过【Tab】键和【Shift+Tab】组合键来改变文字级别。

选中与项目符号（或编号）有关的文本后，设置或者更改项目符号（或编号）可以通过以下步骤实现：

① 单击“开始”选项卡“段落”组中的“项目符号”下拉按钮，选择“项目符号和编号”选项，弹出“项目符号和编号”对话框。

② 设置或者更改项目符号：在“项目符号”选项卡中设置项目符号的形状、大小、颜色等，并能自定义项目符号图标。

③ 设置或者更改项目编号：在“编号”选项卡中设置编号的类型、大小、颜色和起始编号等。

2. 插入表格

通过单击“插入”选项卡“表格”组中的“表格”按钮，可以插入表格。

3. 插入图表

Office 带有创建、编辑图表的专用程序 Microsoft Graph。它是 Office 工具中的一个组件，Office 的组件制作图表时，均是调用它来完成的。因此，在 PowerPoint、Word、Excel 等组件中，制作图表的方法基本相同。差别仅在于调用 Microsoft Graph 的途径可能不同。

（1）创建图表

创建图表的方法有多种，本节介绍通过菜单创建。通过菜单插入图表的步骤是：

① 调用 Graph：在需插入图表的幻灯片上，单击“插入”选项卡“插图”组中的“图表”按钮。

② 在弹出的对话框中选择图表类型，单击“确定”按钮。

③ 输入数据：将制作图表用的数据输入“Excel 表格”后关闭，一张按默认选项制成的图表即出现在幻灯片上，如图 5-18 所示。

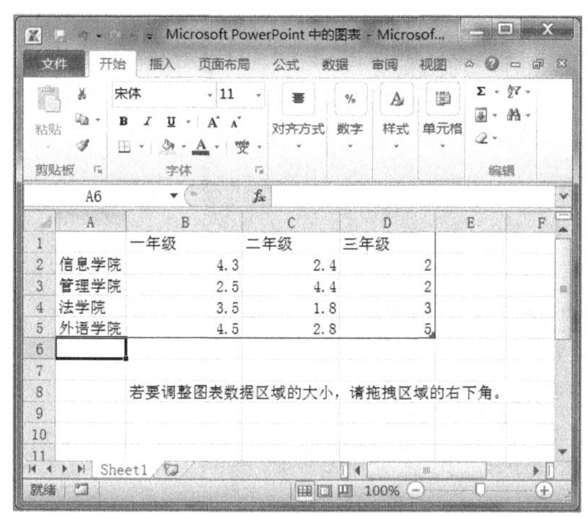

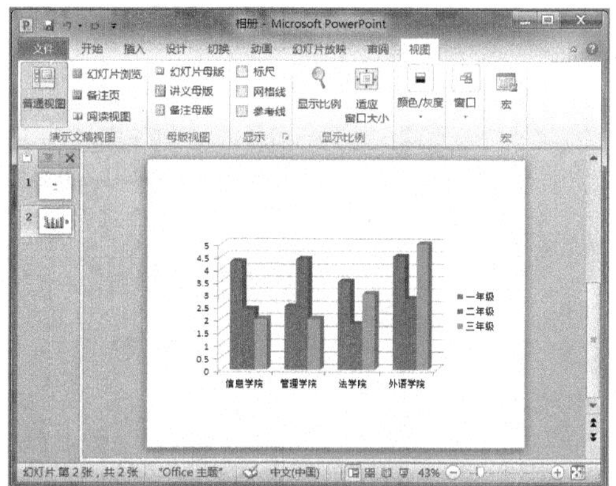

图 5-18　幻灯片图表的示意图

（2）编辑图表

无论是用何种方法创建的图表，编辑方法均是相同的。

图表的类型、图表的各个元素、图表的大小均可根据需要进行调整。用户可使用命令菜单、命令按钮和快捷菜单进行设置。下面以使用快捷菜单为例，说明设置方法。设置需在图表视图中进行，在图表区内双击 Graph 即可启动，进入图表视图。

① 类型选择：图表的类型有柱形图（默认）、条形图、折线图、饼图等。选择或改变图表类型方法为：在图表区域内右击，再选择快捷菜单中的“更改图表类型”命令，然后进行选择。

② 图表元素的增添：组成图表的元素，如图表标题、坐标轴、网格线、图例、数据标签等，用户均可添加或重新设置。例如，添加标题的方法是：单击“图表工具”|“布局”选项卡“标签”组中的“图表标题”按钮，选择标题属性，然后在标题框中输入图表的标题即可。

③ 图表大小的调整：用鼠标拖动图表区的框线可改变图表的整体大小。改变图例区、标题区、绘图区等大小的方法相同，即在相应的区中单击，边框线出现后，用鼠标拖动框线即可。

此外，图表的大小、在幻灯片上的位置（也可用鼠标拖动）等还可以精确设定。方法是：在图表区内右击，选择“设置图表区域格式”命令，然后在“位置”和“大小”选项卡中设定。

4. 插入 SmartArt 图形

以插入组织结构图为例，其插入方法为：单击“插入”选项卡“插图”组中的 SmartArt 按钮，在弹出的对话框中选择“层次结构”选项，并选择组织结构图模板，单击“确定”按钮，如图 5-19 所示。在幻灯片中添加一个组织结构图模板后可在图中指定位置添加文字，并通过 SmartArt 工具选项卡中的工具对组织结构图进行设计，如图 5-20 所示。

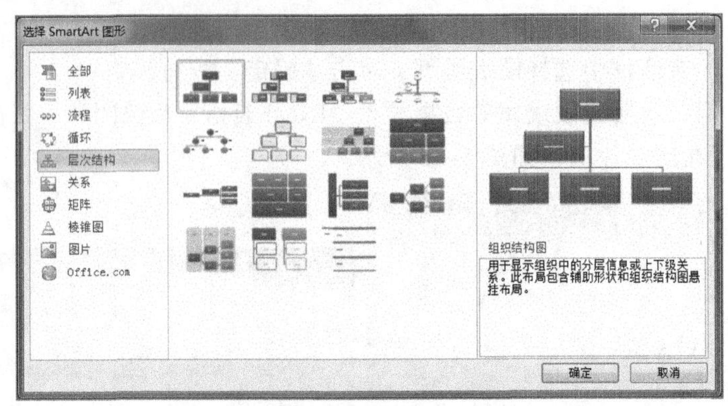

图 5-19　选择 SmartArt 图形

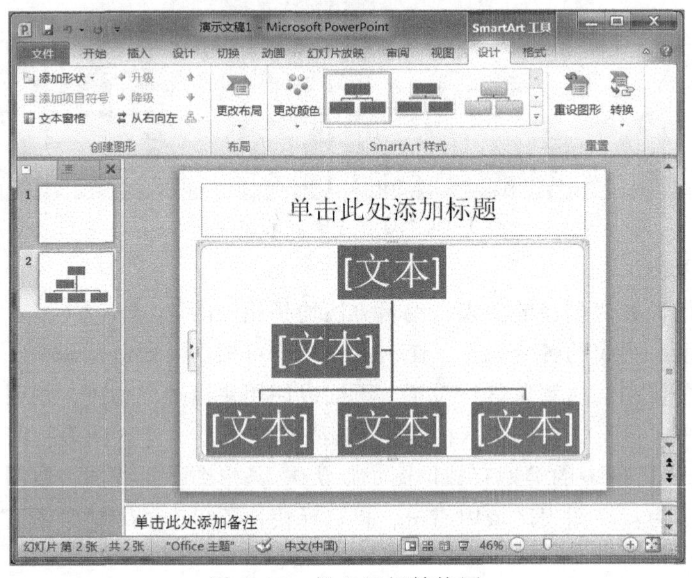

图 5-20　插入组织结构图

5. 插入音频和视频

要使幻灯片在放映时增加视听效果，可以在幻灯片中加入多媒体对象，如音乐、电影等，从而获得满意的演示效果，增强演示文稿的感染力。

（1）在幻灯片中插入音频

在幻灯片中插入的音频包括文件中的音频、剪贴画音频和录制音频。

① 插入文件中的音频：操作步骤如下。

- 使演示文稿处于“普通视图”方式并选定要插入声音的幻灯片。
- 单击“插入”选项卡“媒体”组中的“音频”下拉按钮，选择下拉列表中的“文件中的音频”选项，弹出“插入音频”对话框，找到要插入的音频。

- 选中要插入的声音文件图标，将其插入到当前幻灯片，这时在幻灯片中可以看到声音图标，同时出现声音播放系统，如图 5-21 所示。

② 剪贴画音频：在幻灯片中插入剪贴画音频的操作步骤与插入文件中的音频的操作步骤基本一致，不同之处在于，在“音频”下拉列表中选择“剪贴画音频”选项，会在窗口右边弹出“剪贴画”任务窗格，缩略图上列出了一些音频，也可以选择搜索其他音频，其他步骤一致。

③ 录制音频：操作步骤如下。

- 在普通视图中，选定要插入声音的幻灯片。
- 单击“插入”选项卡“媒体”组中的“音频”下拉按钮，选择下拉列表中的“录制音频”选项，弹出“录音”对话框，如图 5-22 所示。

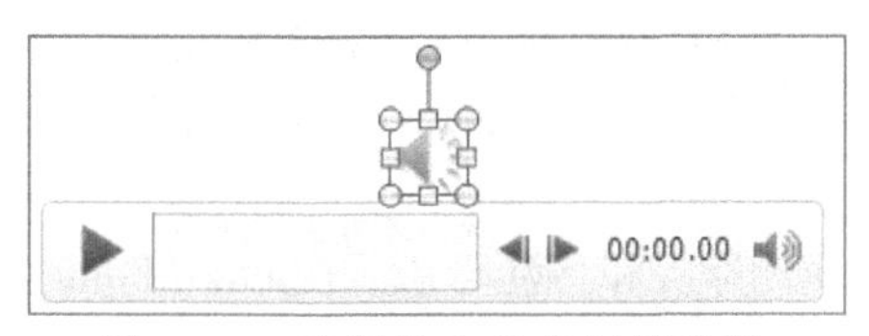

图 5-21　编辑状态的音频播放器

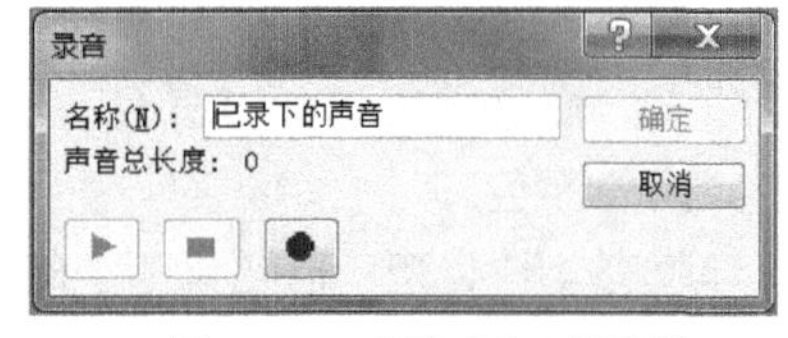

图 5-22　“录音”对话框

- 单击红色录制按钮（圆形）即开始录音，录音完毕后单击停止按钮（方形）。
- 单击“确定”按钮完成插入录制音频。

（2）在幻灯片中插入视频

从幻灯片中插入视频的操作步骤和插入音频的操作步骤大体一致，只是选择的是“视频”命令，此外不同就是插入视频中有“来自网站的视频”，要实现该功能只需找到网站视频链接，将其粘贴到从“网站插入视频”对话框中的文本框中，单击“插入”按钮即完成了从网站插入视频。

6. 插入图片、剪切画和相册

图片、剪切画和相册可以直接插入到幻灯片中。插入后，形状可直接在幻灯片绘制。

注意：插入图像文件的格式是有限制的。凡是能在“插入图片”对话框上预览的均能插入，不能以插入文件方式插入的图片，可用复制、粘贴方法插入。

7. 插入超链接

利用超链接不但可进行幻灯片之间的切换，还可以链接到其他类型的文件。用户可以通过“超链接”命令和“动作按钮”来建立超链接。其一般方法是：

① 选中幻灯片中需要插入超链接的对象（文字、图片或者按钮）后，单击“插入”选项卡“链接”组中的“超链接”按钮，或在标志上右击，然后选择“超链接”命令。

② 在“插入超链接”对话框上，“链接到”选项区域有“现有文件和网页”“本文档中的位置”“新建文档”“电子邮件地址”等 4 种选择。选定其中某一项后，右边的设置项目会作相应的改变。例如，选中“本文档中的位置”后，右侧的设置项目是“请选择文档中的位置”。

③ 设置完成后，单击“确定”按钮。

5.2.3　演示文稿的设计与修饰

完成演示文稿的过程中，对演示文稿的设计与装饰是必要的，利用设计模板、母版、配色方案等，设定演示文稿的外观，既能使幻灯片的外观风格统一，又能大大简化编辑工作量。

1. 应用母版

幻灯片母版是存储关于模板信息的设计模板的一个元素，这些模板信息包括字形、占位符大小和位置、背景设计和配色方案等。幻灯片母版的目的是使用户进行全局更改（如替换字形），并使该更改应用到演示文稿中的所有幻灯片。

- 设计模板：包含演示文稿样式的文件，包括项目符号和字体的类型和大小、占位符大小和位置、背景设计和填充、配色方案及幻灯片母版和可选的标题母版。
- 占位符：一种带有虚线或阴影线边缘的框，绝大部分幻灯片版式中都有这种框。在这些框内可以放置标题及正文，或者是图表、表格和图片等对象。
- 配色方案：作为一套的 8 种协调色，这些颜色可应用于幻灯片、备注页或听众讲义。配色方案包含背景色、线条和文本颜色及选择的其他 6 种使幻灯片鲜明易读的颜色。

母版有 4 种类型：标题母版、幻灯片母版、讲义母版和备注母版。在 PowerPoint 中，“视图”选项卡的“母版视图”组中有幻灯片母版、讲义母版和备注母版 3 种类型，标题母版在幻灯片母版设置时进行添加或者删除。

① 幻灯片母版控制幻灯片上标题和正文文本的格式与类型。

② 标题母版控制标题幻灯片的文本格式和位置。

③ 备注母版用来控制备注页的版式及备注文字的格式。

④ 讲义母版用于添加或修改在每页讲义中出现的页眉或页脚信息。

（1）打开幻灯片母版

幻灯片母版、标题母版中，通过设置背景效果、标题文本的格式和背景对象、占位符大小和位置以及配色方案等元素，使演示文稿在外观上协调一致。修改幻灯片母版的方法为：打开需修改母版的演示文稿后，单击“视图”选项卡“母版视图”组中的“幻灯片母版”。进入幻灯片母版视图。

幻灯片母版上有：自动版式的标题区、对象区、日期区、页脚区、数字区。用户可根据需要修改它们。

（2）向幻灯片母版中插入对象

向幻灯片母版中插入的对象，将出现在以该母版为基础创建的每一张幻灯片上。例如，插入剪贴画。

在幻灯片母版视图中，单击“插入”选项卡“图像”组中的“剪贴画”后，输入要插入剪贴画关键字，单击“搜索”按钮，在“剪贴画”任务窗格中选定所需的剪贴画即可。

（3）更改文本格式

当更改幻灯片母版中的文本格式时，每一张幻灯片上的文本格式都会跟着更改。如果要对正文区所有文本的格式进行更改，则可以首先选择对应的文本框，然后再设置文本的字体、字形、字号、颜色等。如果只改变某一层次的文本的格式，则先选中该层次的文本，然后设置格式。例如，需将第三级文本设置为加粗格式，则先选中母版中的第三级文本，然后单击“格式”组中的“加粗”按钮。

（4）母版版式设置

母版版式的设置是指控制母版上各个对象区域是否显示。若不需要，则选中后删除即可。删除后若要恢复，则在“幻灯片母版”选项卡“母版版式”组中，选中相应的复选框即可。

（5）更改幻灯片背景

改变幻灯片的颜色、图案、阴影或者纹理，即改变幻灯片的背景。更改背景时，既可将改变应用于单独的一张幻灯片，也可应用于全体幻灯片和幻灯片母版。

① 填充。“填充”菜单中包括：纯色填充、渐变填充、图片或纹理填充及图案填充。

如果要更改幻灯片的背景配色方案，在幻灯片视图或母版视图中，单击“幻灯片母版”选项卡“背景”组中的“背景样式”按钮，选择“设置背景格式”选项，从弹出的“设置背景格式”对话框中选择所需选项，因“填充”工具使用方法比较类似，下面以“纯色填充”为例简单讲解。

- 如果所需要的颜色是属于配色方案中的颜色，则直接选择“背景样式”列表框中的 12 种颜色之一。
- 如果所需要的颜色不属于配色方案，则可单击“填充”选项，然后选择“纯色填充”，在其下“填充颜色”选项卡中单击“漆桶”按钮中选定所需要的颜色。
- 如果要将背景色改成默认值，则单击“自动”按钮。
- 如果要将上述改变应用于全体幻灯片，则单击“全部应用”按钮；如果要将应用只限于本张幻灯片，则单击“应用”按钮。

② 图片更正。“图片更正”选项卡提供了“锐化和柔化”功能及“亮度和对比度”功能，调节方法都是左右滑动均衡器，直到达到满意效果。

③ 图片颜色。“图片颜色”选项卡提供了图片“颜色饱和度”“色调”和“重新着色”功能。

④ 艺术效果。“艺术效果”提供了 23 种不同艺术效果的背景效果，选择理想的效果，调整透明度和画笔（铅笔）大小，然后单击“全部应用”按钮即完成设置。

2. 应用主题

主题是包含演示文稿样式的文件，包括项目符号和字体的类型和大小、占位符大小和位置、背景设计和填充、配色方案及幻灯片母版和可选的标题母版。

使用主题，可以使用户设计出来的演示文稿的各个幻灯片具有统一的外观。通过改变主题，可以使文稿有一个全新的面貌。用户在创建了一个全新的文稿后，也可以将它保存下来，作为主题使用。保存为主题的演示文稿可以包含自定义的备注母版和讲义母版。

主题是控制演示文稿统一外观的一种快捷方式。系统提供的主题是由专业人员设计的，因此各个对象的搭配比较协调，配色方案比较醒目，能够满足绝大多数用户的需要。在一般情况下，使用主题建立演示文稿，不用做过多修改。用户既可以在建立演示文稿之前预先选定文稿所用的主题，也可以在演示文稿的编辑过程中更改主题。

PowerPoint 允许用户建立演示文稿之后再更改应用的演示文稿主题。其操作步骤如下：

① 打开需要更改主题的演示文稿后，通过单击“设计”选项卡“主题”组中的“颜色”“字体”和“效果”对主题进行修改，如图 5-23 所示。

图 5-23 “主题”组

② 在“主题”组中，选定所需的主题单击，即可将该主题应用到当前选定的幻灯片上；或者右击“主题”组中的“主题”缩略图，在弹出的快捷菜单中选择“应用于所有幻灯片”或者“应用于选定幻灯片”命令，如图 5-24 所示。

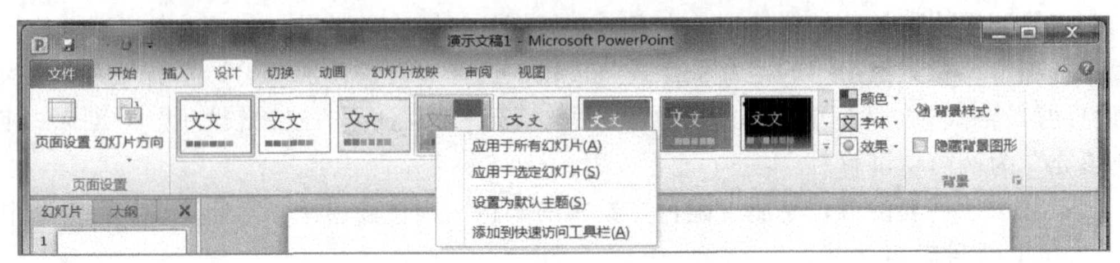

图 5-24 主题应用快捷菜单

③ 自定义模板：为了使用户的文稿具有统一的外观，而且又具有用户的个人色彩，可以在已有的模板基础上添加一些用户自己的东西，然后保存为新的模板供以后调用。模板文件的扩展名为“.potx”。

3. 应用幻灯片版式

幻灯片版式指的是幻灯片内容在幻灯片上的排列方式。版式由占位符组成，而占位符可放置文字（标题和项目符号列表等）和幻灯片内容（表格、图表、图片、形状和剪贴画等）。

每次添加新幻灯片时，都可以在“幻灯片版式”任务窗格中为其选择一种版式，也可以选择一种空白版式。

（1）规范应用幻灯片版式

规范的方法：单击“开始”选项卡“幻灯片”组中的选择“新建幻灯片”下拉按钮，在其下拉列表选择适合的版式，然后将文字或图形对象添加到版式中的提示框中。也可以在选择完一种版式后再进行更换，方法是在幻灯片页面旁边右击，选择快捷菜单中的“版式”命令。

（2）自定义版式结构

PowerPoint 2010 有自定义版式功能，并将这一功能与母版功能结合。下面介绍如何自定义版式。

① 进入母版视图：单击“视图”选项卡“母版视图”组中的“幻灯片母版”按钮，进入到母版视图后，会在左侧看到一组母版，其中第一个视图大一些，这是基本版式，其他的是各种特殊形式的版式。

② 创建版式：单击“幻灯片母版”选项卡“编辑母版”组中的“插入版式”按钮，在出现的版式中要添加预设的标题框、图片框、文字框等对象，用于固定页面中各种内容出现的位置。再分别选择“文本”“图片”“图表”等。

③ 建立完成后，单击“幻灯片母版”选项卡“关闭”组中的“关闭母版视图”按

钮。回到幻灯片设计窗口，选择已经自定义的版式即可应用。

4. 应用配色方案

配色方案由幻灯片设计中使用的 12 种颜色（用于背景、文本和线条、阴影、标题文本、填充、强调和超链接）组成。演示文稿的配色方案由应用的设计主题确定。

用户可以通过选择幻灯片的“设计”→“颜色”命令来查看幻灯片的配色方案。所选幻灯片的配色方案在任务窗格中显示为已选中。

主题包含默认配色方案及可选的其他配色方案，这些方案都是为该主题设计的。Microsoft PowerPoint 中的默认或空白演示文稿也包含配色方案。

可以将配色方案应用于一个幻灯片、选定幻灯片或所有幻灯片及备注和讲义。

PowerPoint 中配色方案的操作为：单击“设计”选项卡“主题”组中的“颜色”按钮，在弹出的下拉列表中选择“新建主题颜色”选项，在弹出的“新建主题颜色”对话框中进行。

（1）使用标准配色方案

在 PowerPoint 中不同设计模板提供配色方案的数量不同（至少 21 种），如图 5-25 所示。用户可依据不同的情况，选用其中的一种，以保持文稿外观的一致性。

（2）自定义配色方案

如果标准配色方案不能满足需要，则用户可自定义（修改标准）配色方案，如图 5-26 所示。设置配色方案的方法是：

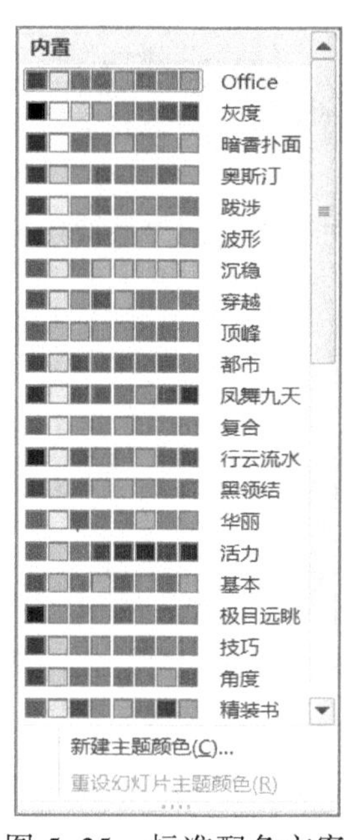

图 5-25　标准配色方案

图 5-26　新建颜色方案

单击“设计”选项卡“主题”组中的“颜色”按钮，在弹出的下拉列表中选择“新建主题颜色”选项，在弹出的“新建主题颜色”对话框中更改需要更改的颜色，单击“保存”按钮即完成更改。

注意：背景颜色一般不在此处更改。

5.2.4　演示文稿的审阅

演示文稿的“审阅”功能包含检查拼写、增加批注、更改演示文稿中的语言或比较当前演示文稿与其他演示文稿的差异。PowerPoint中审阅功能与Word中的审阅功能类似。这里只介绍合并和比较演示文稿的操作。使用PowerPoint 2010中的合并和比较功能，可以比较当前演示并使用电子邮件和网络共享与他人交换更改。

在工作当中，有时需要将多个演示文稿合并到一个演示文稿中并且要保留源幻灯片的模板和动画效果，其操作步骤如下：

① 新建或打开一个演示文稿。

② 选择“审阅”选项卡，单击“比较”按钮，将弹出一个窗口，选择要与当前演示文稿合并的文件。

③ 选择要合并的演示文稿后，单击“打开”按钮，PowerPoint将选择的演示文稿与当前打开的演示文稿开始进行比较合并。此时，幻灯片缩略图窗格中将显示修订的标记，幻灯片窗格右侧将显示审阅窗格。“审阅”选项卡如图5-27所示。

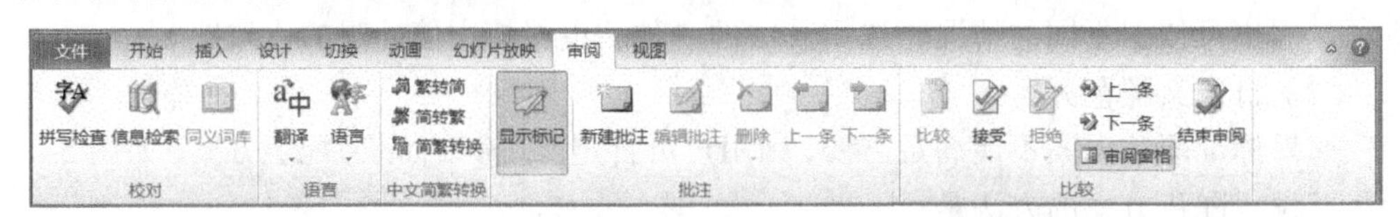

图5-27　进行“比较”后的“审阅”选项卡

④ 单击“比较”中的“接受”按钮，从下拉的列表中选择“接受修订”选项。

⑤“接受修订”之后，原来旧的演示文稿和新的演示文稿就可以完美合并了，并且原来演示文稿中的模板、动画特效等都保持不变。

⑥ 演示文稿合并后，新的演示文稿将默认插入旧的演示文稿前面，优先被播放，可根据实际情况再做调整。

⑦ 调整结束后，单击“结束审阅”按钮退出审阅。

5.3　放映演示文稿

演示文稿做好以后需要演讲者放映的，根据需要，演讲者可以设置不同的放映方式。在演示文稿放映时，幻灯片之间需要进行切换，因此，还应该设置幻灯片之间的切换方式。

5.3.1　切换

在幻灯片放映过程中，每张幻灯片一张接一张在屏幕上显示，这一过程称为幻灯片的切换。PowerPoint 可以对幻灯片切换时幻灯片出现的动画方式来设定，决定了后一张幻灯片式如何替代前一张幻灯片的。

（1）排练计时

演讲者可以在正式放映演示文稿之前，使用PowerPoint提供的计时器来进排练，掌握最理想的放映速度。同时，通过排练也可以检查幻灯片的视觉效果。

排练计时的操作步骤如下：

① 在“动画”选项卡“计时”组中设定放映范围（排练起始点）。

② 单击“幻灯片放映”选项卡“设置”组中的“排练计时”按钮，进入幻灯片时间预排窗口。

③ 在排练窗口的左上角有一个计时器，上面两个时间及三个按钮功能的含义如下：

- 左边白色的时间表示当前幻灯片放映所需的时间，右边灰色的时间表示幻灯片集（累计）放映所需的全部时间。
- “重复”按钮：重复本张幻灯片的放映，但不会重复幻灯片集的放映，时间也将返回本次幻灯片开始放映时刻，重新开始计时。
- “暂停”按钮：单击该按钮，使幻灯片放映暂停。
- “下一项”按钮：单击该按钮，将继续放映（排练）下一个对象（对象：设定过自定义动画的指下一个项目或下一张幻灯片；未设定自定义动画的指下一张幻灯片）。

④ 在排练结束或中止排练后，将会显示一个消息框，询问是否使用这次排练所记录的放映时间。

⑤ 回到幻灯片浏览视图中，将会看到每张幻灯片左下方都有一个数字，记录着这一张幻灯片放映所需的时间，单位是秒。被隐藏的幻灯片下没有放映时间显示。

（2）设定幻灯片切换效果

设定幻灯片切换效果的操作步骤如下：

① 单击“切换”选项卡“切换到此幻灯片”和“计时”组中的相应效果选项，如图 5-28 所示。

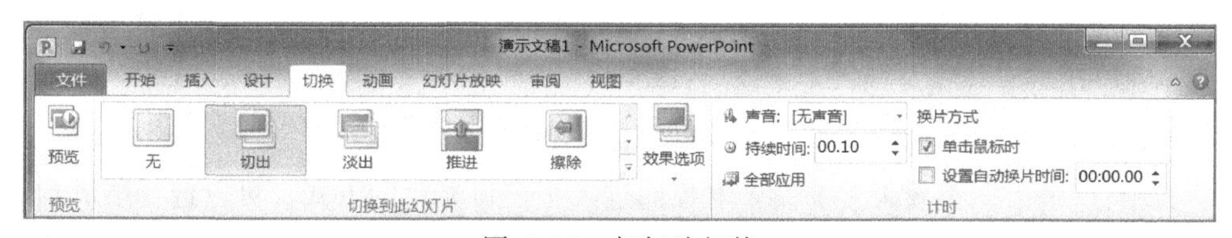

图 5-28　幻灯片切换

② 单击“预览”按钮，可以在主窗口中预览效果。

③ 选择了一种切换效果后，可在“计时”组中设置幻灯片切换的速度（精确到秒）。

④ 在“换页方式”选项区中有两个选项，分别是“单击鼠标时”和“设置自动换片时间”。如果选择前者，那么在幻灯片放映时，只有在单击时才会换页；如果选择后者，并且在其下的矩形框中输入换页间隔时间的秒数，在幻灯片放映时将会自动地、每隔几秒放映一张幻灯片。

⑤ 如果希望在幻灯片出现时能给予观众听觉上的刺激，那么就应该使用声音选项。单击“声音”列表框右侧的下拉按钮，然后在声音列表中选择换页时所需的声音效果。这样，在幻灯片放映当中，当这张幻灯片出现在屏幕上时，会发出声音或者播放一段乐曲向观众致意。在“声音”框下面有一个选项：“播放下一段声音之前一直循环”，如果选中它，声音将会循环播放，直至幻灯片集中有一张幻灯片或一个对象调用了其他的声音文件。借助“计时”组中的“全部应用”按钮可同时设定多张幻灯片的切换效果。

5.3.2 动画

PowerPoint 中可以使幻灯片上的文本、图形、图示、图表和其他对象具有动画效果，这样就可以突出重点、控制信息流，并增加演示文稿的趣味性。

若要简化动画设计，只需将预设的动画方案应用于所有幻灯片中的项目、选定幻灯片中的项目或幻灯片母版中的某些项目上。也可以使用“动画”菜单中的工具，在运行演示文稿的过程中控制项目在何时以何种方式出现在幻灯片上（如单击时由左侧飞入）。

自定义动画可应用于幻灯片、占位符或段落（包括单个的项目符号或列表项目）中的项目。除了预设或自定义动作路径之外，还可使用进入、强调或退出选项。同样还可以对单个项目应用多个动画，这样就可使项目符号项目在飞入之后飞出。

大多数动画选项包含可供选择的相关效果。这些选项包含：在演示动画的同时播放声音，在文本动画中可按字母、字或段落应用效果（如使标题每次飞入一个字，而不是一次飞入整个标题）。

可以对单张幻灯片或整个演示文稿中的文本或对象动画进行预览。

下面以“自定义动画”为例，描述添加动画效果过程。

① 选择要设置动画的对象，然后单击“动画”选项卡“动画”组中的“动画样式”按钮，如图 5-29 所示。

② 单击“动画”选项卡“高级动画”组中的“添加动画”按钮，会出现“进入”“强调”“退出”“动作路径”等 4 种效果大类。

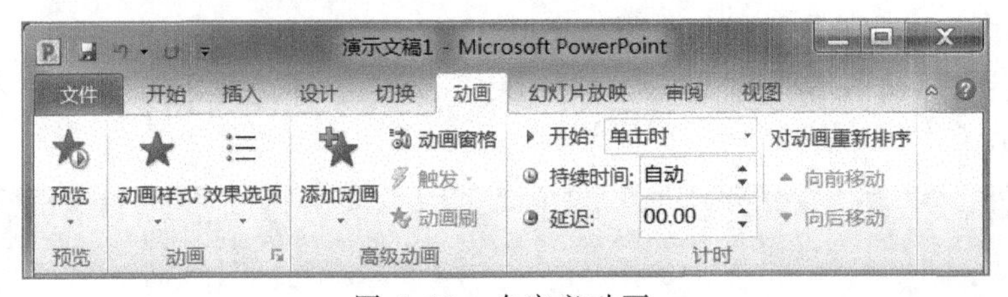

图 5-29　自定义动画

其中：“进入”类效果主要设置对象的进入主窗口舞台的方式，可以选择能看到的几种进入效果（如劈裂、飞入、弹跳等），选择其中一种效果，可以预览这种效果（选中“自动预览”选项）。

③ 如果在已出现效果中找不到理想的效果，可以选择“其他效果”，如图 5-30 所示。在“其他效果”中，选中“预览效果”（最下边）后，在对话框不遮挡主窗口主要内容的情况下，可以直接预览这种效果。

④ 对于选中对象可以增加“强调”“退出”和“动作路径”等效果。值得强调的是，一个对象可以应用多种效果。单击右侧区域倒数第二列的“播放”按钮，即可预览效果。

⑤ 采用同样方法给其他对象设置动画效果。在主窗口文本框前面可以看到数字序号，它们表示动画播放的先后顺序。

⑥ 放映时，动画播放的次序是按照设置动画的先后顺序（按前面标注的数字序号）播放，如果想要调整顺序可以直接拖动或者利用右侧倒数第三行“重新排序”按钮，选择后进行上下移动，以改变播放顺序。

⑦ 完成动画设置后，可以预览效果。

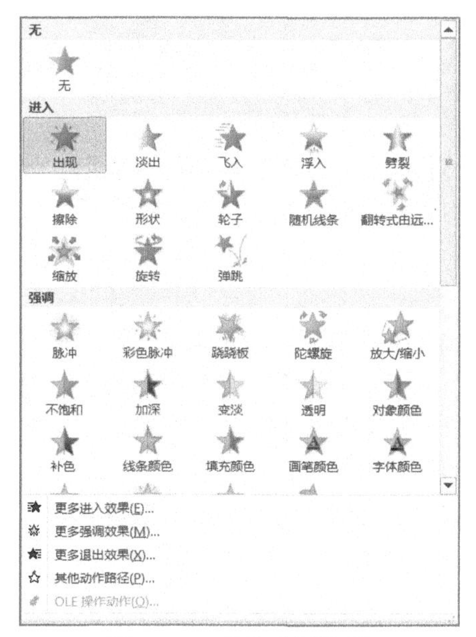

图 5-30　其他动画效果

5.3.3　幻灯片的放映

单击“幻灯片放映”选项卡“设置”组中的“设置放映方式”按钮，然后在“设置放映方式”对话框中设置，如图 5-31 所示。

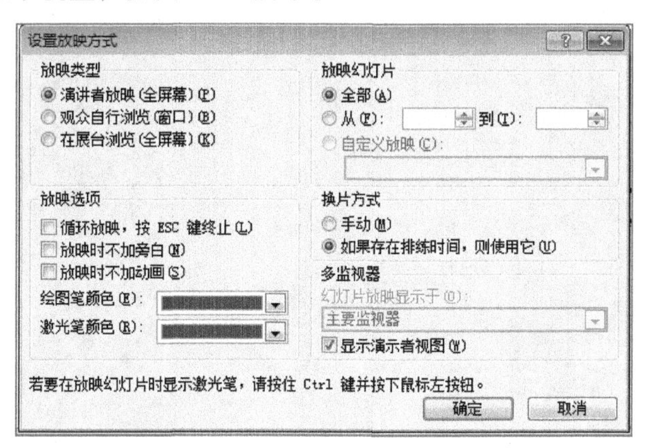

图 5-31　“设置放映方式”对话框

① 在“放映类型”选项区域中，主要设定演示文稿的放映方式，即“演讲者放映（全屏幕）”“观众自行浏览（窗口）”和“在展台浏览（全屏幕）”。

② 在“放映幻灯片”选项区域中，主要设定是放映全部还是部分幻灯片。

③ 在“换片方式”选项区域中，设定是人工放映还是使用排练时间来进行放映。

④ 演示文稿启动放映有多种方法。按【F5】键幻灯片即从头开始放映；在“幻灯片放映”按钮栏中有 4 种幻灯片放映方式：“从头开始”“从当前幻灯片开始”“广播幻灯片”“自定义幻灯片放映”。在幻灯片放映时，用户可以随意地控制放映的流程：在屏幕上任意处右击，将打开一个快捷菜单，用户使用它就可以控制放映的过程。

5.4 幻灯片的打印和打包

有时候需要将演示文稿打印，以便于在不同场合使用。如果需要将演示文稿发送给别人或复制携带，则可将幻灯片打包压缩。

5.4.1 幻灯片打印

在幻灯片打印前，通常需要调整页面的设置，并选择用户需要的打印形式。演示文稿中幻灯片放映时通常是横向显示的，但幻灯片打印的页面通常需要设置为纵向的。若采用讲义的形式打印幻灯片，那么每张幻灯片的旁边可以留下空白行供用户记下备注。采用讲义形式打印幻灯片的具体操作方法如下：

① 打开要打印的演示文稿，然后单击“视图”选项卡，单击“讲义母版”按钮。

② 设置“讲义方向”为“纵向”、“幻灯片方向”为“纵向”、“每页幻灯片的数量“为 3 张幻灯片，如图 5-32 所示。

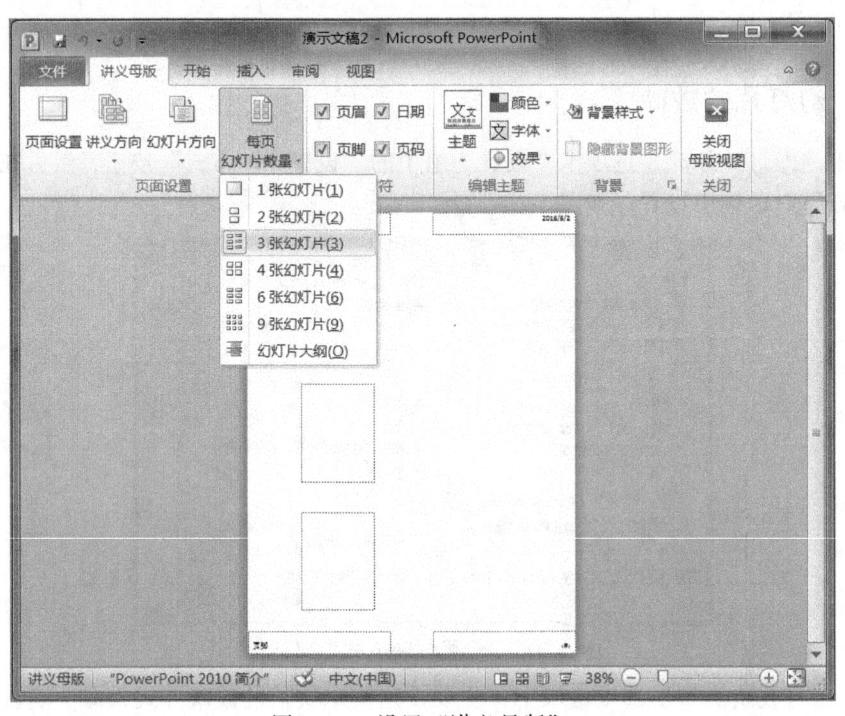

图 5-32 设置“讲义母版”

如果需要在幻灯片中打印上“日期”和“页码”请选择相应的复选框，对于想要打印“日期”的位置也可以进行相应的调整，调整完毕后选择“关闭母版视图”。

③ 单击“文件”菜单中的“打印”按钮，选择当前的讲义每页打印 3 张幻灯片，如图 5-33 所示。

若不需要打印整个演示文稿，可以在打印“设置”中设定打印部分幻灯片的范围。若不要彩色打印，可以在“颜色”下拉列表中选择“灰度”或“纯黑白”的打印效果。

④ 设置完后单击“打印”按钮完成讲义的打印。

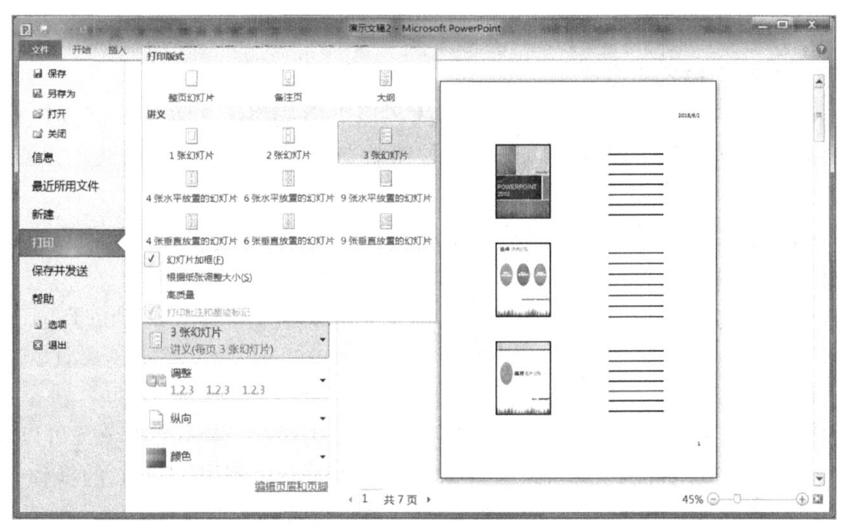

图 5-33　设置“打印”

5.4.2　幻灯片打包

演示文稿制作完毕后，有时候会在其他计算机上放映，而如果所用计算机未安装 PowerPoint 软件或者缺少幻灯片中使用的字体等，那么就无法放映幻灯片或者放映效果不佳。另外，由于演示文稿中包含相当丰富的视频、图片、音乐等内容，小容量的磁盘存储不下，这时就可以把演示文稿打包到 CD 中，便于携带和播放。如果用户的 PowerPoint 的运行环境是 Windows 7，就可以将制作好的演示文稿直接刻录到 CD 上，做出的演示 CD 可以在 Windows 98 SE 及以上环境播放，而无须 PowerPoint 主程序的支持。但是要注意，需要将 PowerPoint 的播放器 pptview.exe 文件一起打包到 CD 中。

1. 选定要打包的演示文稿

一张光盘中可以存放一个或多个演示文稿。打开要打包的演示文稿，选择“文件”→“保存并发送”在“文件类型”菜单中，单击“将演示文稿打包成 CD”，弹出“打包成 CD”对话框，这时打开的演示文稿就会被选定并准备打包了，如图 5-34 所示。

如果需要将更多演示文稿添加到同一张 CD 中，将来按设定顺序播放，可单击“添加”按钮，从“添加文件”对话框中找到其他演示文稿，这时窗口中的演示文稿文件名就会变成一个文件列表，如图 5-35 所示。

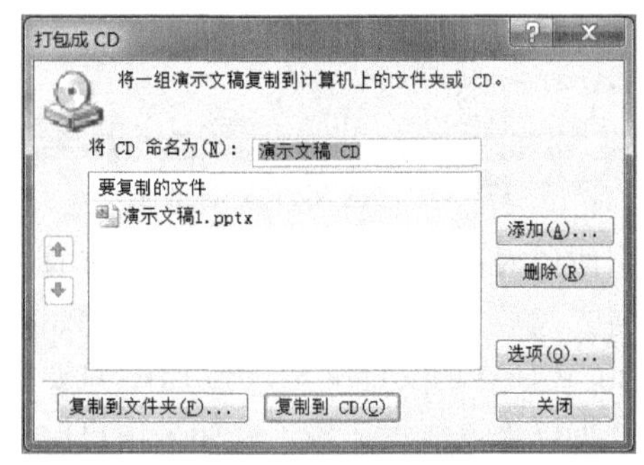

图 5-34　打包成 CD

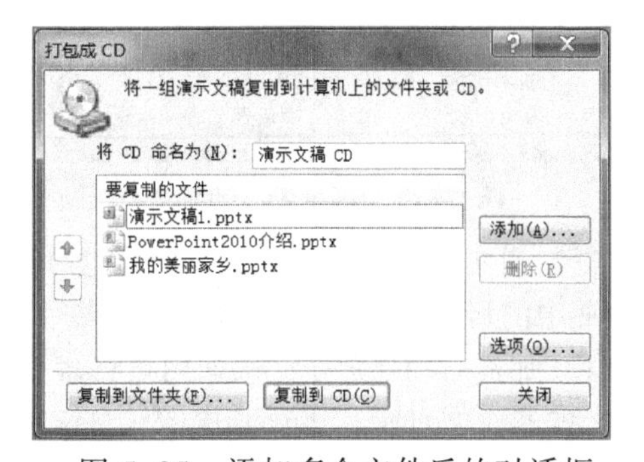

图 5-35　添加多个文件后的对话框

如需调整播放列表中演示文稿的顺序，选中文稿后单击窗口左侧的上下箭头即可。

重复以上步骤，多个演示文稿即添加到同一张 CD 中了。

2. 设置演示文稿打包方式

如果用户需要在没有安装 PowerPoint 的环境中播放演示文稿，或需要链接或嵌入 TrueType 字体，单击图 5-35 中的“选项”按钮就会打开“选项”对话框，如图 5-36 所示。其中“包含这些文件”选项区域中有两个复选框：

① 链接的文件：如果用户的演示文稿链接了 Excel 图表等文件，就要选中“链接的文件”复选框，这样可以将链接文件和演示文稿共同打包。

② 嵌入的 TrueType 字体：如果用户的演示文稿使用了不常见的 TrueType 字体，最好将“嵌入的 TrueType 字体”复选框选中，这样能将 TrueType 字体嵌入演示文稿，从而保证在异地播放演示文稿时的效果和设计相同。

若用户的演示文稿含有商业机密，或不想让他人执行未经授权的修改，可以输入“打开每个演示文稿时所用密码”或“修改每个演示文稿时所用密码”。上面的操作完成后单击“确定”按钮回到图 5-35 所示对话框界面，就可以准备刻录 CD 了。

3. 刻录演示 CD

将空白 CD 盘放入刻录机，单击图 5-35 中的“复制到 CD”按钮，就会开始刻录进程。稍等片刻，一张专门用于演示 PPT 文稿的光盘就做好了。将复制好的 CD 插入光驱，稍等片刻就会弹出 Microsoft Office PowerPoint Viewer 对话框，单击“接受”按钮接受其中的许可协议，即可按用户先前设定的方式播放演示文稿。

4. 把演示文稿复制到文件夹

如果使用的操作系统不是 Windows 7，或不想使用 Windows 7 内置的刻录功能，也可以先把演示文稿及其相关文件复制到一个文件夹中。这样用户既可以把它做成压缩包发送给别人，也可以用其他刻录软件自制演示文稿光盘。

把演示文稿复制到文件夹的方法与打包到 CD 的方法类似，按上面介绍的方法操作，完成前两步操作后，若不单击图 5-34 或图 5-35 中的“复制到 CD”按钮，而是单击其中的“复制到文件夹”按钮，在弹出的对话框中输入文件夹名称和复制位置(见图 5-37)，单击“确定”按钮即可将演示文稿和 PowerPoint Viewer 复制到指定位置的文件夹中。

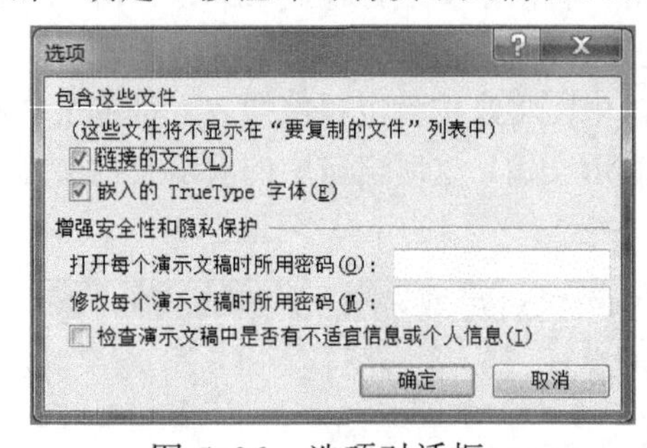

图 5-36 选项对话框

图 5-37 复制到文件夹对话框

复制到文件夹中的演示文稿可以这样使用：使用 Nero Burning ROM 等刻录工具，将文件夹中的所有文件刻录到光盘。完成后只要将光盘放入光驱，就可以像 PowerPoint 复制的 CD 那样自动播放了。假如用户将多个演示文稿所在的文件夹刻录到 CD，只要打开 CD 上的某个文件夹，运行其中的“play.bat”就可以播放演示文稿了。如果用户没有刻录机，也可以将文件夹复制到闪存盘、移动硬盘等移动存储设备，播放演示文稿时，运行其中的“play.bat”就可以了。

小　　结

随着社会商业竞争日益加剧和演示文稿的广泛应用，演示文稿的设计效果越来越多地影响到讲演的成功与否。因此，演示文稿的制作得到越来越多人的重视，甚至衍生出专为大型企业设计演示文稿的相关职业。本章介绍了演示文稿的几个制作工具软件，并以 PowerPoint 为例，介绍了 PowerPoint 窗口的基本界面，各个视图的功能；PowerPoint 演示文稿的编辑，文本、艺术字、图表等对象的插入、格式化、审阅等操作，以及演示文稿的美化以及放映的方法。最后简要介绍了演示文稿的打印和打包的方法。

模板是预先设计了外观、标题、文本图形格式及演播动画的一种以特殊格式存储的演示文稿。一旦使用了一种模板，幻灯片的背景图形、配色方案等就都确定了。利用模板创建演示文稿已经包括各种格式设置，但往往不能完全满足用户的个性化要求，需要用户自己设置幻灯片中各个对象的格式，使用不同的主题样式、配色方案、字体、动画等，使得制作出的幻灯片更加专业和美观。

演示文稿中幻灯片的母版是用来统一设置每页幻灯片格式。所谓母版就是一种特殊的幻灯片，包含了幻灯片文本和页脚等占位符，这些占位符控制了幻灯片的字体、字号、颜色等版式要素。

为了在演示过程中使幻灯片显得更生动、更具吸引力，用户可以为幻灯片添加音频和视频及动画效果，以增强幻灯片的可视效果。许多优秀的演示文稿中都包含了丰富的多媒体和交互动画效果。在演示文稿演示过程中，可提供合适的伴奏配音、动画音像。这都将大大提升演示文稿的表现力。

在幻灯片中使用常用的布局结构，并运用风格定位、色彩搭配等技巧，使用户设计出的演示文稿结构合理，并能够实现主题与风格的统一。

习　　题

一、填空题

1. PowerPoint 2010 有________、________、________和________ 4 种视图。

2. 启动 PowerPoint 2010 程序后，最左边的窗格是________窗格。

3. 选择连续多张幻灯片时，用鼠标选中第一张幻灯片，然后按住________键，再用鼠标选择最后一张幻灯片。

4. 演示文稿母版包括幻灯片母版、________和________ 3 种。

5. “幻灯片设计”任务包括设计模板、________和动画方案。

二、选择题

1. PowerPoint 2010 演示文稿文件默认的扩展名是（　　）。

A. .doc　　B. .pptx　　C. .xlsx　　D. .jpg

2. 下列不是 PowerPoint 视图的是（　　）。

A. 普通视图　　B. 幻灯片视图　　C. 备注页视图　　D. 大纲视图

3. 如要终止幻灯片的放映，可直接按（　　）键。

A.【Ctrl+C】　B.【Esc】　C.【End】　D.【Alt+F4】

4. 下列操作中，不能退出 PowerPoint 的操作是（　　）。

A. 单击“文件”下拉菜单中的“关闭”命令

B. 单击“文件”下拉菜单中的“退出”命令

C. 按【Alt+F4】组合键

D. 双击 PowerPoint 窗口的“控制菜单”图标

5. 在 PowerPoint 使用（　　）选项卡中的“背景”组工具改变幻灯片的背景。

A. 开始　B. 切换　C. 设计　D. 审阅

6. 当 PowerPoint 窗口下拉菜单中呈灰色状显示的命令表示（　　）。

A. 没有安装该命令　B. 当前状态下不能执行

C. 显示方式不对　D. 正在使用

7. 下面关于 PowerPoint 的正确描述是（　　）。

A. 电子数据表格软件　B. 文字处理软件

C. 演示文稿制作软件　D. 数据库管理软件

8. 需要在 PowerPoint 演示文稿中添加一页幻灯片时，可单击（　　）按钮。

A. 新建文件　B. 新幻灯片　C. 打开　D. 复制

9. PowerPoint 可以在（　　）选择已经插入的对象。

A. 幻灯片视图　B. 备注页视图　C. 幻灯片浏览视图　D. 大纲视图

10. PowerPoint 在（　　）视图下可以在同一屏上浏览到多张幻灯片。

A. 大纲　B. 幻灯片浏览　C. 幻灯片　D. 幻灯片母版

11. PowerPoint 演示文稿“幻灯片放映”选项卡中有一个“隐藏幻灯片”按钮，选中一张幻灯片后，单击“隐藏幻灯片”按钮，这张幻灯片将会（　　）。

A. 消失　B. 被删除　C. 在放映时被跳过　D. 放映时照常显示

12. PowerPoint 演示文稿改变幻灯片的颜色、图案、阴影或者纹理可以通过“设计”菜单中“背景样式”来实现，更改背景时，（　　）。

A. 既可将改变应用于单独的一张幻灯片，也可应用于全体幻灯片和幻灯片母版

B. 只可将改变应用于单独的一张幻灯片，不能应用于全体幻灯片和幻灯片母版

C. 可将改变应用于一张幻灯片，也可应用于全体幻灯片，不能应用于幻灯片母版

D. 既可将改变应用于一张幻灯片，也可应用于幻灯片母版，不能应用于全体幻灯片

13. “填充”对话框包含“纯色填充”“渐变填充”“图片或纹理填充”“图案填充”和“隐藏背景图形”5 个选项卡。这 5 个选项卡的设置（　　）发生作用。

A. 不能同时（重叠）

B. 能同时（重叠）

C. “过渡”和“纹理”可以重叠

D. “纯色填充”和“隐藏背景图形”可以重叠

14. PowerPoint 里面的对象，如图片、文字等，（　　）按顺序设置不同的动画效

果，以便播放时按演讲者的意愿进行播放。

A. 不能　　B. 均可以　　C. 部分能　　D. 以上都不对

15. 在 PowerPoint 演示文稿中“幻灯片放映”选项卡中“排练计时”按钮，进入幻灯片时间预排对话框，排练窗口的左上角有一个计时器，上面两个时间的意义是（　　）。

A. 左边白色的时间表示当前幻灯片放映所需的时间，右边灰色的时间表示幻灯片集（累计）放映所需的全部时间

B. 右边白色的时间表示当前幻灯片放映所需的时间，左边灰色的时间表示幻灯片集（累计）放映所需的全部时间

C. 左边白色的时间表示当前系统时间，右边灰色的时间表示幻灯片集（累计）放映所需的全部时间

D. 左边白色的时间表示幻灯片集（累计）放映所需的全部时间，右边灰色的时间表示系统时间

16. PowerPoint 演示文稿中利用超链接，不能链接到的目标是（　　）。

A. 另一个演示文稿　　B. 本计算机上的某个文档

C. 幻灯片中的某个对象　　D. 本幻灯片中的某一张幻灯片

17. PowerPoint 演示文稿中按（　　）键幻灯片即从头开始放映。

A.【F3】　　B.【F4】　　C.【F5】　　D.【F6】

18. PowerPoint 中被建立了超链接的文本将变成（　　）。

A. 斜体的　　B. 黑体的　　C. 带下画线的　　D. 凸出的

19. PowerPoint 中“文件”选项卡中的“保存”命令的快捷键是（　　）。

A.【Ctrl+P】　　B.【Ctrl+O】　　C.【Ctrl+S】　　D.【Ctrl+N】

20. 有关幻灯片中文本框的不正确描述是（　　）。

A. “垂直文本框”的含义是文本框高的尺寸比宽的尺寸大

B. 文本框的格式可以自由设置

C. 复制文本框时，文本框中的内容一同被复制

D. 设置文本框的格式不影响其内的文本格式

21. 添加与编辑幻灯片“页眉与页脚”操作的命令位于（　　）选项卡中。

A. 视图　　B. 格式　　C. 插入　　D. 动画

三、简答题

1. 简述演示文稿与幻灯片的联系与区别。

2. 如何更改当前演示文稿的版式？

3. 如何在幻灯片上添加新的占位符？

4. 设置幻灯片切换方式与设置动画方式有何区别？

四、操作题

1. 利用 PowerPoint 设计与制作“新产品的推广计划”。

提示：新产品即将上市，以明确和直观的方式展示介绍新产品的优点，有助于消费者更快了解新产品的特性，从而提升产品的认知度。

2. 利用 PowerPoint 设计与制作“学院介绍”。

提示：学院的基本情况介绍一般包括新生入学活动、校园风貌和学院简介。其中学院简介包括学院的历史、专业设置、招生规模、机构设置、专业特色等。

第6章　互联网基础与应用

人类已进入信息化社会，信息化社会对信息的传输速度和传输质量的要求越来越高，而计算机网络的发展正满足了这方面的要求。当今的计算机网络已从仅可传输文字信息发展为可以传输图像、声音、视频等多媒体信息的计算机网络。

计算机网络发源于20世纪60年代，兴起于70年代，完善于80年代，90年代则逐步发展成能传输多媒体信息的计算机网络，计算机网络的发展和普及正改变着我们的生活模式、工作方式、娱乐方式，尤其是影响人们的信息交流方式，从而影响着人类的发展与进步。

6.1　计算机网络基础知识

6.1.1　计算机网络的基本概念

1. 计算机网络的定义

计算机网络是计算机技术和通信技术相结合的产物。计算机网络是利用通信设备和线路，将地理位置不同、功能独立的多个计算机系统连接起来，以完善的计算机软件（如网络通信协议、信息交换方式及网络操作系统）实现网络中的资源共享和信息交换的系统。构成一个网络至少要两台计算机。借助计算机网络，人们可以实现相互通信和共享资源。

2. 计算机网络的功能

大家知道互联网可以做很多事，如电子邮件、QQ、浏览新闻、上传文件等等，但是这些都是计算机网络的应用，计算机网络的功能其实只有三个：提供不同计算机和用户之间的资源共享；实现信息的快速交换；分布式计算。

（1）计算机网络的资源共享

① 硬件资源共享：连入网络的打印机、绘图仪、大容量硬盘等可以由多个网络用户和计算机等共同使用；用户也可以远程注册到远地计算机，通过网络将作业转交给大型计算机处理，即共享大型计算机的高速运算器和内存资源，处理完后将结果返回用户。

② 软件资源共享：对于用户计算机硬盘容量较小的计算机，我们可以将网络版软件安装在服务器上供用户计算机调用，不必每台计算机都安装，或只在用户机安装部分软件，使得性能较差的计算机可以运行一些需要较多硬盘和内存的软件，也可以注册到

网络使用一些公用软件，或下载软件到本地机使用。

③ 数据与信息共享：计算机保存的各种大型数据库和信息资源，如图书资料、股市行情、科技动态、旅游指南、新闻、专利、天气预报等都可利用网络由世界各地的人们查询使用，极大地方便了人们的学习、工作和生活，也使资源的利用率大为提高。

（2）信息交换

信息交换是计算机网络的主要功能，可以实现各种形式信息的远程传播，如 E-mail，QQ 等。

（3）分布式计算

分布式计算在网络上的应用不像前两个应用广泛，但是特别重要。分布式计算就是把一个需要非常巨大的计算能力才能解决的问题分成许多小的部分，然后把这些部分分配给许多计算机进行处理，最后把这些计算结果综合起来得到最终的结果。分布式计算可以把世界上千千万万的闲置计算机资源充分利用起来。

分布式计算应用中较为著名的是：

- 解决较为复杂的数学问题，例如：GIMPS（寻找最大的梅森素数）。
- 研究寻找最为安全的密码系统，例如：RC-72（密码破解）。
- 生物病理研究，例如：Folding@home（研究蛋白质折叠，误解，聚合及由此引起的相关疾病）。
- 各种各样疾病的药物研究，例如：United Devices（寻找对抗癌症的有效的药物）。
- 信号处理，例如：SETI@Home（在家寻找地外文明）

6.1.2 计算机网络的分类

计算机网络的分类根据不同的划分标准有不同的分类。可以从以下几种形式分类。

1. 按网络覆盖范围分类

计算机网络按其覆盖的地理范围，通常分为局域网 LAN（Local Area Network）、城域网 MAN（Metropolitan Area Network）和广域网 WAN（Wide Area Network）。

LAN 是指近距离连接的计算机网络，从几米到数千米的范围，例如一个建筑物内部，一个房间的内部，一个校园的校园网或企业内部的企业网都可以称之为 LAN，如图 6-1 所示，局域网的传输速率较高，可以达到 100 Mbit/s 以上。

城域网介于局域网和广域网之间，可以认为是一个城市地区网络，实际上也是一个大型的局域网，以光纤为主要传输介质，传输距离在 5 km～10 km，连接各个局域网和担负局域网和广域网连接的桥梁。

广域网是指实现计算机远距离连接的网络，如连接一个城市内部的计算机的城域网（几十千米），连接一个地区（几百千米）或一个国家的计算机网络，以及洲际网（几万千米），如图 6-2 所示。Internet（因特网）就是广域网的一种。

因为局域网的连接距离较近，因此局域网的连接通常不使用电话线，而使用专用网络线连接（通常有电缆、光纤、双绞线等）。在局域网内主要可实现一些大型的硬件设备的共享（如大容量硬盘、高级激光打印机、大型绘图仪等贵重设备）。局域网传输信息的速度通常较快，可达 1 Gbit/s（每秒传输一千兆二进制信息位），称为千兆网。在一个单位内部使用局域网实现事务管理的网络化，有助于减少公文的传递、纸张的浪费、信息的快速传递和透明；减少中间环节，提高办公效率。

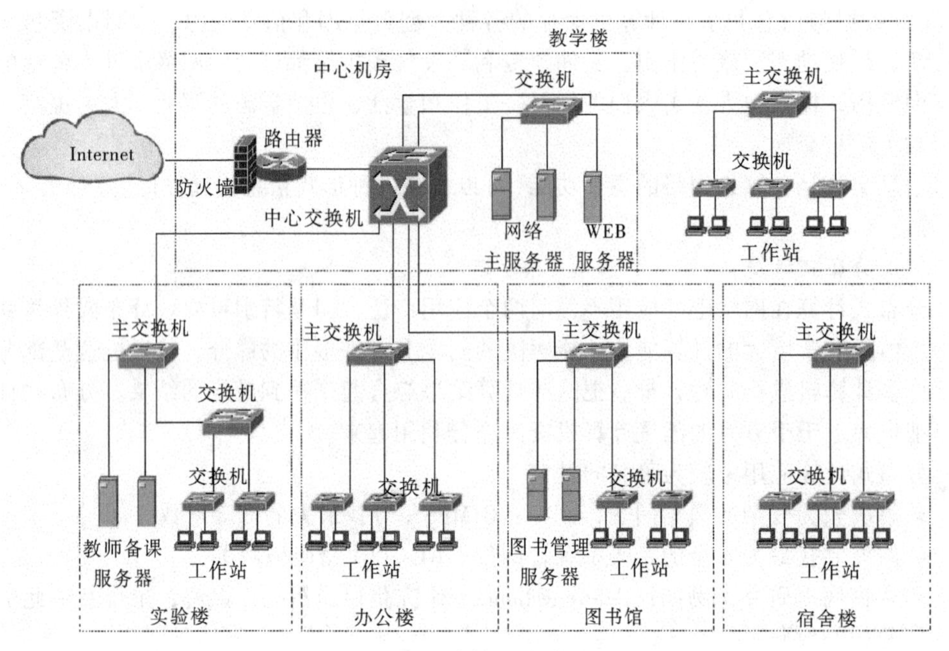

图 6-1　计算机局域网

广域网的连接距离较远，通常使用现有的电信通信系统传输网络信息，由于电信系统最初主要用于传输模拟信号，因此必须经过转换器将计算机处理的数字信号转换成模拟信号发送到电信系统上传递。所以广域网上的信息传输速度较局域网低，通常在45 Mbit/s，但随着技术的发展，电信系统逐步使用光纤传输信息，其传输速率已达 1 Gbit/s以上。利用多根光纤可实现更高的传输速率。

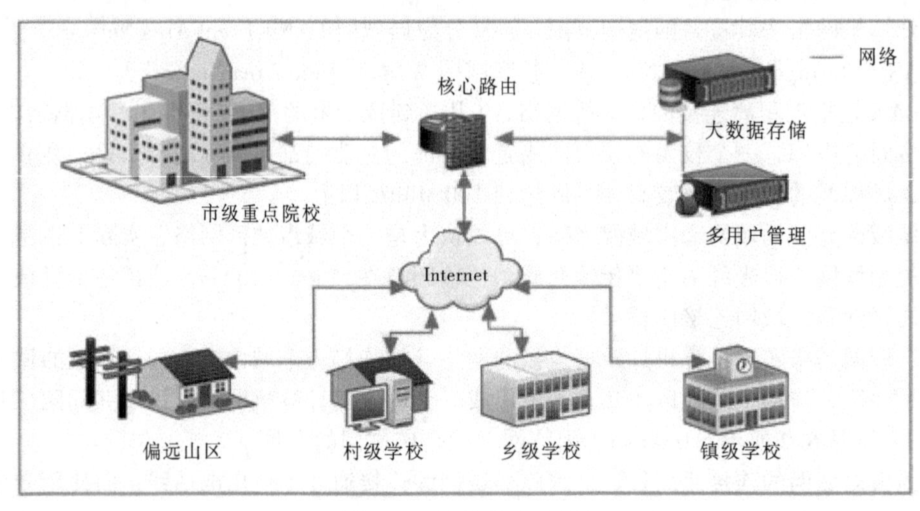

图 6-2　计算机广域网

2. 从提供服务的角度分类

（1）客户/服务器网络

通常计算机网络从服务的角度又可分为两部分，一部分提供服务，另一部分请求服务。提供服务的部分通常由连接在网络上的服务器完成；请求服务通常由客户使用的计算机（客户端）提出服务请求。当客户端计算机请求服务时，向服务器发送请求服务信息，服务器收到信息后，向客户端反馈客户端需要的信息。

服务器上通常具有大容量硬盘，保存了大量的信息资源，服务器根据管理工作的不同又可分为文件服务器、打印服务器、数据库服务器、通信服务器、Web 服务器、邮件服务器等。各服务器管理相应的服务内容，供客户计算机使用和为客户计算机服务，服务器是网络的核心。各类服务器的作用如下：

- 文件服务器：提供大容量硬盘供网上用户共享，并提供各种文件和信息供用户下载和调用，接收和执行用户对于文件的存取。这些文件可以是文本文件，也可以是程序文件，以及其他类型的文件等。
- 打印服务器：用于打印机共享服务。接受来自客户机的打印任务，并负责打印队列的管理和控制打印机的打印输出。
- 数据库服务器：提供公用数据库供用户使用。
- 通信服务器：负责网络中各客户机与主机的联系，以及网络与网络之间的通信等。
- Web 服务器：提供 WWW 服务。
- 邮件服务器：作为 E-mail 电子邮件的邮局，提供中转电子邮件的服务。

服务器上安装运行的操作系统是专门的网络操作系统，用于对网络的客户管理服务和网络资源管理。

（2）对等网

当组成网络的所有计算机设备既提供服务，又请求服务，没有明确的分工，这类网络称为对等网。

3. 根据计算机网络的连接方式分类

计算机网络中各站点计算机相互连接的方法和形式称为拓扑结构，拓扑结构指的是计算机连接的逻辑结构而非物理结构，不同的网络拓扑结构对网络的性能有一定影响。网络的拓扑结构主要分为以下三种。

（1）总线拓扑

总线拓扑结构中所有站点都连接到公用总线，由于总线结构中网络信息的传输信道是公用的，采用广播方式发送信息，每次只允许一个网络设备能传输信息，所以必须按一定的介质访问规程来分配信道的使用，否则容易发生信道阻塞，如图 6-3 所示。

该拓扑结构的网络构造简单，成本最低，但故障不易排除，而且某站点故障容易影响整个网络瘫痪。

（2）星状拓扑

在星状拓扑结构中有一个中心结点，每个站点都通过一条独立的通信线路连接到中心结点，中心结点是各站点通信的必由之路，如图 6-4 所示。中心结点执行集中式通信控制策略。因此中心结点的通信负担很重，对中心接点的可靠性要求高。

星状拓扑的优点是连接方便、故障容易隔离；但对中心结点设备要求高，中心结点故障将影响全网的正常工作。由于集成技术的发展，中心结点设备的可靠性大大提高，结点间连线采用非屏蔽双绞线，非屏蔽双绞线对信息传输速率可支持 100 Mbit/s，所以星状拓扑是连接网络首选方案。

（3）环状拓扑

环状拓扑是用网络线将计算机首尾相连构成环状，如图 6-5 所示，环状拓扑的数据流一般在环上单向传输，信号由相邻站点接力传输，一直到达目的站点。环状拓扑在发送信号前必须首先取得一个称为令牌的信号帧，表示该站点取得发送信号的控制权，这时该站点才能发送信号，该令牌帧是沿环网传递。

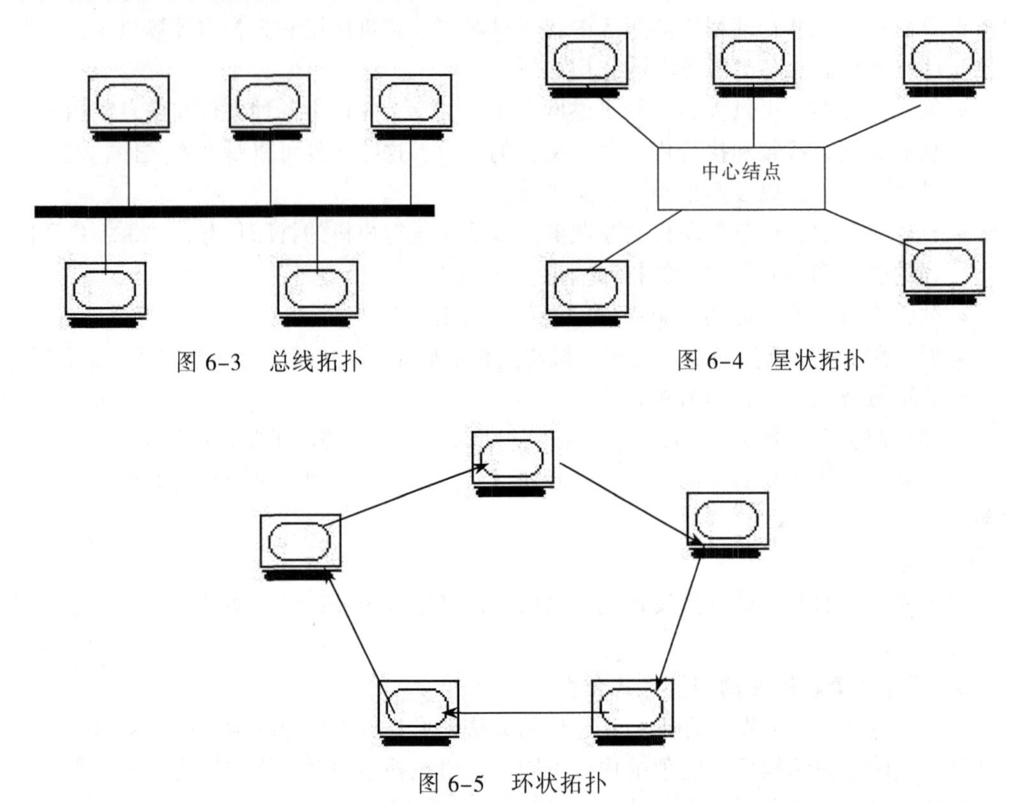

图 6-3　总线拓扑

图 6-4　星状拓扑

图 6-5　环状拓扑

环状拓扑的优点是电缆长度短，抗故障性能好，信息传输时间可计算，适合于实时控制领域。但某结点故障会引起全网瘫痪，故障诊断较困难，网络的扩容较困难。该类网络现已较少使用。

除了以上三种拓扑结构的网络外还有树状拓扑结构和网状拓扑结构，但这两种拓扑结构的网络使用极少。

6.1.3　计算机网络的体系结构

计算机网络主要由通信子网和资源子网构成，在进行信息交换的过程中需要对交换数据的双方进行约定，规范数据交换的格式等，这些约定就是协议。计算机网络的组成是一个层次结构，各层的通信有一整套完整复杂的协议集，我们把网络各层次结构模型与各层协议的集合称为计算机网络体系结构。

1984 年，ISO（International Standard Organization，国际标准化组织）制定了一个开放系统互连模型（Open System Interconnection，OSI）。OSI 模型将网络结构划分为七个层次，如图 6-6 所示。该模型规定了网络各层次的功能和通信协议。

OSI 模型的 1-3 层提供通信功能，属于通信子网层；5-7 层提供资源共享功能，属于资源子网层；第 4 层（传输层）起着衔接上下三层的作用。所以计算机网络又可以分为二大部分：通信子网和资源子网。各层的主要功能如下

1. 物理层

物理层是 OSI 模型的最底层，其任务是为信号传输提供物理通路。信号通过该层将信息按位（比特）从一台主机经传输介质传输到另一台主机，实现比特流传送。

物理层包括了网络、传输介质、网络设备的物理接口，以及定义了信号传输的四个重要的特性：机械特性、电气特性、功能特性和过程特性。

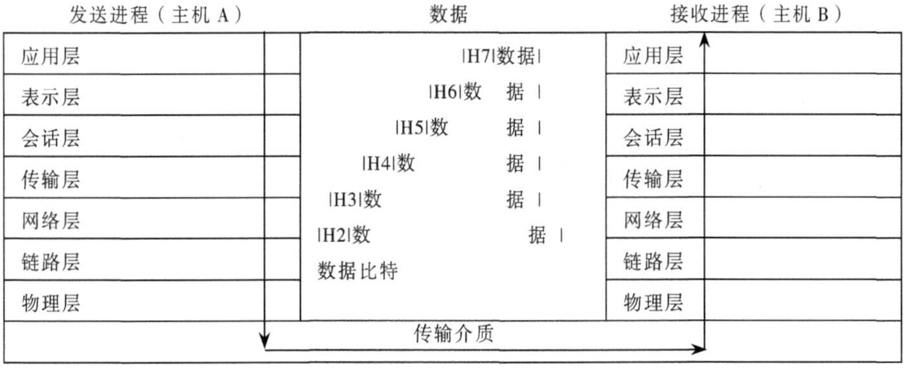

发送进程（主机 A）	数据	接收进程（主机 B）
应用层	|H7|数据|	应用层
表示层	|H6|数　据　|	表示层
会话层	|H5|数　　据　|	会话层
传输层	|H4|数　　　据　|	传输层
网络层	|H3|数　　　　据　|	网络层
链路层	|H2|数　　　　　据　|	链路层
物理层	数据比特	物理层
	传输介质	

图 6-6　OSI 模型

图 6-6 给出主机 A 和主机 B 相互通信时的七层协议。发送进程从上往下加上表示信息（头部 H7-H2），而在目的结点又自下而上逐层去掉头信息的过程称为封装。数据从主机 A 的最高层（应用层）开始，经过下面各层的接口，到达物理层，经过传输介质及中间结点传输到主机 B 的物理层，最后到达主机 B 的最高层，完成数据的整个传输过程。在各层之间规定了数据通信的规范（协议），完成的是逻辑上的虚拟连接，实际上数据在物理线路的传输是在下三层完成的。

2. 数据链路层

数据链路层是 OSI 模型中极其重要的一层，它把从物理层来的原始二进制数据信息打包成帧。数据链路层负责帧在计算机间的无差错传输。帧是一组字符组成的信息块，是数据链路层协议传输的数据大小单位，它包括了一定数量的数据和一些必要的控制信息，对传输的数据进行差错检测和控制。数据链路层是由一些协议构成，典型的链路层协议有 HDLC（高级链路控制协议）、PPP（点对点协议）等。

3. 网络层

网络层定义网络层实体通信协议，在数据链路层的无差错传输的基础上，为网络上的任意两个设备间数据交换提供服务，确定从源结点到达目的结点的路由选择，和拥塞控制，如交换、路由和对数据包阻塞的控制。

网络层又称通信子网层，是通信子网与网络高层的界面。负责通信子网的操作，实现网络上任意结点的数据准确、无差错地传输到其他结点。

网络层协议包括 IP（网际协议）、ICMP（网际报文控制协议）、ARP（地址解析协议）、RARP（反向地址解析协议）。

4. 传输层

传输层的功能是向用户提供可靠的、透明的、端到端的数据传输，以及差错控制和

流量控制机制。由于该层的存在，使得高层（会话层、表示层、应用层）的设计不必考虑底层硬件细节。

传输层类似数据链路层，两者都必须解决差错控制、分组顺序、流量控制。区别是两协议运行的环境不同，在数据链路层，两设备通过物理线路直接连接，所以无须地址；而传输层的物理通道是整个通信子网，需要给出目的端地址。

5. 会话层

会话层是用户到网络的接口。该层的任务是为不同系统的两个用户进程建立会话连接，并在连接上有序地传输数据，这种连接称为会话。

会话层专注于信息交换，提供会话组织和同步，协调会话过程。

6. 表示层

表示层主要处理用户信息的表示问题，包含了处理网络应用程序数据格式的协议。因为各种类型的计算机都有自身的数据格式，因此需要某种转换机制来确保相互理解。该层主要功能是从应用层获得数据并把它们格式化以适合网络通信使用，然后在目的主机将它们译码为所需要表示的内容。该层也提供数据加密的服务以解决安全问题，如数据压缩与恢复、数据加密与解密等。

7. 应用层

应用层是OSI模型的最高层。该层的任务是负责两个应用进程的通信，为网络用户之间的通信提供专用的应用程序，如电子邮件、文件传输等。

6.2 局域网技术

局域网是在较小范围（一个房间、一栋大楼、一个企业或学校）内的计算机网络，利用通信线路将计算机及其外围设备连接起来，达到数据交换和资源共享的目的。局域网技术是网络最重要的技术之一，也是互联网的基础。

6.2.1 局域网概述

1. 局域网的组成

局域网包括网络硬件、网络软件和局域网协议三部分。网络硬件实现局域网的物理连接，为网络上的计算机提供一条通信信道；网络软件用于控制和实现信息的传送，并管理局域网的设备、用户、网络资源的分配与共享；局域网协议规定了网络通信的一些规则，使得局域网通信更高效。局域网硬件和软件及局域网协议相互协作、共同完成局域网的通信和资源共享功能。

局域网硬件包括：服务器、工作站、网卡、路由器、交换机、传输介质、适配器和连接部件等，现在的局域网多数是以星状连接为主，主要是交换机的性价较好，且星状网络的性能较稳定。

网络软件是在网络环境下运行的计算机软件，网络软件包括网络系统软件和网络应用软件。网络系统软件是控制和管理网络通信、管理网络用户注册和权限、分配与共享网络资源。网络系统软件主要包括网络操作系统、网络通信软件。网络应用软件是为某一特定网络应用目的开发设计的网络软件，如网络版的企业管理信息系统、财务管理系统等。

网络协议主要用于网络通信规则的制定，通常网络协议集成在网络操作系统中，不需要单独安装。

2. 局域网的类型

局域网主要有以下几类：以太网（Ethernet）、令牌环网（Token Ring net）、光纤分布式数据接口网（FDDI net）、异步传输模式网（ATM net）等。这些网络各有特点，在早期都曾经流行过，但是以太网由于其具有性能好、成本低、技术发展快、易于维护管理等优点，在使用中尤其广泛，目前世界上90%以上的局域网都采用以太网技术，而其他局域网技术逐步被市场淘汰。

以太网采用的拓扑结构通常有总线状、星状，现在最流行的是星状结构，因为星状结构的网络具有运行稳定、扩展方便、易于维护等优点。

3. 以太网协议CSMA/CD简介

以太网的通信采用CSMA/CD（载波监听多点访问/冲突检测）协议工作，该技术首先由美国Xerox（施乐）公司和Stanford（斯坦福）大学联合开发，并于1975年推出。其工作原理为：所有网络上的主机都可以向网络上发送数据，但是在发送数据前先监听信道是否空闲；若是，则发送数据，并继续监听下去，一旦监听到冲突（发送的信息和别的主机发送的信息碰撞），立即停止发送，并在短时间内连续向信道发送一串阻塞信号强化冲突，如果信道忙（别的计算机正在发送信息），则暂时不发送信息，等待另一随机时间再尝试前面的过程。该协议被IEEE802委员会采纳，因此根据该协议制定了IEEE802.3系列标准。该协议具有以下特点：

- 算法简单、易于实现，降低局域网成本。
- 适用于对数据传输实时性要求不严格的网络应用环境。
- 适用于规模较小、通信负载较轻的网络应用环境。因为该协议在网络通信负载较低时表现较好的性能，当网络通信负载增大时，由于冲突信号增加，导致网络阻塞、吞吐率下降、信号传输延迟增加，网络通信性能急剧下降。

6.2.2 局域网设备

局域网常用的设备包括：服务器、工作站、网卡、集线器、交换机、路由器。

1. 服务器（Server）

服务器是一台功能强大并安装了网络操作系统软件的计算机，服务器的运行速度快、存储容量大，服务器主要是提供服务，具有网络用户管理、网络资源共享等功能，服务器的特点是为网络上的计算机用户提供各种服务，是服务的提供者。

2. 工作站

工作站是网络上的一台计算机，其主要特点是请求服务。工作站向网络上的服务器发出请求服务信号，服务器根据工作站的请求提供相应的服务。

3. 网卡

网卡的全称是网络接口卡（Network Interface Card，NIC），又称网络适配器（见图6-7），插在计算机的总线接口处，现在很多网卡是直接集成在计算机主板上。网卡是计算机和网络通信介质连接的一个通信接口设备，计算机通过网卡接入网络。网卡一方面负责接收网络上的数据包，通过和自己本身的物理地址相比较决定是否为本机应接信息，收到数据包后，将数据通过主板上的总线传输给本地计算机，另一方面将本地计算机上的数据打包后发送到网络。

图 6-7 网卡

4. 集线器

集线器是局域网物理层设备，又称 HUB，相当于我们日常生活中的电源多孔插座，一个集线器上通常有 8、16、24 或 48 个连接端口，如图 6-8 所示。网络上的计算机用双绞线集中连接到集线器上，构成一个星状网络，如图 6-9 所示。集线器具有信号的再生、转发功能，因此集线器具有延长网络信号的传输距离的作用。当集线器收到某台计算机发送的信息后，将该信息转发到集线器的所有端口，网络上的每台计算机都能“听到”该数据包信息，计算机通过判断信息包中的地址是否和自己的物理地址相同来决定是否接收该信息，这样每次只有一台计算机可以发送信息，所以由集线器组成的以太网又称共享式以太网。

图 6-8 集线器

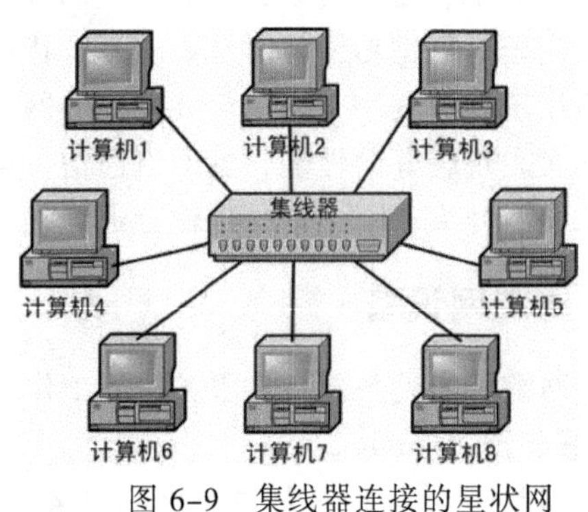

图 6-9 集线器连接的星状网

5. 交换器

交换机分为三层交换和二层交换机，三层交换机是集合了路由功能的交换机，其功能比二层交换机更强大。常见的交换机是二层交换机，工作在数据链路层，用于同一局域网的数据包转发，交换器类似于集线器，都是利用双绞线将计算机集中连接到交换机，以构成星状结构的计算机网络。用交换机组成的以太网又称交换式以太网。交换以太网具有共享式以太网没有的一些特点：

（1）允许多对站同时通信，每个站点可以独享传输通道和带宽，变“共享”为“独享”。

（2）灵活的接口速率。共享网络中，集线器不能连接不同速率的站点；而交换式以太网中由于介质和带宽独享，可以配置 10 Mbit/s、100 Mbit/s、10 Mbit/s/100 Mbit/s 自适应、1 Gbit/s 和 10 Gbit/s 不同速率的交换端口，用于连接不同速率的站点。

（3）具有高度的网络可扩充性和延展性。独享带宽使扩展网络没有带宽下降的担忧。

（4）易于管理、便于调整网络负载的分布，有效利用网络带宽。

6. 路由器

路由器严格说不是局域网设备，因为路由器工作在 OSI 的第三层（网络层），是将不同的局域网连接起来，构成一个更大的网络，路由器具有路由选择和拥塞控制等功能。

6.2.3 局域网的传输介质

组成一个计算机网络，除了需要各种网络设备和网络接口之外，还有就是连接这些设备的连接线路，这些连接网络设备的线路用于信号的传输，所以又称传输介质。常用的传输介质有同轴电缆、双绞线、光纤和无线媒体。

1. 同轴电缆

同轴电缆是用得最多的网络传输介质，其结构是中央有导线，外面有网状金属屏蔽层，其间用绝缘材料隔开，如图 6-10 所示。

同轴电缆与 BNC 接头（见图 6-11）连接，通过连接 T 头（见图 6-12）连接到网卡上，实现网络的连接，组成信号通路，同轴电缆通常用于组建总线型网络，在用同轴电缆组网时，还需要在电缆的两端连接 50 Ω 的反射电阻，这就是通常所说的终端匹配器。

同轴电缆又分为粗缆和细缆，粗缆通常用于长距离的网络连接，传输距离可达 500 m，细缆通常用于近距离的总线局域网连接，传输距离小于 300 m。利用同轴电缆组网具有价廉、组网方便、抗干扰性强，支持多点连接的特点。但其可靠性不好，某点故障影响整个局域网。

图 6-10 同轴电缆

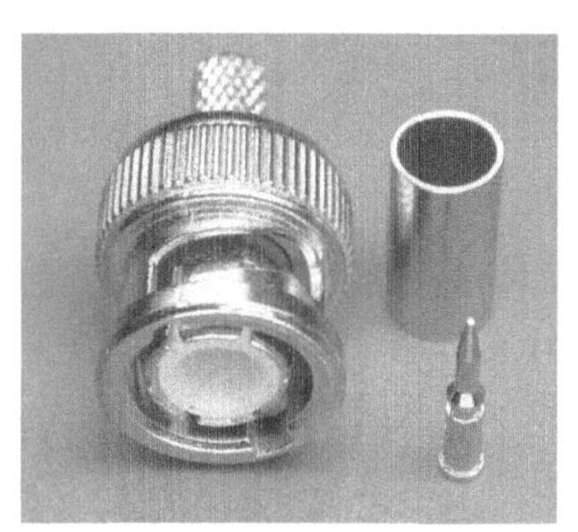

图 6-11 BNC 接头

图 6-12 T 头

2. 双绞线

局域网拓扑大多数都是星状网络结构，双绞线是局域网组网中用得最多的传输介质。双绞线的结构如图 6-13 所示，它是由两条导线绞合在一起，每根线加绝缘层，并加颜色来标记。成对线的绞合旨在使电磁辐射和外部电磁干扰减少到最小。双绞线按特性可分为非屏蔽双绞线（UTP）和屏蔽双绞线（STP）两种。屏蔽双绞线优于非屏蔽双绞线。支持 100 Mbit/s 传输速率的双绞线是 5 类双绞线（CAT5），现在多使用超 5 类（CATe5）和 6 类（CAT6）双绞线，6 类双绞线的传输速率可达到 1 000 Mbit/s，将是未来的发展趋势。

双绞线组网必须连接 RJ-45 接头（见图 6-14），以便于和网卡及交换机、集线器上的 RJ-45 接口连接。

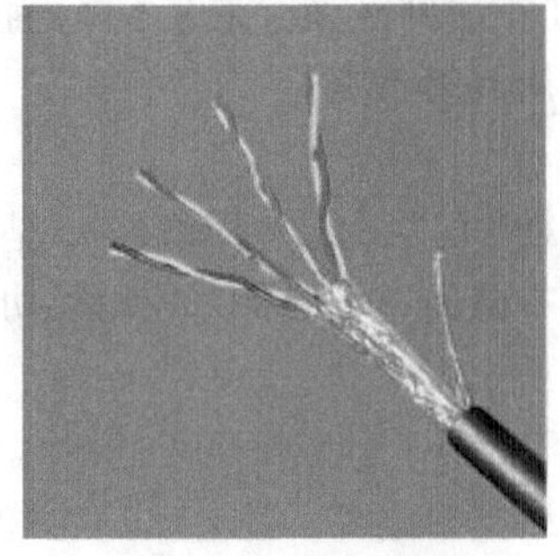

图 6-13　双绞线

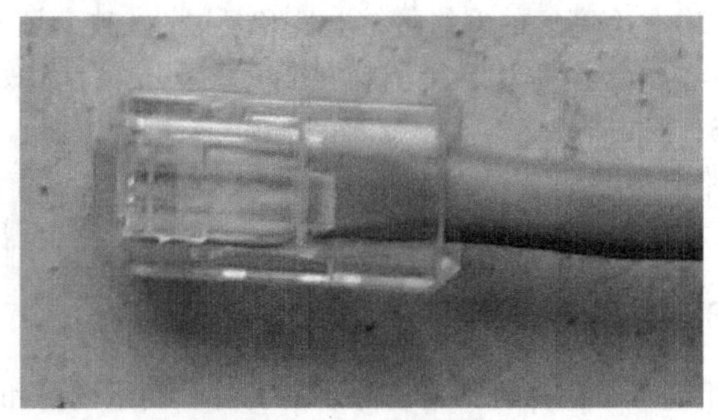

图 6-14　RJ-45 接头

双绞线的特点是性价比高，可靠性高，但是传输距离在 100 Mbit/s 时只有 100 m，因此通常用在短距离通信的局域网。

3. 光纤

光纤是光导纤维的简称，是现在发展最迅速的传输介质，光纤实际上传输的是光信号，所以计算机利用光纤传输信息时首先需要将电信号转换成光信号才能传输，因此需要光——电转换器。光纤是由许多细如发丝的塑胶或玻璃纤维加绝缘护套组成，其结构如图 6-15 所示。图 6-16 是光纤接口。

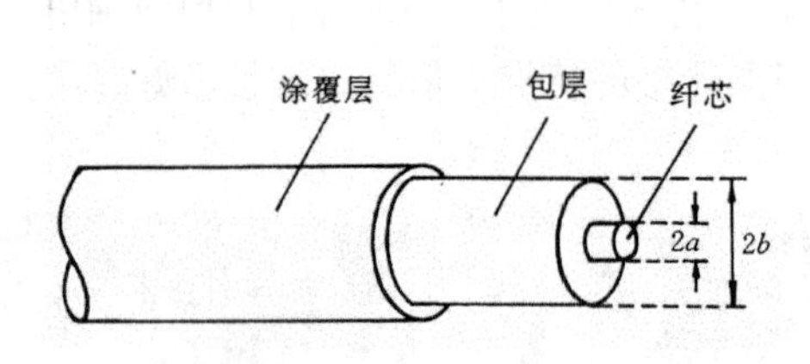

图 6-15　光纤结构

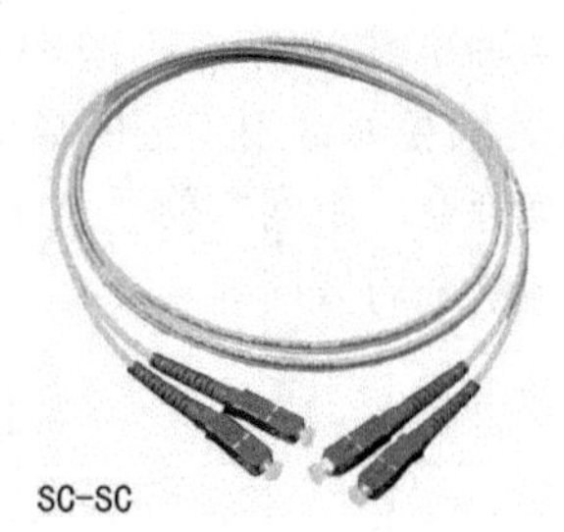

图 6-16　光纤接口

光纤的特点是防磁防电干扰、传输稳定、信号质量高、传输速度快，通常是 1 Gbit/s。最近贝尔实验室的科学家们用光纤成功地以每秒 2.56 TB（1 TB=1 000 GB）的速度将信息传输 4 000 km，所以光纤通常作为互联网的主干网连接，随着光纤成本的降低，可预见不远的将来，光纤接到桌面计算机将成为可能。

4. 无线媒体

当前无线局域网发展迅速，对某些难以布线的场合或远程通信，有线连接存在缺陷。这时通常采用无线媒体通信极为方便。主要的无线媒体有无线电波、红外线。

无线电波是无线局域网用得最多的传输介质，无线电波具有覆盖范围广、技术成熟，特别是利用一些扩频通信方式，具有强抗干扰噪声能力、抗衰减能力。无线网络使用的频段主要是 S 频段（2.4 GHz～2.483 GHz 频率范围），经研究该频段不会对人体健康造成伤害。

红外线的波长在 1 微米，有较强的方向性，所以通常在短距离（视距）内传输，并且窃听困难，对邻近类似系统不会产生干扰。

6.3 互联网基础

6.3.1 互联网简介

Internet起源于美国国防部高级研究计划局（Advanced Research Projects Agency）建立的ARPAnet（阿帕网），该网络是1961年建设规划的，其目的是用于军事通信，以便一旦发生战争，能够立即快速、有效地传输信息。它采用分组交换技术，把通信数据分割成不超过一定大小的信息（包）进行传递，即使某些线路遭到战争的破坏，还可以通过迂回线路进行通信。ARPAnet研制开发了通信协议集TCP/IP，该协议为当今的因特网的TCP/IP通信协议奠定了基础。ARPAnet于1968年投入使用1989年停止使用。1985年美国国家科学基金会（NSF）以六个为科研教育服务的超级计算机中心为基础，建立了NSFnet网络，为美国的科学研究机构提供网络化信息手段。NSFnet由三层网络组成：骨干网、中级网、校园网。

随着政府部门的网络逐步加入NSFnet，如能源科学网Esneeet、航天技术网NASnet、商业网COMnet等，NSFnet的网络结构越来越大，互联的网络越来越多，从而产生了Internet（互联网）这个名称。NSFnet上资源的增加，吸引了更多的用户要求入网，一些原来不采用TCP/IP技术的商用网络也开始转向Internet，并开始向客户提供Internet的服务。直到今天，NSFnet仍然还是Internet的主干网之一。

以美国Internet为中心的互联网迅速向世界其他国家和地区发展，连入的国家越来越多，从而形成了今天面向全球的Internet。Internet主干网的信息传输速率也已从最初的64 kbit/s发展到现在的1 Gbit/s，最近在贝尔实验室已实现2.56 Tbit/s，入网的计算机从1990年的31万台增加到几千万台。已覆盖几乎世界上所有国家和地区，用户数增长速度非常迅速。

中国内地最早接入Internet的单位是中国科学院高能物理所计算中心，该所1993年与美国斯坦福直线加速器中心建立通信专线，通过美国能源网与Internet联通。

除此之外，目前中国已与Internet联网的单位主要还有四家：

① 中国教育和科研计算机网（CERNET）：该网络由教育部负责，中心结点设在清华大学，CERNET已经建成20 000公里的DWDM/SDH高速传输网，覆盖我国近30个主要城市，主干总容量达40 Gbit/s；在此基础上，CERNET高速主干网已经升级到2.5 Gbit/s，155 MB的CERNET中高速地区网已经连接到我国35个重点城市；全国已经有100多所高校的校园网以100～1 000 Mbit/s速率接入CERNET。中国教育和科研计算机网CERNET是我国政府资助建立的我国教育领域重要信息基础设施，已有900多团体用户，800多万个人用户，也是中国第二大互联网。

② 邮电部中国公用Internet服务（CHINANET）：1994年8月，邮电部同美国Sprint公司签约，在中国的北京、上海两地建立64 KB专线，通过中国公用数据网CHINAPAC向社会提供中国公用Internet服务，于1995年4月开通，现已成为中国最大的网络，接入用户数最多，是国内提供商用网络服务的主要网络。

③ 中关村地区教育与科研示范网：于 1994 年 4 月建立，为中科院各研究所及入网单位提供 Internet 服务。

④ 北京化工大学网络中心：1994 年 9 月，北京化工大学通过与日本东京理科大学连网进入 Internet。

6.3.2 TCP/IP 协议

1. 互联网的协议

在 Internet 上传输信息是有一定的规定和要求的，这些规定和要求称为协议。在 Internet 上传输信息的协议至少有三个：网际协议（Internet Protocol，IP）、传输控制协议（Transmission Control Protocol，TCP）和应用程序协议。网际协议负责将信息发送到指定地址；传输控制协议负责管理被传输信息的完整性和正确性；应用程序协议是用户访问 Internet 使用的应用程序所遵循的协议，如 FTP、SMTP、Telnet、HTTP 等，对于 Internet 上的不同资源的访问和使用需要使用不同的应用程序,每一种应用程序都有自己的协议，这些协议负责将网络传输的信息转换成用户能够识别的信息。

在 Internet 上共同遵守的规则就是 TCP/IP 协议，TCP/IP 于 1969 年由美国国防高级研究计划局开发，用于 ARPANET 的资源共享实验，它的目的是使用包交换网络，提供高速的网络通信连接。TCP/IP 协议分为两部分，其一为 TCP 协议，TCP 协议主要是为了在主机间实现高可靠性的包交换传输协议；另一部分为 IP 协议。IP 协议负责对数据进行分段，重组，在多种网络中传送。

2. TCP 传输控制协议

TCP 协议是面向连接的、可靠的协议。它的主要作用是保证通信主机之间有可靠的字节流传输，使 Internet 工作得比较可靠。

从概念上来说,TCP 就像人通过电话交换信息一样提供计算机程序之间的信息交换。一台计算机上的程序选定另一台远程计算机并向它发出呼叫，请求和它连接（等同于电话拨号呼叫对方），被呼叫的远程计算机必须接受呼叫（等于对方电话摘机），一旦连接建立，两个程序就能够互相发送数据（等于通过电话交谈），最后，当传送数据结束，双方终止会话（等于电话挂机）。当然，由于计算机以比人快得多的速度运行，两程序建立连接的时间非常短，可在千分之几秒内建立连接。

然而，TCP 协议还具有对数据传输的错误检测、恢复、超时重传等功能，保证网络间信息传输的正确。

3. IP（Internet Protocol）网际协议

目前无论是局域网还是广域网，数据交换都使用分组交换技术。分组交换技术是将数据分成小的数据片，每个数据片为一个分组，各分组单独发送。网络中的计算机都有一个唯一的号码，这个号码称为该计算机的地址。每个分组开始的头部包含两台计算机的地址，发送分组的计算机地址（源地址）和该分组所到达计算机的地址（目的地址），以及该分组的顺序号。分组的尾部包含对数据进行错误校验的校验码。这些分组也称为 IP 数据报。一旦 IP 数据报发送到 Internet 后，计算机就不再管它，而去做其他的工作，剩下的工作由通信网络完成，所以也称之为无连接数据报传输。IP 数据报在网络中的传送，由网络中的路由器管理，实际上 Internet 可以看成是由无数个路由器连接组成，路由器接收信息并进行校验，如有错误，则发送出错信息到源地址计算机，以便源计算机重发该分组。

6.3.3 IP 地址的作用

网络上的计算机设备都具有一个唯一的地址号码，就像我们的通信地址一样。可以方便数据报分组传输过程中的路径识别。

Internet 上的每台设备，包括计算机、服务器、路由器，都拥有一个唯一的 32 位地址，该地址称为 IP 地址。

IP 地址是由 32 个二进制位表示，其中每 8 个二进制为一个字节组，共 4 个字节组组成。而每个字节组通常将二进制转换成十进制数表示，各字节组之间用小数点隔开，每个字节组最小值是 0，最大值是 255。IP 地址由网络号和主机号两部分组成。

网络标识	主机标识

其中网络号标识一个网络，主机号标识这个网上的一个主机。

例如：某个计算机 IP 地址为：202.116.54.33

其中，202.116.54 为网络标识；33 是该计算机的主机标识；处于同一网络中的设备的网络标识是相同的，而主机标识必须不同。

Internet 的网络地址又分为五类：A～E 类。

（1）A 类地址

A 类地址的最高一位为二进制 0，接着的 1~7 位是网络标识，8～31 位是主机标识。

	1　　　7	8　　　31
0	网络标识	主机标识

A 类地址的第一个字节组为网络标识，后三个字节组为主机标识。因此 A 类地址允许有 126 个网络，每个网络大约有 1 600 多万台主机。A 类地址主要用于大型网络，特点是网络数少，而一个网络中容纳的主机数多。

（2）B 类地址

B 类地址最高两位为二进制 10，接着的 2～15 位是网络标识，17～31 位是主机标识。

0 1	2　　　15	16　　　31
10	网络标识	主机标识

B 类地址的前两个字节组为网络标识，后两个字节组为主机标识。允许有 16 384 个不同的 B 类网络，每个网络大约有 6 万多台主机。B 类地址主要用于中等规模的网络。特点是网络数和一个网络中的主机数都较多。

（3）C 类地址

C 类地址最高三位为二进制 110，接着的 3～23 位是网络标识，24～31 位是主机标识。

0 1 2	3　　　23	24　　　31
110	网络标识	主机标识

C 类地址的前三个字节组为网络标识，后一个字节组为主机标识。允许有 200 万个网络，每个网络有 254 台主机。0 和 255 通常用于广播。C 类地址主要用于小型网络。

特点是网络数多，而一个网络中的主机较少。

（4）D类地址

D类地址最高四位为1110，其余用于标识相应的主机。

0　3	4　　31
1110	主 机 标 识

D类地址通常用于已知的多点传送或组的寻址。

（5）E类地址

E类地址最高四位为1111。

0　3	4　　31
1111	主 机 标 识

E类地址是为将来使用而保留的一个实验地址。

以上五类地址使用较多的是C类地址，A，B类主要用于大型网络需要。可以通过最高8位数值确定网络地址是属于哪类地址，见表6-1。

表　6-1

地 址 类	第一组字节组值	网 络 数	每个网络主机数
A类地址	1～127	126	约1 600万
B类地址	128～191	16 384	约6万
C类地址	192～223	约200万	254
D类地址	224～239		
E类地址	240～256		

每台与Internet连接的计算机都必须获得一个地址才能进入Internet进行访问，因为在Internet传输信息的数据包需要地址确认访问的目的地和信息发送源地址，以便于信息正确到达目的地和返回信息到源端。

6.3.4　域名和域名系统（DNS）

从以上可以看出，以数字形式出现的IP地址是很难记忆的，如果计算机也能像人名似的用文字或有含义的字母表示，将便于记忆使用。为此，Internet引入域名服务系统DNS（Domain Name System）。这是一个分层定义和分布式管理的命名系统，其主要功能有两个：一是定义了一套为机器取域名的规则，二是把域名高效率地转换成IP地址。

域名采用分层次方法命名，每一层都有一个子域名。子域名之间用点号分隔，自左至右分别为主机名、单位名、机构名、区域名。形式如下：

主机名.单位名.机构名.区域名

最高层域名通常代表国家，如清华大学的域名是tsinghua.edu.cn，其中cn代表中国，edu表示教育机构，tsinghua是清华大学的英文缩写。对应一个域名都有一个IP地址与其对应。每一个域名不一定都要包括以上四部分，可以更多，也可以更少，但最少由两部分组成。在美国所使用的域名通常没有区域名这一部分，如微软的域名microsoft.com，有时又称为一级域名。

机构域名见表6-2，地理域名见表6-3。

表 6-2 机 构 域 名

域　　名	含　　义
Com	商业
Edu	教育
Gov	政府机构
Mil	军事网
Net	网络机构
Web	和 WWW 有关的实体
Int	国际性机构
Store	商场
Arc	消遣性娱乐
Arts	文化娱乐
Infu	信息服务
Nom	个人
Org	其他机构

表 6-3 地 理 域 名

域　　名	含　　义	域　　名	含　　义	域　　名	含　　义
ag	南极	cs	西班牙	my	马来西亚
ar	阿根廷	fr	法国	nl	荷兰
at	奥地利	gb	英国	no	挪威
au	澳大利亚	gr	希腊	nz	新西兰
br	巴西	il	以色列	pt	葡萄牙
ca	加拿大	in	印度	se	瑞典
ch	瑞士	it	意大利	sg	新加坡
cn	中国	jp	日本	us	美国
de	德国	kr	韩国		
dk	丹麦	lu	卢森堡		

所以，某单位的主机除了拥有 IP 地址外，可能拥有一个或多个域名地址，表 6-4 是我国部分高校的域名地址与 IP 地址的对照：

表 6-4 部分域名与 IP 地址对照

单位名称	域　　名	IP 地址	地址类别
中国教育科研网	CERNET.edu.cn	202.112.0.36	C
清华大学	tsinghua.edu.cn	166.111.250.2	B
北京大学	pku.edu.cn	162.105.129.30	B
华南理工大学	scut.edu.cn	202.112.17.38	C
中山大学	zsu.edu.cn	202.116.64.8	C
广东商学院	gdcc.edu.cn	202.116.48.8	C

在 Internet 上只能识别 IP 地址，因此，在传输信息的过程中要将这些域名解析成 IP 地址，那么这些域名是如何解析的呢？在 Internet 中，每个域都有各自的域名服务器，域名服务器负责注册该域内的所有主机，在本域中建立主机名与 IP 地址对照表，当该服务器接收到域名请求时，就将域名解析为对应的 IP 地址，对于不属于本域的域名则转送到上一级域名服务器去查找对应的 IP 地址，上一级域名服务器实际上包含了本级的域名和下一级的域名服务器地址解析表，正因为域名服务器的存在，使得域名方式能在网络中使用。注意并非所有具有 IP 地址的计算机都有域名，但有域名的计算机一定有对应的 IP 地址。只有在 Internet 注册的主机才必须有域名，域名是需要注册的，并按年交付使用费。

6.4 接入互联网的主要方式

接入互联网有多种方式，要根据自己最在地区的实际情况和具体需要来决定，不同的接入方式会提供不同的带宽和服务质量，网络的传输数度也不同，当然所需要花费的费用也有很大区别。

6.4.1 局域网接入互联网

学校和企业的计算机用户通常都是使用局域网环境，这些用户可以直接通过局域网连接到 Internet 上。使用局域网方式连接到互联网接入如图 6-17 所示。局域网接入互联网由路由器实现。

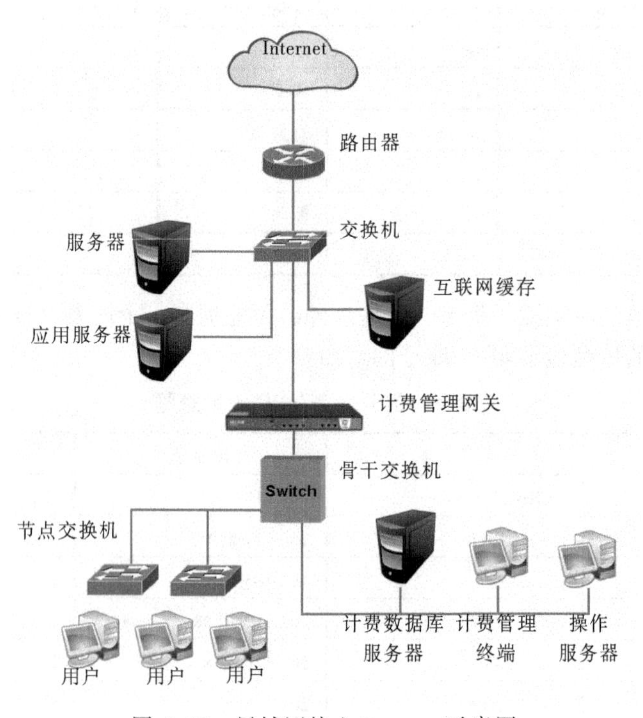

图 6-17 局域网接入 Internet 示意图

个人计算机是局域网的用户，在个人计算机上要安装网卡、连接到交换机的网线，并对计算机的 IP 地址、网关、域名服务器进行配置，如图 6-18 所示。

（1）右击桌面的“网上邻居”图标，再右击“本地连接”网络图标，选择“属性”命令，弹出如图 6-18 所示的对话框，选择“Internet 协议（TCP/IP）”复选框。

（2）选择“Internet 协议（TCP/IP）”复选框后，单击“属性”按钮，弹出图 6-18 所示对话框，选择“自动获得 IP 地址”和“自动获得 DNS 服务器地址”单选按钮，或者直接设置 IP 地址、子网掩码、默认网关和 DNS 服务器地址。采用何种方式，以及如何获得 IP 地址等数据要咨询局域网管理单位，通常在学校是由网管中心规定的。

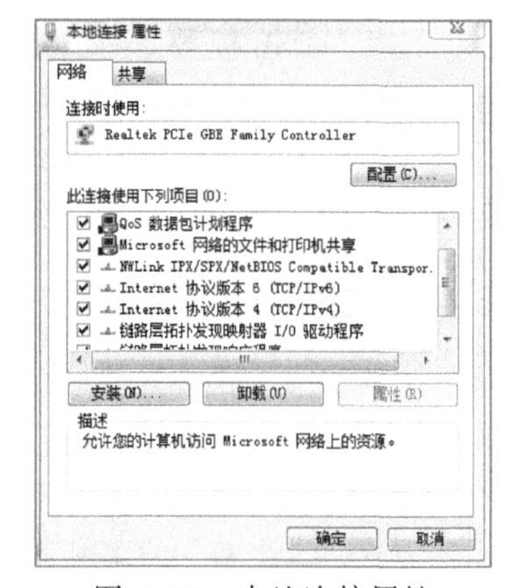

图 6-18　本地连接属性

6.4.2　ADSL 接入互联网

ADSL（Asymmetrical Digital Subscriber Line）称为非对称式数字用户线路，是以家庭的铜制电话线为传输介质的传输技术。类似于 ADSL 的还有 HDSL、VDSL、SDSL 等传输技术，这些技术的不同之处主要表现在信号的传输速率和距离。

ADSL 可在一对电话线上支持上行速率 640kbit/s～1Mbit/s，下行速率 1Mbit/s～8Mbit/s，有效传输距离 3～5km。可见 ADSL 下行速率远远高于上行速率，这与访问 Internet 的数据传输行为是一致的，因为对大多数用户网络用户来说，从互联网接收的数据量要远远大于由用户本地上传到互联网的数据量。

ADSL 的安装和申请类似于拨号上网，用户需要预先购买支持 ADSL 上网的调制解调器（ADSL Modem），并向当地电信部门提出申请，将 ADSL Modem 与电话线连接，并按照电信部门的要求安装拨号软件和适当配置。使用 ADSL 接入互联网的结构如图 6-19 所示。

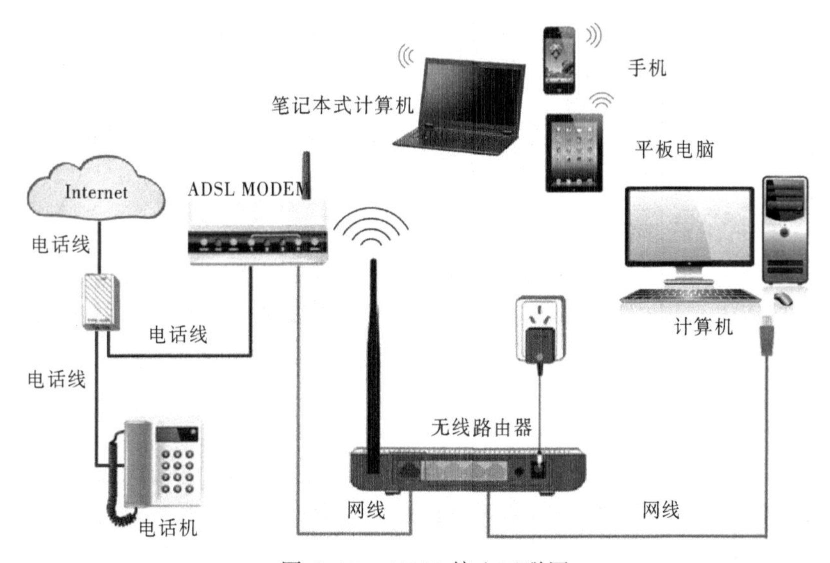

图 6-19　ADSL 接入互联网

使用 ADSL 拨号上网虽然利用了电话线，但是 ADSL 拨号上网使用的同时可以拨打电话，这是因为 ADSL 上网频率使用了和电话通话不同的频段。电话话音信号的频率通常在 0～4 kHz，而铜制电话线理论上最大可以 2 MB 的带宽，正是这样，ADSL 利用了 26 kHz 以上的频段，采用频分多路复用技术，使得在 ADSL 上网的同时也可以打电话。

6.4.3 拨号接入互联网

电话拨号方式入网曾经是使用较广泛的一种方式，通常用于家庭用户，用户只要拥有一台 PC 机、拨号通信软件、调制解调器和一对电话线，并到 Internet 服务提供商 ISP（Internet Service Provider）申请入网用户名和密码即可实现入网。现在经常使用购买上网卡的方式，卡上有用户名和密码，也是拨号方式的一种形式。

利用电话拨号方式接入 Internet 的步骤如下。

1. 安装调制解调器（Modem）

调制解调器是通过拨号方式连接 Internet 的必备设备，由于计算机只能处理数字信号，而目前电话线只能传输模拟信号，调制解调器的功能就是实现计算机可处理的数字信号与电话线能传输的模拟信号之间的转换。

Modem 分内置式和外置式两种。内置式 Modem 可直接插在计算机主板的一个扩展槽上，外置式 Modem 通过电缆和接头与计算机的串口或并口连接，放置在计算机箱外使用，内置式 Modem 在购买计算机时通常已经安装好了，外置式 Modem 通常必须安装。在购买 Modem 时最好选择主流产品，以便安装方便和更好地兼容计算机。外置式 Modem 的安装步骤如下：

（1）在 Modem 上分别接上电源（通常是 9 V）、电话线和串口（RS-232）信号连接线。

（2）在关机状态，将串口信号线另一端接至计算机的一个串口（com）上，注意通常鼠标使用串口 1（com1），Modem 使用串口 2（com2）。

（3）开机引导 Windows，对 Modem 进行参数设置，打开 Modem 电源。Windows 会自动检测计算机是否接有 Modem。如有 Modem，Windows 将安装 Modem 驱动程序，对于主流产品，Windows 系统中都有该 Modem 的驱动程序，只要在对话框正确选择厂商和型号即可，如对话框中无所购买 Modem 的厂商和型号时，可选择“从磁盘”安装，通常购买 Modem 时会配备一张光盘或软盘，只要按提示需要插入即可。

（4）安装完毕后，可在桌面“网络”图标中“设置新的连接网络”，添加新的连接，如图 6-20 所示。

2. 配置 TCP/IP 通信协议

由前所述，Internet 中的数据通信，是在相同的通信协议 TCP/IP 下进行的，在 Windows 中必须加载 TCP/IP 协议，才能接入 Internet 网络，Windows 中配置 TCP/IP 协议的方式如下：

右击“网络”图标，打开如图 6-20 所示窗口。单击“本地连接”按钮，再单击“属性”按钮。

逐步单击“下一步”，会引导用户建立新的网络连接，这里用户要准备是采用何种形式连接网络。选择“用拨号调制解调器连接”，并且要输入 ISP 服务提供商的接入电话，再输入 ISP 提供的账户和密码。拨号方式的 TCP/IP 配置如图 6-21 所示。最后选择“自动获得 IP 地址”命令，完成设置后就可以采用拨号方式访问互联网。

图 6-20　创建新连接网络对话框

Internet 协议版本 4 (TCP/IPv4) 属性
常规
如果网络支持此功能，则可以获取自动指派的 IP 设置。否则，您需要从网络系统管理员处获得适当的 IP 设置。
自动获得 IP 地址(O)
使用下面的 IP 地址(S):
IP 地址(I):
子网掩码(U):
默认网关(D):
自动获得 DNS 服务器地址(B)
使用下面的 DNS 服务器地址(E):
首选 DNS 服务器(P):
备用 DNS 服务器(A):
退出时验证设置(L)
高级(V)...
确定
取消

图 6-21　IP 地址设置

6.5　互联网资源及提供的服务

Internet 连接着各种各样的计算机：如 IBM/PC 计算机，Macintosh 计算机，UNIX 系统工作站等，以及各种各样的计算机局域网、广域网。因此 Internet 上的信息资源极为丰富，从国内新闻到国外新闻，从文学艺术到科技论文，从日常生活知识到宇宙形成，还有医疗保健、体育运动、旅游、网上购物、金融证券、网上游戏、网上学习、网上聊天、甚至网络电话等等。Internet 极大丰富了人们的生活，方便了工作和学习。

用户通过各种客户端软件访问 Internet 上的信息和共享网上资源。常用的服务软件有收发信件的电子邮件软件 Outlook、超文本多媒体信息查询软件 IE（Internet Explorer）、文件传输软件 FTP，访问远程计算机资源的远程登录软件 Telnet、即时通信软件 MSN 和 QQ、关键词（或主题词）的文档检索工具 WAIS 等。

6.5.1 WWW 服务

1. WWW 简介

WWW（World Wide Web），即全球网或环球网，又称万维网，是一个遍及全球的文档信息系统，这些文档所包含的内容不仅可以是文本，还可以是声音、图像、动画及视频等多媒体信息，因此我们也称 WWW 为超媒体。WWW 的多媒体功能是其倍受青睐的原因之一，但主要的原因还是它采用的将文档链接在一起的方式。

万维网是欧洲粒子物理研究所（CERN）的 Timonthy Berners-Lee 于 20 世纪 90 年代研发的。WWW 是用超文本（Hypertext）方式进行信息编辑和查询的工具。通常我们也称之为主页。提供主页供用户查询的服务器称为 Web 服务器。制作的主页只有放在提供 Web 服务的计算机上才能供网络上的远程用户访问。

WWW 系统采用客户—服务器结构。WWW 服务器的作用是整理、存储各种 WWW 资源，并响应客户端软件（浏览器）的请求，把客户所需的资源传送到客户端，如图 6-22 所示。

存储在 WWW 的各种资源必须能被远程的各种类型的计算机访问，因此，采用了一种 HTML 语言来编辑，称为超文本的文件，该文件的最大特点是能被不同类型的各种计算机访问，具有与其他文本的链接特性，这种特性使用户很容易从正在阅读的文本进入另一个有关的文本，被链接的文本有可能和用户正在阅读的文本在同一计算机中，也可能位于另一个半球的某个地方。万维网中传输超文本文件使用的是超文本协议 HTTP，它是用于定义 WWW 访问时合法请求与应答的协议。

图 6-22　WWW 服务模式

2. 浏览器简介

浏览器是一个本地计算机硬盘上的应用软件，就像一个字处理程序一样（如 WordPerfect 或 Microsoft Word），是用户访问 Web 服务器资源的工具。正确使用浏览器将提高访问的速度、挖掘更多的资源。

浏览器是一个把在互联网上找到的 HTML 文档（和其他类型的文件）翻译成网页的一个应用软件。网页可以包含图形、音频、视频和文本。由于通过浏览器可以访问这些多媒体信息，因此激发了人们对互联网的兴趣。

HTML 文档看起来与网页在浏览器上显示得不同，在屏幕上看到的网页是浏览器对 HTML 文档的翻译。在 HTML 文档中包含图像信息，但是这些图像信息并不是 HTML 文档的一部分，它们是一些独立的图像文档。浏览器从 HTML 代码中读取图像信息的文档的位置，然后把它们组装放在网页上。与此相似，音频或视频文件也被 HTML 文件调用，然后被浏览器组装。

浏览器有很多企业都有产品，典型的产品如下：

（1）IE（Internet Explorer）

IE 是美国 Microsoft 公司开发的用于访问万维网资源的应用软件，是一种使用极为灵活方便的网上浏览器，它可以从各种不同的服务器中获得信息，支持多种类型的网页文件，如：HTML、Active、Java、Layer、Scripting 等格式文件，支持访问图形、声音、视频等多媒体信号。Internet Explorer 具有一些非常实用的功能和特点，使你浏览网络信息更得心应手。

（2）360 浏览器

现在国内用得比较多的是 360 浏览器，360 浏览器的特点是将主流的网址设置在首页，使用非常方便，还可以将经常用的网址放在前面，用户可以管理经常访问的网络地址。

（3）火狐浏览器（Mozilla Firefox）

火狐浏览器是美国 Mozilla 开发的，现位于美国加利福尼亚州的芒廷维尤，是一款开源产品，风格简洁、速度快，因为脱离了 IE 内核，所以安全性高，但媒体功能不强。

（4）Google 浏览器

Google 浏览器的名称是 Google Chrome，Chrome 最大的亮点就是其多进程架构，保护浏览器不会因恶意网页和应用软件而崩溃，风格简洁，速度快，黑名单、多进程、自动更新等都是非常好用的功能。

6.5.2 文件传输 FTP（File Transfer Protocol）服务

在 Internet 上有很多 FTP 服务器，该类服务器主要用于存放文件，用户可以使用 FTP 规定的方式访问该服务器，并将存放在该服务器上的文件下载到用户的本地计算机上，以便从容阅读和处理这些取来的文件。用户也可以将自己的文件上传到该服务器，当然必须是授权用户才可以。

FTP 服务是由 TCP/IP 的文件传送协议（File Transfer Protocol）支持的。FTP 是一种实时的联机服务，在进行工作时用户首先要登录到对方提供 FTP 服务的计算机上，登录后仅可以进行与文件搜索和文件传送的有关操作。FTP 可以传送任何类型的文件（文本文件、二进制可执行程序文件、图像文件、数据压缩文件等）。为了使用户能快速下载文件和缩短文件在网络传输的时间，在服务器中的文件有很多是经过预先压缩打包处理的，用户下载文件后要根据下载文件的压缩类型用相应的解压缩软件解压才能使用。现在通常用于压缩和解压缩的软件有：WinZip，UnZip，PKZip，ARJ，LHARC 等。

使用 FTP 通常可以采用三种方式：命令方式、浏览器访问、客户端软件方式。

由于用户进行请求 FTP 服务时必须登录 FTP 服务器，因此首先必须知道所要访问的 FTP 服务器名或地址，并要求用户提供相应的用户名和口令，若用户不知道登录的用户名和口令，将无法进行 FTP 服务。有的 FTP 服务器为了解决这一问题，采用“匿名 FTP”服务，用户可以事先不知道登录的用户名和口令，只要在登录时采用通用用户名“Anonymous”作为用户名，采用用户自己的 E-mail 地址作为口令，就可以登录 FTP 服务器。当然，这种“匿名 FTP”服务对用户权限是有所限制的：仅允许用户下载文件，而不允许用户上传文件和修改文件。

用命令方式访问 FTP 服务器的方法如下：

在 Windows 中选择“开始”→“运行”，输入以下命令：

- FTP　<IP 地址或域名地址>
- User：<anonymous>（或给定的用户名）
- Password：<用户 E-mail 地址>（或口令）

以下是进入 FTP 服务器后可使用的部分命令：

- open 服务器名：与远地计算机建立连接。
- dir：列文件和目录清单。
- list：列目录清单。
- help：显示 FTP 命令列表。
- cd ..：返回上一级目录。
- cd\目录名：进入下一级目录。
- get：从远地计算机下载文件到本地计算机。
- put：上传文件到远地计算机。
- quit：断开连接并退出 FTP 程序。

用户也可以在浏览器的地址栏输入 FTP 服务器的地址访问相应的 FTP 服务器。利用浏览器访问 FTP 服务器具有使用方便、简单的特点，如访问微软公司的 FTP 服务器，只要在 IE 等浏览器的地址栏输入 ftp://ftp.microsoft.com，其中 ftp.microsoft.com 是微软的 FTP 服务器的域名。通过浏览器从 FTP 服务器下载文件十分方便。只要选择所需下载的文件，右击后选择其中的"下载文件命令"，计算机将会显示对话框提示用户将文件保存在哪个驱动器和目录下。

6.5.3 电子邮件服务

在 Internet 上利用网络进行信息交流的最早、最广泛的应用就是电子邮件。电子邮件通常简称为 E-mail（Electronic Mail）。全世界每天有几千万人次在发送和接收电子邮件，多数的 Internet 用户认识国际互联网都是从收发电子邮件开始的，甚至有不少用户访问互联网的目的就是收发电子邮件。

人与人的沟通最直接的方式就是面对面地交谈，但这种方式有时受地域限制。现代社会的交流方式已经多种多样，利用信件联系花费小，传送的信息量大，但速度太慢；电话用于信息交流是现代人经常使用的方式，但有些信息是用电话难以说清楚的，如讨论一幅图像或一段程序中的细节。若能够将该图像或程序快速寄给对方是最好的。对于这类情况，电子邮件是最好的解决方式。只要家有网络，利用计算机就可以将图像信息和文字信息传送到对方的计算机。

1. 电子邮件的工作原理

传统信件的传递是在各邮局间的接力传递，最终到达收信人所在的邮局，然后邮递员根据信封上的地址送达收信人。而电子邮件的工作原理类似于通过邮局寄信，只不过电子邮件的传递不是通过邮局，而是类似邮局的中转计算机，即电子邮件服务器。

电子邮件系统的构成分为两部分，一部分类似于邮局的计算机称为邮件服务器，另一部分是客户计算机上的客户端邮件软件。需要享受电子邮件服务的用户必须在邮件服务器上建立一个个人电子邮件信箱，该信箱通常向网络服务商（ISP）申请。邮件服务器上有一个电子邮件服务器软件，具有发送电子邮件和接收管理电子邮件的功能，通常分为邮件发送服务器和邮件接收服务器。用户发送和接收电子邮件的过程如图 6-23 所示。

发送电子邮件的用户，通过客户端电子邮件软件将邮件传送给邮件服务器 1，邮件服务器通过 Internet 将邮件转发到收件人开户的邮件服务器 2，保存在该服务器的收件人信箱中，当用户上网时，可使用客户端电子邮件软件从该信箱“取信”，即接收电子邮件，完成一个电子邮件的发送和接收过程。

在 Internet 电子邮件中，控制信件中转方式的协议称为 SMTP 协议。SMTP 协议是建立在 TCP/IP 协议基础上的协议，它规定了每一台计算机在发送（或中转）信件时怎样找到下一个目的地，而信件在每两台计算机之间的传送仍采用 TCP/IP 协议。

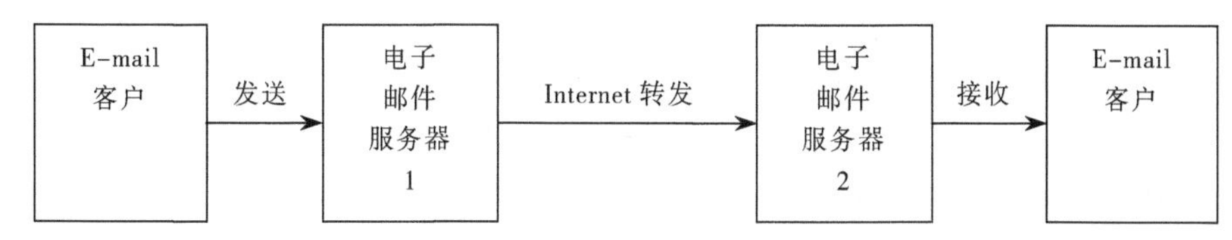

图 6-23　电子邮件工作过程

2. 电子邮件地址

电子邮件的使用和信件邮递一样，必须有邮件地址，电子邮件地址是电子信箱地址，该地址的构成分为两部分：用户名和邮件服务器域名，它们之间用“@”符号隔开。格式为：用户名@域名。用户名用于标识信箱地址的用户账号，域名标识用户信箱所在计算机全称。例如某信箱地址：yjs@163.com，其中 yjs 是用户账号名称，163.com 是网易的一台邮件服务器主机的域名。用户名或用户账号是由计算机系统管理人员指定的，用户通常不能随意改变。

3. 电子邮件的使用

使用电子邮件通常有三种方式：命令方式、浏览器方式和客户端软件方式。命令方式已经不使用了，现在用得最多的浏览器方式和客户端方式，随着 Web 技术的迅速发展，浏览器方式接收和发送电子邮件非常方便，浏览器方式和客户端软件方式各有优势，浏览器方式对软件要求低，只要安装了浏览器软件的计算机就可以接收和发送电子邮件，该方式必须是一直与网络连接的方式（在线访问）；而客户端方式需要计算机有收发电子邮件的客户端软件，如 Foxmail 和 Outlook Express 等，使用客户端软件接收和发送电子邮件需要对客户端软件预先进行设置。接收到的电子邮件可以保存在网络，也可以自动保存在本地计算机。使用客户端软件可以采用离线的方式编写邮件。

电子邮件软件通常包括以下功能：编辑信件内容、发信、收信、保存和编辑 E-mail 通信地址簿、随信发送图片或文本等。

6.5.4　搜索引擎和信息搜索

1. 搜索引擎简介

搜索引擎指自动从互联网搜集信息，经过一定整理以后，提供给用户进行查询的计算机系统。搜索引擎有两种基本类型：纯技术类，分类目录。

（1）分类目录类：这种搜索引擎并不采集网站的任何信息，而是利用各网站向搜索引擎提交网站信息时填写的关键词和网站描述等资料，经过人工审核编辑后，如果符合网站登录的条件，则输入数据库以供查询。国内的搜狐、新浪等搜索引擎是从分类目录发展起来的。

（2）纯技术类：纯技术型的全文检索搜索引擎，如 Google、AltaVista、Inktomi 等，其原理是通过机器手（即 Spider 程序）到各个网站收集、存储信息，并建立索引数据库供用户查询。需要说明的是，这些信息并不是搜索引擎即时从互联网上检索得到的，通常所说的搜索引擎，其实是一个收集了大量网站/网页资料并按照一定规则建立索引的在线数据库。

① 搜索引擎是一种依靠技术取胜的产品，搜索引擎的各个组成部分，包括页面搜集器、索引器、检索器等，都是搜索引擎产品提供商进行比拼的着力点。

② 信息采集：采集软件又名：spider、robot、网络雷达、网络蜘蛛、网络抓取工具、网络爬虫、信息挖掘工具、数据挖掘工具等。

2. 利用搜索引擎查找网上信息

目前 Internet 的使用，可以归纳为两个用途：一类为信息的交流，如 E-mail、Usenet、OICQ 等，这是大家常用的；另一类就是信息查询。在 Internet 上存在数以百万计的主机，大多数主机本身就是一个保存信息的基地；在 Internet 上有几百万个 Web 页，每天又以惊人的速度发展，因此如果在网上盲目“漫游”的话，往往花了很多时间还很难找到所需要的信息。

门户网站的搜索引擎即能节省时间，又能快速查找信息。利用搜索引擎查询信息的方法有两种：一是按内容分类逐级检索；二是根据用户输入的关键字和关键词，将与关键字词匹配的链接显示，用户从这些链接进入所需页面。

（1）主要的搜索引擎

用于查找信息和具有搜索引擎的网站很多，这些网站通常称为门户网站，也就是说用户可以从这些网站进入 Internet 搜索信息。

① 我国比较著名的门户网站是：

- 新浪网：http://search.sina.com.cn
- 网易：http://search.163.com
- 搜狐：http://search.sohu.com

② 查找英文信息的搜索引擎网站主要有：

- 英文雅虎：http://www.yahoo.com
- http://www.google.com.hk
- http://www.WebCrawler.com

（2）信息搜索方法

① 按内容分类逐级检索。在大多数搜索引擎的 Web 页中，都会按内容分类列表，用户只要单击相关的链接，就会进入该类的相关主页或子类，通过子类链接逐步访问用户所需信息的页面。

② 使用关键字词搜索。在搜索引擎站点的 Web 页，用户可在输入框输入需查找内容的关键字，如“复旦大学”，单击搜索，在 Web 页中将会出现所有包含“复旦大学”这个关键词的所有链接，用户可以选择自己需要的，有时包含关键字的链接多达数百条之多，用户可以重新输入更多的关键字信息，减少相关条目，加快检索速度。

③ 高级检索。有的搜索引擎网站，可对检索提出更多要求，使用户输入的信息更准确地查找到所需信息，通常要求输入搜索范围，使搜索的目的性更强，如：

- Anywhere：表示在整个 Web 页的范围内搜索，相当于全文搜索。
- Summary：在每个 Web 页的摘要中搜索。每个 Web 页的摘要由两部分构成：First heading（标题），context（正文）。

- Title：按每个 Web 页文档的题目名搜索，题目名由 Web 页作者给出。
- First Heading：按每个 Web 页的标题搜索，也就是 IE 窗口标题栏显示的内容。
- URL：按 Web 页的统一资源地址（URL）搜索。

除此之外，在搜索的关键字词可以用搜索操作符建立一些关系：

- AND："与"的关系。表示必须同时包含两关键字。如："计算机" and "安全"，表示查找的信息是关于计算机安全问题的 Web 页。
- OR："或"的关系。只要包含两个关键字中的任意一个的 Web 页。
- NOT："否"的关系。查询不包含 NOT 后关键词的 Web 页。
- Near：在查找到的 Web 页中，必须同时包含 Near 两边的关键字或词组，且两个词出现在 Web 页中的相互间隔不超过 80 个字符。
- Followered By：类似 Near，但 Followered By 两边词的位置不能颠倒。

（3）更多的搜索应用

在使用搜索引擎时更多的是使用关键词搜索，实际上这只用到了非常少的搜索应用，以百度为例，访问网址 http://www.baidu.com/more

可以看到更多搜索应用，其中，"站长与开发者服务"如图 6-24 所示。

图 6-24　站长与开发者服务

6.5.5　搜索引擎优化（SEO）

SEO 是 Search Engine Optimization 的缩写，中文译意为搜索引擎优化。SEO 是指通过对网站内部调整优化及站外优化，使网站满足搜索引擎收录排名的需求，在搜索引擎中提高关键词排名，从而把精准用户带到网站，获得免费流量，产生直接销售或品牌推广。

SEO 本身的技术性越来越低，但它对相关从业人员的综合能力和技术的依赖程度越来越高。

1. 内容优化

（1）内部优化

① META 标签优化：例如：TITLE，KEYWORDS，DESCRIPTION 等的优化。

② 内部链接的优化，包括相关性链接（Tag 标签）、锚文本链接、各导航链接及图片链接。

③ 网站内容更新：每天保持站内的更新（主要是文章的更新等）。

（2）外部优化

① 外部链接类别：博客、论坛、B2B、新闻、分类信息、贴吧、问答、百科、社区、空间、微信、微博等相关信息网等尽量保持链接的多样性。

② 外链组建：每天添加一定数量的外部链接，使关键词排名稳定提升。

③ 友链互换：与一些和自己网站相关性比较高、整体质量比较好的网站交换友情链接，巩固稳定关键词排名。

（3）链接优化

网站结构优化：

① 建立网站地图。只要有可能，最好给网站建一个完整的网站地图（SiteMap）。同时把网站地图的链接放在首页上，使搜索引擎能很方便地发现和抓取所有网页信息如图 6-25 所示。

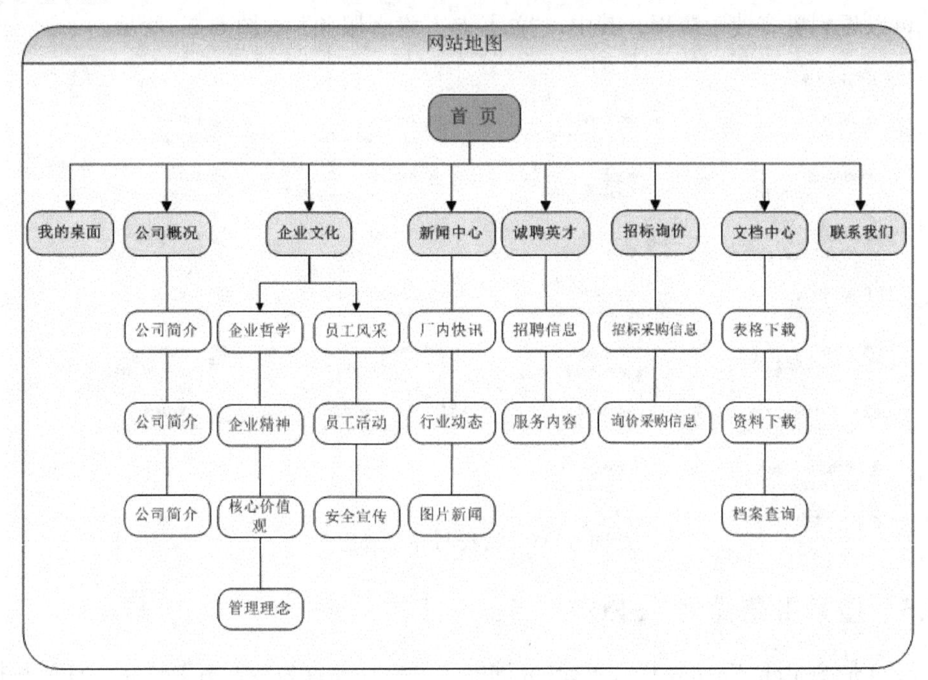

图 6-25　网站结构优化示例

② 每个网页最多距离首页四次点击就能到达。

③ 网站的导航系统最好使用文字链接。

④ 网站导航中的链接文字应该准确描述栏目的内容。

⑤ 整站的 PR 传递和流动。

⑥ 网页的互相链接。

2. 搜索引擎如何抓取网页

① 搜索引擎如何爬取。（按什么规则，怎样爬取）

② 物理及链接结构

③ URL 静态化

④ 绝对路径和相对路径

⑤ 内链的权重分配及网站地图

⑥ 避免蜘蛛陷阱

3. 链接结构

网络结构的第二个结构形式：链接结构又称逻辑结构，即由网站内部链接形成的链接的网络图。

比较合理的链接结构通常是树形结构。

4. 关键词选择

① 使用百度推广助手中关键词工具进行选择适合推广的词。

② 做调查来选取关键词。

③ 通过查看统计日志来选取关键词。

④ 长尾关键词。

⑤ 将关键词进行多重排列组合。

⑥ 尽量不要使用行业通用词。

⑦ 擅于利用地理位置。

⑧ 确定关键词的价值。

⑨ 长尾词的选择。

⑩ 关键词的时效性。

⑪ 分析竞争对手。

⑫ 根据百度搜索统计，确定百度搜索量大的相关关键词。

5. 优化特征

要做一个适合优化排名的网站，前提是要解决收录问题，解决收录是网站优化的要点。SEO 优化的主要特征是：

（1）网站结构

当蜘蛛来爬行，对网站抓取的时候，判断网站收录之前，他会对页面进行了解，网站上每个页面都应该有指向上、下级网页及相关内容的链接：首页有到页的链接，频道页有到首页和普通内容页的链接，普通内容页有到上级频道以及首页的链接，内容相关的网页间互相有链接。

树状结构加网状结构能够更好地让蜘蛛软件抓取网页及其链接，每个页面上都有上下页面的链接，以及内容相关的网页间相互有链接。

（2）子目录与二级域名

当一个栏目内容数量足够多的时候，当这个栏目信息足够多的时候，可以开二级域名。如果开了二级域名，二级域名之间尽量不要相互调用，本身域名与域名之间，他是独立的站点，如果相互调用，会导致结构混乱。二级域名不能太多，太多了会被降权。

（3）主题明确

主题明确对于网站的排名非常重要，百度的搜索引擎会根据主题的搜索次数来进行排名，如果主题过多或杂乱，将分散主题的搜索量和排名。

网站结构、子目录和二级域名、主题明确是网站优化的基石。还有一些体验特征也能说明网站是否优化。

（4）网站的 PV 数与 IP 数的比例在 1:5 以上

PV 是指点击，一个用户一天内共打开过网站下的 10 张网页，每张刷新了 6 次，那他为该网站贡献的 PV 就是 60 次，可以反映出网站的吸引人的程度，越吸引人的网站，IP 和 PV 差距越大，做得不好的网站，2 项数据差距就很小。

（5）网站页面的价值使的流量和排名稳定，并逐渐上升

网站提供的能容有价值，内容不断更新，用户体验良好，就能保持客户流量的稳定。

为了更好地说明网站搜索引擎优化，以下是网站不优化的特点

① 网页中大量采用图片或者 Flash 等多媒体（Rich Media）形式，没有可以检索的文本信息，而 SEO 最主要的是文章 SEO 和图片 SEO。

② 网页没有标题，或者标题中没有包含有效的关键词。

③ 网页正文中有效关键词比较少（最好自然而重点分布，不需要特别地堆砌关键词）。

④ 网站导航系统让搜索引擎“看不懂”。

⑤ 大量动态网页影响搜索引擎检索。

⑥ 没有其他被搜索引擎已经收录的网站提供的链接。

⑦ 网站中充斥大量“欺骗”搜索引擎的信息，如桥页（又称门页，过渡页）、颜色与背景色相同的文字。

⑧ 网站中缺少原创的内容，完全照搬硬抄别人的内容。

6. 优化步骤

SEO 技术是一项需要足够耐心和细致的脑力劳动，大体上 SEO 优化主要分为 8 个步骤。

（1）关键词分析（又称关键词定位）

这是进行 SEO 优化最重要的一环，关键词分析包括：关键词关注量分析、竞争对手分析、关键词与网站相关性分析、关键词布置、关键词排名预测。

（2）网站架构分析

网站结构符合搜索引擎的爬虫喜好则有利于 SEO 优化。网站架构分析包括：剔除网站架构不良设计、实现树状目录结构、网站导航与链接优化。

（3）网站目录和页面优化

SEO 不止是让网站首页在搜索引擎有好的排名，更重要的是让网站的每个页面都带来流量。

（4）内容发布和链接布置

搜索引擎喜欢有规律的网站内容更新，所以合理安排网站内容发布日程是 SEO 优化的重要技巧之一。链接布置则把整个网站有机地串联起来，让搜索引擎明白每个网页的重要性和关键词，实施参考关键词布置。友情链接也是这个时候展开。

（5）与搜索引擎对话

向各大搜索引擎登录入口提交尚未收录的站点。

在搜索引擎看 SEO 的效果，通过 Site，知道站点的收录和更新情况。通过 domain

或者 link 知道站点的反向链接情况。更好地实现与搜索引擎对话，建议采用网站管理工具，如 Google 网站管理员工具。

（6）建立网站地图 SiteMap

根据自己的网站结构，制作网站地图，让站长们的网站对搜索引擎更加友好。让搜索引擎能过 SiteMap 就可以访问整个站点上的所有网页和栏目。

最好有两套 siteMap，一套方便客户快速查找站点信息（HTML 格式），另一套方便搜索引擎得知网站的更新频率、更新时间、页面权重（XML 格式）。所建立的 SiteMap 要和站长们网站的实际情况相符合。

（7）高质量的友情链接

建立高质量的友情链接，对于 SEO 优化来说，可以提高网站 PR 值及网站的更新率，都是非常关键的问题。

（8）网站流量分析

网站流量分析从 SEO 结果指导下一步的 SEO 策略，同时对网站的用户体验优化也有指导意义。流量分析工具，建议采用分析工具，如 Google Analytics 分析工具和百度统计分析工具。

6.5.6 “互联网+”

我国“互联网+”理念的提出，最早可以追溯到 2012 年 11 月易观国际董事长在易观第五届移动互联网博览会的发言。2015 年 7 月 4 日，国务院印发《关于积极推进“互联网+”行动的指导意见》。2016 年 5 月 31 日，教育部、国家语言文字工作委员会在京发布《中国语言生活状况报告（2016）》。“互联网+”入选十大新词和十个流行语。

1. “互联网+”的特征

简单地说，“互联网+”就是“互联网+各个传统行业”，让互联网拥抱实体经济，但这并不是简单的两者相加，而是利用信息通信技术及互联网平台，让互联网与传统行业进行深度融合，创造新的发展生态。“互联网+”有六大特征。

（1）跨界融合

跨界融合是反传统、反经验、反做法的逆向思维方式，把表面似乎无关的东西用未来的需求、内在逻辑和服务方式，创造出一种新的商业模式。跨界是变革，是开放，是创新的基础，融合本身也指代身份的融合，客户消费转化为投资，伙伴参与创新，等等。

如《掌上世博》就是集“场景 O2O/互联网+会展/后会展增值服务/B2B2C”模式和“世博品牌/官网背景”功能与特点于一体的跨界全互联网平台。

（2）创新驱动

从粗放的资源驱动型增长方式转变到创新驱动发展正确的道路上来，这正是互联网的特质，用所谓的互联网思维来求变、自我革命，也更能发挥创新的力量。

（3）重塑结构

信息革命、全球化、互联网业已经打破了原有的社会结构、经济结构、地缘结构、文化结构。权力、议事规则、话语权在不断发生变化。“互联网+”社会治理与现实社会治理会有很大的不同。

（4）尊重人性

人性的光辉是推动科技进步、经济增长、社会进步、文化繁荣的最根本的力量，互联网的力量之所以强大最根本的是来源于对人性的最大限度的尊重、对人体验的敬畏、对人的创造性发挥的重视。例如 UGC、卷入式营销、分享经济。

（5）开放生态

生态是“互联网+”非常重要的特征，互联网本身就是开放的。推进“互联网+”，其中一个重要的方向就是要把过去制约创新的环节化解掉，把孤岛式创新连接起来，让研发以市场为驱动，让创业者有机会实现价值。

（6）连接一切

连接是“互联网+”的目标，但连接是有层次的，可连接性是有差异的。“互联网+”将能够连接的都连接起来。如可以通过互联网查看到亲戚、朋友当前的飞机航班正飞行到哪个位置、有没有晚点、有没有遇到恶劣天气等。

2. “互联网+”的应用

应该说互联网与各种传统行业的融合已经正在进行之中。

（1）互联网+商贸

2015 年的统计数据，中国的网民数量已经达到 6.68 亿，如果加上智能手机的上网功能，可能远远不止。将传统实体店的商贸行为用互联网来实现，大大方便了人们的购物行为。

我国知名电子商务研究机构——中国电子商务研究中心（100EC.CN）发布《2015 年度中国电子商务市场数据监测报告》。报告显示，2015 年，中国电子商务交易额达 18.3 万亿元，同比增长 36.5%，增幅上升 5.1 个百分点。其中，B2B 电商交易额 13.9 万亿元，同比增长 39%。网络零售市场规模 3.8 万亿元，同比增长 35.7%。

（2）互联网+工业

互联网+工业即传统制造业企业采用移动互联网、云计算、大数据、物联网等信息通信技术，改造原有产品及研发生产方式。

互联网的工业应用涉及非常广，如：可以在工业产品上增加互联网模块，远程控制和检测产品；一些互联网企业打造了统一的智能产品软件服务平台，为不同厂商生产的智能硬件设备提供统一的软件服务和技术支持；在互联网的帮助下，企业通过自建或借助现有的“众包”平台，可以发布研发创意需求，广泛收集客户和外部人员的想法与智慧，大大扩展了创意来源；等等。应用数不胜数。

（3）互联网+金融

互联网+金融是当今用得最多也是用得较好的范例。如：互联网银行、P2P、股票的网络显示和交易、众筹、微信支付等。

（4）智慧城市

智慧城市是伴随知识社会的来临，无所不在的网络与无所不在的计算、无所不在的数据、无所不在的知识共同驱动了无所不在的创新。将城市供水、供气、供电、公交和防洪防涝设施等建设与互联网关联，可以更好地管理和提供服务；利用互联网检测环境，治理污染；GPS 导航系统是典型的互联网与交通融合的例子，对于治理拥堵等城市病，让出行更方便、环境更宜居，如：Uber，滴滴打车等互联网交通的应用方便了人们的出行。

（5）互联网+医疗

互联网将优化传统的诊疗模式，为患者提供一条龙的健康管理服务。在传统的医患模式中，患者普遍存在对疾病缺乏预防，看病体验差，病愈后无服务的现象。而通过互联网医疗，患者有望从移动医疗数据端监测自身健康数据，做好事前防范；在诊疗服务中，依靠移动医疗实现网上挂号、询诊、购买、支付，节约时间和经济成本，提升事中体验；依靠互联网在事后与医生咨询沟通。

（6）互联网+教育

一所学校、一间教室、一位老师，这是传统教育。优秀教师面对的学生数量是有限的。一个教育专用网、一部移动终端，几百万学生，学校任你挑、老师由你选，这就是互联网+教育。

如：云课堂、云阅读、公开课、慕课系统等都是典型的互联网+教育的例子。甚至还可以在互联网上做实验。有些教材已经和互联网结合，在教材上印有二维码，手机扫描二维码，与教材内容相结合的视频就可以显现。

（7）数字家庭

数字家庭是互联网与家用电器相结合，可以通过互联网监测防盗，开空调、煮饭等。

互联网的应用难以穷尽，更多的应用需要我们去发现，去创新。

6.6 网页设计初步

万维网的发明对国际互联网的发展是极大的促进，万维网可以传输及访问多媒体信息，而文档链接功能是其风行的主要原因。万维网已成为目前多媒体电子信息发布的最主要的媒介之一，这些多媒体信息在因特网上的传递使得因特网由于它们的存在而更加精彩。

用HTML标记语言编辑的Web页面与平台无关，可以被各种不同类型的计算机访问，只要该计算机上装有浏览器软件，不需要进行转换，其兼容性和适用面都非常广，因此，万维网迅速在全世界得到广泛应用。当然，使用不同的浏览器浏览Web页并非全无差异，有时会出现一些细小的差异，最常见的包括颜色底纹、透明度，以及字体和图片的显示位置不一致等，特别是采用FrontPage软件制作的Web页，在访问时使用Netscape浏览器时会出现一些意想不到的问题。

万维网的文档采用HTML（Hyper Text Markup Language）语言编制，HTML语言称为超文本标记语言，超文本标记语言HTML是Web的信息出版语言，是设计制作Web页面的基础，通过标记和属性对超文本语义进行全面描述。用HTML编写的文档称为Web文档，Web文档由文本、声音、图形和超链接组成。超链接是嵌入在文本中的特殊指令，它可使浏览器装入其他的页面。每个HTML文档称为一个页面，在Internet上的Web服务器称为Web站点，在Web服务器中装有Web服务器软件和这些Web页面，通常在一个站点中有很多页面，可以通过超链接在各页面间切换访问。用 HTML 编写这些文档实质上可以说是编写一种程序，用 HTML 的标记命令代码对文档进行“编程”。

用浏览器调用远程 Web 页面的同时也将其 HTML 源代码传输到本地机，用户对浏览器访问的当前页面通常都可以通过选择浏览器“查看”菜单的“查看网页源代码”子菜单，显示该页面的 HTML 源代码，如图 6-26 和图 6-27 所示。

图 6-26　广东财经大学主页

```
1  <!DOCTYPE html PUBLIC "-//W3C//DTD XHTML 1.0 Strict//EN" "http://www.w3.org/TR/xhtml1/DTD/xhtml1-strict.dtd
2  <html xmlns="http://www.w3.org/1999/xhtml">
3  <head>
4  <meta name="广东财经大学" content="">
5  <meta http-equiv="content-type" content="text/html; charset=UTF-8">
6  <meta http-equiv="x-ua-compatible" content="ie=7" />
7  <title>广东财经大学首页</title>
8  <link href="/themes/13551/gsxy1/css/style.css" type="text/css" rel="stylesheet"/>
9  <script type="text/javascript" src="/themes/13551/gsxy1/js/nav.js"></script>
10 <script language="JavaScript" src="/themes/13551/gsxy1/js/index_Image.js" type="text/javascript"></script>
11 <script type="text/javascript" src="/themes/13551/gsxy1/js/jquery-1.6.1.min.js"></script>
12 <script language="JavaScript" src="/themes/13551/gsxy1/js/SlideTrans.js" type="text/javascript"></script>
13 <script>
14 new SlideTrans("idContainer", "idSlider", 3, { Vertical: false }).Run();
15 </script>
16 <script language="JavaScript">
17    //function windowsopen{
18      //window.open('/themes/13551/gsxy1/newyear/54jy.html','newwindow','height=800,width=650,top=0,left=0,t
19    //}
20 </script>
21 <script language="JavaScript">
22 function adClick(ad, site) {
23 window.open(ad);
24 window.location = site;}
25 </script>
26 <SCRIPT language="javascript">
27
28 //window.open ('http://www.gdufe.edu.cn/html/nhzc','newwindow','height=800,width=650,top=0,left=0,toolbar=n
29 //window.open ('http://www.gdufe.edu.cn/html/ndrw','newwindow','height=895,width=650,top=0,left=0,toolbar=n
30
31 //写成一行
32
33 </script>
34 <style type="text/css" charset="utf-8">
35 /* See license.txt for terms of usage */
36
37 /** reset styling **/
38
39
40 .firebugResetStyles {
41         z-index: 2147483646 !important;
42         top: 0 !important;
```

图 6-27　广东财经大学主页对应的 HTML 源代码

6.6.1 HTML 语言简介

用 HTML 编制的 Web 文档使用了一些特殊约定的标记对各种信息进行标记。HTML 之所以称为标记语言，其主要原因是这种语言的元素是由若干“标记”组成，这些标记在文档中扮演了保留字和控制代码的角色。这些标记可以控制文本的背景颜色、字体、文字大小、字形，以及文字和图片的位置等。

HTML 中的标记用“<>”括起，通常是一对一对出现的，一头一尾，夹在两标记中间的文字或图片信息由该标记所定义，一对标记的前面部分称为始标记，在尾部的称为尾标记，尾标记只是在始标记的基础上加斜杠“/”。标记命令不分大小写。

HTML 文档是 WWW 中使用的主要文件类型，文件的扩展名通常是“.HTML”或“HTM”。在所有 HTML 文件中其基本结构都是一样的，构造非常简单，这种结构的基本格式如下：

```
<HTML>
    <Head>
      ……
    </Head>
    <Body>
    ……
    …….
    <Body>
</HTML>
```

每一个 HTML 文件中都必须包括以上结构。其中<HTML>和</HTML>是一对标记，说明该文件是 HTML 文件，标记<head>和</head>中间的内容通常是定义该 Web 页的头部包含的有关文件属性信息，如在其中可利用<Title>和</Title>标记这个文件的总标题，该标题不显示在浏览器的主窗口中，而是显示在浏览器窗口最上部的标题栏，而<Body>和</Body>中包含了在浏览器中实际显示的文档。

编辑 HTML 源代码的工具不需要使用特别具有高级功能的程序，只要用 Windows98 中的文本编辑器记事本即可，在存盘的时候，注意文件名的扩展名必须是“.HTML”或“HTM”。

6.6.2 HTML 主要标记元素

HTML 语言在不断发展，其标记元素也在不断增加。这里只介绍一些 HTML 语言的最主要的标记元素。

1. HTML 元素

标记<HTML>和</HTML>是整个 HTML 文档的开始和结尾标记，该标记用来表明该文档是 HTML 文档。该标记可以省略，但最好还是养成在文档中使用 HTML 元素的习惯。有时省略会使浏览器在浏览时发生显示错误。Internet Explore 必须当<HTML><HEAD>和<Body>三者至少出现一个时，才能正确按照规定显示 HTML 文档。

2. HEAD 元素

HEAD 元素出现在 HTML 文档的起始部分，用来标明当前文档的有关信息，例如文档的标题、检索引擎可用的关键词及不属于文档内容的其他数据。HEAD 元素的起始和结束标记都是可选的。

在 HEAD 的起始标记和结束标记中间可插入其他元素，其中最重要的两个元素是 TITLE 和 META。

3. TITLE 元素

TITLE 元素的起始标记和结束标记中间所定义的内容不是作为文本的内容显示的，而是作为文档的标题或窗口的标题显示在浏览器窗口的标题栏，每个 HTML 文档只能有一个标题，因此 TITLE 元素出现在 HEAD 标记中只能出现一次。

TITLE 元素的起始标记和结束标记是必需的。图 6-28 是一个文档的标题示例。

图 6-28 HTML 文档标题

其文档源代码如下：

```
<html>
<head>
<Title>快乐小屋主页</title>
</head>
<body>
<h1>欢迎来到快乐小屋</h1>
</body>
</html>
```

4. BODY 元素

BODY 元素的作用是标明 HTML 中文档的主体，是 HTML 文档中标题以外的所有部分，通常可包含众多的其他元素。BODY 元素虽然是可选的，但在 HTML 文档中通常都会包含它。

<Body>标记指定文档主体的开始，通过属性设置等还可以设置文档的背景颜色、背景图像、文档字体颜色、链接颜色以及页面的上边距和左边距，其基本用法为：

```
<BODY
background=URL      （定义背景图案，URL 是图像文件路径和文件名）
bgcolor=color       （定义背景颜色）
text=color          （定义文本文字颜色）
vlinl=color         （定义链接颜色）
>
```

颜色 color 的使用通常用“#”加六位十六进制数值标识颜色、RGB 值或颜色名（如 RED、GREEN 等），下面是一个 BODY 属性使用实例：

源代码如下：

```
<html>
<head>
<Title>快乐小屋主页</title>
```

```
</head>
<body
  bgcolor=green
  text=#fffafa
  vlink=#ff0000>
<h1>欢迎来到<a href="http://www.klxw.com">快乐小屋</a>
</body>
</html>
```

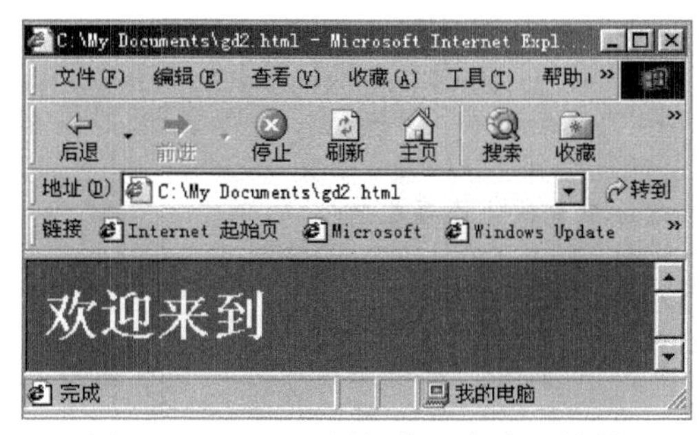

图 6-29　BODY 属性值颜色定义效果

5. 标题元素

人们在组织文档信息时，为了读者对文档内容有一个迅速的了解，往往对其中的章节设定一个标题。在 HTML 中也规定了标题的格式。

HTML 支持六级标题，其标记元素分别是 H1、H2、H3、H4、H5、H6。H1 所定义的标题字号最大，H6 定义的标题字号最小，每对起始标记和结束标记用来指定文档章节标题内容，标题字体自动加粗。使用了标题元素后会自动在该标题行前后插入空行，并自动换行。

标题字体支持 ALIGN 属性。ALIGN 属性用来指定对象的排版格式，其属性值可以是 LEFT、CENTER、RIGHT、BOTTOM、JUSTIFY、TOP 和 DECIMAL 等，主要使用的是前三种 LEFT、CENTER、RIGHT 属性值。

标题元素只能对章节进行标题定义，而不像 HEAD 中的 TITLE 对整个文档的标题定义。图 6-30 是 H1～H6 标题显示效果。最后一行是正文显示效果。

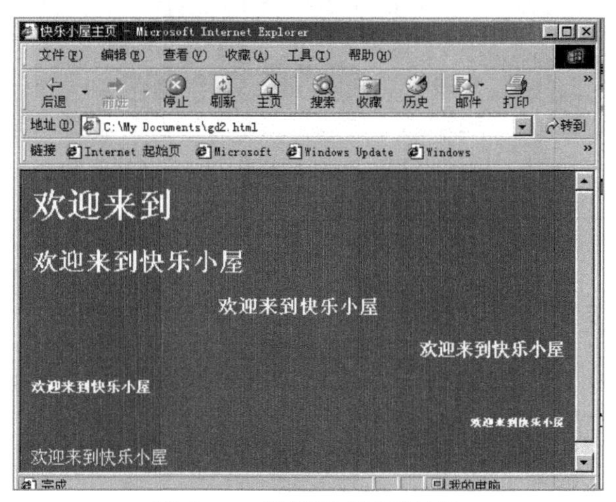

图 6-30　标题元素显示效果

源代码如下：

```
<html>
<head>
<Title>快乐小屋主页</title>
</head>
<body
   bgcolor=green
   text=#fffafa
   vlink=#ff0000>
<h1>欢迎来到<a href="http://www.klxw.com">快乐小屋</a></h1>
<h2>欢迎来到快乐小屋</h2>
<h3 align=center>欢迎来到快乐小屋</h3>
<h4 align=right>欢迎来到快乐小屋</h4>
<h5>欢迎来到快乐小屋</h5>
<h6 align=right>欢迎来到快乐小屋</h6>
欢迎来到快乐小屋
</body>
</html>
```

6. font 元素

font 标记用来设置文档字体，通过改变属性值可以对字体、字号和颜色等进行设置，size 属性指定了字号的大小，size=1 表示最小，size=7 表示最大，size 属性值前加上"+"号或"-"号，表示当前字体较前面定义的相对增大或减少若干号。

color 属性指定文档字体的颜色，同样可以用十六进制或指定颜色名的方法给定。

face 属性用来指定字体名或一个字体列表，使浏览器用该字体显示文本，如楷体、隶书、宋体、Times 等，利用 font 元素指定文本字体的例子如图 6-31 所示。

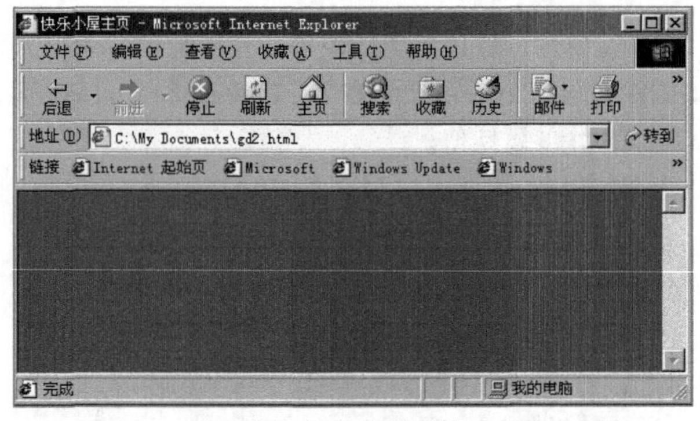

图 6-31　font 指定文本文字字体、字号和颜色

源代码如下：

```
<html>
<head>
<Title>快乐小屋主页</title>
</head>
<body
   bgcolor=green
   text=#fffafa
   vlink=#ff0000>
<font face="隶书" size=7  color=red>
```

```
欢迎来到快乐小屋，快快乐乐，永远健康
</font>
</body>
</html>
```

7. 版面控制元素

浏览器在显示文档内容时和编辑的源代码文本的自然段落和换行无关，浏览器会将浏览的文本自动占满整个窗口，除非使用了版面控制元素。版面控制元素有换行和段落设置。

HTML 用分段元素 p 来定义文档的一个段落，段落的缩进由浏览器决定，通常浏览器给一个段落的前后各加一个或半个空行。

标记<p>意味着一个新段落的开始，</p>则表示该段落的结束，后面的文字将开始另一个段落。使用换行元素 BR 强行将该标记后的文字换到下一行显示，换行标记和分段标记有所不同，换行标记只是将文字换行而不增加空行，其他字符和段落设置不变。换行标记只有一个，没有结束换行标记。使用<center>标记，控制文字显示在浏览器的中间位置。

如编辑以下文字：

《黄鹤楼》
作者：崔颢
昔人已乘黄鹤去，此地空余黄鹤楼。
黄鹤一去不复返，白云千载空悠悠。
晴川历历汉阳树，芳草萋萋鹦鹉洲。
日暮乡关何处是，烟波江上使人愁。

在源代码中未使用版面控制元素时，显示效果如图 6-32 所示。

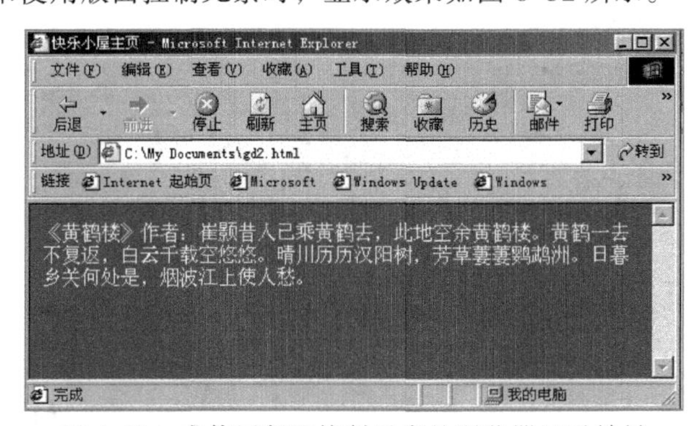

图 6-32　未使用版面控制元素的浏览器显示效果

虽然源代码中的版面看起来已经分行和分段，但实际上是没有作用的。

```
<html>
<head>
<Title>快乐小屋主页</title>
</head>
<body
  bgcolor=green
  text=#fffafa
  vlink=#ff0000>
```

```
《黄鹤楼》
作者：崔颢
昔人已乘黄鹤去，此地空余黄鹤楼。
黄鹤一去不复返，白云千载空悠悠。
晴川历历汉阳树，芳草萋萋鹦鹉洲。
日暮乡关何处是，烟波江上使人愁。
</body>
</html>
```

加上分段和换行标记的源代码如下：

```
<html>
<head>
<Title>快乐小屋主页</title>
</head>
<body
  bgcolor=green
  text=#fffafa
  vlink=#ff0000>
<p> <center>                    《黄鹤楼》
               <br>  作者: 崔颢</P>
          昔人已乘黄鹤去，此地空余黄鹤楼。<br>
          黄鹤一去不复返，白云千载空悠悠。<br>
          晴川历历汉阳树，芳草萋萋鹦鹉洲。<br>
          日暮乡关何处是，烟波江上使人愁。
</center>
</body>
</html>
```

其显示效果如图 6-33 所示。

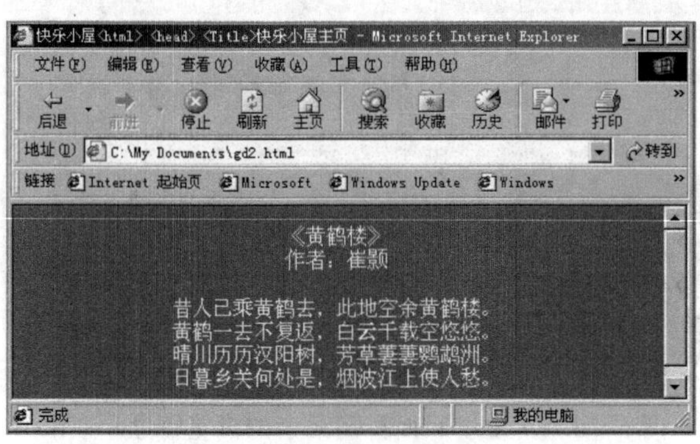

图 6-33　具有分段和换行标记的显示效果

8. 超链接元素

超链接是 HTML 的重要特性，HTML 的超链接是从一个 Web 资源到另一个 Web 资源的连接，是 Web 之所以成功的关键。链接可以是 HTML 文档、图像、声音、视频剪辑、程序或当前文档等。

指定超链接使用<A>标记，并由 Name 或 Href 指定链接对象名或对象的 URL。其基本格式如下：

```
<A Name="对象名">……</a>                （对象名为一个超文本链接的目标）
```

```
<A Name="#对象名">……</a>            (定义当前文档中的一个目标)
<A Name="URL">……</a>                (链接另一个目标资源)
<A Name="URL#文档名">……</a>         (链接另一个资源中的文档)
```

例如：

```
<A  Href="http://www.klxw.com">快乐小屋</A>
```

在此，Web 页面中出现“快乐小屋”文字下方有下画线，用鼠标指向该文字部分，鼠标变手形状，单击后将自动将快乐小屋的 Web 调入为当前页面，如图 6-29 所示。

9. 图像、声音插入元素

由于 Web 能传输图像、声音等多媒体信号，使得 Internet 更丰富多彩，大大促进了 Internet 的发展。

利用<IMG>标记可以在文件中嵌入图形，附加 SRC 指定图形文件的文件名，例如，在 Web 页中插入一幅汽车图案，如图 6-34 所示。Web 页和源代码如下：

```
<html>
<head>
<Title>快乐小屋主页</title>
</head>
<body
  bgcolor=green
  text=#fffafa
  vlink=#ff0000>
<IMG SRC="t646.jpg">轻车快马
</center>
</body>
</html>
```

图 6-34　插入图像文件

在 HTML 文档中支持的图像文件格式很多，如：.BMP、.JPG、.IPEG、.GIF 等格式，但通常最好将图像文件转换成 JPEG 格式或 GIF 格式的图像文件，因为这两种格式的文件比较小。

在 HTML 文档中使用 EMBED 元素嵌入多媒体文本。它支持的多媒体对象包括：电影（movie）、声音（sound）、虚拟现实（VRML）等，其格式如下：

```
<EMBED SRC="URL">
```

浏览器通过插件（Plug-in）来播放嵌入的多媒体文本。因此，使用前必须将插件安装正确。

6.6.3 Web页可视化编辑工具简介

1. 网页编辑器

随着互联网（Internet）的家喻户晓，HTML技术的不断发展和完善，随之而产生了众多网页编辑器，按网页编辑器基本性质可以分为所见即所得网页编辑器和非所见即所得网页编辑器（则原始代码编辑器），两者各有千秋。

所见即所得网页编辑器的优点是直观性，使用方便，容易上手，在所见即所得网页编辑器进行网页制作和在Word中进行文本编辑不会感到有什么区别，但它同时也存在弱点：

① 难以精确达到与浏览器完全一致的显示效果。也就是说在所见即所得网页编辑器中制作的网页放到浏览器中是很难完全达到真正想要的效果，这一点在结构复杂一些的网页（如分帧结构、动态网页结构）中便可以体现出来。

② 页面原始代码的难以控制性，比如在所见即所得编辑器中制作一张表格也要几分钟，但要它完全符合用户的要求可能需要几十分钟，甚至更多时间。

而相比之下，非所见即所得的网页编辑器，就不存在这个问题，因为所有的HTML代码都在用户的监控下产生，但是由于非所见即所得编辑器的先天条件使它的工作效率低。

如何实现两者的完美结合，即既产生干净、准确的HTML代码，又具备则见则所得的高效率、直观性，一直是网页设计师梦想。

2. 网页设计工具软件

了解网页的源代码对设计完美的网页是很有帮助的。但现在真正设计一个网页很少使用编辑源代码的方式，已经有很多网页设计工具软件供用户使用，这里对几个工具做大致介绍：

（1）Word

Word字处理软件大家都很熟悉，实际上用Word来设计一个简单的Web网页非常方便，其使用方法和我们使用Word的方法几乎完全一样，只不过多了一个链接功能，并且在存盘的时候记住要存为HTML文档即可。

（2）FrontPage

FrontPage是Microsoft推出的一种为非程序源使用的可视化网页制作工具，集编辑、管理、出版因特网上的信息的工具于一体，是非专业人员也能编制出专业水平的网页，对于网页编辑人员可以减少编写HTML源代码的工作量，提高工作效率。

FrontPage包含以下三个功能和实现程序：

① Personal Web Server（站点服务器）：对于没有Web服务器的网页制作者，FrontPage会在当前计算机自动安装Personal Web Server作为WWW的测试平台，以便制作者对编辑完的网页在发布之前可以在自己的计算机上进行测试。用户可以通过浏览器测试所完成的网页，查看网上效果，但该站点不支持FrontPage的高级特性，如数据库链接或ASP特性。

② FrontPage Explorer：FrontPage资源管理器，这是一个功能强大的创建和额管理里网站的工具，用于作者创建和修改网站结构，导入/导出其他网页，组织管理网页及调整网页之间的关系。

FrontPage Editor：用于制作网页的编辑器，是一个可视化网页制作编辑器。

（3）Dreamweaver

Dreamweaver是美国Macromedia公司开发的集网页制作和管理网站于一体的所见即所得网页编辑器，它是第一套针对专业网页设计师特别发展的视觉化网页开发工具，利用它可以轻而易举地制作出跨越平台限制和跨越浏览器限制的充满动感的网页。

小　结

本章阐述了计算机网络的基本工作原理，TCP/IP协议是互联网工作的基础，路由器构建了互联网的基本架构，资源共享、信息传输、分布式计算体现了网络的基本功能；互联网+将网络的应用拓展了新的天地，正改变着现代制造业、教育、医疗、农业、商贸等等方面，也改变了人们的工作、生活和娱乐方式；HTML语言和HTTP协议构建的Web网络使得多媒体信息在互联网的传输成为可能。

习　题

简答题

1. 什么是计算机网络？
2. 计算机网络的主要功能是什么？
3. 计算机网络有几种常见拓扑结构？
4. Internet主要由哪几方面组成？
5. Internet采用的主要协议是什么协议？其功能是什么？
6. Internet的主要特点是什么？
7. 什么是FTP？FTP的作用是什么？
8. Internet中IP地址和域名的作用是什么？它们之间有什么区别？
9. 什么是“超文本”？什么是HTML？
10. 链接的作用是什么？
11. 访问超文本文件的协议是什么协议？
12. 如何快速调用需浏览的页面？
13. 什么是URL？
14. 什么是电子邮件？如何正确设置电子邮件软件，使之能正确收发邮件？
15. 如何利用电子邮件发送文件？
16. 比较利用源代码方式编辑Web页和采用网页编辑工具编辑Web页优缺点。
17. 用Word编辑一个主页，并用浏览器查看效果。
18. 如果要利用Windows XP在局域网上共享打印机，应该如何操作？

参考文献

[1] 周以真．计算思维．中国计算机学会通讯[J]．2007，3（11）：83-85．

[2] 王飞跃．计算思维与计算文化[N]．科学时报，2007-10-12．

[3] 唐培和，徐奕奕．计算思维[M]．北京：电子工业出版社，2015．

[4] 罗洛阳，彭纳新，李蓉蓉，等．计算机应用基础 Windows 7+ Office 2010[M]．2 版．广州:广东高等教育出版社，2014．

[5] 骆耀祖，叶丽珠，马焕坚，等．大学计算机基础项目式教程 Windows 7+ Office 2010[M]．北京：北京邮电大学出版社，2013．

[6] 曲宏山，李松涛，郭小波，等．大学计算机基础[M]．北京：人民邮电出版社，2012．

[7] 吴功宜，计算机网络[M]．3 版．北京：清华大学出版社，2011．